高等学校计算机专业核心课

名师精品·系列教材

数据库系统原理

微课版

林子雨 **编著**

DATABASE SYSTEM PRINCIPLES

人民邮电出版社

北京

图书在版编目（C I P）数据

数据库系统原理 ： 微课版 / 林子雨编著. -- 北京 ：
人民邮电出版社, 2024.4
高等学校计算机专业核心课名师精品系列教材
ISBN 978-7-115-63182-4

Ⅰ. ①数… Ⅱ. ①林… Ⅲ. ①数据库系统－高等学校
－教材 Ⅳ. ①TP311.13

中国国家版本馆CIP数据核字(2023)第223887号

内 容 提 要

本书对数据库系统的概念、原理、技术和方法进行系统、全面的阐述。本书共 14 章，内容包括数据库概述、关系数据库、关系数据库标准语言 SQL、关系数据库编程、关系数据库安全和保护、关系数据库的规范化理论、关系数据库设计、NoSQL 数据库、分布式数据库 HBase、文档数据库 MongoDB、键值数据库 Redis、云数据库、数据仓库和数据湖、SQL 与大数据。本书在关系数据库标准语言 SQL、关系数据库编程、关系数据库安全和保护、分布式数据库 HBase、键值数据库 Redis 这 5 章中安排了实验内容，以帮助读者更好地学习和掌握数据库技术。

本书可以作为高等学校计算机相关专业“数据库系统原理”课程的教材，也可以供相关技术人员学习参考。

◆ 编　　著　林子雨
　责任编辑　孙　澍
　责任印制　王　郁　陈　犇
◆ 人民邮电出版社出版发行　　北京市丰台区成寿寺路 11 号
　邮编　100164　　电子邮件　315@ptpress.com.cn
　网址　https://www.ptpress.com.cn
　大厂回族自治县聚鑫印刷有限责任公司印刷
◆ 开本：787×1092　1/16
　印张：20.25　　2024 年 4 月第 1 版
　字数：505 千字　　2024 年10月河北第 2 次印刷

定价：69.80 元

读者服务热线：(010)81055256　印装质量热线：(010)81055316
反盗版热线：(010)81055315
广告经营许可证：京东市监广登字 20170147 号

“数据库系统原理”课程是计算机相关专业的核心课程，在数据库教学中占据重要的位置。在20世纪80年代，我国数据库教学的先行者萨师煊老师在国内高校推广和普及数据库教学，他出版的我国第一本数据库教材《数据库系统概论》培养了一届又一届高校学子。数据库教学发展到今天，教学体系已经非常成熟，市场上有大量的数据库教材，网络上也有非常丰富的配套教学资源。数据库技术的发展非常迅速，虽然关系数据库依然发挥着重要的作用，不过其他新兴的数据库技术如雨后春笋般地出现，有些已经有了很大市场影响力，在企业数据存储中也逐渐成为主力军。因此，高校急需更新数据库教学内容，把新数据库技术作为重要教学内容融入教材，把学生培养成掌握前沿信息技术的合格人才。

为了应对技术发展带来的知识更新，全国的数据库教学工作者也在积极做出调整，一方面，对已有教材进行“小修小补”，适当增加一些数据库新技术的简要介绍来弥补老版本教材的知识陈旧等不足；另一方面，编写数据库新技术教材，如编写专门介绍NoSQL数据库的教材。但是，这两种方法在实际教学中还是不能很好地解决问题。对老版本教材进行“小修小补”满足不了学生对新技术进行深入学习的需求，而数据库新技术教材中通常不包含关系数据库，主要介绍新兴的键值数据库、文档数据库、列族数据库、图数据库等，由此需要新开设一门课程来介绍新兴的数据库技术。但是，很多高校的人才培养方案里面的学时安排已经“满满当当”，根本无法开设新的课程。所以，比较理想的解决方案是，只开设一门“数据库系统原理”课程，在课程中融入关系数据库和新兴数据库技术，内容的比例可以是各占一半，或关系数据库占六成、新兴数据库技术占四成。在有限学时的条件约束下，必须对原来关系数据库的知识体系进行“裁剪”，删除一些不必要或过时的知识，如层次数据模型、网状数据模型、关系演算、关系查询优化等知识。

在上面这种解决思路的指导下，笔者决定编写一本全新的数据库教材。现在谈一下笔者编写本书的工作基础。笔者从2002年到2005年在厦门大学计算机系攻读硕士学位期间研究的方向就是数据库，从此与数据库结缘。笔者在攻读硕士学位的3年间，撰写了几篇与数据库相关的研究论文，还随同导师一起参加了2003年在国防科技大学举办的全国数据库学术会议。2004年，第二十一届全国数据库学术会议（NDBC2004）在厦门大学举办，来自全国高校的400多位学者和学生参加了这届会议。由于是这届会议会务工作的负责人，笔者通过这届会议认识了很多数据库学术界的知名学者，激发了笔者在数据库领域深入开展研究的兴趣。2005年到2009年，笔者在北京大学计算机系攻读博士学位期间，跟随导师杨冬青老师继续深入研究数据库技术。2009年7月博士毕业后，笔者进入厦门大学工作，从2009年到2014年主讲研究生课程“分布式数据库”，从2015年至今主讲本科生课程“数据库系统原理”。20年数据库领域的学习和研究，14年数据库教学实践的积累，让笔者具备了丰富的数据库教学经验，并对如何更好地开展数据库教学有了更多的思考，因此，笔者有了编写本书的想法和行动。其实，作为高校教师，笔者已经具有丰富的计算机类教材写作经验。在过去10年里，笔者编写了12本大数据领域教材，这些教材被国内500多所高校采用，这使笔者成为国内高校大数据教学的有力贡献者。这12本大数据教材中介绍了很多新兴的数据库技术，它们都被归类为大数据技术。因此，笔者对新兴数据库技术有很好的理解和深刻的认识，有信心把本书编写好，并且让它成为一本教师好用、学生满意的数据库教材。

本书共14章，详细阐述了关系数据库和各种新兴数据库技术的相关知识。第1章到第7章介绍关系数据库的内容，第8章到第11章介绍NoSQL数据库的内容，第12章和第13章介绍云数据库、数据仓库等数据库新技术，第14章介绍SQL与大数据。各章主要内容如下：第1章是数据库概述，介绍数据、数据管理、数据库、数据库管理系统、数据库系统、数据库技术的历史与现状等内容；第2章介绍关系数据库，包括关系模型的基本概念、关系查询和关系代数等内容；第3章介绍关系数据库标准语言SQL，包括数据定义、数据更新、数据查询和视图等内容；第4章介绍关系数据库编程，包括Transact-SQL游标、存储过程、函数、ODBC编程和JDBC编程等内容；第5章介绍关系数据库安全和保护，包括数据库的安全性、完整性、并发控制和恢复等内容；第6章介绍关系数据库的规范化理论，包括关系模式中可能存在的冗余和异常问题、函数依赖、范式和模式分解等内容；第7章介绍关系数据库设计；第8章介绍NoSQL数据库，包括NoSQL的四大类型、NoSQL的三大基石、NewSQL数据库等内容；第9章介绍分布式数据库HBase等内容；第10章介绍文档数据库MongoDB；第11章介绍键值数据库Redis；第12章介绍云数据库；第13章介绍数据仓库和数据湖；第14章介绍SQL与大数据，包括Hive、Spark SQL、Flink和Phoenix等内容。

本书的特色如下。

（1）全面覆盖传统的关系数据库和当前最新的NoSQL数据库。从20世纪70年代至今，经过50多年的发展，数据库技术不断演化，关系数据库目前仍然承担企业核心业务系统的数据存储功能，而更多新生的NoSQL数据库则很好地满足了企业各种新兴的数据存储需求。市场上其他数据库类教材，有的只介绍关系数据库，有的只讲解NoSQL数据库，本书则全面覆盖了关系数据库和NoSQL数据库的内容，能够很好地满足学生全面学习各种数据库技术知识的需求。

（2）注重数据库理论和实践巧妙结合。本书深入剖析数据库理论，同时注重实践操作，巧妙地将二者结合，使读者在理解原理的同时，也能掌握实际应用技巧。通过本书的学习，读者能够全面提升数据库技能，为数据处理工作奠定坚实基础。

（3）容易开展上机实践操作。本书采用Windows操作系统搭建实验环境，以Java作为编程语言，入门门槛低，并提供了详细的实验指南，很容易完成书上的各种上机实验。

（4）包含丰富的实验案例。数据库系统原理是一门注重培养学生动手能力的课程，为了提高学生的动手能力，本书提供了丰富的实验案例。

（5）提供丰富的教学配套资源。为了帮助高校一线教师更好地开展教学工作，本书配套了丰富的教学资源，如PPT课件、微课视频、教学大纲、教案、实验手册、课程思政案例等。

本书由林子雨执笔。在编写本书的过程中，厦门大学计算机科学与技术系硕士研究生阮敏朝、刘官山、黄连福、周凤林、吉晓函、刘浩然、周宗涛等做了大量辅助工作，在此，向他们表示衷心的感谢。同时，感谢夏小云老师在书稿校对过程中的辛勤付出。笔者在编写本书的过程中参考了大量网络资料、文献和书籍，对相关知识进行了系统梳理，有选择地把一些重要知识纳入本书，在此向这些作者表示感谢。

作者团队建设了全国高校大数据课程公共服务平台，读者可访问该平台免费获取本书的全部配套资源。

由于编者水平有限，本书难免存在不足之处，望广大读者不吝赐教。

林子雨
厦门大学计算机科学与技术系数据库实验室
2024年3月

CONTENTS 目录

目录 CONTENTS

目录 CONTENTS

CONTENTS 目录

目录 CONTENTS

第1章 数据库概述

随着信息化社会的发展，现在，我们已经身处“大数据时代”。这是一个充满数据的世界。支撑这个数据世界的基石就是数据库。数据库就是数据的仓库，是按数据结构来存储和管理数据的计算机软件系统。数据库的诞生和发展给计算机信息管理带来了一场巨大的革命。今天，数据库已广泛应用于我们的日常生活中，成为企业、部门乃至个人日常工作和生活的基础设施。

本章从数据讲起，然后介绍数据管理、数据库和数据库管理系统、数据库系统，最后介绍数据库技术的历史与现状。

1.1 数据

本节介绍数据的概念、数据与信息的关系、数据的价值和数据的使用。

数据

1.1.1 数据的概念

数据是指对客观事物的性质、状态以及相互关系等进行记载的物理符号或物理符号的组合，是可识别的、抽象的符号。数据和信息是两个不同的概念。信息较为宏观，它由数据有序排列组合而成，传达给用户某个概念或方法等；而数据是构成信息的基本单位，离散的数据几乎没有任何实用价值。

数据有很多种，比如数字、文字、图像、声音等。随着社会信息化进程的加快，我们在日常生产和生活中每天都在不断产生大量的数据，数据已经渗透到当今每一个行业和业务职能领域，成为重要的生产要素。从创新到决策，数据推动着企业的发展，并使各级组织的运营更为高效。可以这样说，数据将成为每个企业获取核心竞争力的关键要素。数据资源已经和物质资源、人力资源一样，成为国家的重要战略资源，影响着国家和社会的安全、稳定与发展，因此，数据也被称为“未来的石油”（见图1-1）。

图1-1　数据也被称为“未来的石油”

1.1.2 数据与信息的关系

数据和信息是相互联系的。数据是反映客观事物属性的记录，是信息的具体表现形式。数据经过加工处理之后，就成为信息，而信息需要经过数字化转变成数据才能存储和传输。接收者对信息进行识别后表示的符号称为数据，数据的作用是反映信息的内容并为接收者所识别，声音、符号、图像、数字是人类传播信息时主要使用的数据形式。因此，信息是数据的含义，数据是信息的载体。

1.1.3 数据的价值

数据的价值在于可以为人们找出答案。数据往往是出于某个特定的目的被收集，数据的价值是不断被人发现的。在过去，数据一旦实现了基本用途，往往就会被删除。一方面是由于过去的存储技术落后，人们需要删除旧数据来存储新数据；另一方面是人们没有认识到数据的潜在价值。比如，在淘宝或者京东搜索一件衣服，当输入关键词（性别、颜色、布料、款式）后，消费者可以很容易地找到自己心仪的产品，当购买行为结束后，这些数据通常就会被消费者删除。但是，购物网站会记录和整理这些购买数据，当海量的购买数据被收集后，就可以预测未来可能流行的产品的特征等。购物网站可把这些数据提供给各类生产商，帮助这些企业在竞争中脱颖而出。这就是数据价值的再发现。

数据的价值不会因为不断被使用而削减，反而会因为不断重组而变得更高。比如，将一个地区的物价、地价、高档轿车的销售数量、二手房转手的频率、出租车密度等各种不相关的数据整合到一起，可以精准地预测该地区的房价走势。这种方式已经被国外很多房地产网站所采用。这些被整合起来的数据并不妨碍下一次出于别的目的而被重新整合。也就是说，数据没有因被使用一次或两次而出现价值衰减，反而会在不同的领域产生更多的价值。基于数据的价值特性，各类被收集来的数据应当被尽可能长时间地保存下来，同时也应当在一定条件下与全社会分享，以产生更大的价值。数据的潜在价值往往是收集者不可想象的。当今世界已经逐步形成一种共识：在“大数据时代”以前，极具价值的商品是石油，而今天和未来极具价值的商品是数据。目前拥有大量数据的谷歌、亚马逊等公司每个季度的利润总和高达数十亿美元，并仍在快速增长，这些都是数据价值的最好佐证。因此，要实现“大数据时代”思维方式的转变，就必须正确认识数据的价值。数据已经具备了资本的属性，可以用来创造经济价值。

1.1.4 数据的使用

我们的身边存在各种各样的数据，那么，我们应该如何把数据变得可用呢？

第一步：数据清洗。使用数据的第一步通常是数据清洗，也就是把数据变成可用的状态。这个过程需要借助工具来实现数据转换，比如“古老”的UNIX工具AWK、XML解析器和机器学习库等。此外，脚本语言，比如Perl和Python，也可以在这个过程中发挥重要的作用。一旦完成数据的清洗，就要开始关注数据的质量。对来源众多、类型多样的数据而言，数据缺失和语义模糊等问题是难以避免的，必须采取相应措施来解决这些问题。

第二步：数据管理。数据经过清洗以后，被存放到数据库管理系统中进行管理。数据库管理系统就像图书馆，图书馆提供了对书籍的管理功能，而数据库管理系统则提供了对数据的管理功能，包括数据的插入、更新、删除、查询等功能，可以满足各种各样的应用需求。

第三步：数据分析。存储数据是为了更好地分析数据，分析数据需要借助统计分析方法、数据挖掘和机器学习算法，同时需要使用相关的大数据处理技术，比如Hadoop、Spark和Flink等。

1.2 数据管理

数据管理是数据使用的核心，主要包括数据的收集和分类、数据的表示和存储、数据的定位与查找、数据的维护和保护、提供数据访问接口和数据服务（如性能检测分析、可视化界面服务）等。

数据管理作为计算机应用领域中重要的一类，随着应用需求和计算机软硬件的发展，主要经历了人工管理、文件管理和数据库管理3个阶段。

（1）人工管理阶段。20世纪50年代中期之前，计算机主要用于科学计算。数据主要存储在卡片、纸带和磁带上。没有操作系统和数据管理软件，数据需要人工管理。数据不保存，随用随丢。应用程序和数据不可分割，数据完全依赖于应用程序，不具有独立性，因而无法共享。人工管理阶段应用程序与数据的对应关系如图1-2所示。

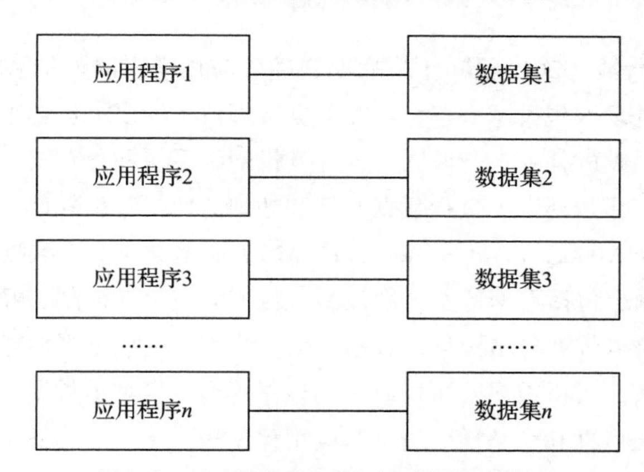

图1-2 人工管理阶段应用程序与数据的对应关系

（2）文件管理阶段。20世纪50年代后期至20世纪60年代中期，计算机技术有了很大的发展，开始广泛应用于信息处理。数据存储设备主要是磁盘。磁盘是一种随机存取设备，允许用户直接访问数据，摆脱了磁带按顺序访问的限制。该阶段出现了操作系统，并使用专门的管理软件，即文件系统（操作系统中的文件管理功能）来实施数据管理。数据可以长期保存在磁盘上，应用程序和数据有了一定的独立性，数据文件有了一定的共享性，但存在较严重的数据冗余。在文件系统中，数据的逻辑结构和输入输出格式由程序员在程序中进行定义和管理，数据的物理存储和获取方法则由文件系统提供。一个命名的数据集称为一个文件，文件中的数据被组织成记录的形式，记录由字段组成。文件之间是孤立的，缺乏联系。应用程序只需使用文件名就可以与数据“打交道”，而不必关心数据的物理位置。文件管理阶段应用程序与数据的对应关系如图1-3 所示。使用文件系统来管理数据存在如下一些缺点：①数据共享性差，同样的数据在多个文件中重复存储，冗余较严重；②文件是孤立存在的，数据是分离的，文件系统不具备自动实现数据之间关联的功能，无法反映现实世界事物之间的内在联系，文件之间相互独立，要建立文件之间的联系，必须通过应用程序来实现；③数据的独立性差，应用程序和数据没有真正分离，应用程序依赖文件的结构，每一次修改文件结构，都要修改相应的应用程序；④文件系统提供的操作有限，只提供了几个低级的文件操作命令，如果需要进行文件的查询、修改，则需要编写相应的应用程序来实现，而且功能相同的操作也很难实现共享应用程序。

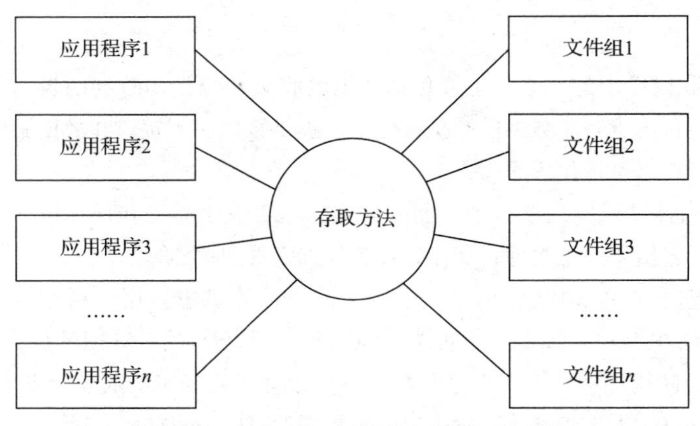

图1-3　文件管理阶段应用程序与数据的对应关系

（3）数据库管理阶段。20世纪60年代后期，随着应用需求的增加和软硬件技术的日趋成熟，计算机用于信息处理的规模越来越大，对数据管理技术的要求也越来越高，原有的文件系统已经不能胜任管理数据的任务。与此同时，计算机网络系统和分布式系统的相继出现，导致急需一种新的能够在多用户环境下进行数据共享和处理的数据管理软件。在这个背景下，数据库管理系统（Database Management System，DBMS）应运而生。在数据库管理阶段，数据由DBMS统一管理和控制，包括数据的安全性控制、数据的完整性控制、并发控制以及数据库恢复等。DBMS实现了整体数据的结构化，数据的结构使用数据模型来描述，无须程序定义和解释。数据面向整个系统，可以被多个用户或应用程序共享，提高了数据的共享性，减少了数据冗余，保证了数据的一致性和完整性。数据与应用程序相对独立，降低了应用程序开发和维护的成本。数据库管理阶段应用程序与数据的对应关系如图1-4所示。

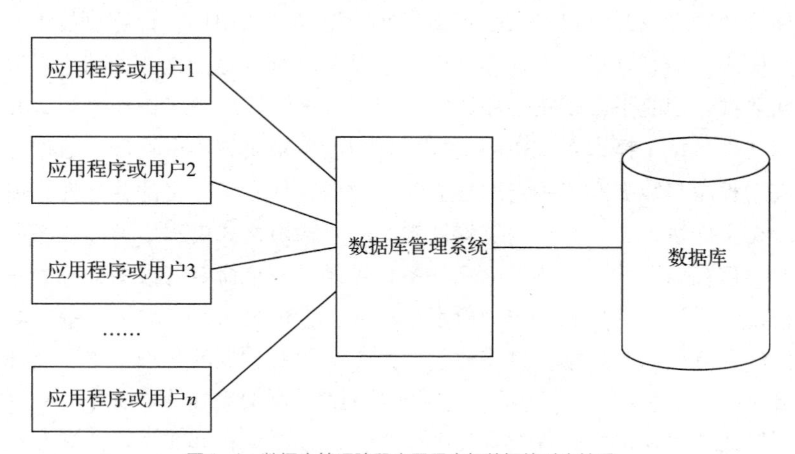

图1-4　数据库管理阶段应用程序与数据的对应关系

1.3 数据库与数据库管理系统

本节先介绍数据库和DBMS的概念，然后介绍一个具有代表性的DBMS产品——SQL Server。

1.3.1 数据库

数据库是长期存储在计算机内、有组织、可共享的大量数据的集合。数据库中的数据按一定的数据模型组织、描述和存储，具有较低的冗余度、较高的数据独立性和易扩展性，并可为各种用户共享。

数据库与数据库管理系统

根据所使用的数据模型的不同，数据库可以划分为层次数据库（基于层次模型）、网状数据库（基于网状模型）、关系数据库（基于关系模型）、NoSQL数据库（基于非关系模型）等。

1.3.2 数据库管理系统

DBMS是一种操纵和管理数据库的大型软件，用于建立、使用和维护数据库，它对数据库进行统一的管理和控制，以保证数据库的安全性和完整性。用户通过DBMS访问数据库中的数据，数据库管理员也通过DBMS进行数据库的维护工作。DBMS可使多个应用程序和用户以不同的方法在同一时刻或不同时刻建立、修改和访问数据库。

DBMS的主要功能如下。

（1）数据定义功能。DBMS提供数据描述语言（Data Description Language，DDL）来定义数据库结构，并将其保存在数据字典中。

（2）数据存取功能。DBMS提供数据操纵语言（Data Manipulation Language，DML），实现对数据库数据的基本操作，包括查询、插入、修改和删除等。

（3）数据库运行管理功能。DBMS提供数据控制功能，实现数据的安全性、完整性和并发控制等，可以对数据库的运行进行有效控制和管理，以确保数据正确、有效。

（4）数据库的建立和维护功能。DBMS提供数据库初始数据的装入，数据库的转储、恢复、重组织，系统性能的监视、分析等功能。

（5）数据的传输功能。DBMS提供数据的传输功能，实现用户与DBMS之间的通信，通常与操作系统协调完成。

DBMS的工作模式如下。

（1）接收用户的数据请求和处理请求。

（2）将用户的数据请求（高级指令）转换成复杂的机器代码（低级指令）。

（3）实现对数据库的操作。

（4）从对数据库的操作中接收查询结果。

（5）对查询结果进行处理（格式转换）。

（6）将处理结果返回给用户。

DBMS总是基于某种数据模型，因此可以将DBMS看成某种数据模型在计算机系统上的具体实现。根据数据模型的不同，DBMS可以分成层次型、网状型、关系型、面向对象型等。关系DBMS通常称为RDBMS（Relational Database Management System，关系数据库管理系统），目前主流的RDBMS包括Oracle、SQL Server、MySQL、DB2等。在不同的计算机系统中，由于缺乏统一的标准，即使基于同种数据模型，DBMS在用户接口、系统功能等方面也常常是不相同的。

DBMS的优点如下。

（1）控制数据冗余。DBMS应尽可能地消除冗余，但是无法完全消除，而是控制大量数据库保持固有的冗余。例如，为了表现数据间的关系，数据项的重复一般是必要的，有时为了提高性能也会使一些数据项重复。

（2）保证数据一致性。通过消除或控制冗余，可尽量避免数据不一致引发的错误。如果数据项在数据库中只存储了一次，则任何对该数据项的更新均只需进行一次，而且新的值立即就被所有用户获得。如果数据项不只存储了一次，而且DBMS意识到这点，DBMS将确保该数据项的所有副本都保持一致。

（3）提高数据共享性。数据库应该被有权限的用户共享。DBMS的引入使更多的用户可以更方便地共享更多的数据。新的应用程序可以依赖于数据库中已经存在的数据，并且只增加没有存储的数据，而不用重新定义所有的数据需求。

1.3.3 SQL Server

数据库管理系统
SQL Server

本书以SQL Server为例介绍RDBMS，各种数据库操作和编程均围绕SQL Server展开。SQL Server是微软公司推出的RDBMS，具有使用方便、可伸缩性好、与相关软件集成程度高等优点。SQL Server提供了数据管理和商务智能（Business Intelligence，BI）工具和服务。对于数据管理，SQL Server提供了SQL Server集成服务（SQL Server Integration Services，SSIS）、SQL Server数据质量服务和SQL Server主数据服务。为了开发数据库，SQL Server提供了SQL Server数据工具；为了管理、部署和监视数据库，SQL Server提供了免费的数据库管理工具SQL Server Management Studio（SSMS）。对于数据分析，SQL Server 提供了SQL Server分析服务（SQL Server Analysis Services，SSAS）、SQL Server报表服务（SQL Server Reporting Services，SSRS），后者提供报告和数据的可视化功能。

SQL Server有4个主要的版本，它们具有不同的捆绑服务和工具。

（1）用于数据库开发和测试的SQL Server开发版（免费）。

（2）用于占用磁盘存储空间不超过10GB的小型数据库的SQL Server Express Edition（免费）。

（3）对于更大和更关键的应用程序，SQL Server提供了包含SQL Server所有功能的企业版。

（4）SQL Server标准版具有企业版的部分功能，并且在服务器上限制了可以配置的处理器核心和内存的数量。

出于学习目的，读者可以选择免费的SQL Server Express Edition。可以到SQL Server官网下载SQL Server 2022 Express Edition安装文件，然后运行安装文件开始安装。

进入安装界面以后，在选择安装类型时，可以选择“基本”，安装带默认配置的SQL Server数据库引擎，如图1-5所示。

在完成数据库引擎的安装以后，会出现安装成功界面（见图1-6）。这时，单击界面底部的“安装SSMS”按钮，可以继续安装SSMS。SSMS是用于管理SQL Server的集成环境，提供用于配置、监视和管理SQL Server实例的工具。此外，它还提供用于部署、监视和升级数据层组件

（如应用程序使用的数据库和数据仓库）的工具，以生成查询和脚本。本书后面会介绍如何使用SSMS进行各种数据库操作。

图1-5　SQL Server安装类型选择

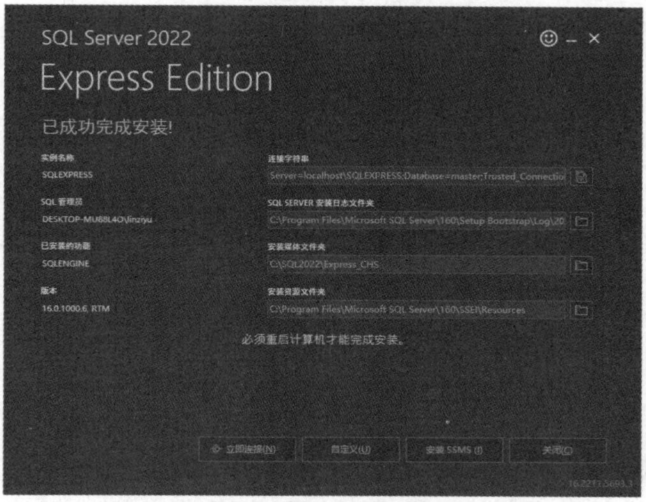

图1-6　SQL Server安装成功界面

在Windows系统中，右击“开始”按钮，在弹出的菜单中选择“运行”，打开“运行”对话框（见图1-7），在“打开”文本框中输入“services.msc”，打开“服务”窗口（见图1-8），找到SQL Server服务，可以启动或停止该服务，也可以设置该服务的启动类型为“自动”或“手动”。

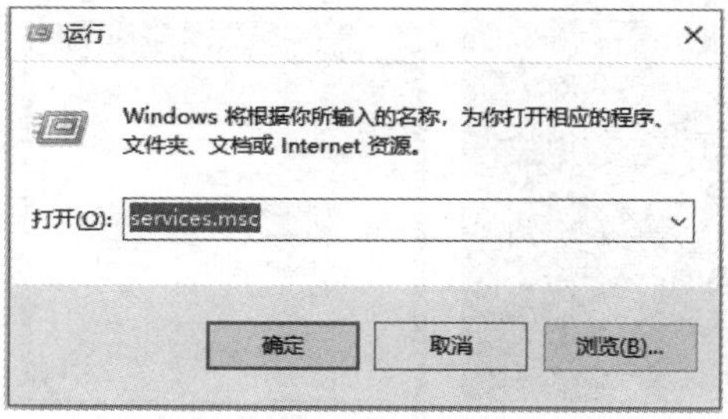

图1-7　“运行”对话框

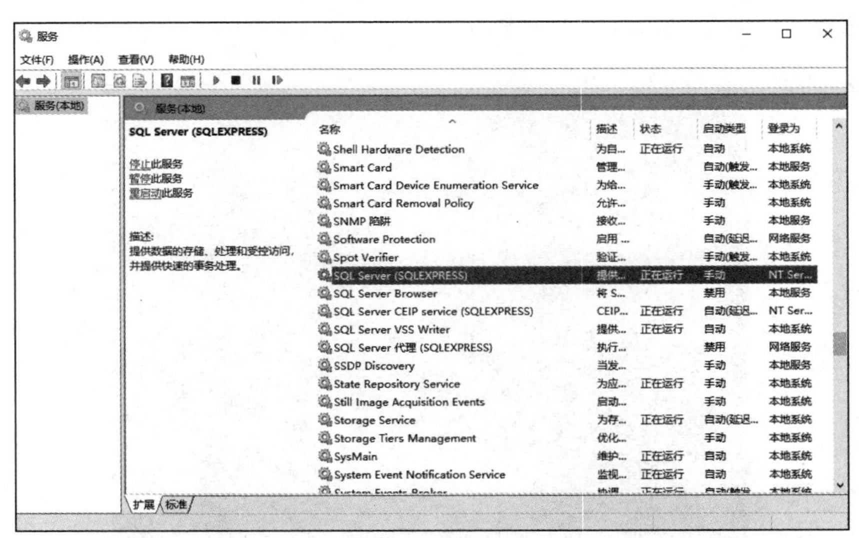

图1-8 “服务”窗口

在“服务”窗口中启动SQL Server服务以后，在“开始”菜单中选择“SQL Server Management Studio”，启动SSMS。启动以后，可以看到图1-9所示的对话框，单击该对话框底部的“连接”按钮，连接SQL Server数据库引擎。

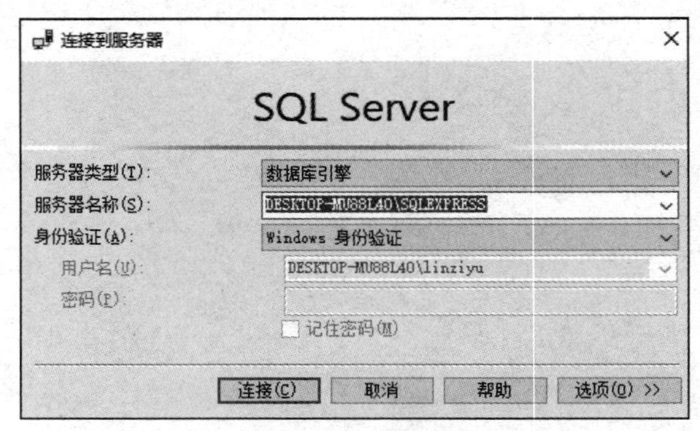

图1-9 “连接到服务器”对话框

成功连接数据库引擎以后，会出现图1-10所示的数据库管理界面。单击“新建查询”按钮，会打开一个查询窗口（见图1-11），在里面可以输入数据库操作语句（SQL语句），输入后单击“执行”按钮就可以执行各种数据库操作。

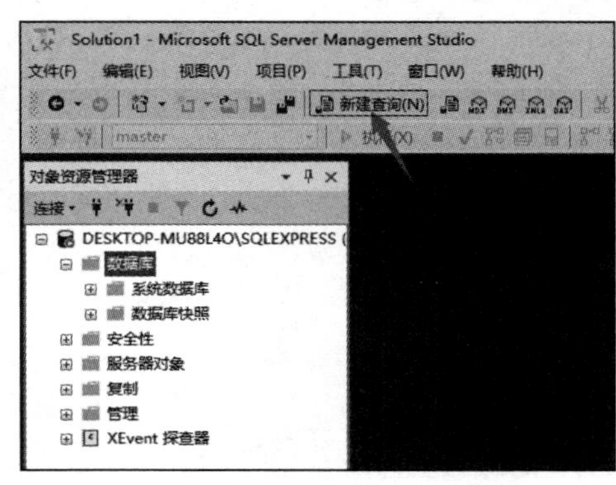

图1-10 数据库管理界面

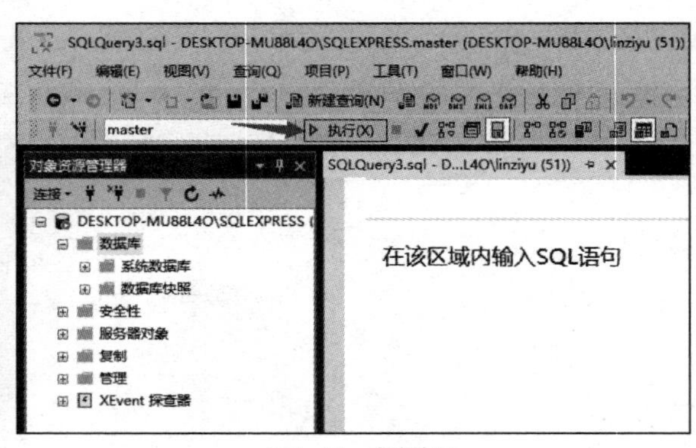

图1-11 查询窗口

1.4 数据库系统

本节介绍数据库系统的组成、数据库系统的特点以及数据库系统的体系结构。

1.4.1 数据库系统的组成

数据库系统是由数据库、DBMS、应用开发工具、应用程序、用户和数据库管理员组成的存储、管理、处理和维护数据的系统，如图1-12所示。其中，应用程序的使用可以满足对数据进行管理的更高要求，还可以使数据管理过程更加直观和友好。应用程序负责与DBMS进行通信、访问和管理DBMS中存储的数据，允许用户插入、修改、删除数据库中的数据。用户操作应用程序，通过应用程序的用户界面使用数据库来完成业务活动。数据库管理员是负责管理和维护数据库服务器的人，数据库管理员负责全面管理和控制DBMS，包括数据库的安装、监控、备份、恢复等基本工作。

数据库系统的组成与特点

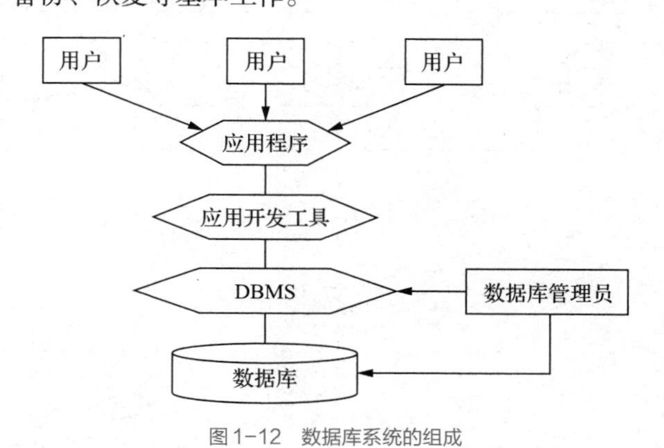

图 1-12 数据库系统的组成

1.4.2 数据库系统的特点

数据库系统具有以下特点。

（1）整体数据结构化。数据库中的任何数据都不属于任何应用程序，数据是公共的，结构是全面的。在数据库中，数据文件的个数是有限的、固定的，但数据库系统的应用程序的个数可以是无限的。整体数据的结构化可以减少乃至消除不必要的数据冗余，进而节约整体数据的存储空间，避免数据不一致和不相容（数据不符合规定的约束条件）。

（2）数据的共享度高。数据与数据的逻辑结构同时存储在数据库中，显示数据时，可同时显示数据的逻辑结构；组织的整体数据被综合考虑，整体数据结构化。因此，数据库系统的数据共享度较高。由此带来的好处是，合法用户可以方便地访问数据库中的数据，且不用担心出现数据不一致和不相容的问题。数据库中的数据可满足各种合法用户的合理需求以及各种应用的需求，可以方便地扩充新的应用。

（3）数据的独立性高。数据的独立性是指数据与应用程序之间的关联性低。数据与数据的逻辑结构存储在数据库中，由DBMS管理。应用程序既不存储数据，也不存储数据的逻辑结构。由此带来的好处是，数据与应用程序相互独立，可以方便地编制各种应用程序，大大减少应用程序的维护工作。

（4）较强的数据控制能力。数据库系统具有较高的安全性、较好的数据完整性、较强的并发控制能力、较强的数据恢复能力。

1.4.3 数据库系统的体系结构

数据库系统的体系结构分为内部体系结构和外部体系结构。内部体系结构是指从DBMS的角度来看数据库系统。外部体系结构是指从数据库最终用户的角度来看数据库系统。

数据库系统的内部体系结构

1. 内部体系结构

（1）数据库系统的三级模式结构

数据库系统的三级模式结构由外模式、模式和内模式三级组成，如图1-13所示。

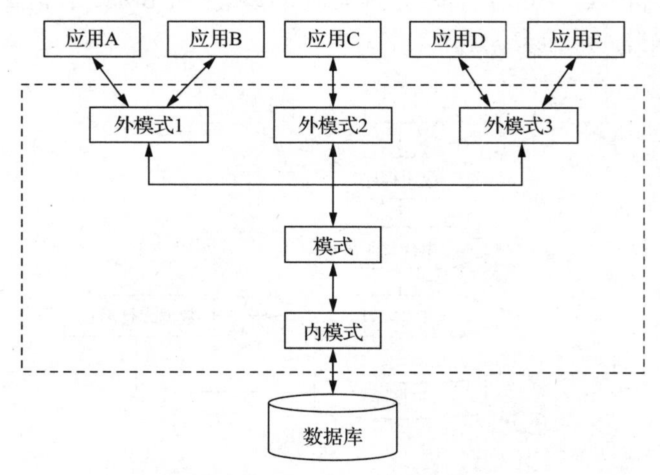

图 1-13 数据库系统的三级模式结构

外模式是用户能够看见和使用的局部数据的逻辑结构和特性的描述，是数据库用户的数据视图。外模式通常是模式的子集，一个数据库可以有多个外模式。外模式是保证数据库安全性的一项有力措施，每个用户只能看见和访问相应的外模式中的数据，数据库中的其余数据对其来说是不可见的。

模式是数据库中全体数据的逻辑结构和特性的描述，是所有用户的公共数据视图，描述的是数据的全局逻辑结构。例如，数据记录由哪些数据项构成，数据项的名字、类型、取值范围等。一个数据库只有一个模式。

内模式是对数据的物理结构和存储方式的描述。例如，记录的存储方式是顺序存储还是B+树存储、数据是否加密、数据是否压缩等。

（2）数据独立性与二级映像

① 数据独立性。

数据独立性包括两种，一种是数据与应用程序的物理独立性，另一种是数据与应用程序的逻辑独立性。数据与应用程序的物理独立性是指当数据库的存储结构改变时，由数据库管理员对模式/内模式映像进行相应调整，使模式保持不变，从而应用程序也不必改变。数据与应用程序的逻辑独立性是指当模式改变时，由数据库管理员对各个外模式/模式映像进行相应调整，使外模式保持不变，应用程序是依据数据的外模式编写的，因此应用程序也不必改变。

② 二级映像。

数据库管理系统在三级模式之间提供了二级映像：外模式/模式映像和模式/内模式映像。二级映像保证了数据库系统中的数据具有较高的逻辑独立性和物理独立性。

- 外模式/模式映像。外模式/模式映像即外模式到模式的映像，它定义了数据的局部逻辑结构与全局逻辑结构之间的对应关系。该映像的定义通常包含在各外模式的描述中。对于每一个外模式，数据库系统都有一个外模式/模式映像。当模式改变时，由数据库管理员对各个外模式／模式映像进行相应调整，使外模式保持不变，从而不必修改应用程序，保证了数据的逻辑独立性。
- 模式/内模式映像。模式/内模式映像即模式到内模式的映像，它定义了数据的全局逻辑结构与物理存储结构之间的对应关系。该映像的定义通常包含在模式的描述中。数据库中只有一个模式，也只有一个内模式，所以模式/内模式映像是唯一的。当数据库的存储结构改变（如换了另一个磁盘来存储该数据库）时，由数据库管理员对模式／内模式映像进行相应调整，使模式保持不变，从而保证了数据的物理独立性。

2. 外部体系结构

从外部体系结构来看，即从数据库最终用户的角度来看，数据库系统一般分为集中式结构、主从式结构、分布式结构、客户机/服务器结构、浏览器/应用服务器/数据库服务器结构、并行结构和云结构。

数据库系统的外部体系结构

（1）集中式结构

集中式结构是运行在个人计算机上的结构模式，将应用程序、DBMS、数据库都放在同一台计算机上面，由一个用户独占使用，不同计算机之间不能共享数据。这是早期的数据库系统的外部体系结构。它的优点是工作在单机环境，侧重可操作性、易开发性和简单管理等方面。

（2）主从式结构

主从式结构是大型主机带多终端的多用户结构的系统，是以大型主机为中心的结构模式（见图1-14），也称为分时共享模式。它将操作系统、应用程序、DMBS、数据库等放在主机上，所有的应用处理均由主机承担，每个与主机相连接的终端（从机）都作为主机的I/O设备，完全无数据处理能力。

这种结构的优点是简单，易于管理和维护。缺点是由于所有处理任务都由主机完成，因此对主机的性能要求比较高，维护成本也较高。当从机的数量太多时，主机的任务过重，易形成瓶颈，使系统性能下降；当主机出现故障的时候，整个系统将无法使用。

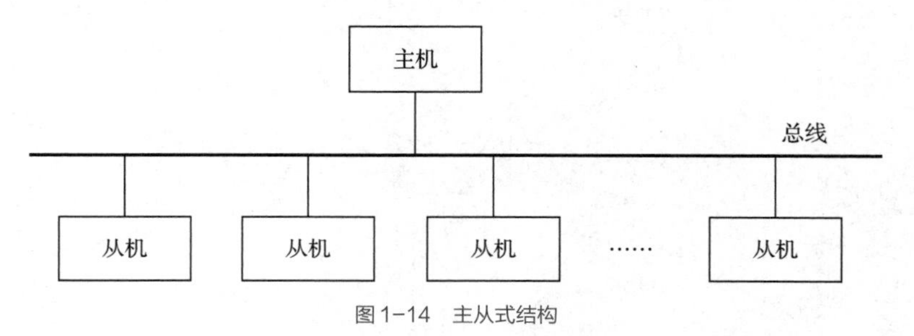

图1-14　主从式结构

（3）分布式结构

分布式结构是一种以网络连接起来的节点的集合（见图1-15），每个节点都可以拥有集中式数据库系统。在分布式结构中，数据库中的数据不集中放在一台服务器上面，而是分布在不同地域的服务器上面，每台服务器称为一个节点。每个节点可以独立处理本地数据库中的数据，执行局部应用。这种结构具有数据的逻辑整体性，即数据在物理上是分散的，但在逻辑上是一个整体，用户使用起来如同在使用集中式数据库系统。

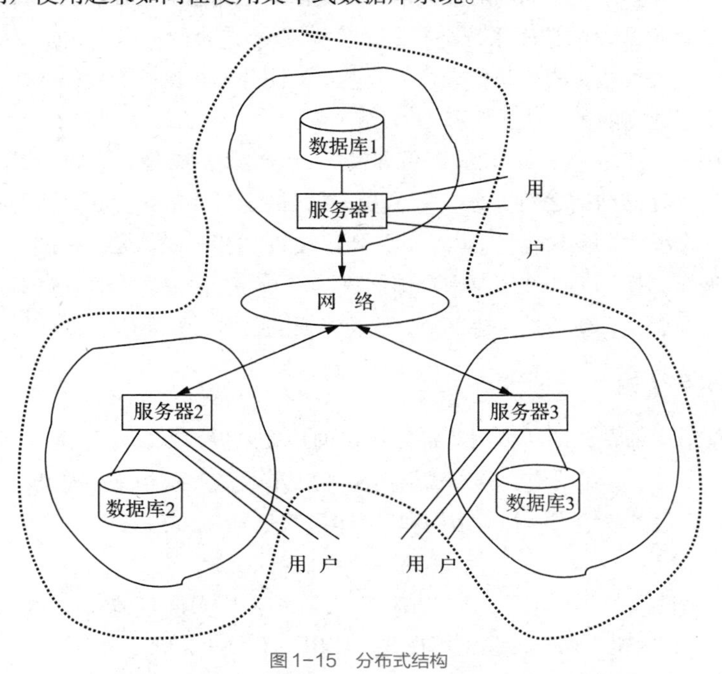

图 1-15 分布式结构

这种结构的优点是能够满足地理上分散的公司、团队和组织对数据库进行应用的需求；缺点是数据库分散增加了数据处理、管理与维护的难度，当用户需要经常访问远程数据库时，系统效率明显受到网络传输速度的制约。

（4）客户机/服务器结构

客户机/服务器结构也称为C/S结构（见图1-16），它将一个数据库分解为客户机（称为前端）和服务器（称为后端），通过网络连接客户机和服务器。它的特点是DBMS的功能与应用程序分开，把网络上的某个节点专门作为数据库服务器，专门用于执行DBMS的功能，实现数据的管理功能；把网络上的其他节点作为客户机，上面安装DBMS的应用开发工具和相关数据库应用程序，只需要运行应用程序和执行计算处理。

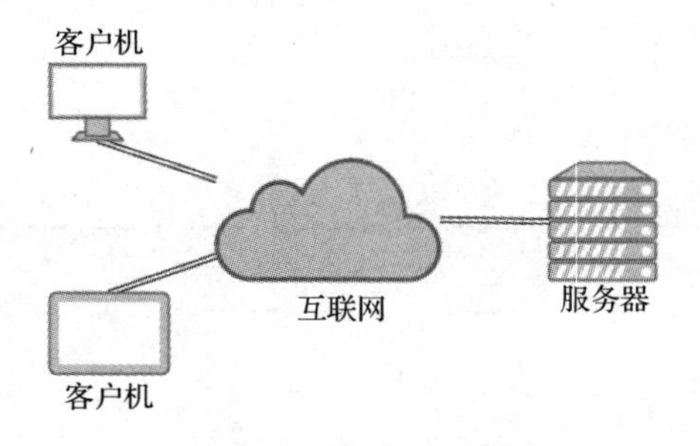

图 1-16 客户机/服务器结构

这种结构的优点是网络运行效率较高，减少了通信开销和服务器负载，同时，数据库更加开放，安全性更容易得到保证。缺点是系统安装过程复杂，工作量大，开发、维护成本较高，兼容性差。

（5）浏览器/应用服务器/数据库服务器结构

浏览器/应用服务器/数据库服务器结构也称为B/S结构（见图1-17），本质上也是客户机/服务器结构，它是传统的C/S结构在Web上的发展。相对C/S结构而言，B/S结构把原来在客户机一侧的应用程序模块与显示功能分开，将应用程序模块放在Web服务器上，客户端只需要安装浏览器就可以了。这样将系统业务处理部分统一放在Web服务器上，客户端只起到与用户交互的作用。

这种结构的优点是：第一，分布性强，客户端零维护，只要有网络、浏览器，就可以随时随地进行查询、浏览等业务处理；第二，业务扩展简单、方便，增加网页即可增加服务器的功能；第三，维护简单、方便，只需要改变网页，即可实现所有用户的同步更新；第四，开放简单，共享性强。

这种结构的缺点是：第一，个性化特点明显减少，无法满足个性化功能的要求；第二，功能弱化，难以实现传统模式下的特殊功能要求；第三，在速度和安全上需要投入巨大的设计成本；第四，客户机和服务器的交互是请求-响应模式，通常是动态刷新页面，响应速度明显降低。

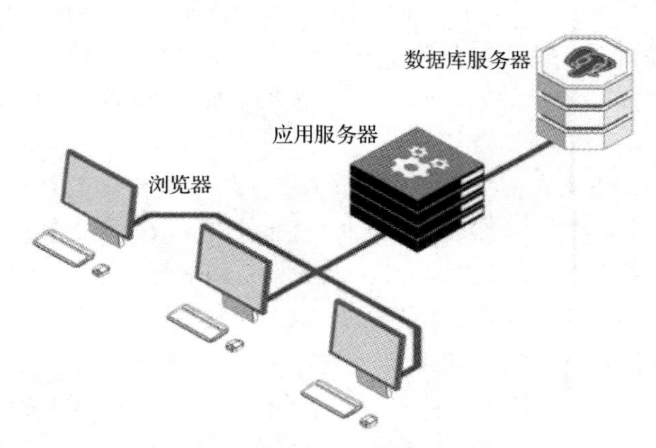

图1-17　浏览器/应用服务器/数据库服务器结构

（6）并行结构

并行数据库系统是新一代高性能数据库系统，是在大规模并行处理计算机和集群并行计算环境的基础上提出的数据库系统。根据所在的计算机的处理器、内存和磁盘的相互关系，并行数据库系统可以归纳为3种基本的体系结构，即共享内存、共享磁盘和非共享，如图1-18所示。

共享内存的结构由多个处理器、一个全局共享的主存储器（共享内存）和多个磁盘组成。共享磁盘的结构由多个拥有独立内存的处理器和多个磁盘组成，各个处理器之间没有直接的数据交换，每个处理器都读写全部磁盘，处理器与磁盘通过高速通信网络进行连接。非共享的结构由多个处理节点组成，每个处理节点都有独立的处理器、独立的内存和独立的磁盘，多个处理节点在处理器级别上通过高速网络连接，各个处理器使用自己的内存处理数据。

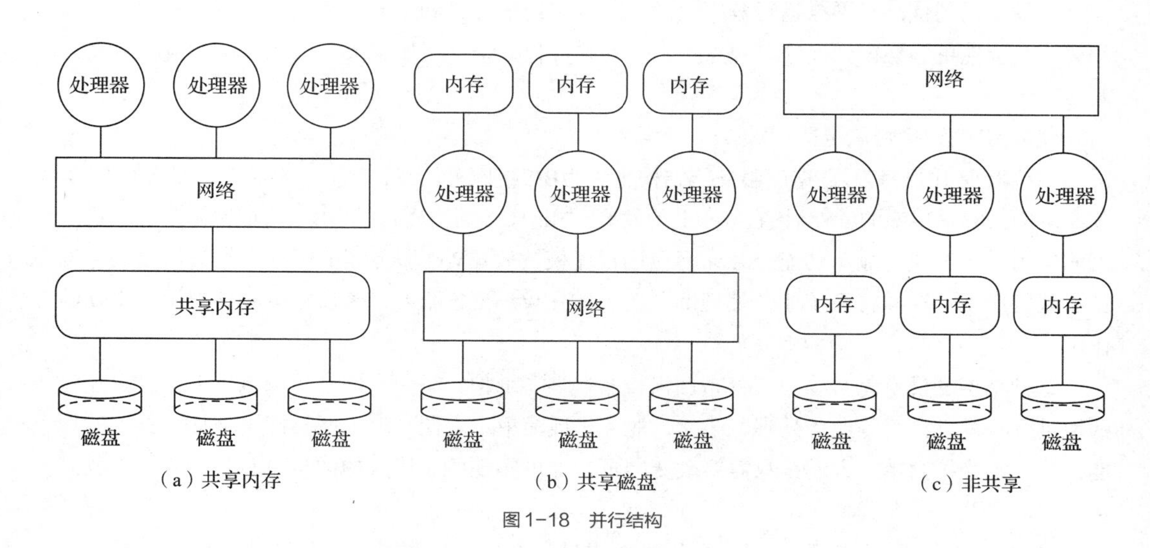

图1-18 并行结构

并行数据库系统大部分采用关系数据模型并且支持SQL语句查询。但为了能够并行执行SQL的查询操作，系统中采用了两个关键技术：关系表的水平划分和SQL查询的分区执行。并行数据库系统的目标是高性能和高可用性，通过多个节点并行执行数据库任务，提高整个数据库系统的性能和可用性。最近几年涌现出一些提高系统性能的技术，如索引、压缩、实体化视图、结果缓存、I/O共享等，这些技术都比较成熟且经得起时间的考验。与一些早期的系统（如Teradata等）必须部署在专有硬件上不同，最近开发的系统（如Aster、Vertica等）可以部署在普通的机器上。

并行数据库系统的主要缺点是没有较好的弹性，而这种特性对于中小企业和初创企业是比较友好的。人们在对并行数据库系统进行设计和优化的时候认为集群中节点的数量是固定的，若需要对集群进行扩展和收缩，则必须为数据转移制订周全的计划。这种数据转移的代价是较大的，并且会导致系统在某段时间内不可访问，而这种较差的灵活性会直接影响到并行数据库系统的弹性和现用现付商业模式的实用性。

并行数据库系统的另一个缺点是系统的容错性较差。过去人们认为节点故障是特例，并不经常出现，因此系统只提供事务级别的容错功能。如果在查询过程中节点发生故障，那么整个查询都要从头开始执行。这种重启任务的策略使得并行数据库系统难以在拥有数千个节点的集群上处理较长的查询，因为在这类集群中节点的故障经常发生。基于这种分析，并行数据库系统只适用于应用程序的资源需求相对固定的场景。

（7）云结构

如何方便、快捷、低成本地存储海量数据，是许多企业和机构面临的一个严峻挑战。云结构的数据库系统（简称云数据库）是一个非常好的解决方案。云数据库是部署和虚拟化在云计算环境中的数据库（见图1-19），它是在云计算的大背景下发展起来的一种新兴的共享基础架构的方法，它极大地增强了数据库的存储能力，避免了硬件、软件的重复配置，让硬件、软件升级变得更加容易，同时也虚拟化了许多后端功能。云数据库具有高可扩展性、高可用性、采用多租形式和支持资源有效分发等特点。

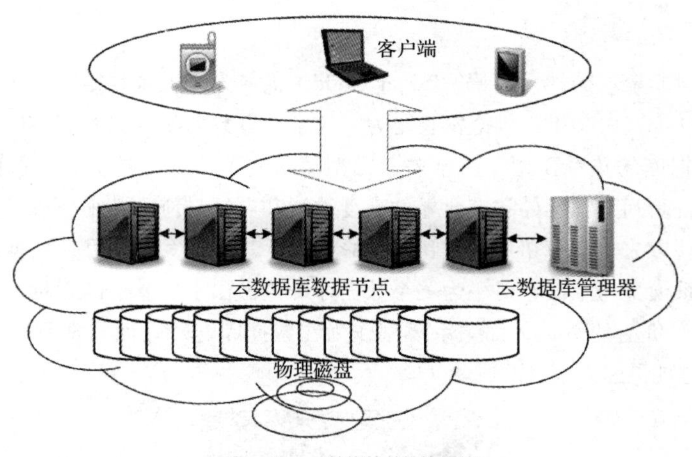

图1-19　云结构的数据库系统

1.5　数据库技术的历史与现状

本节先介绍数据库领域的杰出贡献者，然后介绍数据库发展历史，最后介绍国产数据库的发展现状。

1.5.1　数据库领域的杰出贡献者

在数据库的发展历史上，全世界范围内有一些重要的历史人物，他们为数据库技术的发展做出了卓越的贡献，推动着数据库技术不断进步并逐渐广泛应用于各行各业，他们的名字将永远记录在数据库技术发展的史册上。我国也有一批知名的学者为推动数据库技术在我国的普及和国产数据库技术的发展做出了重要贡献。

数据库领域的杰出贡献者

1. 查尔斯·巴赫曼

美国科学家查尔斯·巴赫曼（Charles Bachman）被誉为“网状数据库之父”，获得1973年图灵奖（见图1-20）。他在数据库方面的主要贡献有两项。第一是在美国通用电气公司任程序设计部门经理期间，他主持设计与开发了最早的网状数据库管理系统IDS（Integrated Data Store）。IDS于1964年推出后，成为最受欢迎的数据库产品之一，而且它的设计思想和实现技术被后来的许多数据库产品所效仿。第二是他积极推动与促成了数据库标准的制定，即美国数据系统语言委员会（CODASYL）下属的数据库任务组（DBTG）提出的网状数据库模型以及DDL和DML的规范说明，并于1971年推出了第一份正式报告——DBTG报告，该报告是数据库历史上具有里程碑意义的文献。

图1-20　查尔斯·巴赫曼

2. 埃德加·科德

英国计算机科学家埃德加·科德（Edgar Codd）被誉为“关系数据库之父”，荣获1981年图灵奖（见图1-21）。1970年，科德发表题为“大型共享数据库数据的关系模型”的论文，文中首次提出了数据库的关系模型。由于关系模型简单明了、具有坚实的关系代数理论基础，所以它一经推出就受到了学术界和产业界的高度重视和广泛响应，并很快成为数据库市场的主流。20世纪80年代以来，计算机厂商推出的DBMS几乎都支持关系模型，数据库领域当前的研究工作大都以关系模型为基础。科德为关系数据库理论做出了奠基性的贡献。他一生为计算机科学做出了很多有价值的贡献，而关系模型作为在数据库管理方面非常具有影响力的基础理论，仍然被认为是他最引人瞩目的成就。

图1-21　埃德加·科德

3. 詹姆斯·格雷

美国计算机科学家詹姆斯·格雷（James Gray）是数据库领域的资深专家，荣获1998年图灵奖（见图1-22）。格雷在贝尔实验室、IBM、Tandem、DEC等机构和公司工作过，研究方向为数据库。在IBM公司工作期间，他参与和主持过IMS、System R、SQL/DS、DB2等项目的开发，其中除System R仅作为研究原型没有成为产品外，其他几个都成为IBM公司在数据库市场上有影响力的产品。格雷进入数据库领域时，关系数据库的基础理论已经成熟，但各大公司在RDBMS的实现和产品开发中都遇到了一系列技术问题。主要问题是数据库的规模越来越大，数据库的结构越来越复杂，在越来越多的用户共享数据库的情况下，如何保障数据的完整性（Integrity）、安全性（Security）、并行性（Concurrency），以及一旦出现故障，数据库如何实现从故障中恢复。这些问题如果不能圆满解决，无论哪个公司的数据库产品都无法实用，最终不能被用户所接受。正是在解决这些重大的技术问题、使RDBMS成熟并顺利进入市场的过程中，格雷的聪明才智发挥了十分关键的作用，他创造性地提出了事务机制，解决了RDBMS的一系列技术难题。格雷在事务处理技术上的创造性思维和开拓性工作，使他成为该技术领域公认的权威。

4. 迈克尔·斯通布雷克

美国计算机科学家迈克尔·斯通布雷克（Michael Stonebraker）因“对现代数据库系统底层的概念与实践所做出的基础性贡献”荣获2014年图灵奖（见图1-23）。斯通布雷克在1992年提出了对象关系数据库模型，是众多数据库公司的创始人之一，其中包括PostgreSQL、Ingres、Illustra、Cohera、StreamBase Systems和Vertica Systems等。斯通布雷克也是SQL Server和Sybase的奠基人。

图1-22 詹姆斯·格雷

图1-23 迈克尔·斯通布雷克

5. **萨师煊**

萨师煊是我国数据库学科的奠基人之一（见图1-24）。他是我国数据库教学的先行者、数据库研究的探索者、我国数据库学术活动的积极倡导者和组织者，对我国数据库技术的发展、应用和学术交流起了巨大的推动作用，对我国数据库技术跟踪国际前沿、缩短与国际的差距做出了杰出贡献。

图1-24 萨师煊

1.5.2 数据库发展历史

数据库技术是信息技术领域的核心技术之一，几乎所有的信息系统都需要使用数据库系统来组织、存储、操纵和管理业务数据。数据库也是现代计算机学科的重要分支和研究方向。目前，数据库领域已有4位图灵奖获得者，他们在数据库理论和实践领域均有突出贡献。

数据库发展历史

在数据库诞生之前，数据存储和数据管理已经存在相当长的时间，当时数据管理主要通过表格、卡片等方式进行，效率低下，需要大量人员参与，极易出错。

20世纪，随着计算机的诞生和成熟，计算机开始应用于数据管理，与此同时，数据库技术也迅速发展。传统的文件系统难以应对数据增长带来的挑战，也无法满足多用户共享数据和快速检索数据的需求。在这样的背景下，20世纪60年代，数据库技术应运而生。

网状数据库是数据库历史上的第一代产品，它成功地将数据从应用程序中独立出来并进行集中管理。网状数据库基于网状数据模型建立数据之间的联系，能反映现实世界中信息的关联，是许多空间对象的自然表达形式。

1964年，世界上第一个数据库管理系统IDS诞生于美国通用电气公司。IDS是网状数据库管理系统，奠定了数据库发展的基础，在当时得到了广泛的应用。20世纪70年代到20世纪80年代初，网状数据库十分流行，在数据库产品中占据主流地位。

紧随其后出现的是层次数据库，其数据模型是层次数据模型，即使用树形结构来描述实体及其之间的关系。1968年，世界上第一个层次数据库系统IMS（Information Management System）诞生于IBM公司，这也是世界上第一个大型通用的数据库系统。

网状数据库和层次数据库在数据库发展初期比较流行，网状数据模型对层次和非层次结构的事物都能比较自然地模拟，因此，网状数据库的应用比层次数据库更加广泛，在当时占据着主要地位。

虽然对于数据的集中存储、管理和共享的问题，网状数据库和层次数据库已经给出了较好的解答，但是，数据独立性和抽象级别仍有较大的欠缺。为了解决这些问题，关系数据库应运而生。1970年，IBM公司的研究员埃德加·科德发表了一篇题为“大型共享数据库数据的关系模型”的论文，提出了关系数据模型的概念，奠定了关系数据模型的理论基础，这是数据库发展史上具有划时代意义的里程碑。关系模型最大的创新点是拆掉了表与表之间的联系，将这种联系只存储在表的一个字段中，从而实现了表与表之间的独立。随后，埃德加·科德又陆续发表了多篇论文，论述了范式理论，用关系代数理论奠定了关系数据库的基础。关系数据模型的概念非常简单，结构特别灵活，能满足所有布尔逻辑运算和集合运算规则形成的查询要求，可以搜索、比较和组合不同类型的数据。使用关系数据模型进行数据的增加和删除操作非常方便，而且，关系数据模型具有较高的数据独立性和很好的安全保密性。

从数据关系理论到构建一个真实的关系数据库系统还有很长的一段路要走，在这个过程中，很多公司、学者都贡献出了自己的成果，共同推动着数据库领域的发展。1973年，IBM公司启动了验证关系数据库系统的项目System R，同年加州大学伯克利分校的迈克尔·斯通布雷克等人启动了关系数据库的研究项目Ingres（Interactive Graphics and Retrieval System）。1974年，Ingres诞生，为后续大量基于其源代码开发的PostgreSQL、Sybase、Informix、Tandem和SQL Server等著名产品打下坚实基础。1979年，Oracle诞生。从诞生之日起，Oracle就一直是数据库领域中处于领先地位的产品。1983年，经过长达十年的开发与测试，IBM公司发布了DB2。1988年，SQL Server诞生。微软、Sybase等公司合作，在Sybase的基础上生产出了在OS/2上使用的SQL Server 1.0。

此后，关系数据模型得到了很多厂商的关注和支持。20世纪80年代以来，几乎所有的数据库厂商新出的数据库产品都支持关系数据库，非关系数据库产品也几乎都有支持关系数据库的接口。

随着关系数据库的发展以及不同业务场景数字化，人们逐渐产生通过数据监控业务发展，并通过数据分析来辅助业务发展的想法。在此想法之上，1988年，数据仓库的概念被正式提出。数据仓库是一个面向主题的、集成的、非易失的、随时间变化的、用于支持管理人员决策的数据集。尽管当时已经有了数据仓库的概念，但是大家对数据仓库的实现方式一直争论不休。直到1991年比尔·恩门（Bill Inmon）出版了*Building the Data Warehouse*一书，数据仓库实现方式的争论才告一段落。在这本书中，恩门不仅对数据仓库提出了更精确的定义（即数据仓库是在企业管理和决策中面向主题的、集成的、与时间相关的、不可修改的数据集），而且提出了范式建模的数据仓库建设方法。尽管后来范式建模受到了维度建模的挑战，但因为恩门依然有巨大的影响力，所以他被尊称为“数据仓库之父”。

随着云计算的发展和“大数据时代”的到来，关系数据库越来越无法满足需要，这主要是由于越来越多的半关系和非关系数据需要用数据库进行存储与管理。与此同时，分布式技术等新技术的出现也对数据库技术提出了新的要求，于是越来越多的非关系数据库出现。这类数据库与传统的关系数据库在设计和数据结构方面有很大的不同，它们更强调数据库数据的高并发读写和多结构化存储，这类数据库一般被称为NoSQL数据库。而传统的关系数据库在一些传统领域依然具有强大的生命力。

NoSQL数据库虽然满足了高并发读写、多结构化存储等需求，但这是牺牲事务处理、一致性以及SQL换来的。而SQL和事务处理的重要性让人们开始反思怎么样才能在解决前述问题的基础上保留SQL和事务处理的能力。谷歌公司于2012年发布了一篇关于Spanner的论文，这篇论文创新性地提出了TrueTime的概念，它在第一代NoSQL数据库的基础之上引入了SQL和分布式事务，保证了强一致性。也正是这篇论文，宣告了数据库发展来到NewSQL的阶段。

在“大数据时代”，数据呈爆炸式增长，数据存储结构也越来越灵活多样，日益变革的新兴业务需求使得数据库及应用的存在形式愈发丰富，这些变化均对数据库的各类能力提出了挑战，推动着数据库不断演进。总的来说，可能会有4个方向。第一个方向是垂直领域的数据库，例如工业数据库、财经数据库等。截至目前，数据库都是“通才”，企图囊括所有领域，而并非深耕某一垂直领域。第二个方向是分布式数据库，通过“分布式”解决水平扩展性与容灾、高可用两个问题，并且发掘出融合OLAP（Online Analytical Processing，联机分析处理）的潜力。第三个方向是云原生数据库，云原生数据库能够随时随地从多个前端访问，提供云服务的计算节点，并且能够灵活、及时地调动资源进行扩、缩容，助力企业降本增效。AWS、阿里云、Snowflake等开创了“云原生数据库时代”。第四个方向是数据安全领域，在如今这样一个什么都可以量化的年代，数据是很多企业的“命根”，而第三方服务商并非真正中立，谁愿意自己的“命根”掌握在别人手里呢？在未来，隐私计算和区块链技术可能会帮助数据库发展得更好，共同解决数据安全的问题。

1.5.3 国产数据库的发展现状

国内自主研发关系数据库的企业、单位基本上都是发源于20世纪90年代，开始是以大学、科研机构为主，2010年前后，互联网知名企业（阿里巴巴、腾讯、华为等）开始涉足该领域。目前的国产数据库产品如下。

国产数据库的发展现状

（1）达梦数据库产品。达梦数据库管理系统是达梦公司推出的具有完全自主知识产权的高性能数据库管理系统。达梦数据库采用全新的体系架构，在保证大型、通用的基础上，针对可靠性、高性能、海量数据处理和安全性做了大量的研发和改进工作，极大地提升了产品的性能、可靠性、可扩展性。

（2）人大金仓。人大金仓由中国人民大学自主研发，属于普通的关系数据库。

（3）南大通用。南大通用是南开大学于2010年左右自主研发的、基于列式存储的、面向数据分析的数据库系统。

（4）神舟通用。神舟通用是神舟集团与南大通用团队合作开发的关系数据库，更多地用于数据分析领域。

（5）GaussDB。GaussDB是华为公司自主创新研发的分布式关系数据库。该产品支持分布式事务、1000节点以上的扩展能力以及PB级海量存储，拥有云上高可用、高可靠、高安全、弹性伸缩、一键部署、快速备份恢复、监控告警等关键能力。

（6）OceanBase。OceanBase是一款由阿里巴巴公司自主研发的高性能、分布式的关系数据库，支持完整的ACID特性，高度兼容MySQL协议与语法，能够以最小的迁移成本使用高性能、可扩张、持续可用的分布式数据服务。OceanBase实现了数千亿条记录、数百TB数据的跨行跨表业务，支持天猫大部分的OLTP（Online Transaction Processing，联机事务处理）和OLAP在线业务。

（7）TiDB。TiDB是PingCAP公司自主设计、研发的开源分布式关系数据库，是一款支持混合事务分析处理（Hybrid Transactional and Analytical Processing，HTAP）的融合型分布式数据库产品，具备水平扩容或者缩容、金融级高可用、实时 HTAP、拥有云原生的分布式数据库、兼容MySQL 5.7协议和MySQL生态等重要特性。

（8）TDSQL。分布式数据库TDSQL（Tencent Distributed SQL）是腾讯公司打造的一款企业级数据库产品，具备强一致、高可用、全球部署架构、高SQL兼容度、分布式水平扩展、高性能、完整的分布式事务支持、企业级安全等特性。

据IDC发布的统计数据，2022年上半年，我国关系数据库软件市场规模约113亿元，同比增长30.4%。其中，在本地部署模式数据库产品中占据市场份额最多的厂商仍是美国甲骨文公司，但在公有云模式中，阿里云市场份额位列第一，达到42.4%。此外，腾讯、华为、中国电信、百度等中国企业也占据了一定的市场份额。在应用场景方面，国产数据库不再限于党政、金融领域，而是凭借自身的技术优势、成本优势、服务优势逐步拓展到电信、交通等诸多新场景、新消费、新服务领域，基本具备了与国外产品同台竞争的能力。

相信在不久的将来，国产数据库终将取代国外的数据库，成为国内企业中的主流数据库。只有大力支持国产数据库的发展，才能更好地保证企业数据和国家信息的安全，甚至我国整个IT互联网的安全。

1.6　本章小结

数据库技术主要研究如何存储、使用和管理数据，是计算机技术中发展最快、应用最快的技术之一，数据库技术的产生也使计算机数据管理技术进入新阶段。当前，数据库技术已经成为现代计算机信息系统和应用系统开发的核心技术。本章对数据库的相关概念进行了梳理，并总结了数据库技术的发展历史和现状。本章内容对于读者学习数据库技术起到入门引导作用，后续内容将会对数据库的相关知识做进一步讲解。

1.7　习题

1. 试述数据的概念。
2. 试述数据和信息的关系。
3. 请举例说明数据的价值。
4. 试述把数据变得可用需要经历哪几个步骤。
5. 试述数据管理经历了哪3个阶段。
6. 试述使用人工方式管理数据的缺点。

7. 试述使用文件系统管理数据的缺点。
8. 试述使用数据库管理系统管理数据的优点。
9. 试述数据库的概念。
10. 试述数据库管理系统的概念。
11. 试述数据库管理系统的主要功能。
12. 试述数据库管理系统的工作模式。
13. 试述数据库管理系统的优点。
14. 试述SQL Server有哪4个主要版本。
15. 试述数据库系统是由哪些部分组成的。
16. 试述数据库系统的特点。
17. 试述数据库系统的三级模式结构的含义。
18. 试述数据库系统的二级映像的含义。
19. 试述数据独立性的含义。
20. 从数据库最终用户的角度来看，数据库系统一般分为哪些结构？
21. 试述集中式结构的优点。
22. 试述主从式结构的优点和缺点。
23. 试述分布式结构的优点和缺点。
24. 试述客户机/服务器结构的优点和缺点。
25. 试述浏览器/应用服务器/数据库服务器结构的优点和缺点。
26. 试述并行结构的优点和缺点。
27. 试述云结构的优点。
28. 试述数据库领域的杰出贡献者及其主要贡献。
29. 试述国产数据库的代表产品。

第2章 关系数据库

关系数据库是建立在关系模型基础上的数据库，借助集合代数等数学概念和方法来处理数据库中的数据。现实世界中各种实体以及实体之间的各种联系均可以用关系模型来表示。关系模型是由埃德加·科德于1970年首次提出的。1970年，埃德加·科德在美国计算机协会会刊（*Communications of the ACM*）上发表了题为*A Relational Model of Data for Shared Data Banks*的论文，之后，又相继发表了一系列关于关系模型的论文，奠定了关系数据库的理论基础，使得数据库技术在经历层次数据库和网状数据库之后，迎来了关系数据库的新时代。

本章将详细论述关系数据库的基本概念以及关系的各种运算。本章首先介绍关系模型的基本概念，然后介绍查询语言，最后介绍关系代数。

2.1 关系模型的基本概念

关系模型的基本概念包括关系、关系模式、关系数据库和码等。

2.1.1 关系

关系是关系数据模型中唯一的数据结构，一个关系对应一张二维表，并且会包含若干个属性。关系被定义为一系列域的笛卡儿积的子集。下面给出域和笛卡儿积的概念。

关系

定义2.1 域是一组具有相同数据类型的值的集合。

例如，对一个关系而言，它会包含若干个属性，属性sex的域是{男,女}，属性grade的域是大于等于0且小于等于100的整数。

定义2.2 给定一组域$D_1,D_2,...,D_n$，它们可以是相同的。定义$D_1,D_2,...,D_n$的笛卡儿积为：

$$D_1 \times D_2 \times ... \times D_n = \{(d_1,d_2,...,d_n) | d_i \in D_i, i=1,2,...,n\}$$

其中，每一个元素$(d_1,d_2,...,d_n)$叫作一个n元组，或简称元组，元素中第i个值d_i叫作第i个分量。

例如，$D_1=\{a,b\}$，$D_2=\{0,1,2\}$，则 $D_1 \times D_2=\{(a, 0), (a, 1), (a, 2), (b, 0), (b, 1), (b, 2)\}$。

定义2.3 $D_1 \times D_2 \times \ldots \times D_n$的任意一个子集称为$D_1, D_2, \ldots, D_n$上的一个关系。集合$D_1, D_2, \ldots, D_n$是关系中元组的取值范围，称为关系的域，$n$叫作关系的目或度。

度为n的关系称为n元关系。当n=1时，称该关系为一元关系或单元关系；当n=2时，称该关系为二元关系。

关系是二维表，表中的每一行对应一个元组，每一列对应一个域。由于域可以相同，为了加以区分，需要为每个域取一个名字，这个名字称为属性。n元关系一定会有n个属性。

例如，有一个企业雇员表（见表2-1），表中有3个列（或属性），关系为三元关系。关系的属性有Name（姓名）、Sex（性别）、Dept（部门）。如果关系中属性的域分别为：

D_1=dom(Name)={林书凡,王伟,林语凡,李燕}

D_2=dom(Sex)={男,女}

D_3=dom(Dept)={研发,财务,人事,后勤}

则企业雇员关系是笛卡儿积$D_1 \times D_2 \times D_3$的一个子集。该笛卡儿积一共有32个元组，但是，并非每个元组都有意义。例如元组(林书凡,男,研发)和元组(林书凡,女,研发)都是笛卡儿积$D_1 \times D_2 \times D_3$中的元组，但是，现实世界中只可能有一个元组是真的，因为性别属性不可能同时是男和女。所以，一般而言，只有笛卡儿积的子集能够反映现实世界，是有意义的。

表 2-1 企业雇员表

Name	Sex	Dept
林书凡	男	研发
王伟	男	后勤
林语凡	男	人事
李燕	女	财务

关系数据库中，关系具有如下性质。

（1）列是同质的，即每一列中的数据必须来自同一个域，具有相同的数据类型。

（2）不同的列的数据可以出自同一个域，其中的每一列称为一个属性，不同的属性要有不同的属性名。

（3）列的顺序是无关紧要的，即列的顺序可以任意调整。

（4）元组中的每个分量是具有原子性的，是不可再分的数据项。比如，如果“工资”包括“基本工资”和“绩效工资”两个部分，就不能把“工资”作为属性，只能把“基本工资”和“绩效工资”分别作为属性。

（5）元组的顺序是无关紧要的，即元组的顺序可以任意调整。

（6）各个元组是不同的，即关系中不允许出现重复元组。

2.1.2 关系模式和关系数据库

当我们谈论数据库时，需要区分“型”和“值”。关系的型称为关系模式，是对关系结构的描述，包括关系名、属性名、属性的类型和长度，以及属性间的数据关联关系。

关系模式和
关系数据库

定义2.4 关系结构的描述称为关系模式，可以形式化地定义为$R(U,D,\text{DOM},F)$。其中，R为关系名，U为组成该关系的属性名的集合，D为U中属性的域，DOM为属性向域的映像集合，F为属性间数据的依赖关系集合。

关系的值是元组的集合。模式R上的一个关系是模式中属性到对应域映射的有限集，通常写为$r(R)$。关系是对现实世界中事物在某一时刻状态的反映，关系的值是随着时间不断变化的，因为插入、更新或删除操作都会改变关系的值。而关系模式则是相对固定的，一经定义就不会频繁发生变化。

关系模式的集合称为数据库模式，是对数据库中所有数据逻辑结构的描述，表示为$R=\{R_1,R_2,...,R_n\}$。数据库模式中的每个关系模式上的关系的集合称为关系数据库。

2.1.3　码

码（或称为键）是关系数据库中的一个重要概念。若关系中的某一属性组的值能够唯一地标识一个元组，而其子集不能，则称该属性组为“候选码”。一个关系可以有一个或多个候选码，可以选定其中的一个作为“主码”。出现在任何候选码中的属性称为“主属性”，没有出现在任何候选码中的属性称为“非主属性”。在最简单的情况下，候选码只包含一个属性，但是，在有些情况下，候选码是由关系的全部属性构成的，这样的候选码被称为全码。还有一种属性，它是一个关系中的非主属性，或者是该关系中组成候选码的部分属性，但它同时又是另外一个关系的主码，则称该属性为这个关系的外码。

例如，有3个关系Student（学生表）、Course（课程表）和SC（选课表），如图2-1所示。关系Student的属性包括Sno（学号）、Sname（姓名）、Ssex（性别）、Sage（年龄）和Sdept（系），关系Course的属性包括Cno（课程号）、Cname（课程名）、Cpno（先修课）、Ccredit（学分），关系SC的属性包括Sno（学号）、Cno（课程号）、Grade（成绩）。关系Student的主码是Sno，因为Sno可以唯一确定一个元组，不可能出现学号相同的学生。关系Course的主码是Cno，因为Cno可以唯一确定一个元组，不可能出现课程号相同的课程。关系SC的主码是由Sno和Cno两个属性构成的，因为需要这两个属性才能唯一确定一个元组。关系SC中存在两个外码，即Sno和Cno。因为，Sno是关系SC的候选码的部分属性，同时又是关系Student的主码，而Cno是关系SC的候选码的部分属性，同时又是关系Course的主码。

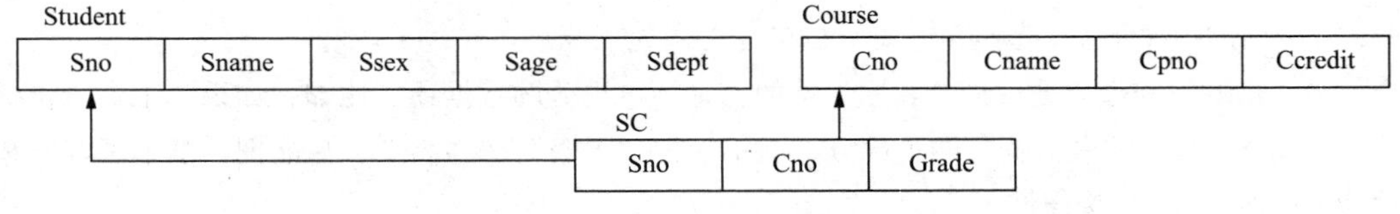

图2-1　关系Student、Course和SC

2.2　查询语言

查询语言是用户从数据库中请求获取信息时使用的语言。这些语言通常比一般的程序设计语言层次更高。查询语言可以分为过程化查询语言和非过程化查询语言。在过程化查询语言中，用户指导系统对数据库执行一系列操作以获取所需结果。在非过程化查询语言中，用户只需要描述所需信息，而不用给出获取该信息的具体过程。关系操作是通过关系语言来实现的，关系语言就是一种高度非过程化的查询语言。

关系语言可以分为以下3类。

（1）关系代数语言：用对关系的运算来表达查询要求。

（2）关系演算语言：用谓词表达查询要求。

（3）结构查询语言（Structure Query Language，SQL）：SQL是一种介于关系代数语言和关系演算语言之间的关系语言，用户不必请求数据库管理员为其建立特殊的存取路径，存取路径的选择由RDBMS的优化机制来完成。

它们的共同特点是：具有完备的表达能力，是非过程化的集合操作语言，功能强，能够独立使用，也可以嵌入高级语言中使用。

2.3 关系代数

在关系数据库中，对关系的运算可以分为两大类。

（1）关系代数：把关系作为集合，对其进行各种集合运算和特殊的关系运算。

（2）关系演算：用谓词表示查询要求和条件。关系演算按谓词的不同又可以分为元组关系演算和域关系演算。

这里只介绍关系代数，关系演算的知识读者可以参考相关书籍，这里不进行介绍。

关系代数是以集合代数为基础发展起来的，是以关系为运算对象的一组运算的集合。关系代数可以分为两类。

（1）传统的集合运算：并、交、差、笛卡儿积。

（2）专门的关系运算：选择、投影、连接、除法。

2.3.1 传统的集合运算

传统的集合运算有并、交、差和笛卡儿积运算，它是两个关系间的运算，运算结果是一个新关系。其中，并、交、差运算要求参加运算的两个关系R和S具有相同的目，并且其对应属性定义在同一个域上。

传统的集合运算

1．并

关系R和关系S的所有元组合并，再删去重复的元组，组成一个新关系，称为R和S的并，记为$R \cup S$。

2．交

关系R和关系S的交是由既属于R又属于S的元组组成的集合，即在两个关系R与S中取出相同的元组，组成一个新关系，记为$R \cap S$。

3．差

关系R和关系S的差是由属于R而不属于S的所有元组组成的集合，即从关系R中删去关系S中有的元组，组成一个新关系，记为$R-S$。

4．笛卡儿积

关系R和关系S的笛卡儿积为R中所有元组和S中所有元组的拼接结果，记为$R \times S$。

例如，有3个关系R、S和T，它们的并、交、差和笛卡儿积的运算结果如图2-2所示。

R

A	*B*
a	*d*
b	*a*
c	*c*

S

A	*B*
d	*a*
b	*a*
d	*c*

T

B	*C*
b	*b*
c	*d*

$R \cup S$

A	*B*
a	*d*
b	*a*
c	*c*
d	*a*
d	*c*

$R \cap S$

A	*B*
b	*a*

$R-S$

A	*B*
a	*d*
c	*c*

$R \times T$

A	*B*	*B*	*C*
a	*d*	*b*	*b*
a	*d*	*c*	*d*
b	*a*	*b*	*b*
b	*a*	*c*	*d*
c	*c*	*b*	*b*
c	*c*	*c*	*d*

图2-2　关系及其各种传统的集合运算的结果

2.3.2　专门的关系运算

专门的关系运算包括选择、投影、连接和除法等运算。

1. 选择

选择运算是从指定的关系中选出满足给定条件（用逻辑表达式表示）的元组而组成一个新的关系。这是从行的角度进行的运算，即沿水平方向抽取元组。通常用小写希腊字母σ来表示选择，而将谓词写作σ的下标，并把关系放在σ后的括号中，因此，选择运算的符号表示如下：

$$\sigma_F(R)=\{t|t \in R \wedge t(F)\}$$

上式表示在关系R中选择使$t(F)$为真的所有元组。其中，F表示选择条件，它是一个逻辑表达式，取逻辑值“真”或“假”。逻辑表达式F的基本形式为$X\theta Y$。其中，θ表示比较运算符，可以是>、≥、<、≤、=或<>；X和Y是属性名，或为常量，或为简单函数，属性名也可以用序号来代替。在基本的选择条件上可以进一步进行逻辑运算，即进行求非（¬）、与（∧）、或（∨）运算。逻辑表达式中的运算符如表2-2所示。

表 2-2　逻辑表达式中的运算符

运算符		含义
比较运算符	>	大于
	≥	大于等于
	<	小于
	≤	小于等于
	=	等于
	<>	不等于
逻辑运算符	¬	非
	∧	与
	∨	或

设有一个学生选课数据库，包括学生关系Student、课程关系Course和选课关系SC，如图2-3所示。

Student

学号 Sno	姓名 Sname	性别 Ssex	年龄 Sage	系 Sdept
2024001	林书凡	男	18	MA
2024002	李欣然	女	19	IS
2024003	王武义	男	20	CS
2024004	苏文甜	女	19	CS

Course

课程号 Cno	课程名 Cname	先修课 Cpno	学分 Ccredit
1	大数据	3	2
2	操作系统	5	4
3	数据库	5	4
4	编译原理	NULL	4
5	编程语言	NULL	2
6	数据挖掘	3	2

SC

学号 Sno	课程号 Cno	成绩 Grade
2024001	1	97
2024001	2	78
2024001	3	86
2024002	2	85
2024002	3	77

图2-3 学生选课数据库的3个关系

【例2.1】选取年龄小于19岁的学生。

关系代数表达式如下：

$$\sigma_{Sage<19}(Student)$$

结果如图2-4（a）所示。

【例2.2】选取CS系的女学生。

关系代数表达式如下：

$$\sigma_{Sdept='CS' \wedge Ssex='女'}(Student)$$

结果如图2-4（b）所示。

学号 Sno	姓名 Sname	性别 Ssex	年龄 Sage	系 Sdept
2024001	林书凡	男	18	MA

（a）

学号 Sno	姓名 Sname	性别 Ssex	年龄 Sage	系 Sdept
2024004	苏文甜	女	19	CS

（b）

图2-4 选择运算实例

2. 投影

从关系中挑选若干属性组成新的关系的操作称为投影。这是从列的角度进行的运算，相当于对关系进行垂直分解。经过投影运算可以得到一个新关系，其所包含的属性个数往往比原关系少，属性的排列顺序可能会不同。如果新关系中包含重复元组，则要删除重复元组。

投影用大写希腊字母Π表示，列举所有希望在结果中出现的属性作为Π的下标，作为参数的关系放在Π后面的括号中，因此，投影运算的符号表示如下：

$$\prod_X(R) = \{t[X] | t \in R\}$$

其中，X是模式R属性的子集，$t[X] | t \in R$表示R中元组在属性集X上的值。

【例2.3】在关系Student中查询学生的学号和姓名。

关系代数表达式如下：

$$\prod_{\text{Sno,Sname}}(\text{Student})$$

运算结果如图2-5（a）所示。

【例2.4】在关系Student中查询所有的系。

关系代数表达式如下：

$$\prod_{\text{Sdept}}(\text{Student})$$

运算结果如图2-5（b）所示。可以看出，关系Student原来有4个元组，而投影后删除了一个重复的元组CS，因此，结果中只有3个元组。

学号 Sno	姓名 Sname
2024001	林书凡
2024002	李欣然
2024003	王武义
2024004	苏文甜

（a）

系 Sdept
MA
IS
CS

（b）

图2-5 投影运算实例

3. 连接

连接运算是指把两个关系中的元组按条件连接起来，形成一个新关系。连接运算包括两种类型，即条件连接和自然连接。

条件连接也称为“θ-连接”，是将两个关系中满足θ条件的元组拼接起来形成新元组的集合。设属性A和B分别是关系R和S上的属性，且定义在同一个域上，R和S的条件连接记为：

$$R \underset{A\theta B}{\bowtie} S = \left\{ t \middle| t = t_R t_S, t_R \in R \wedge t_S \in S \wedge t_R[A] \theta t_S[B] \right\}$$

其中，A和B分别为R和S上列数相等且可比的属性组；θ是比较运算符，可以是>、≥、<、≤、=或<>等比较运算符；⋈是连接运算符；$A\theta B$是连接条件。θ为=的连接运算称为等值连接，例如，连接条件为A=B，则连接结果元组满足关系R中元组在属性A上的值与关系S中元组在属性B上的值相等。

自然连接是一种特殊的等值连接，它首先计算两个关系的笛卡儿积，然后基于两个关系模式中都出现的属性上的相等性进行选择，最后去除重复属性。R和S的自然连接记为：

$$R \bowtie S = \left\{ t \middle| t = t_R t_S[\overline{A}], t_R \in R \wedge t_S \in S \wedge t_R[A] = t_S[A] \right\}$$

其中，$t_s[\overline{A}]$为元组t_s去掉A后其他属性的值。一般的连接操作是从行的角度进行运算，但自然连接还需要删除重复列，所以是同时从行和列的角度进行运算。

【例2.5】关系R和关系S分别如图2-6（a）和图2-6（b）所示。二者的非等值连接、等值连接和自然连接的结果分别如图2-6（c）、图2-6（d）和图2-6（e）所示。

R

A	B	C
a_1	b_1	4
a_1	b_2	7
a_2	b_3	9
a_2	b_4	13

（a）

S

B	D
b_1	2
b_2	6
b_2	9
b_3	3
b_4	4
b_4	3

（b）

$\underset{C<D}{R \bowtie S}$

A	$R.B$	C	$S.B$	D
a_1	b_1	4	b_2	6
a_1	b_1	4	b_2	9
a_1	b_2	7	b_2	9

（c）

$\underset{R.B=S.B}{R \bowtie S}$

A	$R.B$	C	$S.B$	D
a_1	b_1	4	b_1	2
a_1	b_2	7	b_2	6
a_1	b_2	7	b_2	9
a_2	b_3	9	b_3	3
a_2	b_4	13	b_4	4
a_2	b_4	13	b_4	3

（d）

$R \bowtie S$

A	B	C	D
a_1	b_1	4	2
a_1	b_2	7	6
a_1	b_2	7	9
a_2	b_3	9	3
a_2	b_4	13	4
a_2	b_4	13	3

（e）

图2-6　连接运算实例

关系R和关系S在做自然连接时，选择两个关系在公共属性上值相等的元组构成新的关系。此时，关系R中某些元组有可能在关系S中不存在公共属性上值相等的元组，从而造成关系R中这些元组在操作时被舍弃，同样，关系S中某些元组也可能被舍弃。比如，在图2-7所示的自然连接中，关系Student的第3个和第4个元组被舍弃。被舍弃的元组称为“悬浮元组”。

Student ⋈ SC

学号 Sno	姓名 Sname	性别 Ssex	年龄 Sage	系 Sdept	课程号 Cno	成绩 Grade
2024001	林书凡	男	18	MA	1	97
2024001	林书凡	男	18	MA	2	78
2024001	林书凡	男	18	MA	3	86
2024002	李欣然	女	19	IS	2	85
2024002	李欣然	女	19	IS	3	77

图2-7　两个关系的自然连接

把悬浮元组也保存在结果关系中，并在其他属性上填空值（NULL）的连接叫外连接。外连接包括左外连接和右外连接，具体介绍如下。

（1）左外连接。若关系R和关系S的连接为左外连接，则连接结果中包含关系R（即左边关系）中不满足连接条件的元组，这些元组在对应关系S属性上的值为空值，记为：$R \bowtie_L S$。

图2-8所示是一个左外连接实例。

（2）右外连接。若关系R和关系S的连接为右外连接，则连接结果中包含关系S（即右边关系）中不满足连接条件的元组，这些元组在对应关系R属性上的值为空值，记为：$R \bowtie_R S$。

Student $\bowtie_L$ SC

学号 Sno	姓名 Sname	性别 Ssex	年龄 Sage	系 Sdept	课程号 Cno	成绩 Grade
2024001	林书凡	男	18	MA	1	97
2024001	林书凡	男	18	MA	2	78
2024001	林书凡	男	18	MA	3	86
2024002	李欣然	女	19	IS	2	85
2024002	李欣然	女	19	IS	3	77
2024003	王武义	男	20	CS	NULL	NULL
2024004	苏文甜	女	19	CS	NULL	NULL

图2-8　左外连接实例

4. 除法

除法运算是二元运算，÷为除法运算符。$R \div S$要求R和S的对应属性来自相同的域。$R \div S$生成一个新关系R'，R'的属性是R中去掉与S具有公共域的属性后的其他属性。

设有$R(X,Y)$、$S(Y)$和$R'(X)$，则$R \div S$记为：

$$R \div S = R' = \left\{ t \middle| t \in R' \wedge t_R \in R \wedge t_S \in S \wedge t_R \lceil R' \rceil = t \wedge t \bowtie S \subseteq R \right\}$$

除法运算的本质是保存被除关系（R）中含有除关系（S）中相同列的全部取值的元组（不包含相同的列）。

【例2.6】将学生选课数据库（见图2-3）中的关系SC在属性Sno和Cno上投影后得到关系SC_1，同时，构建临时关系C_1和C_2，它们都只包含一个属性Cno。$SC_1 \div C_1$的结果是{2024001}，它的含义是同时选修了1号、2号和3号课程的学生的学号；$SC_1 \div C_2$的结果是{2024001,2024002}，它的含义是同时选修了2号和3号课程的学生的学号，如图2-9所示。

SC_1

学号 Sno	课程号 Cno
2024001	1
2024001	2
2024001	3
2024002	2
2024002	3

C_1

课程号 Cno
1
2
3

C_2

课程号 Cno
2
3

$SC_1 \div C_1$

学号 Sno
2024001

$SC_1 \div C_2$

学号 Sno
2024001
2024002

图2-9　除法运算实例

2.3.3 综合实例

综合实例

【例2.7】查询CS系女学生的学号和姓名。

$$\prod_{Sno,Sname}(\sigma_{Sdept='CS'\wedge Ssex='女'}(Student))$$

【例2.8】查询选修了2号课程的学生信息。

$$\prod_{Sno}(\sigma_{Cno='2'}(SC))\bowtie Student$$

【例2.9】查询未选2号课程的学生信息。

$$Student-\prod_{Sno}(\sigma_{Cno='2'}(SC))\bowtie Student$$

【例2.10】查询选修了全部课程的学生的学号。

$$\prod_{Sno,Cno}(SC)\div\prod_{Cno}(Course)$$

【例2.11】查询至少选修了一门课程且先修课为3号课程的学生姓名。

$$\prod_{Sname}(\sigma_{Cpno='3'}(Course\bowtie SC\bowtie Student))$$

或

$$\prod_{Sname}(\sigma_{Cpno='3'}(Course)\bowtie SC\bowtie\prod_{Sno,Sname}(Student))$$

或

$$\prod_{Sname}(\prod_{Sno}(\sigma_{Cpno='3'}(Course)\bowtie SC)\bowtie\prod_{Sno,Sname}(Student))$$

2.4 本章小结

关系数据库是指采用关系模型来组织数据的数据库，其以行和列的形式存储数据，以便用户理解。关系数据库中一系列的行和列被称为表，一组表组成了数据库。本章对关系、关系模式、关系数据库、码等相关概念进行了介绍，并简要介绍了查询语言。此外，本章还对关系代数进行了深入讲解，重点介绍了专门的关系运算，并给出了一些实例。

2.5 习题

1. 试述关系语言可以分为哪几类。
2. 试述关系数据库中的关系具有哪些性质。
3. 试述非过程化查询语言的特点。
4. 试述为什么关系中不允许有重复元组。
5. 试述等值连接与自然连接的区别。
6. 设有图2-10所示的关系R、S和T，请计算：

（1）$R_1=R\cup S$；

（2）$R_2=R-S$；

（3）$R_3=R\bowtie T$；

（4）$R_4=R\underset{A<C}{\bowtie}T$；

（5）$R_5=\prod_A(R)$；

（6）$R_6=\sigma_{A=C}(R\times T)$。

R

A	B
a	d
b	e
c	c

S

A	B
d	a
b	a
d	c

T

B	C
b	b
c	c
b	d

图2-10　关系R、S和T

7. 有一个学生选课数据库包含如下3个关系：

学生关系S(snum,sname,age,sex)，4个属性分别表示学号、姓名、年龄和性别；

选课关系SC(snum,cnum,grade)，3个属性分别表示学号、课程号和成绩；

课程关系C(cnum,cname,teacher)，3个属性分别表示课程号、课程名称和授课教师。

试用关系代数表达如下查询：

（1）查询选修课程号为C2的课程的学生学号与成绩；

（2）查询选修课程号为C2的课程的学生学号与姓名；

（3）查询选修课程名称为MATH的课程的学生学号与姓名；

（4）查询选修课程号为C2或C4的课程的学生学号；

（5）查询至少选修课程号为C2和C4的课程的学生学号；

（6）查询不选修课程号为C2的课程的学生姓名与年龄；

（7）查询选修全部课程的学生姓名；

（8）查询所学课程包含学生S3所学课程的学生学号。

8. 某唱片销售平台的数据库包含以下6个关系：

歌手表S(Sno, Sname, Sage, Ssex)的属性包括歌手编号、歌手名字、歌手年龄、歌手性别；

唱片表D(Dno, Dname, Sno,Dyear, Dprice)的属性包括唱片编号、唱片名字、歌手编号、唱片发行年份、唱片单价；

顾客表C(Cno, Cname, Csex, Cage, Cphone, Caddress)的属性包括顾客编号、顾客姓名、顾客性别、顾客年龄、顾客电话、顾客地址；

订单表I(Ino,Dno, Cno, Icount, Isum, Idate)的属性包括订单号、唱片编号、顾客编号、销售数量、销售总价、下单日期；

退货表B(Bno,Ino,Dno,Cno,Bcount,Bsum,Bdate)的属性包括退货单号、订单号、唱片编号、顾客编号、退货数量、退货总价、退货日期；

库存表R(Dno, Rnum, Rdate, Raddress)的属性包括唱片编号、库存量、清点日期、仓库地址。

其中，表S由Sno唯一标识，表D由Dno唯一标识，表C由Cno唯一标识，表I由Ino唯一标识，表B由Bno唯一标识，表R由Dno唯一标识。

用关系代数表示如下查询：查找2024年5月1日（含）至2024年5月31日（含）期间，购买了周杰伦的所有唱片的女性顾客的信息，包括顾客姓名、顾客年龄、顾客电话、顾客地址。

9. 某酒店管理系统数据库包含以下6个关系：

客房表Room(Rno, Rtype, Rarea)的属性包括客房编号、客房类型、客房大小；

客房数量表Rest(Rtype, Rnum, Rprice)的属性包括客房类型、剩余客房数量、客房价格；

顾客表Customer (Cno, Cname, Cgender, Cage, Ctel)的属性包括顾客编号、顾客姓名、顾客性

别、顾客年龄、顾客电话；

员工表Staff(Sno, Sname, Sgender, Sjob)的属性包括员工编号、员工姓名、员工性别、员工职务；

入住表Checkin(Cno, startTime, endTime, Rno)的属性包括顾客编号、入住时间、离开时间、客房编号；

打扫表Clean(Sno, cleanTime, Rno)的属性包括员工编号、打扫时间、客房编号。

用关系代数表示如下查询：查找2023年6月1日（含）至2024年6月1日（含）期间，打扫所有客房类型为“Standard”的员工的信息，包括员工姓名、员工性别、员工年龄。

第3章 关系数据库标准语言SQL

结构查询语言（Structure Query Language，SQL）是关系数据库的标准语言，也是通用的功能极强的关系数据库语言，其功能不仅有查询，还包括数据库的创建、数据库数据的插入与修改、数据库安全性和完整性的定义等。SQL已作为关系数据库的标准语言被广泛应用在商用系统中，但是，不同的商业数据库管理系统对SQL的具体实现方式不尽相同。本章以微软公司的关系数据库管理系统SQL Server为例讨论SQL的功能和使用方法。

本章首先介绍SQL的基本情况，然后介绍数据定义、数据更新、数据查询和视图，最后给出一些综合实例。

3.1 SQL概述

SQL 概述

本节介绍SQL的发展历程、SQL的特点、SQL的系统结构、SQL的组成和SQL的执行。

3.1.1 SQL 的发展历程

1972年，IBM公司在其研制的关系数据库管理系统（System R）中配置了SQUARE语言；1974年，Donnie Boyce（唐尼·博伊斯）和Don Chamberlin（丹·钱伯林）对SQUARE语言进行修改，形成了SEQUEL，后来简称SQL；1986年，美国国家标准学会（American National Standards Institute，ANSI）批准了SQL作为关系数据库语言的美国标准，简称SQL-86；1987年，国际标准化组织（International Organization for Standardization，ISO）采纳SQL为国际标准。此后，ANSI不断修改和完善SQL标准，并于1989年、1992年、1999年、2003年、2008年、2011年、2016年发布了不同版本的SQL标准。

SQL成为国际标准语言以后，各个数据库厂商纷纷推出各自的SQL软件或与SQL的接口相连的软件。这就使大多数数据库用SQL作为共同的数据存取语言和标准接口，使不同数据库系统之间的相互操作有了共同的基础。SQL已经成为数据库领域中的主流语言，其意义十分重大。当然，目前没有任何一个数据库系统能够支持SQL标准的全部概念和特性。各个RDBMS（例如，

Oracle、SQL Server、MySQL、DB2等）在实现SQL标准时各有差别，与SQL标准的符合程度也各不相同，但它们仍然遵循SQL标准，并以SQL标准为主体进行相应的扩展，提供一些执行特定操作的额外功能或简化方法。比如，SQL Server使用扩展的SQL，即Transact-SQL。Transact-SQL包含数据描述语言、数据操纵语言和数据控制语言，还包括程序控制语言，功能非常强大。

3.1.2 SQL 的特点

SQL的主要特点如下。

（1）功能齐全。SQL可以完成数据库活动中的全部工作，包括创建数据库、定义模式、更改和查询数据、安全控制和维护数据库等。这为数据库系统的开发提供了良好的环境。在数据库系统投入使用后，用户还可以根据需要随时修改模式，并且不影响数据库的运行，从而使系统具有良好的可扩展性。

（2）高度非过程化。使用SQL访问数据库时，用户没有必要告诉计算机“如何”一步步操作，只需要用SQL描述“要做什么”，然后由DBMS自动完成全部工作。这不但能够大大减轻用户负担，而且有利于提高数据独立性。

（3）面向集合的操作方式。SQL采用集合操作方式，不仅查找结果可以是元组的集合，而且一次插入、删除、更新操作的对象也可以是元组的集合。

（4）以同一种语法结构提供多种使用方式。作为独立的语言，SQL能够独立用于联机交互中，可以在终端键盘上直接输入SQL命令对数据库进行操作。作为嵌入式语言，SQL能够嵌入高级语言（例如C、C++、Java和Python等）程序中，供程序员设计程序时使用。在两种不同的使用方式下，SQL的语法结构基本上是一致的。这种以统一的语法结构提供多种不同使用方法的做法具有极高的灵活性与便利性。

（5）语言简洁，易学易用。虽然SQL的功能很强，但它只有为数不多的几条命令，完成核心功能只需要用9个操作（包括CREATE、DROP、INSERT、UPDATE、DELETE、ALTER、SELECT、GRANT和REVOKE）。另外，SQL的语法也比较简单，接近自然语言（英语），因此容易学习和掌握。

3.1.3 SQL 的系统结构

SQL支持数据库的三级模式结构，SQL的系统结构如图3-1所示。在SQL中，关系模式被称为“基本表”，基本表的集合形成数据库模式，对应三级模式结构中的模式。一个基本表在物理上与一个存储文件相对应，所有存储文件的集合形成物理数据库，对应三级模式结构中的内模式。三级模式结构中的外模式是由视图构成的，视图是定义在一个或多个基本表上的表，它本身不独立存储在数据库中，视图的数据是在被调用时临时生成的。

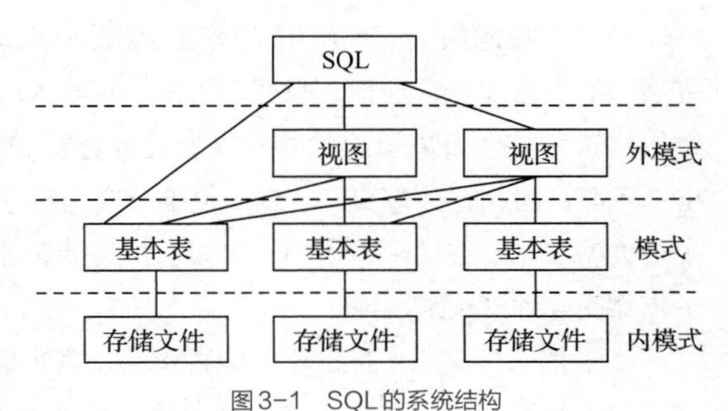

图3-1 SQL的系统结构

基本表是独立存在的表，一个关系模式对应一个基本表。在一个基本表上可以动态建立多个索引。一个基本表在物理上对应一个存储文件，存储文件是实际存在的表。多个存储文件放在一个大的数据库空间中，数据库空间的管理和结构对用户是透明的。

视图不是实际存在的表，而是从一个或多个基本表中导出的表。视图仅有逻辑上的定义，并不实际存储数据。视图的定义存储在数据字典中，只有对视图进行操作时，才根据定义从基本表中查询数据供用户使用。因此，视图常被称为“虚表”。但是，如果一个视图被频繁使用，也可以把视图中的数据保存起来，形成“实视图”，这样以后每次使用时就不需要临时查询数据，而是直接使用已经保存好的数据，从而加快访问数据的速度。视图一经定义，可以和基本表一样，进行查询和更新操作。因此，SQL中的表分为两种：基本表和视图。

3.1.4 SQL 的组成

SQL主要包括以下几个部分（见表3-1）。

（1）数据定义语言（Data Description Language，DDL）：主要用于创建、修改、删除数据库对象，如表、视图、模式、触发器、存储过程等。与其相关的关键字包括CREATE、ALTER和DROP等。

（2）数据查询语言（Data Query Language，DQL）：主要用于数据的检索。与其相关的关键字是SELECT。

（3）数据操纵语言（Data Manipulation Language，DML）：主要用于添加、修改、删除存储在数据库中的数据。与其相关的关键字包括INSERT、UPDATE和DELETE等。

（4）数据控制语言（Data Control Language，DCL）：主要用于控制访问数据库中特定对象的用户，还可以控制用户对数据库的访问类型。与其相关的关键字包括GRANT和REVOKE等。

表 3-1 SQL 的组成部分及其主要关键字

SQL的组成部分	关键字
数据定义语言	CREATE、ALTER、DROP
数据查询语言	SELECT
数据操纵语言	INSERT、UPDATE、DELETE
数据控制语言	GRANT、REVOKE

3.1.5 SQL 语句的执行

SQL语句的执行有4种方法。

（1）直接调用：直接调用也称为交互式SQL，可以通过前端应用程序（如SSMS）直接和服务器上的数据库进行通信。只要把SQL语句输入应用程序，然后执行SQL语句，就可以获取查询结果。这种方法可以迅速检查数据、验证连接和观察数据库对象。但是，交互式SQL是一个纯SQL环境，因此，通过交互式SQL很难与应用程序建立起连接，这就使得交互式SQL的应用受到了很大的限制。在实际应用中，大多数的访问都是通过嵌入式SQL和SQL调用层接口完成的，很少依靠交互式SQL来实现。

（2）嵌入式SQL：把SQL语句直接嵌入宿主编程语言中。例如，可以将SQL语句直接嵌入C语言中。在编译代码之前，预处理器将分析SQL语句，并把SQL语句从C代码中分离出来，SQL语句被转换成一种能被RDBMS理解的格式，其余的C代码则按照正常的方式进行编译。

（3）模块绑定：这种方法可以创建和宿主编程语言相分离的SQL语句代码块，即模块。模块在创建后就被组合到应用程序中。

（4）SQL调用层接口：通常情况下，应用程序要想与SQL数据库之间进行交流，需要SQL调用层接口来实现。SQL调用层接口是一种支持预定义例程的应用程序接口（Application Program Interface，API）。应用程序调用例程，然后连接到数据库。通过例程可以访问数据库中的数据信息，同时将访问到的数据信息返回给应用程序。SQL调用层接口的典型代表是微软公司的ODBC（Open Data Database Connectivity，开放式数据库互连）和OLE DB（Object Linking and Embedding Database，对象链接嵌入数据库）、ADO（ActiveX Data Object，ActiveX数据对象）。

3.2　学生选课数据库

本章的所有实例都以学生选课数据库为基础，该数据库包括5个表：

学生选课数据库

（1）学生表Student(Sno,Sname,Ssex,Sage,Sdept)；

（2）课程表Course(Cno,Cname,Cpno,Ccredit)；

（3）学生选课表SC(Sno,Cno,Grade)；

（4）教师表Teacher(Tno,Tname,Tsex,Tage)；

（5）授课表TC(Tno,Cno)。

上面5个表中，加了下画线的属性（或属性组）是表的主码。各个表的数据如图3-2所示。

Student

学号 Sno	姓名 Sname	性别 Ssex	年龄 Sage	系 Sdept
2024001	林书凡	男	18	MA
2024002	李欣然	女	19	IS
2024003	王武义	男	20	CS
2024004	苏文甜	女	19	CS

Course

课程号 Cno	课程名 Cname	先修课 Cpno	学分 Ccredit
1	大数据	3	2
2	操作系统	5	4
3	数据库	5	4
4	编译原理	NULL	4
5	编程语言	NULL	2
6	数据挖掘	3	2

SC

学号 Sno	课程号 Cno	成绩 Grade
2024001	1	97
2024001	2	78
2024001	3	86
2024002	2	85
2024002	3	77

Teacher

教工号 Tno	姓名 Tname	性别 Tsex	年龄 Tage
97001	林彤文	男	45
97002	司马鹰松	男	33
97003	王明天	男	38
97004	马晓燕	女	36
97005	张勇	男	51

TC

教工号 Tno	课程号 Cno
97001	1
97001	3
97002	2
97003	4
97004	5
97004	6
97005	6

图3-2　学生选课数据库中各表的数据

3.3 数据定义

关系数据库系统支持三级模式结构，其模式、外模式和内模式中的基本对象有数据库、表、视图、索引等。相应地，SQL的数据定义功能包括数据库定义、表定义、视图定义和索引定义（见表3-2）。

表 3-2 SQL 的数据定义功能

操作对象	操作方式		
	创建	删除	修改
数据库	CREATE DATABASE	DROP DATABASE	ALTER DATABASE
表	CREATE TABLE	DROP TABLE	ALTER TABLE
视图	CREATE VIEW	DROP VIEW	ALTER VIEW
索引	CREATE INDEX	DROP INDEX	ALTER INDEX

关系数据库管理系统SQL Server提供了一个层次化的数据库对象命名机制。一个RDBMS中可以建立多个数据库，一个数据库中通常包括多个表、视图和索引等对象。

3.3.1 数据库的基础操作

1. 创建数据库

SQL Server使用Transact-SQL来实现数据库的定义。Transact-SQL是在标准SQL的基础之上扩展得到的。在SQL Server中，可以使用CREATE DATABASE语句创建数据库，其简略语法格式如下：

数据库的基础操作

```
CREATE DATABASE db_name;
```

其中，db_name表示要创建的数据库的名称。简略语法格式已经可以满足创建数据库的基本需求，如果想了解更加复杂、完整的语法格式，可以参考SQL Server官方文档。需要注意的是，SQL Server不区分大小写，因此，使用“CREATE DATABASE”和“create database”的效果是相同的。

【例3.1】创建一个名称为“test”的数据库。

```
CREATE DATABASE test;
```

上面的语句执行成功以后，就会创建一个数据库test。如果再次执行这个语句，系统就会报错，这是因为SQL Server不允许同一系统中存在两个同名的数据库。

2. 切换数据库

使用CREATE DATABASE语句创建数据库test以后，该数据库不会自动成为当前数据库，需要使用USE语句来切换数据库，让数据库test成为当前数据库，这样才能对该数据库及其存储的数据对象执行各种操作。在SQL Server中，可以使用USE语句实现从一个数据库“跳转”到另一个数据库，其语法格式如下：

```
USE db_name;
```

【例3.2】把数据库test设置为当前数据库。

```
USE test;
```

3. 修改数据库

在SQL Server中，可以使用ALTER DATABASE语句来修改已经创建好的数据库的相关参数，其简略语法格式如下：

```
ALTER DATABASE db_name MODIFY NAME = new_db_name;
```

【例3.3】把数据库test的名称修改为mytest。

```
ALTER DATABASE test MODIFY NAME = mytest;
```

4. 删除数据库

在SQL Server中，可以使用DROP DATABASE语句删除已经创建好的数据库，其语法格式如下：

```
DROP DATABASE db_name;
```

【例3.4】删除数据库test。

```
DROP DATABASE test;
```

需要注意的是，如果当前数据库是test，那么执行上面的语句就会报错，系统会提示“无法删除数据库test，因为该数据库当前正在使用”。因此，必须先使用USE语句把当前数据库设置为其他数据库（比如把SQL Server自动创建的数据库master设置为当前数据库），然后再执行删除语句才能成功删除数据库test。另外，使用DROP DATABASE语句会删除指定的整个数据库，该数据库中的所有表（包括其中的数据）也将永久删除。因此使用该语句时需要格外谨慎，以免错误删除造成不可挽救的损失。

3.3.2 基本表的定义、修改与删除

1. 基本表的定义

定义一个基本表即创建一个表的结构，包括表名、属性名、属性的数据类型和完整性约束条件，其基本语法格式如下：

基本表的定义、修改与删除

```
CREATE TABLE <表名> (<列名1><数据类型1>[<列级完整性约束条件>]
  [,<列名2><数据类型2>[<列级完整性约束条件2>]...]
  [,<表级完整性约束条件>]);
```

其中，<表名>由用户指定。一个基本表由一个或多个属性（列）组成，每个列需要定义列名、数据类型和长度，同时还可以定义列的完整性约束条件。完整性约束条件可以在列一级定义，也可以在表一级定义，即在定义所有列后定义完整性约束条件。但是，如果完整性约束条件涉及该表的多个列，则必须在表一级定义。这些完整性约束条件和表的结构一起存入系统的数据字典中，当用户插入、删除或修改数据时，DBMS将自动检查这些操作是否违反完整性约束条件。

在定义表时，需要给定每个列的数据类型。SQL Server不仅提供了许多常用的数据类型（包括数值型、字符型、位串型、日期和时间型等），还提供了用户数据类型。SQL Server支持的主要数据类型如表3-3所示。

表 3-3 SQL Server 支持的主要数据类型

数据类型		含义
数值型	INTEGER	长整数（也可写成INT）
	SMALLINT	短整数
	REAL	取决于机器精度的浮点数
	DOUBLE PRECISION	取决于机器精度的双精度浮点数
	FLOAT(n)	浮点数，至少为n位数字
	NUMERIC(p,d)	定点数，由p位数字（不包括符号、小数点）组成，小数点后面有d位数字。也可写成DECIMAL(p,d)或DEC(p,d)
字符型	CHAR(n)	长度为n的定长字符串
	VARCHAR(n)	最大长度为n的变长字符串
位串型	BIT(n)	长度为n的二进制位串
	BIT VARYING(n)	最大长度为n的变长二进制位串
日期和时间型	DATE	日期，包含年、月、日，形式为YYYY-MM-DD
	TIME	时间，包含时、分、秒，形式为HH:MM:SS

【例3.5】创建学生选课数据库的基本表。

```
CREATE TABLE Student(
   Sno CHAR(7) PRIMARY KEY,
   Sname VARCHAR(10) NOT NULL,
   Ssex CHAR(2),
   Sage INT,
   Sdept CHAR(20)
);
CREATE TABLE Course(
   Cno CHAR(5) PRIMARY KEY,
   Cname CHAR(20),
   Cpno CHAR(5),
   Ccredit INT
);
CREATE TABLE SC(
   Sno CHAR(7),
   Cno CHAR(5),
   Grade INT,
   PRIMARY KEY (Sno,Cno),
   FOREIGN KEY (Sno) REFERENCES Student(Sno),
   FOREIGN KEY (Cno) REFERENCES Course(Cno)
);
CREATE TABLE Teacher(
```

```
    Tno CHAR(5) PRIMARY KEY,
    Tname CHAR(10) NOT NULL,
    Tsex CHAR(2),
    Tage INT
);
CREATE TABLE TC(
    Tno CHAR(5),
    Cno CHAR(5),
    PRIMARY KEY (Tno,Cno),
    FOREIGN KEY (Tno) REFERENCES Teacher(Tno),
    FOREIGN KEY (Cno) REFERENCES Course(Cno)
);
```


2. 基本表的修改

修改基本表是指修改列的数据类型、修改列的完整性约束、增加列、删除列，以及对表级完整性约束进行改动。可以通过ALTER TABLE语句对已经建好的表进行修改，语法格式如下：

```
ALTER TABLE <表名>
    [ADD <列名> <数据类型> [<列级完整性约束>]]
    [ADD <表级完整性约束> ]
    [DROP COLUMN <列名> ]
    [DROP CONSTRAINT <完整性约束名> ]
    [ALTER COLUMN <列名> <数据类型>]
```

其中，<表名>是要修改的基本表。ADD子句用于增加新列，其参数包括列名、数据类型和列级完整性约束；ADD子句也可以用于增加表级完整性约束。DROP COLUMN子句用于删除指定的列。DROP CONSTRAINT子句用于删除指定的完整性约束。ALTER COLUMN子句用于修改列的定义，如修改列的数据类型或修改列的长度。

【例3.6】在教师表Teacher中增加一个新列Tcome（入职日期）。

```
ALTER TABLE Teacher ADD Tcome DATE;
```

【例3.7】删除教师表Teacher中的Tcome列。

```
ALTER TABLE Teacher DROP COLUMN Tcome;
```

【例3.8】把教师表Teacher中的Tname列的长度修改为20。

```
ALTER TABLE Teacher ALTER COLUMN Tname CHAR(20) NOT NULL;
```

需要注意的是，对SQL Server而言，SQL语句在书写的时候，可以放在一行上，也可以放在多行上。如果SQL语句比较长，则应该在合适的位置断开，放在多行上。比如，上面例3.8的SQL语句也可以写成多行的形式：

```
ALTER TABLE Teacher
ALTER COLUMN Tname CHAR(20) NOT NULL;
```

此外，对SQL Server而言，SQL语句缩进与否没有严格要求，可以根据书写效果是否美观以及是否更有助于理解来决定每行的SQL语句是否缩进以及缩进多少。

3. 基本表的删除

删除基本表的语法格式如下：

```
DROP TABLE <表名>;
```

【例3.9】删除学生选课表SC。

```
DROP TABLE SC;
```

3.3.3 索引的建立与删除

1. 索引的概念

索引的建立与删除

所谓索引，就是DBMS根据表中的一列或多列按照一定顺序建立的列值与元组之间的对应关系表。在列上创建索引之后，查找数据时可以直接根据该列上的索引找到对应元组的位置，从而快速地查找数据。如果没有索引，DBMS则会通过全表扫描方式逐个读取指定表中的数据记录来进行查询，这样的查询效率是很低的。有了索引以后，就可以大大加快数据的查找速度。

按照索引的实现方式来划分，常见的索引包括B+树索引、哈希索引、空间索引（例如R树索引）、全文索引和位图索引等。每种索引类型适用于不同的数据类型和查询类型，应根据具体需求选择合适的索引类型，具体如下。

（1）B+树索引。B+树是一种平衡树，每个结点包含一定数量的关键字和指向子结点的指针，以支持快速的查询和排序。B+树索引适用于各种数据类型，并且支持范围查询和排序，因此在许多数据库系统中广泛应用。

（2）哈希索引。哈希索引是一种基于哈希表的索引，它使用哈希函数将数据映射到哈希表中。当数据库执行查询操作时，哈希索引使用哈希函数计算查询所需关键字的哈希值，然后在哈希表中查找具有相同哈希值的数据记录。如果发现多个数据记录具有相同的哈希值，则必须使用比较运算符来确定实际的数据记录。

（3）空间索引。空间索引是一种专门用于处理空间数据的索引，通常用于地理信息系统（Geographical Information System，GIS）和空间数据库中。它是用于快速查询空间数据的位置和几何关系的索引。空间索引通常使用网格结构（如格网、网格图或四叉树）将空间数据划分为许多小的网格单元。每个网格单元存储一个或多个数据点，并使用空间算法快速查询其他网格单元，以确定数据点的几何关系。

（4）全文索引。全文索引是用于快速搜索文本内容的索引。它可以在数据库中搜索文本字段，或者在文档管理系统中搜索文件内容。全文索引通常对文本内容进行分词（将文本内容分解为单词），并使用数据结构（如倒排索引）存储分词后的信息，以快速查询搜索词。

（5）位图索引。位图索引是一种特殊的数据索引，它通过将数据存储为二进制位映射来加速查询。每位代表一个数据记录是否符合某个特定条件。例如，如果某位为1，则表示该记录符合某个条件；如果某位为0，则表示该记录不符合条件。

索引虽然可以加快数据的查找速度，但是，也存在一定的弊端。

（1）索引是以文件的形式存储的，DBMS会将一个表的所有索引保存在同一个索引文件中，索引文件需要占用磁盘空间。如果有大量的索引，索引文件可能会比数据文件更快地达到最大的文件大小。如果在一个大表上创建了多种组合索引，索引文件会膨胀得非常快。

（2）索引在提高查询速度的同时，也会降低更新表的速度。在更新表中索引列上的数据时，索引也会被更新，以确保索引树与表中的内容一致，这可能需要重组织一个索引。如果表中的索引有很多，这会非常耗费时间，由此会降低更新操作的效率。通常，表中的索引越多，更新表所花费的时间就会越长。

要不要建立索引以及如何建立索引是数据库设计中很重要的问题。设计人员要仔细考虑实际应用中修改与查询的频率，权衡建立索引的利弊。例如，若一关系的经常性操作是数据的修改，则不宜建立索引。一般而言，建立索引有以下几项参考原则。

（1）值得建立索引：记录有一定规模，而查询只局限于少数记录。

（2）索引用得上：索引列在查询语句的WHERE子句中被频繁使用。

（3）先装数据，后建索引：大多数基本表总是有一批初始数据需要装入。建立关系后，应该先将这些初始数据装入基本表，再建立索引，这样可加快初始数据的输入。如果建表时就建索引，那么在输入初始数据时，每插入一条记录都要维护一次索引。当然，索引早建、晚建都是允许的。

在实际应用中，只有那些能加快数据查询速度的索引才会被SQL Server选用。如果利用索引检索还不如按顺序扫描速度快，则SQL Server仍用扫描方法检索数据。建立不能被采用的索引只会增加系统的负担，降低检索速度。因此，可利用性是建立索引的首要条件。

2. 建立索引

建立索引的语法格式如下：

```
CREATE [UNIQUE][CLUSTERED|NONCLUSTERED]
INDEX <索引名> ON <表名> (<列名> [<次序>] [,<列名>[<次序>]...]);
```

可以在一列或多列上建立索引，也可以指定索引值排列的次序，即升序（ASC）或降序（DESC），默认为升序。语句中的UNIQUE选项表示建立唯一索引，即不允许两行具有相同的索引值。CLUSTERED选项表示建立聚簇索引，未指明CLUSTERED时表明创建的索引是非聚簇索引。NONCLUSTERED选项表示建立非聚簇索引。

所谓聚簇索引，是指为了提高某个属性（或属性组）的查询速度，把这个属性（或属性组）上具有相同值的元组集中存放在连续的物理块中。聚簇索引是物理有序的，非聚簇索引是逻辑有序、物理无序的。每张表只能有一个聚簇索引，其他索引都是非聚簇的。注意，当要在同一张表中建立聚簇索引和非聚簇索引时，应该先创建聚簇索引，再创建非聚簇索引。因为，如果先建立非聚簇索引，当建立聚簇索引时，SQL Server会自动将非聚簇索引删除，然后重新建立非聚簇索引。在下列3种情况下，有必要为某个属性（或属性组）建立聚簇索引：

（1）查询语句中采用该属性作为排序列；

（2）需要返回局部范围的大量数据；

（3）表中某属性内容的重复度比较高，例如，员工表中的“部门号”这一列有大量重复数据，在“部门号”列上建立聚簇索引后，连接查询的速度会快很多。

【例3.10】在Teacher表中创建一个聚簇索引（假设事先没有把Tno设置为主码）。

```
CREATE UNIQUE CLUSTERED INDEX index_teacher_age ON Teacher (Tage);
```

这里之所以假设事先没有把Tno设置为Teacher表的主码，是因为如果已经把Tno设置为主码，那么SQL Server就会自动为Tno创建一个聚簇索引。由于一张表只能有一个聚簇索引，所以创建索引index_teacher_age就会报错，无法成功执行。

【例3.11】在Student表中创建一个系和年龄的复合索引。

```
CREATE INDEX index_dept_name ON Student(Sdept,Sage);
```

3. 删除索引

删除索引的语法格式如下：

```
DROP INDEX <表名>.<索引名>;
```

【例3.12】删除Student表中的索引index_dept_name。

```
DROP INDEX Student.index_dept_name;
```

3.4 数据更新

数据更新操作包括3种类型，即插入数据、修改数据和删除数据。

3.4.1 插入数据

插入数据语句有两种使用形式：一种是使用常量，一次插入一个元组；另一种是插入子查询的结果集，一次插入多个元组。

1. 使用常量插入单个元组

使用常量插入单个元组的语法格式如下：

```
INSERT INTO <表名> [(<列名1>[,<列名2>]...)]
VALUES (<常量1>[,<常量2>]...);
```

在上面的语句中，列名和常量存在对应关系，即<列名1>的值为<常量1>，<列名2>的值为<常量2>，以此类推。

【例3.13】把图3-2所示的学生选课数据库的所有记录插入对应的5个表中。

把记录插入Student表的语句如下：

```
INSERT INTO Student VALUES('2024001','林书凡','男',18,'MA');
INSERT INTO Student VALUES('2024002','李欣然','女',19,'IS');
INSERT INTO Student VALUES('2024003','王武义','男',20,'CS');
INSERT INTO Student VALUES('2024004'','苏文甜','女',19,'CS');
```

把记录插入Course表的语句如下：

```
INSERT INTO Course VALUES('1','大数据' ,'3',2);
INSERT INTO Course VALUES('2','操作系统','5' ,4);
INSERT INTO Course VALUES('3','数据库' ,'5',4);
INSERT INTO Course VALUES('4','编译原理' ,Null,4);
INSERT INTO Course VALUES('5','编程语言' ,Null,2);
INSERT INTO Course VALUES('6','数据挖掘' ,'3',2);
```

把记录插入SC表的语句如下：

```
INSERT INTO SC VALUES('2024001','1',97);
INSERT INTO SC VALUES('2024001','2',78);
```

```
INSERT INTO SC VALUES('2024001','3',86);
INSERT INTO SC VALUES('2024002','2',85);
INSERT INTO SC VALUES('2024002','3',77);
```

把记录插入Teacher表的语句如下：

```
INSERT INTO Teacher VALUES('97001','林彤文','男',45);
INSERT INTO Teacher VALUES('97002','司马鹰松','男',33);
INSERT INTO Teacher VALUES('97003','王明天','男',38);
INSERT INTO Teacher VALUES('97004','马晓燕','女',36);
INSERT INTO Teacher VALUES('97005','张勇','男',51);
```

把记录插入TC表的语句如下：

```
INSERT INTO TC VALUES('97001','1');
INSERT INTO TC VALUES('97001','3');
INSERT INTO TC VALUES('97002','2');
INSERT INTO TC VALUES('97003','4');
INSERT INTO TC VALUES('97004','5');
INSERT INTO TC VALUES('97004','6');
INSERT INTO TC VALUES('97005','6');
```

2. 在表中插入子查询的结果集

有时需要把子查询的结果集插入一张表中，含有子查询的INSERT语句的语法格式如下：

```
INSERT INTO <表名> [(<列名1>[,<列名2>]...)]
<子查询>
```

【例3.14】把Student表中CS系的学生信息查询出来并插入StudentCS表中（假设StudentCS表已经存在，并且表结构和Student表相同）。

```
INSERT INTO StudentCS
SELECT * FROM Student
WHERE Sdept='CS';
```

3.4.2 修改数据

修改操作又称更新操作，其语法格式如下：

```
UPDATE <表名>
SET <列名> = <表达式> [,<列名> = <表达式>]...
[WHERE <条件>];
```

其中，UPDATE子句指明要修改的数据所在的表，SET子句指明要修改的列及新数据，WHERE子句指明要修改的记录要满足的条件。如果不加WHERE子句进行约束，则对所有行进行修改。

【例3.15】将Teacher表中所有教师的年龄增加1岁。

```
UPDATE Teacher
SET Tage = Tage + 1;
```

【例3.16】将Course表中的所有课程的学分修改为4。

```
UPDATE Course
SET Ccredit = 4;
```

【例3.17】将Course表中的"大数据"课程的学分修改为4，先修课修改为2号课程。

```
UPDATE Course
SET Ccredit = 4, Cpno = '2';
WHERE Cname = '大数据';
```

3.4.3 删除数据

删除表记录的语法格式如下：

```
DELETE FROM <表名>
[WHERE <条件表达式>];
```

DELETE语句会从指定的表中删除满足条件的所有记录。如果省略WHERE子句，则表示删除表中的全部记录，但是，表的定义仍在数据字典中。也就是说，DELETE语句只删除表中的数据，而不删除表的定义。

【例3.18】把TC表中教工号为"97001"的所有授课记录删除。

```
DELETE FROM TC
WHERE Tno = '97001';
```

【例3.19】把TC表中的所有记录删除。

```
DELETE FROM TC;
```

3.5 数据查询

数据查询是指根据用户的需要以一种可读的方式从数据库中提取所需的数据，它是SQL的核心功能，也是数据库中使用最多的操作。SQL提供了SELECT语句进行数据查询，查询的结果是由0行（没有满足条件的数据）、一行或多行记录组成的一个记录集合。SELECT语句的基本语法格式如下：

```
SELECT [ALL | DISTINCT] <查询列>
FROM <数据源>
[WHERE <条件表达式>]
[GROUP BY <列名>] [HAVING <条件表达式>]
[ORDER BY <列名> [ASC | DESC]];
```

其中，SELECT子句和FROM子句为必选子句，而WHERE子句、GROUP BY子句和ORDER BY子句为常用子句。SELECT子句用于指定输出的字段，FROM子句用于指定数据的来源，WHERE子句用于指定数据的选择条件，GROUP BY子句用于对检索到的记录进行分组，HAVING子句用于指定组的选择条件，ORDER BY子句用于对查询的结果进行排序。SELECT子句中的关键字ALL和DISTINCT为可选项，用于指定是否返回结果集中的重复行，默认为ALL，即返回所有符合条件的行，包括可能存在的重复行；若指定选项为DISTINCT，则会消除结果集中的重复行。

3.5.1 单表查询

1. 选择表中的若干列

（1）查询指定列

可以选择一个或多个表中的某个或某些列作为SELECT语句的查询列。若查询列有多个，则各个列名之间需要用逗号进行分隔，且返回查询结果时，结果集中各列是依照SELECT语句中指定列的次序给出的。此时，结果集中各列的次序一般是这些列在表定义中出现的次序。另外，列名的指定可以采用直接给出列的名称的方式（比如Sno），也可以使用完全限定列名的方式（比如Student.Sno）。

选择表中的若干列

【例3.20】查询Teacher表中的教工号和姓名。

```
SELECT Tno,Tname FROM Teacher;
```

图3-3所示为查询结果，可以看出，查询结果中的列名是英文Tno和Tname，但是，我们有时可能希望列名是中文的“教工号”和“姓名”，这就涉及列的重命名操作。在系统输出查询结果集中某些列或所有列的名称时，若希望这些列的名称显示为自定义名称，而非原表中的名称，则可以在SELECT语句中添加AS子句到指定的列名之后，以此来修改查询结果集中列的名称。

	Tno	Tname
1	97001	林彤文
2	97002	司马鹰松
3	97003	王明天
4	97004	马晓燕
5	97005	张勇

图3-3 查询Teacher表中的教工号和姓名

【例3.21】查询Teacher表中的教工号和姓名。

```
SELECT Tno AS '教工号',Tname AS '姓名'
FROM Teacher;
```

图3-4所示为查询结果，可以看出，列已经具有了新的中文名称。但是，需要指出的是，这里只是更改了查询结果中显示的列的名称，实际上，数据库中的列的名称没有发生变化，依然是Tno和Tname。

	教工号	姓名
1	97001	林彤文
2	97002	司马鹰松
3	97003	王明天
4	97004	马晓燕
5	97005	张勇

图3-4 自定义列的名称

（2）查询全部列

将表中的所有列都选出来，可以通过两种方式来实现。一种是在SELECT关键字后面给出所有列名，另一种是使用通配符。

【例3.22】查询Teacher表中的所有列。

第一种写法如下：

```
SELECT Tno,Tname,Tsex,Tage FROM Teacher;
```

第二种写法如下：

```
SELECT * FROM Teacher;
```

（3）计算列值

使用SELECT语句对列进行查询时，在结果集中可以输出对列值进行计算后的值。

【例3.23】查询Course表的课程号和学分，并把查询结果显示为“4学分”这种形式。

```
SELECT Cno,CAST(Ccredit AS VARCHAR(20)) + '学分'
FROM Course;
```

其中，CAST是SQL Server提供的转换函数，“CAST(Ccredit AS VARCHAR(20))”表示把Ccredit字段的类型从整型转换成字符串型，“+”表示把两个字符串拼接在一起。

（4）聚合函数

在SELECT语句中也可以使用聚合函数。聚合函数通常是数据库系统中的一类系统内置函数，常用于对一组值进行计算，然后返回单个值。它通常与GROUP BY子句一起使用。如果SELECT语句中有一个GROUP BY子句，则聚合函数对所有列起作用；如果没有GROUP BY子句，则SELECT语句只产生一个记录作为结果。另外，除了COUNT函数以外，其他聚合函数都会忽略空值。表3-4给出了一些常用的聚合函数。

表 3-4　常用的聚合函数

函数	参数	含义
AVG	([ALL|DISTINCT] <数值表达式>)	求数值表达式的平均值，包括针对全部值或不重复值两种情况
COUNT	([ALL|DISTINCT] <表达式>)	统计表达式的值，包括针对全部值或不重复值两种情况
COUNT	(*)	统计记录数
MAX	(<表达式>)	求表达式的最大值
MIN	(<表达式>)	求表达式的最小值
SUM	([ALL|DISTINCT] <算术表达式>)	求算术表达式的和，包括针对全部值或不重复值两种情况

【例3.24】查询Teacher表中教师的最大年龄。

```
SELECT MAX(Tage)
FROM Teacher;
```

【例3.25】在SC表中查询学号为“2024001”的学生的所有课程的平均成绩。

```
SELECT AVG(Grade)
FROM SC
WHERE Sno = '2024001';
```

2. 选择表中的若干元组

（1）消除取值重复的行

把表投影到某些列上以后，可能出现取值重复的多个行。比如，使用以下语句把TC表投影到Tno这个列上以后，就会出现取值重复的行，如图3-5所示。

```
SELECT Tno FROM TC;
```

在列名之前没有加上ALL或DISTINCT关键词时，系统默认为ALL，因此，上面的语句和以下语句等价：

```
SELECT ALL Tno FROM TC;
```

选择表中的若干元组

如果要消除取值重复的行，则需要使用DISTINCT关键字，语句如下：

```
SELECT DISTINCT Tno FROM TC;
```

消除取值重复的行后的结果如图3-6所示。

	Tno
1	97001
2	97001
3	97002
4	97003
5	97004
6	97004
7	97005

图3-5 投影操作的结果包含取值重复的行

	Tno
1	97001
2	97002
3	97003
4	97004
5	97005

图3-6 消除取值重复的行后的结果

（2）查询满足条件的元组

可以使用WHERE子句查询满足指定条件的元组。DBMS处理语句时，以元组为单位，逐个检查每个元组是否满足条件，并将不满足条件的元组筛掉，只保留满足条件的元组。WHERE子句常用的查询条件如表3-5所示。

表3-5 WHERE子句常用的查询条件

查询条件	谓词
比较大小	=（等于）、>（大于）、<（小于）、>=（大于等于或不小于）、!<（不小于）、<=（小于等于或不大于）、!>（不大于）、<>（不等于）、!=（不等于）
确定范围	BETWEEN...AND...（在……之间）、NOT BETWEEN...AND...（不在……之间）
确定集合	IN（在集合里面）、NOT IN（不在集合里面）
字符匹配	LIKE（匹配）、NOT LIKE（不匹配）
空值	IS NULL（为空值）、IS NOT NULL（不为空值）
多重条件	AND（与）、OR（或）

① 比较大小。

【例3.26】查询Teacher表中的所有男教师的名字。

```
SELECT Tname
FROM Teacher
WHERE Tsex = '男';
```

【例3.27】查询Course表中所有学分大于2的课程的名称和学分。

```
SELECT Cname,Ccredit
FROM Course
WHERE Ccredit > 2;
```

② 确定范围。

【例3.28】查询Course表中所有学分在2到4之间的课程的名称和学分。

```
SELECT Cname,Ccredit
FROM Course
WHERE Ccredit BETWEEN 2 AND 4;
```

【例3.29】查询Course表中所有学分不在2到4之间的课程的名称和学分。

```
SELECT Cname,Ccredit
FROM Course
WHERE Ccredit NOT BETWEEN 2 AND 4;
```

③ 确定集合。

【例3.30】在Student表中查询数学系（MA）和计算机系（CS）的学生的学号、姓名。

```
SELECT Sno,Sname
FROM Student
WHERE Sdept IN ('MA','CS');
```

【例3.31】在Student表中查询既不属于数学系（MA）也不属于计算机系（CS）的学生的学号、姓名。

```
SELECT Sno,Sname
FROM Student
WHERE Sdept NOT IN ('MA','CS');
```

④ 字符匹配。

在SQL Server中，通过LIKE可以实现模糊查找。一般在使用LIKE时需要配合通配符，表3-6给出了LIKE操作符使用的通配符。

表 3-6　LIKE 操作符使用的通配符

通配符	含义	例子
%	多字符通配符，代表任意长度的字符串（长度可以为0）	'C%'表示以C开头的字符串
_（下画线）	单字符通配符，代表任意单个字符	'a_b'表示以字母a开头、字母b结尾并且长度为3的字符串
[<字符范围>]	指定字符范围内的单个字符	'[a,b,c]%'或'[a-c]%'表示第一个字符为字母a到c的字符串
[^<字符范围>]	不在指定字符范围内的单个字符	'[^a,b,c]%'或'[^a-c]%'表示第一个字符不是字母a到c的字符串

【例3.32】在Teacher表中查询姓名是“林彤文”的教师的教工号、姓名和年龄。

```
SELECT Tno,Tname,Tage
FROM Teacher
WHERE Tname LIKE '林彤文';
```

【例3.33】在Teacher表中查询所有姓林的教师的教工号、姓名和年龄。

```
SELECT Tno,Tname,Tage
FROM Teacher
WHERE Tname LIKE '林%';
```

【例3.34】在Teacher表中查询所有不姓林的教师的教工号、姓名和年龄。

```
SELECT Tno,Tname,Tage
FROM Teacher
WHERE Tname NOT LIKE '林%';
```

【例3.35】在Course表中查询所有名称中包含“数据”两个字的课程的课程号和课程名。

```
SELECT Cno,Cname
FROM Course
WHERE Cname LIKE '%数据%';
```

【例3.36】在Course表中查询所有名称以“数据”两个字开头并且名称长度为4的课程的课程号和课程名。

```
SELECT Cno,Cname
FROM Course
WHERE Cname LIKE '数据__';
```

需要注意的是，上面的LIKE子句中包含两个下画线，每个下画线代表一个字符。

⑤ 空值。

使用IS NULL可以查询出表中某个字段包含空值的记录，使用IS NOT NULL可以查询出表中某个字段不为空的记录。

【例3.37】在Course表中查询所有不存在先修课的课程的课程号和课程名。

```
SELECT Cno,Cname
FROM Course
WHERE Cpno IS NULL;
```

【例3.38】在Course表中查询所有存在先修课的课程的课程号和课程名。

```
SELECT Cno,Cname
FROM Course
WHERE Cpno IS NOT NULL;
```

⑥ 多重条件。

可以使用逻辑运算符AND和OR把多个查询条件连接起来，形成一个更加复杂的查询条件。

【例3.39】在SC表中查询学号是“2024001”的学生选修的成绩在90分以上的选课信息。

```
SELECT Sno,Cno,Grade
FROM SC
WHERE Sno = '2024001' AND Grade > 90;
```

【例3.40】在Teacher表中查询年龄是36岁或者38岁的教师的教工号、姓名和年龄。

```
SELECT Tno,Tname,Tage
FROM Teacher
WHERE Tage = 36 OR Tage = 38;
```

3. 对查询结果进行排序

可以使用ORDER BY子句对查询结果进行排序。查询结果可以按多个排序列进行排序，每个排序列后都可以跟一个排序要求。当排序要求为ASC时，元组按排序列值的升序排列；排序要求为DESC时，元组按排序列值的降序排列。默认为ASC。

对查询结果排序和分组

【例3.41】在Teacher表中查询所有男教师的姓名和年龄，并且按照年龄降序排列查询结果。

```
SELECT Tname,Tage
FROM Teacher
WHERE Tsex = '男'
ORDER BY Tage DESC;
```

【例3.42】在SC表中查询全体学生选课情况，查询结果按学号升序排列，同一名学生的选课记录按照成绩降序排列。

```
SELECT *
FROM SC
ORDER BY Sno ASC, Grade DESC;
```

4. 对查询结果进行分组

在SELECT语句中，允许使用GROUP BY子句将结果集中的数据行根据指定列的值进行逻辑分组，以便汇总表内容的子集，即实现对每个分组的聚合计算。

【例3.43】在SC表中查询每个学生的学号及其选课的门数。

```
SELECT Sno,COUNT(Cno)
FROM SC
GROUP BY Sno;
```

需要注意的是，当没有分组时，聚合函数将作用于整个查询结果，对查询结果进行分组后，聚合函数将分别作用于每个组。比如，有以下语句：

```
SELECT AVG(Grade)
FROM SC;
```

该语句会计算SC表中所有成绩的平均值。而下面的语句则不同：

```
SELECT Sno,AVG(Grade)
FROM SC
GROUP BY Sno;
```

该语句会根据学号进行分组，然后计算每个学号对应的分组的平均成绩。

另外，使用GROUP BY子句后，SELECT子句的列名列表中只能出现分组属性和聚合函数。或者说，SELECT后面的所有列中，没有使用聚合函数的列必须出现在GROUP BY子句后面。比如，下面的语句就是错误的：

```
SELECT Sno,Cno
FROM SC
GROUP BY Sno;
```

该语句中，选择Cno列无效，因为该列没有包含在聚合函数或GROUP BY子句中。

还可以使用HAVING子句对分组后的结果进行筛选，只输出满足指定条件的分组。

【例3.44】在SC表中查询每个学生的学号及其所有课程的平均成绩，并且要求平均成绩大于85分。

```
SELECT Sno,AVG(Grade)
FROM SC
GROUP BY Sno
HAVING AVG(Grade) > 85;
```

【例3.45】查询有两门及以上课程的成绩是85分及以上的学生的学号，以及成绩在85分及以上的课程的数量。

```
SELECT Sno, COUNT(*)
FROM SC
WHERE Grade>=85
GROUP BY Sno
HAVING COUNT(*)>=2;
```

这里需要强调一下HAVING子句与WHERE子句的区别。二者作用的对象不同。WHERE子句作用于基本表或视图，从中选择满足条件的元组；HAVING子句作用于分组，从中选择满足条件的分组。HAVING子句在查询过程中的执行优先级低于聚合语句，HAVING子句就是用来弥补WHERE子句在分组时的不足的，因为WHERE子句的执行优先级要高于聚合语句。当一个查询同时含有WHERE子句、GROUP BY子句、HAVING子句及聚合函数时，执行顺序如下：

- 执行WHERE子句查找符合条件的数据；
- 使用GROUP BY子句对数据进行分组；
- 对使用GROUP BY子句形成的分组运行聚合函数计算每一个分组的值；
- 用HAVING子句去掉不符合条件的分组。

3.5.2 连接查询

连接查询是涉及两个或两个以上表的查询，一般连接条件是两个表中的同名属性（也可以是不同名属性）。连接查询包括等值连接查询、非等值连接查询、自身连接查询、外连接查询等。

连接查询

1. 等值与非等值连接查询

连接查询是通过WHERE子句表达连接条件的，其语法格式如下：

```
[<表名1>.]<列名1> <比较运算符> [<表名2>.]<列名2>
```

其中，比较运算符主要有=、>、<、>=、<=和!=，连接谓词中的列名为连接字段。连接条件中，连接字段类型必须是可比的，但连接字段不一定是同名的。

运算符为“=”时，为等值连接，使用其他运算符的为非等值连接。当等值连接中的连接字段相同，并且在SELECT子句中去除了重复字段时，该连接操作是自然连接。

【例3.46】查询成绩在80到100分之间的学生学号、姓名。

```
SELECT Student.Sno,Sname
FROM Student,SC
WHERE Student.Sno = SC.Sno AND (Grade BETWEEN 80 AND 100);
```

需要注意的是，SQL Server的不同表中可以出现相同列名，若一个多表查询涉及不同表中的同名列，必须在列名前面加上表名作为前缀加以限定，比如“Student.Sno = SC.Sno”。同样地，SELECT后的目标表中的Sno列也必须用表名限定（即Student.Sno），否则系统就会报错，尽管用Student.Sno和用SC.Sno的结果是一样的。

【例3.47】查询每个学生的学号、姓名及其选修课的名称和成绩。

```
SELECT Student.Sno,Student.Sname,Course.Cname,SC.Grade
```

```
FROM Student,Course,SC
WHERE Student.Sno = SC.Sno AND Course.Cno = SC.Cno;
```

2. 自身连接查询

连接可在不同表之间进行，也可以在一个表内进行（自身连接）。这种情况下，可以把一个表看作两个表，用别名来区分，定义别名的语法格式如下：

```
<表名> AS <别名>
```

【例3.48】查询与苏文甜在同一个系的学生。

```
SELECT S2.*
FROM Student AS S1, Student AS S2
WHERE S1.Sdept = S2.Sdept AND S1.Sname = '苏文甜';
```

3. 外连接查询

SQL Server支持外连接的概念，可以在FROM子句中用关键字OUTER JOIN直接说明是外连接，在ON后指出连接条件。外连接包括左外连接（LEFT OUTER JOIN）和右外连接（RIGHT OUTER JOIN）。下面是一个左外连接的语句实例：

```
SELECT Student.*,SC.*
FROM Student LEFT OUTER JOIN SC ON Student.Sno = SC.Sno
WHERE Student.Sdept = 'CS';
```

该语句使用了左外连接，查询结果为Student表和SC表中的所有属性，结果集中包含CS系的所有学生信息和对应学生的选课信息。如果某学生没有选课，该学生的选课信息为空。

3.5.3 嵌套查询

若SELECT语句出现在查询条件中，则其被称为嵌套查询或子查询。一个SELECT...FROM...WHERE语句称为一个查询块，子查询可以嵌套多层。在书写嵌套查询语句时，总是从上层查询块（也称为外层查询块）向下层查询块书写；而在处理时，则是由下层向上层处理，即下层查询结果集用作上层查询块的查找条件。子查询分为不相关子查询和相关子查询。

1. 使用 IN 操作符的嵌套查询

当IN操作符后的数据集需要通过查询得到时，就需要使用IN嵌套查询。

【例3.49】查询教授2号课程的教师的教工号和姓名。

```
SELECT Tno, Tname
FROM Teacher
WHERE Tno IN (SELECT Tno FROM TC WHERE Cno = '2');
```

上面的查询条件中括号内的SELECT语句称为子查询或内查询，外层查询称为父查询或外查询。因为子查询不依赖于父查询，可以独立执行得到相应的结果，然后将这个结果提供给父查询使用，所以，这类查询被称为不相关子查询。这个查询在执行时，先执行子查询，查询教授2号课程的教师的教工号，再执行父查询，查询该教工号对应的教师信息。

使用 IN 操作符的嵌套查询

【例3.50】查询选修了以数据库作为先修课的课程的学生的姓名和学号。

实现该查询的基本思路是：

（1）在Course表中找出以数据库作为先修课的课程的课程号Cno；

（2）在SC表中找出选修了该课程号对应课程的学生的学号Sno；

（3）在Student表中找出该学号对应的学生的姓名。

根据上述思路可以写出如下查询语句：

```
SELECT Student.Sno,Student.Sname
FROM Student
WHERE Student.Sno IN (
   SELECT SC.Sno
   FROM SC
   WHERE SC.Cno IN (
      SELECT first.Cno
      FROM Course AS first, Course AS second
      WHERE first.Cpno=second.Cno
      AND second.Cname = '数据库'
   )
);
```

本例还可以使用连接查询的方式来实现，具体SQL语句如下：

```
SELECT Student.Sno,Student.Sname
FROM Course AS first, Course AS second,SC,Student
WHERE first.Cpno = second.Cno
AND second.Cname = '数据库'
AND SC.Cno=first.Cno
AND SC.Sno=Student.Sno;
```

2. 使用比较符的嵌套查询

使用比较符的嵌套查询

IN操作符用于一个值与多个值的比较，而比较符则用于一个值与另一个值的比较。当比较符后面的值需要通过查询才能得到时，就需要使用比较符嵌套查询。

【例3.51】查询2号课程的成绩高于林书凡的学生的学号和成绩。

```
SELECT Sno, Grade
FROM SC
WHERE Cno = '2' AND Grade > (
   SELECT Grade
   FROM SC
   WHERE Cno = '2' AND Sno = (
         SELECT Sno
         FROM Student
         WHERE Sname = '林书凡'
   )
);
```

这个查询的执行顺序是，首先在Student表中查找出林书凡的学号，然后在SC表中查找出他的2号课程的成绩，最后，在SC表中查询出2号课程成绩高于林书凡的学生的学号和成绩。

使用ANY或ALL操作符的嵌套查询

3．使用ANY或ALL操作符的嵌套查询

子查询返回单个值时，可以使用比较符，而ANY和ALL操作符必须与比较符配合使用。表3-7给出了ANY和ALL与比较符结合时的含义。

表3-7　ANY和ALL与比较符结合时的含义

	含义
>ANY	大于子查询结果中的某个值，表示大于查询结果中的最小值
>ALL	大于子查询结果中的所有值，表示大于查询结果中的最大值
<ANY	小于子查询结果中的某个值，表示小于查询结果中的最大值
<ALL	小于子查询结果中的所有值，表示小于查询结果中的最小值
>=ANY	大于等于子查询结果中的某个值，表示大于等于结果集中的最小值
>=ALL	大于等于子查询结果中的所有值，表示大于等于结果集中的最大值
<=ANY	小于等于子查询结果中的某个值，表示小于等于结果集中的最大值
<=ALL	小于等于子查询结果中的所有值，表示小于等于结果集中的最小值
=ANY	等于子查询结果中的某个值，相当于IN
=ALL	等于子查询结果中的所有值（通常没有实际意义）
!=（或<>）ANY	不等于子查询结果中的某个值
!=（或<>）ALL	不等于子查询结果中的任何一个值，相当于NOT IN

【例3.52】查询其他系中比CS系某一个学生的年龄小的学生。

```
SELECT *
FROM Student
WHERE Sage <ANY (
   SELECT Sage
   FROM Student
   WHERE Sdept = 'CS'
) AND Sdept != 'CS';
```

【例3.53】查询其他系中比CS系所有学生的年龄都小的学生。

```
SELECT *
FROM Student
WHERE Sage <ALL (
   SELECT Sage
   FROM Student
   WHERE Sdept = 'CS'
) AND Sdept != 'CS';
```

4．使用EXISTS操作符的嵌套查询

使用EXISTS操作符的嵌套查询

EXISTS代表存在量词∃。带EXISTS的子查询返回的是True或False。如果子查询存在满足条件的元组，则返回值为True，否则返回值为False。因为不必返回具体值，所以一般带EXISTS的子查询中的SELECT后的目标列常用“*”表示。

【例3.54】查询与苏文甜在同一个系的学生。

```
SELECT *
FROM Student S1
WHERE EXISTS ( SELECT * FROM Student S2
          WHERE S2.Sname = '苏文甜' AND S1.Sdept = S2.Sdept );
```

这个查询属于相关子查询。与不相关子查询不同的是，相关子查询的查询条件中包含外层查询的属性。比如，在这个查询中，子查询的查询条件S1.Sdept=S2.Sdept中，S1.Sdept就是外层查询S1中的属性。因此，在执行该查询时，需要从外层查询中得到一个学生元组，然后，把该学生元组的Sdept字段的值传递给子查询，如果该学生所在的系和学生苏文甜相同，子查询就会返回True，该学生元组就会出现在查询结果中；如果该学生所在的系和学生苏文甜不相同，子查询就会返回False，该学生元组就不会出现在查询结果中。外层查询表中的所有元组都做同样的操作，结果会得到所有满足条件的元组。

实际上，这个查询也可以使用IN嵌套查询来实现：

```
SELECT *
FROM Student
WHERE Sdept IN (
   SELECT Sdept FROM Student WHERE Sname = '苏文甜'
);
```

但是，解决同样的问题，EXISTS嵌套查询的效率要比IN嵌套查询的效率高。在执行EXISTS嵌套查询时，只要内层查询找到一个满足条件的元组，就会立即跳出内层查询（或内循环）；而IN嵌套查询则不同，即使已经找到符合条件的元组，也还会继续遍历，如图3-7所示。

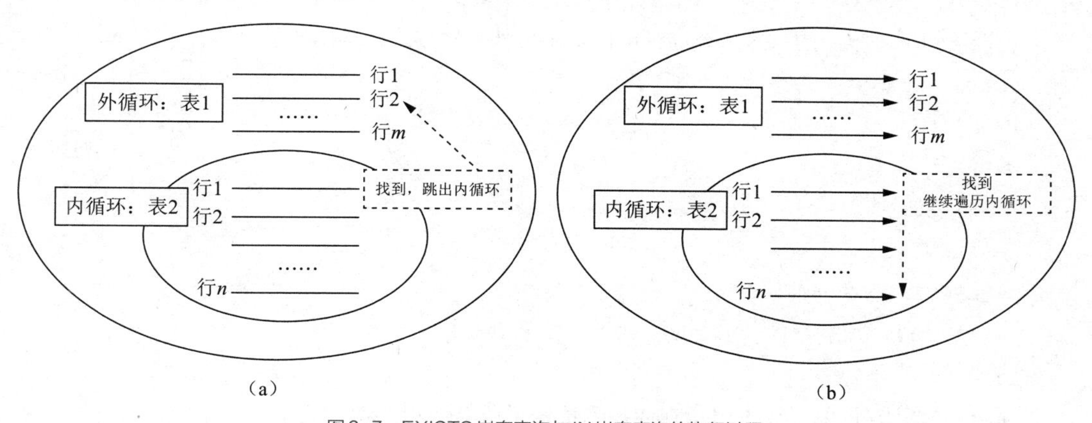

图3-7 EXISTS嵌套查询与IN嵌套查询的执行过程

与EXISTS对应的是NOT EXISTS。使用NOT EXISTS后，若内层查询结果为空，则外层的WHERE子句返回值为True，否则返回值为False。

【例3.55】查询所有没有教授1号课程的教师的教工号、姓名和年龄。

```
SELECT Tno,Tname,Tage
FROM Teacher
WHERE NOT EXISTS (
   SELECT *
```

```
    FROM TC
    WHERE Tno = Teacher.Tno AND Cno = '1'
);
```

SQL中没有全称量词∀，因此，需要使用谓词演算把一个带有全称量词的谓词转换为等价的带有存在量词的谓词，具体如下：

$$(\forall x)p \equiv \neg(\exists x(\neg p))$$

【例3.56】查询选修了全部课程的学生的姓名。

这个查询包含全称量词，需要先把查询转变成等价的带有存在量词的形式：查询这样的学生的姓名，没有一门课程是他不选的。查询语句如下：

```
SELECT Sname
FROM Student
WHERE NOT EXISTS(
    SELECT *
    FROM Course
    WHERE NOT EXISTS(
        SELECT *
        FROM SC
        WHERE Sno = Student.Sno
        AND Cno = Course.Cno
    )
);
```

查询语句不是唯一的，这个查询也可以采用另外一种方式，具体如下：

```
SELECT Sname
FROM Student
WHERE Sno IN (
    SELECT Sno
    FROM SC
    GROUP BY Sno
    HAVING COUNT(*) = (SELECT COUNT(*) FROM Course)
);
```

在上面这种方式中，首先用子查询找到选修了所有课程的学生的学号，然后在父查询中使用这个学号到Student表中找到对应的学生姓名。

SQL中也没有逻辑蕴含运算，需要使用谓词演算把一个逻辑蕴含的谓词转换为等价的带有存在量词的谓词，具体如下：

$$p \rightarrow q \equiv \neg p \vee q$$

【例3.57】查询至少选修了教工号为“97001”的教师所教授的全部课程的学生的信息。

本例包含逻辑蕴含运算，它的含义是：查询这样的学生，凡是教工号为“97001”的教师所教授的课程，他都选修。如果用p表示谓词“教工号为‘97001’的教师所教授的课程y”，用q表示谓词“学生x选修了课程y”，则本例可以形式化地表示为$(\forall y)(p \rightarrow q)$，它可以等价转换为以下形式：

$$(\forall y)(p \to q) \equiv \neg\exists y(\neg(p \to q)) \equiv \neg\exists y(\neg(\neg p \vee q)) \equiv \neg\exists y(p \wedge \neg q)$$

它表达的含义是：不存在这样的课程y，教工号为“97001”的教师教授了课程y，而学生x没有选。SQL语句如下：

```
SELECT *
FROM Student
WHERE NOT EXISTS(
   SELECT * FROM Course
   WHERE EXISTS (
      SELECT *
      FROM TC
      WHERE TC.Tno='97001' AND TC.Cno = Course.Cno
   )
   AND NOT EXISTS (
      SELECT *
      FROM SC
      WHERE SC.Sno = Student.Sno AND SC.Cno = Course.Cno
   )
);
```

3.5.4 集合查询

SELECT语句的查询结果是元组的集合，因此，可以对查询结果进行并、交、差等集合运算。集合操作主要包括并操作UNION、交操作INTERSECT和差操作EXCEPT。

集合查询

1. 并操作 UNION

UNION操作可以将两个查询结果合并在一起。UNION操作要求两个查询结果的属性个数相同，属性名相同，数据类型也相同，这些属性可以来自不同的表。如果合并后有重复元组，系统会自动消除重复元组。如果需要查询所有的重复元组，可用UNION ALL。

【例3.58】查询CS系的学生学号和选修了1号课程的学生学号的并集。

```
SELECT Sno
FROM Student
WHERE Sdept = 'CS'
UNION
SELECT Sno
FROM SC
WHERE Cno = '1'
```

2. 交操作 INTERSECT

INTERSECT操作组合两个或多个查询结果，并返回两个查询输出的相同行。

【例3.59】查询教授了1号课程的教师姓名和教授了3号课程的教师姓名的交集。

```
SELECT Tname
FROM Teacher,TC
WHERE Teacher.Tno = TC.Tno AND Cno = '1'
INTERSECT
SELECT Tname
FROM Teacher,TC
WHERE Teacher.Tno = TC.Tno AND Cno = '3';
```

该查询实际是查询同时教授了1号和3号课程的教师姓名，也可以用以下SQL语句实现：

```
SELECT Tname
FROM Teacher
WHERE Tno IN (
   SELECT Tno
   FROM TC
   WHERE Cno = '1'
)
AND Tno IN (
    SELECT Tno
    FROM TC
    WHERE Cno = '3'
);
```

3. 差操作 EXCEPT

EXCEPT操作比较两个查询结果，并返回第一个查询结果中不是由第二个查询输出的不同行。换句话说，EXCEPT操作是从一个查询结果中减去另一个查询结果。

【例3.60】查询选修了2号课程的学生学号和选修了1号课程的学生学号的差集。

```
SELECT Sno
FROM SC
WHERE Cno='2'
EXCEPT
SELECT Sno
FROM SC
WHERE Cno='1';
```

3.6 视图

视图可以方便用户查询和保证系统数据安全，是根据数据库子模式建立的虚拟表。一个视图可以由一个基本表或多个基本表构建而成。不同的用户通过视图可以对数据库的部分数据进行查询和更新操作。

3.6.1 视图和基本表的区别

视图和基本表的区别以及视图的优点

视图和基本表十分相似，但是，也存在以下区别。

（1）视图不是数据库中真实的表，而是虚拟表，其结构和数据是建立在对数据库中真实表（基本表）的查询基础上的。

（2）视图的内容是由存储在数据库中进行查询操作的SQL语句来定义的，它的列数据与行数据均来自视图的查询所引用的真实表，并且这些数据是在引用视图时动态生成的。

（3）视图不是以数据集的形式存储在数据库中的，它所对应的数据实际上是存储在视图所引用的真实表中的。

（4）视图是用来查看存储在别处的数据的一种虚拟表，其本身并不存储数据。

3.6.2 视图的优点

视图一经定义后，可以进行查询、修改、删除和更新等操作，并且视图具有如下优点。

（1）视图提供了逻辑数据独立性。当数据的逻辑结构发生改变时，如数据库需要扩充新信息，只需扩充基本表的结构（即增加新字段），或只需增加新的基本表，与扩充信息无关的应用不会受到影响，因而不必修改应用程序。当数据库需要重构时，即基本表内或基本表间的属性需要重新组合形成不同表时，由于数据库的数据不变，尽管数据库的逻辑结构发生了变化，但是通过视图的重新定义，可以不必修改应用程序。这种情况对查询不会有影响，但是可能会影响到数据的更新。

（2）简化了用户数据结构和用户查询。视图机制使用户可以把注意力集中在他所关心的数据上，简化了用户的数据结构。同时，视图将一些需要通过若干表连接才能得到的数据以简单表的形式提供给用户，而将连接操作隐蔽起来，简化了用户的查询。比如，用户可以通过视图直接得到“选修了‘数据挖掘’课程的学生的学号和成绩”，而不必进行表间连接。

（3）视图使用户可以用不同方式看待同一数据。视图机制能使不同的用户以不同的方式看待同一数据，当许多不同的用户使用同一个数据库时，这种灵活性是非常重要的。

（4）保护数据安全。只授予特定用户使用视图的权限，使机密数据不出现在不应看到这些数据的用户视图上，这样就由视图机制自动提供了对机密数据的安全保护功能。

3.6.3 创建与删除视图

创建视图

1. 创建视图

创建视图的语法格式如下：

```
CREATE VIEW <视图名> [(列名组)]
AS <子查询>
[WITH CHECK OPTION];
```

其中，组成视图的列名可以全部省略或者全部指定。若省略视图的列名，则该视图的列为子查询中的SELECT子句的目标列。需要明确指定组成视图的所有列名的3种情况是：某个目标列不是单纯的列，而是集函数或列表达式；子查询中使用多个表（或视图），并且目标列中含有相同的列；需要在视图中改用新的、更合适的列名。

WITH CHECK OPTION选项表示在对视图进行UPDATE、INSERT和DELETE操作时，要保证操作的数据满足视图定义的谓词条件，该谓词条件是视图子查询中WHERE子句的条件。

【例3.61】创建CS系学生的视图。

```
CREATE VIEW CS_Student
AS
SELECT Sno,Sname,Ssex,Sage
FROM Student
WHERE Sdept = 'CS';
```

这里省略了视图CS_Student的列名，这意味着该视图的列名由子查询SELECT子句中的4个目标列名组成。需要注意的是，DBMS执行上述语句时，并没有进行实际的数据查询，只是把对视图的定义存入数据字典。

【例3.62】创建年龄小于20岁的学生视图，并要求数据更新时进行检查。

```
CREATE VIEW Sage_20
AS
SELECT *
FROM Student
WHERE Sage < 20
WITH CHECK OPTION;
```

执行以上语句将建立学生视图Sage_20，其结构和Student表相同。因为包含WITH CHECK OPTION选项，所以当通过视图更新学生元组时，DBMS将检查所更新的学生年龄是否小于20岁。不满足条件时，系统将拒绝执行更新操作。例如，下面语句会被拒绝执行：

```
INSERT INTO Sage_20
VALUES ('2024005', '秦磊', '男', 22, 'MA');
```

如果SELECT目标列中有聚合函数，则视图定义中必须含有列名，视图的列名与SELECT后的列名相对应，即使有与基本表相同的列名也不能省略。

【例3.63】将学生的学号及其平均成绩定义为一个视图。

```
CREATE VIEW Sno_Avg_Grade(Sno, Gavg)
AS
SELECT Sno, AVG(Grade)
FROM SC
GROUP BY Sno;
```

上面语句中，由于SELECT子句的目标列平均成绩是通过聚合函数得到的，所以，在CREATE VIEW中必须明确定义组成视图Sno_Avg_Grade的各个列名。

上面的视图Sage_20和Sno_Avg_Grade都建立在单个基本表上，实际上，视图也可以建立在多个基本表上。

【例3.64】建立CS系选修了2号课程的学生学号、姓名和成绩的视图。

```
CREATE VIEW CS_SC1(Sno, Sname, Grade)
AS
SELECT Student.Sno, Sname, Grade
```

```
FROM Student, SC
WHERE Sdept = 'CS' AND Student.Sno = SC.Sno AND SC.Cno = '2';
```

需要注意的是，上面的语句中，SELECT目标列中存在带表名的列Student.Sno，因此，视图定义中必须重新定义列名。

视图不仅可以建立在基本表上，也可以建立在已经定义好的视图之上，还可以同时建立在基本表和视图之上。

【例3.65】建立CS系选修了2号课程且成绩在85分及以上的学生学号、姓名和成绩的视图。

```
CREATE VIEW CS_SC2
AS
SELECT Sno, Sname, Grade
FROM CS_SC1
WHERE Grade >= 85;
```

2. 删除视图

不再需要视图时可以将其删除，其语法格式如下：

```
DROP VIEW <视图名>;
```

【例3.66】删除视图CS_SC2。

```
DROP VIEW CS_SC2;
```

3.6.4 查询视图

与基本表一样，可以通过视图对数据库执行查询操作。当执行针对视图的查询操作时，DBMS首先从数据字典中取出视图定义，然后把查询语句与视图定义中的子查询合并在一起，再在相关基本表上执行查询操作。

查询视图和更新视图

【例3.67】查询CS系的男同学。

```
SELECT *
FROM CS_Student
WHERE Ssex= '男';
```

DBMS在执行该查询操作时，会将查询转换为针对Student表的查询，转换后的等价语句如下：

```
SELECT *
FROM Student
WHERE Sdept = 'CS' AND Ssex= '男' ;
```

3.6.5 更新视图

可以通过视图插入、删除和修改数据。对视图的更新最终会转换成对基本表的更新。

【例3.68】通过视图Sage_20插入学生秦磊的信息('2024005', '秦磊', '男', 19, 'MA')。

```
INSERT INTO Sage_20
VALUES ('2024005', '秦磊', '男', 19, 'MA');
```

该语句将被DBMS转换成以下语句执行：

```
INSERT INTO Student
VALUES ('2024005', '秦磊', '男', 19, 'MA');
```

【例3.69】通过视图Sage_20删除学生秦磊的信息。

```
DELETE FROM Sage_20
WHERE Sname = '秦磊';
```

该语句将被DBMS转换成以下语句执行：

```
DELETE FROM Student
WHERE Sname = '秦磊';
```

3.7 综合实例

本节给出4个使用SQL语句的综合实例，包括电视机供货系统实例、鞋子销售系统实例、唱片销售平台实例、酒店管理系统实例等。

3.7.1 电视机供货系统实例

电视机供货系统实例

某电视机供货系统的数据库包含以下4个关系：

供应商表S(Sno, Sname, City)的属性包括供应商编号、供应商名称、所在城市；

电视机表T(Tno, Tname, Tcolor, Tsize, Price)的属性包括电视机编号、电视机名称、电视机颜色、电视机尺寸、单价；

商场表M(Mno, Mname, City)的属性包括商场编号、商场名称、所在城市；

供货表STM(Sno, Tno, Mno, Quantity)的属性包括供应商编号、电视机编号、商场编号、供货数量。

使用SQL语句完成以下查询。

（1）列出供应全部电视机的供应商名称和其所在城市。

```
SELECT Sname,City FROM S
WHERE NOT EXISTS
 (SELECT * FROM T
  WHERE NOT EXISTS
   (SELECT * FROM STM
    WHERE STM.Sno=S.Sno AND STM.Tno=T.Tno));
```

（2）列出供应白色电视机的供应商名称。

```
SELECT Sname
FROM S,T,STM
WHERE S.Sno=STM.Sno AND STM.Tno=T.Tno AND T.Tcolor='白色';
```

3.7.2 鞋子销售系统实例

鞋子销售系统实例

某鞋子销售系统的数据库包含以下3个关系：

商场表Market(Mno, Mname, City)的属性包括商场编号、商场名称、所在城市；

鞋子表Shoes(Sno, Sname, Stype, Scolor)的属性包括鞋子编号、鞋子名称、鞋子类型、鞋子颜色；

销售表Sales(Mno, Sno, Price)的属性包括商场编号、鞋子编号、销售价格。

使用SQL语句完成以下查询。

（1）列出厦门每个商场都销售且销售价格高于500元的鞋子的编号和名称。

```
SELECT Sno,Sname
FROM Shoes
WHERE NOT EXISTS
  (SELECT * FROM Market
  WHERE City = '厦门' AND NOT EXISTS
    (SELECT * FROM Sales
    WHERE Sales.Sno = Shoes.Sno
    AND Sales.Mno = Market.Mno AND Price > 500));
```

（2）列出在不同商场中最高销售价格和最低销售价格之差超过50元的鞋子的编号、最高销售价格和最低销售价格。

```
SELECT Sno,MAX(Price),MIN(Price)
FROM Sales
GROUP BY Sno
HAVING MAX(Price)-MIN(Price)>50;
```

3.7.3　唱片销售平台实例

某唱片销售平台的数据库包含以下6个关系：

唱片销售平台实例

歌手表S(Sno, Sname, Sage, Ssex)的属性包括歌手编号、歌手姓名、歌手年龄、歌手性别；

唱片表D(Dno, Dname, Sno,Dyear, Dprice)的属性包括唱片编号、唱片名称、歌手编号、唱片发行年份、唱片单价；

顾客表C(Cno, Cname, Csex, Cage, Cphone, Caddress)的属性包括顾客编号、顾客姓名、顾客性别、顾客年龄、顾客电话、顾客地址；

订单表I(Ino,Dno, Cno, Icount, Isum, Idate)的属性包括订单号、唱片编号、顾客编号、销售数量、销售总价、下单日期；

退货表B(Bno,Ino,Dno,Cno,Bcount,Bsum,Bdate)的属性包括退货单号、订单号、唱片编号、顾客编号、退货数量、退货总价、退货日期；

库存表R(Dno, Rnum, Rdate, Raddress)的属性包括唱片编号、库存量、清点日期、仓库地址。

其中，表S由Sno唯一标识，表D由Dno唯一标识，表C由Cno唯一标识，表I由Ino唯一标识，表B由Bno唯一标识，表R由Dno唯一标识。

使用SQL语句完成以下查询。

（1）查找在2024年5月1日（含）至2024年5月31日（含）期间，购买了周杰伦的所有唱片的女性顾客的信息，包括顾客姓名、顾客性别、顾客年龄、顾客电话、顾客地址。

```
SELECT Cname,Csex,Cage,Cphone,Caddress FROM C
WHERE Csex='女'
AND NOT EXISTS(SELECT * FROM D
```

```
    WHERE Sno = (SELECT Sno FROM S WHERE Sname='周杰伦')
    AND NOT EXISTS(SELECT * FROM I
        WHERE I.Idate BETWEEN '2024-05-01' AND '2024-05-31'
        AND I.Dno = D.Dno AND I.Cno = C.Cno));
```

（2）对唱片表D中的单价进行调整，销量大于5000张（含5000张）且单价高于100元（含100元）的唱片降价5%。

```
UPDATE D SET Dprice = Dprice * 0.95
WHERE Dprice >= 100
AND (SELECT SUM(Icount) FROM I WHERE I.Dno=D.Dno) >= 5000
```

或者

```
UPDATE D SET D.Dprice=D.Dprice*0.95
WHERE D.Dprice>100
AND D.Dno IN (SELECT I.Dno FROM I GROUP BY I.Dno HAVING SUM(I.
Icount)>5000);
```

（3）查询2024年1月1日（含）到2024年6月30日（含）期间被所有顾客退过货的库存量排名前10的唱片信息，包括唱片编号、唱片名称、库存量。

```
SELECT TOP 10 D.Dno,D.Dname,R.Rnum
FROM D JOIN B ON (D.Dno = B.Dno) JOIN R ON (D.Dno = R.Dno)
WHERE Bdate >= '2024-01-01' AND Bdate <= '2024-06-30'
    AND D.Dno IN(SELECT Dno FROM D AS d1 WHERE
    NOT EXISTS(SELECT * from C WHERE NOT EXISTS(
        SELECT * FROM B AS b1 WHERE b1.Cno=C.Cno AND b1.Dno = d1.Dno)))
GROUP BY D.Dno,D.Dname,R.Rnum ORDER BY R.Rnum DESC;
```

或者

```
SELECT TOP 10 D.Dno,D.Dname,R.Rnum
FROM D, B, R
WHERE D.Dno = B.Dno AND D.Dno = R.Dno
    AND Bdate >= '2024-01-01' AND Bdate <= '2024-06-30'
    AND D.Dno IN(SELECT Dno FROM D AS d1 WHERE
        NOT EXISTS(SELECT * from C WHERE NOT EXISTS(
        SELECT * FROM B AS b1 WHERE b1.Cno=C.Cno AND b1.Dno = d1.Dno)))
GROUP BY D.Dno,D.Dname,R.Rnum ORDER BY R.Rnum DESC;
```

3.7.4 酒店管理系统实例

某酒店管理系统数据库包含以下6个关系：

酒店管理系统实例

客房表Room(Rno, Rtype, Rarea)的属性包括客房编号、客房类型、客房大小；

客房数量表Rest(Rtype, Rnum, Rprice)的属性包括客房类型、剩余客房数量、客房价格；

顾客表Customer (Cno, Cname, Cgender, Cage, Ctel)的属性包括顾客编号、顾客姓名、顾客性别、顾客年龄、顾客电话；

员工表Staff(Sno, Sname, Sgender, Sjob,Sage,Stel)的属性包括员工编号、员工姓名、员工性别、员工职务、员工年龄、员工电话；

入住表Checkin(Cno, startTime, endTime, Rno)的属性包括顾客编号、入住时间、离开时间、客房编号；

打扫表Clean(Sno, cleanTime, Rno)的属性包括员工编号、打扫时间、客房编号。

使用SQL语句完成以下查询。

（1）查找在2023年6月1日（含）至2024年6月1日（含）期间，打扫所有客房类型为“Standard”的员工的信息，包括员工姓名、员工性别、员工年龄、员工电话。

```
SELECT Sname,Sgender,Sage,Stel FROM Staff
WHERE NOT EXISTS(SELECT * FROM Room
 WHERE Room.Rtype = 'Standard'
 AND NOT EXISTS(SELECT * FROM Clean
     WHERE cleanTime BETWEEN '2023-06-01' AND '2024-06-01'
     AND Clean.Sno = Staff.Sno
     AND Clean.Rno = Room.Rno));
```

（2）对酒店客房价格进行调整，将2023年6月1日（含）至2024年6月1日（含）期间销售的热门房型的价格下调10%。热门房型是指全部顾客都入住过的客房类型。

```
UPDATE Rest SET Rprice = Rprice * (1-0.1)
WHERE NOT EXISTS(SELECT * FROM Customer
   WHERE NOT EXISTS(SELECT * FROM Room,Checkin
      WHERE Room.Rno = Checkin.Rno
      AND Room.Rtype = Rest.Rtype
      AND Checkin.Cno = Customer.Cno
      AND startTime BETWEEN '2023-06-01' AND '2024-06-01'));
```

（3）为了提高酒店部分类型客房的入住率，现对部分类型客房的价格进行调整，将酒店在2023年6月1日（含）至2024年6月1日（含）期间，销售数量后3名的客房类型的价格下调20%。

```
UPDATE Rest SET Rprice = Rprice * (1-0.2)
WHERE Rtype IN(SELECT TOP 3 Room.Rtype
   FROM Checkin JOIN Room ON Checkin.Rno=Room.Rno
   WHERE Checkin.startTime BETWEEN '2023-06-01' AND '2024-06-01'
   GROUP BY Room.Rtype
   ORDER BY COUNT(*) ASC);
```

或者

```
UPDATE Rest SET Rprice = Rprice * (1-0.2)
WHERE Rtype IN(SELECT TOP 3 Room.Rtype
   FROM Checkin,Room
   WHERE Checkin.Rno=Room.Rno
   AND Checkin.startTime BETWEEN '2023-06-01' AND '2024-06-01'
   GROUP BY Room.Rtype
   ORDER BY COUNT(*) ASC);
```

3.8 本章小结

典型的DBMS允许用户以有条理、高效的方式存储、访问和修改数据。最初，DBMS的用户是程序员，访问存储的数据需要使用COBOL等编程语言来编写程序。这些程序通常是为了向非技术用户提供友好的界面而编写的，访问数据本身需要知识渊博的程序员的服务，随意访问数据是不切实际的。SQL的出现有效降低了普通用户使用数据库的门槛，它简单易用，用户只要花较少的时间就可以掌握其基本使用技巧，满足查询业务数据的需求。本章详细介绍了SQL的使用方法。

3.9 习题

1. 试述SQL的特点。
2. 试述SQL的系统结构。
3. 试述SQL的组成。
4. 试述SQL语句的执行有哪几种方式。
5. 试述按照索引的实现方式来划分，常见的索引包括哪些类型。
6. 试述建立索引有哪几项参考原则。
7. 试述聚簇索引的概念。
8. 试述哪些情形下比较适合使用聚簇索引。
9. 试述视图和基本表的区别。
10. 试述视图的优点有哪些。
11. 某工厂数据库包含以下5个关系：

工厂表F(Fid,Fname, Faddress)的属性包括工厂编号、厂名、厂址；

产品表P(Pid, Pname, Psize, Pprice, Pweight)的属性包括产品编号、产品名称、产品尺寸、产品价格、产品重量；

零件表A(Aid, Aname, Atype)的属性包括零件编号、零件名称、零件规格；

组装表M(Pid, Aid, Mtime)的属性包括产品编号、零件编号、组装时间；

生产表C(Fid, Pid, Cnum)的属性包括工厂编号、产品编号、计划产量。

使用SQL语句完成以下查询。

（1）查询厂名为“Aonong”的工厂生产的所有产品的名称、厂址，要求计划产量大于100。

（2）查询组装时间在2024年5月1日（含）到2024年6月23日（含）内，且使用零件数量大于20个的产品的名称和价格。

（3）对于所有计划产量小于50的产品，将其价格增加20元。

12. 某食品销售网店数据库包含以下6个关系：

食品表F(Fno, Fname, Fprice, Fdate, Fquality)的属性包括食品编号、食品名称、食品单价、生产日期、保质期；

顾客表C(Cno, Cname, Csex, Cage)的属性包括顾客编号、顾客名称、顾客性别、顾客年龄；

销售表S(Sno,Fno, Cno, Scount, Ssum, Sdate)的属性包括销售流水号、食品编号、顾客编号、销售数量、销售金额、销售日期；

供货商表SP(SPno, SPname, SPaddress)的属性包括供货商编号、供货商名称、供货商地址；

供货关系表SF(Fno,SPno,SFdate,SFnum,SFprice)的属性包括食品编号、供货商编号、采购日期、采购数量、采购价格（备注：本表表示已经发生的采购记录，相同食品编号的供货商是唯一的）；

计划进货表P(Fno, SPno, Pnum,Pprice)的属性包括食品编号、供货商编号、进货数量、进货价格。

其中，表F由Fno唯一标识，表C由Cno唯一标识，表S由Sno和Fno唯一标识，表SP由SPno唯一标识，表SF由Fno和SPno唯一标识，表P由Fno和SPno唯一标识。

提示：①当前日期为2024年6月12日，表示为'2024-06-12'；②生产日期和销售日期的数据类型是日期型，统一格式为'yyyy-mm-dd'，如2024年6月12日表示为'2024-06-12'；③保质期的数据类型为整型，保质期以天数为单位，如保质期为90天。

使用SQL语句完成以下查询。

（1）查找2024年1月1日至2024年3月1日期间，购买了所有单价高于50元的食品的男性顾客的名称、性别和年龄。

（2）查询2024年1月1日到2024年5月31日期间，该网店已经销售且销量最低的食品的销售记录，包括食品编号、食品名称、销售总数量。

（3）对食品表F中食品的单价进行调整，将被所有顾客购买、单价高于50元且总销售金额前3的食品均降价5元。

13. 某电商平台的服装网店数据库包含以下6个关系：

服装表G(Gno, Gname, Gsize, Gcolor, Gprice,Gmaterial)的属性包括服装编号、服装名称、服装尺寸、服装颜色、服装单价、服装材质；

顾客表C (Cno, Cname, Csex, Cage,Cphone,Caddress)的属性包括顾客编号、顾客姓名、顾客性别、顾客年龄、顾客电话、顾客地址；

订单表O(Ono,Gno, Cno, Ocount, Osum, Odate)的属性包括订单号、服装编号、顾客编号、销售数量、销售金额、下单日期；

退货表 B(Bno,Ono,Gno,Cno,Bcount,Bsum,Bdate)的属性包括退货单号、订单号、服装编号、顾客编号、退货数量、退货金额、退货日期；

仓库表W (Wno,Wname,Waddress)的属性包括仓库编号、仓库名称、仓库地址；

库存表GW(Gno,Wno,num,Ttime)的属性包括服装编号、仓库编号、库存量、清点日期。

其中，表G由Gno唯一标识，表C由Cno唯一标识，表O由Ono和Gno唯一标识，表B由Bno、Ono、Gno唯一标识，表W由Wno唯一标识，表GW由Gno和Wno唯一标识。

提示：①日期的数据类型都为日期型，统一格式为'yyyy-mm-dd'，如2024年5月1日表示为'2024-05-01'；②假定同一种服装只存放在同一个仓库中，假定不同尺寸和颜色的同一款服装的服装编号不同。

使用SQL语句完成以下查询。

（1）查找2024年4月1日（含）至2024年5月31日（含）期间，购买了所有服装材质为“纯棉”的女性顾客的信息，包括顾客姓名、顾客性别、顾客年龄、顾客电话、顾客地址。

（2）查询2024年3月1日（含）到2024年3月31日（含）期间，被所有顾客退过货且退货数量排名前10的服装的退货记录，包括服装编号、服装名称、退货总数量。

（3）对服装表G中的服装单价进行调整，将退货率（退货数量除以销售数量）大于5%且服装单价在500元以上的服装的单价降低50元。

实验1　熟悉SQL Server和SQL的使用方法

一、实验目的

（1）熟悉SSMS的基本使用方法。

（2）熟悉使用SQL语句进行数据定义、数据查询和数据更新。

（3）熟悉视图的创建、查询、更新和删除方法。

二、实验平台

（1）操作系统：Windows。

（2）DBMS：SQL Server 2022 Express Edition。

（3）数据库管理工具：SQL Server Management Studio 19。

三、实验任务

1. 使用 SSMS 管理数据库

在SSMS中完成以下实验任务。

（1）建立Test数据库。

（2）在Test数据库中建立人员表Person(P#,Pname,Page)。更改表Person，设置P#为主键，增加属性Ptype（类型是CHAR，长度是10）。

（3）用SSMS的查询功能（新建查询）对表Person进行查询、插入、修改、删除等操作。首先插入两条记录，然后修改第二条记录，最后删除第二条记录。

（4）备份Test数据库。

（5）删除表Person。

（6）删除Test数据库。

（7）恢复Test数据库。

2. 数据定义

使用SQL语句完成以下任务。

（1）创建关系数据库中的表，包括人员表Person(P#,Pname,Page)、房间表Room(R#,Rname,Rarea)、表PR(P#,R#,Date)。其中，P#是表Person的主键，具有唯一约束；R#是表Room的主键，具有唯一约束；表PR中的P#和R#是外键。

（2）更改表Person，增加属性Ptype（类型是CHAR，长度是10）。把表Room中的属性Rname的数据长度改成40。

（3）删除表Room中的属性Rarea。

（4）为表Room创建按R#降序排列的索引。

（5）为表Person创建按P#升序排列的索引。

（6）创建表Person的按Pname升序排列的聚簇索引。

（7）删除表Person的按P#升序排列的索引。

3．数据查询

到教材官网的“下载专区”的“上机实验”栏目中下载文本文件“创建School数据库的SQL语句.txt”，利用该文件中的SQL语句，在SQL Server中创建一个数据库School。以School数据库为例，该数据库中存在4张表格，分别为：

- Student(sid, sname, email, grade)，4个属性分别表示学号、姓名、邮箱和年级；
- Teacher(tid, tname, email, salary)，4个属性分别表示教工号、姓名、邮箱和工资；
- Course(cid, cname, chour)，3个属性分别表示课程号、课程名称、学时；
- Choice(no, sid, tid, cid, score)，5个属性分别表示选课编号、学号、教工号、课程号和成绩。

数据库中存在这样的关系：一名学生可以选择多门课程，一门课程对应一名教师。在Choice表中保存学生的选课记录。

使用SQL语句完成以下任务。

（1）查询年级为“2001”的所有学生的姓名并按学号升序排列。

（2）查询合格的成绩，并把成绩换算为绩点（60分对应的绩点为1，每增加1分，绩点增加0.1）。

（3）查询学时是48或64的课程的名称。

（4）查询所有名称中含有“data”的课程的编号。

（5）查询所有选课记录的课程号（不重复显示）。

（6）统计所有教师的平均工资。

（7）查询所有教师的教工号及选修其课程的学生的平均成绩，按平均成绩降序排列。

（8）查询至少选修了3门课程的学生的学号。

（9）查询学号为“2024001”的学生所选的全部课程的名称和成绩。

（10）查询所有选修了“BigData”课程的学生的学号。

（11）求出选修了同一门课程的学生数。

（12）查询至少被两名学生选修的课程的编号。

（13）查询选修了课程号为“1”的学生所选的某个课程的学生的学号。

（14）查询学生的基本信息及选修课程的编号和成绩。

（15）查询学号为“2024002”的学生的姓名和选修的课程名称及成绩。

（16）查询与学号为“2024002”的学生同年级的所有学生的信息。

（17）查询所有有选课记录的学生的详细信息。

（18）查询没有学生选的课程的编号。

（19）查询和课程“C++”的学时一样的课程的名称。

（20）查询选修课程成绩最好的选课记录。

（21）查询和课程“BigData”或课程“C++”的学时一样的课程的名称。

（22）查询所有选修了课程号为“1”的课程的学生的姓名。

（23）查询选修了所有课程的学生的姓名。

（24）利用并操作，查询选修课程“C++”或选修课程“Java”的学生的学号。

（25）利用交操作，查询既选修课程“C++”又选修课程“Java”的学生的学号。

（26）利用差操作，查询选修课程“C++”而没有选修课程“Java”的学生的学号。

4. 数据更新

使用SQL语句完成以下任务。

（1）向Student表中插入元组（学号为“2024005”，姓名为“李晓明”，邮箱为“lxm@xmu.***.cn”，年级为“2023”）。

（2）对每个课程，求学生的人数和学生的平均成绩，并把结果存入数据库。使用SELECT INTO和INSERT INTO两种方法实现。

（3）在Student表中将姓名为“李晓明”的学生的年级改为“2024”。

（4）在Teacher表中将所有教师的工资加500元。

（5）将姓名为“林书凡”的学生的课程“C++”的成绩加5分。

（6）在Student表中删除姓名为“李晓明”的学生的信息。

（7）删除所有选修课程“Java”的记录。

5. 视图操作

使用SQL语句完成以下任务。

（1）建立工资大于3000元的教师信息的视图t_view，并要求进行修改和插入操作时仍保证该视图只有工资大于3000元的教师信息。

（2）在视图t_view中查询邮箱为“linyong@***.edu.cn”的教师的相关信息。

（3）向视图t_view中插入一条新的教师记录，其中教工号为“95004”，姓名为“马超”，邮箱为“machao@***.edu.cn”，工资为“5000”。

（4）在视图t_view中将教工号为“95003”的教师的工资改为“6000”。

（5）删除视图t_view。

四、实验报告

<table>
<tr><td colspan="6">实验报告</td></tr>
<tr><td>题目</td><td></td><td>姓名</td><td></td><td>日期</td><td></td></tr>
<tr><td colspan="6">实验环境：</td></tr>
<tr><td colspan="6">实验任务与完成情况：</td></tr>
<tr><td colspan="6">出现的问题：</td></tr>
<tr><td colspan="6">解决方案（列出遇到的问题和其解决办法，列出没有解决的问题）：</td></tr>
</table>

第4章 关系数据库编程

关系数据库编程主要是指利用关系数据库本身提供的一些命令、方法、存储过程、编程接口，编写对数据进行增、删、改、查等各项操作的代码，从而实现复杂的应用逻辑。标准的SQL语句通常无法满足复杂的实际应用需求，因此，很多数据库厂商的产品都对SQL进行了扩展，提供了更加丰富和强大的功能，比如控制结构、游标、存储过程、函数等。此外，不同厂商的数据库产品都遵守统一的数据库连接标准（比如ODBC和JDBC），这使得数据库应用程序的开发变得更加简单，可移植性也更好。

本章介绍关系数据库编程的相关知识，包括Transact-SQL、Transact-SQL游标、Transact-SQL存储过程、Transact-SQL函数、ODBC编程和JDBC编程。

4.1 Transact-SQL

SQL是DBMS的标准语言，标准的SQL语句几乎可以不加修改地应用于所有RDBMS上，但它并不支持流程控制，使用起来有时会不方便。因此，大型的RDBMS都在标准SQL的基础上，结合自身特点推出了可以编程的、结构化的SQL，例如SQL Server的Transact-SQL（简称T-SQL）。Transact-SQL是微软公司在SQL Server系统中使用的语言，是对标准SQL的实现和扩展。它是SQL Server的核心，可以定义变量、使用控制流语句、自定义函数以及自定义存储过程等，极大地拓展了SQL Server的功能。

Transact-SQL可以分为3种类型。

（1）数据定义语言（Data Definition Language，DDL）。DDL通常用于创建数据库，创建、修改和删除表等对象，主要为数据库中的其他操作提供对象，是数据库进行其他操作的基础。

（2）数据操作语言（Data Manipulation Language，DML）。DML用于在创建完数据库及各种对象后，在数据库对象上进行各种操作，包括增、删、改、查等。

（3）数据控制语言（Data Control Language，DCL）。DCL用于设置或更改数据库用户或角色相关权限，主要用于执行有关安全管理的操作。默认状态下，只有sysadmin、dbcreator、db_owner或db_securityadmin等人员有权限执行DCL。

4.1.1 常量与变量

常量是指在程序运行过程中值始终不改变的量，是一个固定的数据。常量在内存中占据的位数取决于其数据类型。常量包括字符串常量、二进制常量、十进制整型常量、十六进制整型常量、日期常量、实型常量和货币常量。

常量、变量、表达式、注释

变量是指在程序运行过程中值可以改变的量，可以利用变量存储程序执行过程中涉及的数据。变量由变量名和变量值组成，类型与常量相同，但变量名不允许与函数名或命令名相同。变量可以分为全局变量和局部变量。全局变量是SQL Server提供的，它的特征是有@@在变量名前，用来提供一些SQL Server相关信息。比如全局变量“@@ERROR”返回最后执行的Transact-SQL语句的错误代码，每条Transact-SQL语句执行后，将会对@@ERROR赋值，0代表语句执行成功，1代表失败。全局变量“@@FETCH_STATUS”返回被FETCH语句执行的最后游标的状态，而不是任何当前被打开的游标的状态。

局部变量是指作用域局限在一定范围内的变量，相对于全局变量，局部变量需要先声明后使用，并且在声明时其变量名称前必须加上标识符@。创建局部变量的基本语法格式如下：

```
DECLARE  @<变量名称>  <数据类型>;
```

例如，声明INT型局部变量@MyCounter的语句如下：

```
DECLARE @MyCounter INT;
```

如果需要同时声明多个局部变量，则使用逗号隔开这些局部变量，例如：

```
DECLARE @LastName NVARCHAR(30), @FirstName NVARCHAR(20);
```

可以通过SET或SELECT来设置局部变量的初值，例如：

```
SET @MyCounter=0;
SELECT @MyCounter=1;
```

局部变量通常用于计数器（计算循环执行次数或者控制循环执行次数）、保存数值以供控制流语句测试、保存存储过程返回代码要返回的数值或者函数的返回值。

4.1.2 表达式

表达式是由变量、常量、运算符和函数等组成的，包含两种类型：简单表达式和复杂表达式。简单表达式是指仅由变量、常量、运算符、函数等组成的表达式，它的结构单一，通常用于描述一个简单条件。

例如，有以下查询语句：

```
SELECT * FROM Student WHERE Sage>19;
```

其中，Sage>19就是一个简单表达式。

复杂表达式是指由两个或多个简单表达式通过运算符连接起来得到的表达式。例如，有以下查询语句：

```
SELECT '学生'+Sname+'的年龄是'+CONVERT(CHAR,Sage) +'岁'
FROM Student;
```

其中，SELECT后面的表达式就是一个复杂表达式，“+”用于连接两个字符串，“CONVERT(CHAR,Sage)”表示把Sage从整型转换成字符型。

4.1.3 注释

注释用于对语句做说明，增强语句的可读性，有两种注释方法。

（1）单行注释：使用“--”进行单行注释。

（2）多行注释：使用“/*……*/”进行多行注释。

下面是关于注释的具体实例：

```
SELECT *
--显示学生表的所有字段
FROM Student;
/*
这是一个SELECT语句
功能是查询学生表的所有信息
*/
```

4.1.4 运算符

运算符包括算术运算符、比较运算符、赋值运算符、位运算符、逻辑运算符、字符串连接运算符、一元运算符等。

运算符

1. 算术运算符

算术运算符用于对两个表达式进行数学运算，这两个表达式可以是任意的数据类型。表4-1给出了算术运算符的说明。

表 4-1 算术运算符的说明

运算符	说明
+	加，将两个值相加
-	减，将两个值相减
*	乘，将两个值相乘
/	除，将两个值相除。当其中一个值为浮点数时，结果和正常除法结果相同。当两个值都为整数时，结果为商
%	取余，取两个值相除时的余数

2. 比较运算符

比较运算符也称关系运算符，用于比较两个表达式的值之间的关系。计算结果为布尔数据，返回布尔数据类型的值的表达式称为布尔表达式。比较运算符根据布尔表达式的输出结果，返回True、False或Unknown。表4-2给出了比较运算符的说明。

表 4-2 比较运算符的说明

运算符	说明
=	等于，SQL中的赋值运算符和比较运算符“=”相同
>	大于
<	小于
>=	大于等于
<=	小于等于
！=或<>	不等于

3. 赋值运算符

赋值运算符用于将表达式的值赋给一个变量。通常使用“=”进行赋值。

4. 位运算符

位运算符用于对两个表达式进行位操作。需要将两个表达式的值转换为二进制表示，然后才可以对这两个二进制数值进行位操作。表4-3给出了位运算符的说明。

表 4-3　位运算符的说明

运算符	说明
&	两个位均为1时，结果为1，否则为0
|	只要一个位为1，结果为1，否则为0
^	两个位值不同时，结果为1，否则为0

5. 逻辑运算符

逻辑运算符用于对某些条件进行测试，返回最终结果，返回带有True或False的数据类型。表4-4给出了逻辑运算符的说明。

表 4-4　逻辑运算符的说明

运算符	说明
AND	如果两个布尔表达式的值都是True，结果为True
ANY	如果在一组比较中任何一个表达式的值为True，结果为True
BETWEEN	如果操作数在某个范围之内，结果为True
EXISTS	如果子查询包含一些行，结果为True
IN	如果操作数等于表达式列表中的一个，结果为True
LIKE	如果操作数与一种模式匹配，结果为True
NOT	对布尔表达式的值取反
OR	如果两个布尔表达式中的一个表达式的值为True，结果为True
SOME	如果在一组比较中，有些表达式的值为True，结果为True
ALL	如果一组比较中的表达式的值都为True，结果为True

6. 字符串连接运算符

字符串连接运算符“+”用于将字符串连接起来。

7. 一元运算符

一元运算符只对一个表达式执行操作。表4-5给出了一元运算符的说明。

表 4-5　一元运算符的说明

运算符	说明
+	正，可以用于数字数据类型中的任意数据类型的表达式
-	负，可以用于数字数据类型中的任意数据类型的表达式
~	取反，只能用于整数数据类型中的任意数据类型的表达式

8. 运算符优先级

运算符优先级（见表4-6）用于指定进行运算的先后顺序。当一个复杂的表达式含有多个运算符时，需要根据运算符的优先级对表达式进行求值。在一个表达式中按先高后低的顺序进行运算（即数字越小优先级越高），当一个表达式中的两个运算符有相同的运算优先级时，按照它们在表达式中的位置求值，例如一元运算符按从右向左的顺序求值，二元运算符按从左到右的顺序求值。如果表达式中带有括号，则括号中的运算符优先级最高，所以应先对括号中的内容进行求值，从而产生一个值，然后括号外的运算符才可以使用这个值。如果括号嵌套括号，则应先对最内部的括号中的内容求值，然后次层括号的运算符才可以使用该值，以此类推。

表 4-6 运算符优先级

优先级	运算符
1	~（位非）
2	*（乘）、/（除）、%（取余）
3	+（正）、-（负）、+（加）、+（连接）、-（减）、&（位与）
4	=、>、<、>=、<=、!=、!>、!<
5	^（位异或）、|（位或）
6	NOT
7	AND
8	ALL、ANY、BETWEEN、IN、LIKE、OR、SOME
9	=（赋值）

4.1.5 控制结构

控制结构

Transact-SQL中的流程控制语句是指用来控制程序执行和流程分支的命令，主要用于控制SQL语句、语句块或者存储过程执行流程。

流程控制语句主要包括：

- BEGIN…END语句；
- IF…ELSE语句；
- WHILE语句；
- CASE语句。

1. BEGIN…END 语句

BEGIN…END语句用于定义一个语句块，该语句块作为一组语句执行，并且允许语句嵌套，语法格式如下：

```
BEGIN
{
   sql_statement|statement_block
}
END
```

BEGIN和END是成对出现的，分别位于语句块的起始位置和结束位置。例如：

```
BEGIN
    SELECT * FROM Student;
END
```

2. IF…ELSE 语句

IF…ELSE语句用于指定Transact-SQL语句的执行条件。如果条件为真，则执行条件表达式后面的语句。当条件为假时，可以使用ELSE关键字指定要执行的语句。语法格式如下：

```
IF Boolean_expression
{sql_statement | statement_block}
ELSE
{sql_statement | statement_block}
```

其中，Boolean_expression是指返回True或False的表达式。如果布尔表达式中包含SELECT语句，必须用圆括号将SELECT语句括起来。例如：

```
IF (SELECT  Grade FROM SC WHERE Sno='2024001'  AND  Cno='1') < 60
PRINT 'F';
ELSE
PRINT 'P';
```

3. WHILE 语句

WHILE语句用于设置重复执行Transact-SQL语句或语句块的条件。当指定的条件为真时，重复执行循环语句。可以在循环体内设置BREAK和CONTINUE关键字，以便控制循环语句的执行过程。语法格式如下：

```
WHILE Boolean_expression
{sql_statement | statement_block}
[BREAK]
{sql_statement | statement_block}
[CONTINUE]
{sql_statement | statement_block}
```

下面是一个具体实例：

```
DECLARE @I  int;
SET @I = 1;
WHILE @I < 5
BEGIN
SELECT @I;
SET @I = @I + 1;
END
```

4. CASE 语句

CASE关键字可根据表达式的值（True或False）来确定是否返回某个值，可在允许使用表达式的任何位置使用这个关键字。使用CASE语句可以进行多个分支的选择，CASE语句具有两种格式，即简单格式和搜索格式。

简单格式是将某个表达式与一组简单表达式进行比较以确定结果，语法格式如下：

```
CASE input_expression
WHEN when_expression THEN result_expression
[...]
[ELSE else_result_expression]
END
```

下面是一个具体实例：

```
DECLARE @VAR NVARCHAR(10);
SET @VAR='1';
SELECT
CASE @VAR
WHEN '1' THEN 'A'
WHEN '2' THEN 'B'
ELSE 'C' END
```

搜索格式是计算一组布尔表达式以确定结果，语法格式如下：

```
CASE
WHEN Boolean_expression THEN result_expression
[...]
[ELSE else_result_expression]
END
```

下面是一个具体实例：

```
SELECT Sdept AS '姓名', '所在系'=
CASE Sdept
WHEN 'MA' THEN '数学系'
ELSE '其他系'
END
FROM Student;
```

4.2 Transact-SQL游标

在Transact-SQL中，如果SELECT语句只返回一条记录，可以将该结果存放到变量中。当查询返回多条记录时，就要使用游标对结果集进行处理。一个游标与一条SQL语句相关联。Transact-SQL中的游标由Transact-SQL引擎管理。

游标使用户可逐行访问由SQL Server返回的结果集。使用游标的一个主要的原因是可以把集合操作转换成单个记录处理方式。用SQL从数据库中检索数据后，将结果放在内存的一块区域中，且结果往往是一个含有多条记录的集合。游标机制允许用户在SQL Server内逐行访问这些记录，按照用户自己的意愿来显示和处理这些记录。

游标的优点如下。

（1）允许程序对由SELECT语句返回的行集合中的每一行执行相同或不同的操作，而不是对整个行集合执行同一个操作。

（2）提供对基于游标位置的表中的行进行删除和更新的功能。

（3）游标实际上作为面向集合的RDBMS和面向行的程序设计之间的桥梁，使这两种处理方式沟通起来。

Transact-SQL游标

使用游标的顺序是定义游标、打开游标、检索游标、关闭游标、删除游标。

4.2.1 定义游标

游标主要包括游标结果集和游标位置两部分，游标结果集是由定义游标的SELECT语句返回的行的集合，游标位置则是指向这个结果集中的某一行的指针。定义游标的简要语法格式如下：

```
DECLARE cursor_name CURSOR
FOR
select_statement;
```

下面是一个具体实例：

```
DECLARE cursor1 CURSOR
FOR
SELECT Sno, Sname FROM Student;
```

4.2.2 打开游标

在使用游标之前必须打开游标，打开游标的简要语法格式如下：

```
OPEN cursor_name;
```

例如，可以使用以下语句打开游标cursor1：

```
OPEN cursor1;
```

4.2.3 检索游标

打开游标之后，可以通过FETCH语句对游标结果集中的数据进行检索。语法格式如下：

```
FETCH [ NEXT | PRIOR | FIRST | LAST]
FROM { cursor_name | @cursor_variable_name } [ INTO @variable_name [, …] ]
```

其中的参数说明如下。

（1）NEXT：取下一行的数据，并把下一行作为当前行（递增）。由于打开游标后，行指针指向游标结果集第1行之前，所以第一次执行FETCH NEXT操作将取得游标结果集中的第1行数据。NEXT为默认的游标提取选项。

（2）INTO @variable_name[,…]：把提取到的列数据放到局部变量中。列表中的各个变量从左到右与游标结果集中的相应列相关联。各变量的数据类型必须与相应的结果列的数据类型匹配，或是结果列的数据类型所支持的隐式转换后的数据类型。变量的数目必须与游标的选择列表中的列的数目一致。

当游标被打开时，行指针将指向游标结果集第1行之前。如果要读取游标结果集中的第1行数据，必须移动行指针使其指向第1行。比如，对游标cursor1而言，可以使用下列操作读取第1

行数据：

```
FETCH NEXT FROM cursor1;
```

这样就取出了游标结果集里的数据，还需要将取出的数据赋给变量，具体如下：

```
--声明两个变量
DECLARE @Sno CHAR(7);
DECLARE @Sname CHAR(10);
--将取出的数据传入上面声明的两个变量
FETCH NEXT FROM cursor1 INTO @Sno,@Sname;
```

4.2.4 关闭与删除游标

关闭游标的语法格式如下：

```
CLOSE cursor_name;
```

例如，可以使用以下语句关闭游标cursor1：

```
CLOSE cursor1;
```

游标使用结束以后，需要删除游标以释放存储空间。删除游标的语法格式如下：

```
DEALLOCATE cursor_name;
```

例如，可以使用以下语句删除游标cursor1：

```
DEALLOCATE cursor1;
```

4.2.5 综合实例

游标综合实例

某唱片销售平台的数据库包含以下6个关系：

歌手表S(Sno, Sname, Sage, Ssex)的属性包括歌手编号、歌手姓名、歌手年龄、歌手性别；

唱片表D(Dno, Dname, Sno,Dyear, Dprice)的属性包括唱片编号、唱片名称、歌手编号、唱片发行年份、唱片单价；

顾客表C(Cno, Cname, Csex, Cage, Cphone, Caddress)的属性包括顾客编号、顾客姓名、顾客性别、顾客年龄、顾客电话、顾客地址；

订单表I(Ino,Dno, Cno, Icount, Isum, Idate)的属性包括订单号、唱片编号、顾客编号、销售数量、销售总价、下单日期；

退货表B(Bno,Ino,Dno,Cno,Bcount,Bsum,Bdate)的属性包括退货单号、订单号、唱片编号、顾客编号、退货数量、退货总价、退货日期；

库存表R(Dno, Rnum, Rdate, Raddress)的属性包括唱片编号、库存量、清点日期、仓库地址。

其中，表S由Sno唯一标识，表D由Dno唯一标识，表C由Cno唯一标识，表I由Ino唯一标识，表B由Bno唯一标识，表R由Dno唯一标识。

要求输出2024年第一季度，所有年龄在20岁到30岁之间的男性顾客的唱片购买信息，输出格式为“顾客编号，顾客姓名，购买唱片明细（唱片名称 | 唱片名称 |……），总消费金额”，唱片名称之间以“|”隔开（相同的唱片名称只能出现一次）。

实现上述功能的Transact-SQL语句如下：

```
DECLARE @Cno VARCHAR(20);
DECLARE @Cname VARCHAR(20);
DECLARE @Dname VARCHAR(20);
DECLARE @Isum INT;
DECLARE @Total INT;
DECLARE @output VARCHAR(MAX);
DECLARE cur1 CURSOR FOR
SELECT DISTINCT C.Cno FROM I,C
WHERE I.Cno = C.Cno AND C.Cage BETWEEN 20 AND 30
AND C.Csex='男' AND I.Idate BETWEEN '2024-01-01' AND '2024-03-31';
BEGIN
    OPEN cur1;
    FETCH NEXT FROM cur1 INTO @Cno;
    WHILE(@@FETCH_STATUS=0)
    BEGIN
        DECLARE cur2 CURSOR FOR
           SELECT DISTINCT I.Cno,C.Cname,D.Dname,I.Isum FROM D,C,I
           WHERE D.Dno=I.Dno AND I.Cno=C.Cno AND C.Cno=@Cno;
           BEGIN
                SET @Total=0;
                OPEN cur2;
                FETCH NEXT FROM cur2 INTO @Cno,@Cname,@Dname,@Isum;
                SET @output=@Cno+','+@Cname+',('+@Dname;
                SET @Total=@Total+@Isum;
                FETCH NEXT FROM cur2 INTO @Cno,@Cname,@Dname,@Isum;
                WHILE(@@FETCH_STATUS=0)
                BEGIN
                    SET @output=@output+'|'+@Dname;
                    SET @Total=@Total+@Isum;
                    FETCH NEXT FROM cur2 INTO @Cno,@Cname,@Dname,@Isum;
                END
                SET @output = @output + '),' + STR(@Total);
                PRINT @output;
                CLOSE cur2;
                DEALLOCATE cur2;
           END
        FETCH NEXT FROM cur1 INTO @Cno;
    END
    CLOSE cur1;
    DEALLOCATE cur1;
END
```

4.3 Transact-SQL存储过程

存储过程是使用SQL Server所提供的Transact-SQL编写的程序。SQL Server不仅提供了用户自定义存储过程的功能，还提供了许多可作为工具使用的系统存储过程。

SQL Server中的存储过程分为4类：系统存储过程、扩展存储过程、用户自定义存储过程、临时性存储过程。常用的存储过程分为两类：系统提供的存储过程和用户自定义存储过程。系统提供的存储过程是系统自动创建的，并以sp_为前缀。在SQL Server中，许多管理活动和信息活动都可以使用系统提供的存储过程来执行。用户自定义存储过程是由用户创建并实现某一特定功能的存储过程，存储在所属的数据库中。

4.3.1 存储过程的特点

使用SQL Server中的存储过程而不使用存储在客户计算机本地的Transact-SQL程序的原因主要是存储过程具有以下特点。

存储过程的特点和功能

（1）允许模块化程序设计。存储过程只需创建一次，便可作为数据库中的对象存储在数据库中，以后各用户可在程序中任意调用该存储过程。

（2）执行速度快。存储过程只在第一次执行时需要编译且被存储在存储器内，后续执行不必再由数据引擎逐一翻译，从而提高了执行速度。

（3）减少网络流量。一个需要数百行Transact-SQL代码的操作通过一条执行存储过程的语句就可实现，不需要在网络中发送数百行代码。

（4）可作为安全机制使用。对于没有直接执行存储过程中某个（些）语句权限的用户，可授予他们执行该存储过程的权限。

（5）减轻操作人员和程序设计者的劳动强度。用户通过执行现有的存储过程，并提供存储过程所需的参数就可以得到所需要的结果，而不用接触SQL语句。

4.3.2 SQL Server 应用程序

在使用SQL Server创建应用程序时，Transact-SQL是应用程序和SQL Server数据库之间的主要编程接口。使用Transact-SQL应用程序时，可用两种方法存储和执行程序：

（1）在本地（客户端）创建并存储应用程序，把此应用程序发送给SQL Server执行；

（2）在SQL Server中创建存储过程，并将其存储在SQL Server中，然后SQL Server或客户端调用执行此存储过程。

4.3.3 存储过程的功能

SQL Server中的存储过程与其他编程语言中的过程类似，功能如下：

（1）可以以输入参数的形式引用存储过程以外的参数；

（2）可以以输出参数的形式将多个值返回给调用它的存储过程或批处理；

（3）存储过程中包含执行数据库操作的编程语句，存储过程可调用其他存储过程；

（4）用RETURN向调用存储过程或批处理返回状态值，以表明成功或失败，以及失败原因。

4.3.4 存储过程的使用方法

创建存储过程的语法格式如下：

```
CREATE PROC | PROCEDURE pro_name
    [{@参数数据类型} [=默认值] [output],
     {@参数数据类型} [=默认值] [output],
     …
    ]
AS
    SQL_statements;
```

存储过程使用方法

修改存储过程的语法格式如下：

```
ALTER PROC | PROCEDURE pro_name
AS
    SQL_statements;
```

删除存储过程的语法格式如下：

```
DROP PROC | PROCEDURE pro_name;
```

【例4.1】创建一个不带参数的存储过程。

```
CREATE PROC proc_get_student
AS
SELECT * FROM Student;
```

可以使用以下语句调用该存储过程：

```
EXEC proc_get_student;
```

可以使用以下语句修改该存储过程：

```
ALTER PROC proc_get_student
AS
SELECT Sno, Sname FROM Student;
```

【例4.2】创建一个带参数的存储过程。

```
CREATE PROC proc_find_stu(@startSno CHAR(7), @endSno CHAR(7))
AS
SELECT * FROM Student WHERE Sno BETWEEN @startSno AND @endSno;
```

可以使用以下语句调用该存储过程：

```
EXEC proc_find_stu '2024001', '2024003';
```

【例4.3】创建一个带参数通配符的存储过程。

```
CREATE PROC proc_findStudentByName(@name varchar(20) = '%文%', @nextName
varchar(20) = '%')
AS
SELECT * FROM Student WHERE Sname LIKE @name AND Sname LIKE @nextName;
```

可以使用以下语句调用该存储过程：

```
EXEC proc_findStudentByName;
EXEC proc_findStudentByName '%武%', '%王%';
```

可以使用以下语句删除该存储过程：

```
DROP PROC proc_findStudentByName;
```

【例4.4】创建一个带输出参数的存储过程。

```
CREATE PROC proc_getStudentRecord(
    @Sno CHAR(7), --默认输入参数
    @Sname CHAR(10) out, --输出参数
    @Sage INT output--输入输出参数
)
AS
    SELECT @Sname = Sname, @Sage = Sage  FROM Student WHERE Sno = @Sno;
```

可以使用下面的语句调用该存储过程：

```
DECLARE @Sno CHAR(7),
        @Sname CHAR(10),
        @Sage INT;
SET @Sno = '2024003';
SET @Sage = 1;
EXEC proc_getStudentRecord @Sno, @Sname out, @Sage output;
SELECT @Sname,@Sage;
```

4.3.5 综合实例

某酒店管理系统数据库包含以下6个关系：

存储过程的综合实例

客房表Room(Rno, Rtype, Rarea)的属性包括客房编号、客房类型、客房大小；

客房数量表Rest(Rtype, Rnum, Rprice)的属性包括客房类型、剩余客房数量、客房价格；

顾客表Customer (Cno, Cname, Cgender, Cage, Ctel)的属性包括顾客编号、顾客姓名、顾客性别、顾客年龄、顾客电话；

员工表Staff(Sno, Sname, Sgender, Sjob)的属性包括员工编号、员工姓名、员工性别、员工职务；

入住表Checkin(Cno, startTime, endTime, Rno)的属性包括顾客编号、入住时间、离开时间、客房编号；

打扫表Clean(Sno, cleanTime, Rno)的属性包括员工编号、打扫时间、客房编号。

为指导酒店确定不同类型客房当前的最新报价，编写一个存储过程，输入“入住时间”和“客房类型”，根据“入住时间”当天相应客房的具体入住情况，输出当天该“客房类型”的最新报价。假设Rnum表示输入“客房类型”的客房的剩余数量，Rused表示输入“客房类型”的客房的已订购数量，入住情况表示为二者的比值X（即Rnum/Rused）。请按照下面的规则，输出对应的“客房类型”的最新报价：

（1）如果比值X小于等于1，则输出最新报价为原始的客房价格；

（2）如果比值X在(1,5)区间内，则输出最新报价为原始客房价格的90%；

（3）如果比值X大于等于5，则输出最新报价为原始客房价格的80%。

最后输出的格式为“客房类型-X-最新报价”。

实现上述功能的Transact-SQL语句如下：

```
CREATE PROCEDURE suggestPrice
@input_Date DATE,
@input_Rtype VARCHAR(20)
AS
BEGIN
    DECLARE @Rnum FLOAT;
    DECLARE @Rused FLOAT;
    DECLARE @Rprice FLOAT;
    DECLARE @newPrice FLOAT;
    SELECT @Rprice = Rest.Rprice FROM Rest
    WHERE Rest.Rtype = @input_Rtype;
    SELECT @Rnum = Rest.Rnum FROM Rest
    WHERE Rest.Rtype = @input_Rtype;
    SELECT @Rused = COUNT(*) FROM Checkin,Room
    WHERE Checkin.startTime = @input_Date
    AND Checkin.Rno = Room.Rno
    AND Room.Rtype = @input_Rtype
    GROUP BY Room.Rtype;
    IF(@Rnum / @Rused <= 1)
    BEGIN
      SET @newPrice = @Rprice;
    END
    ELSE IF(@Rnum / @Rused >1 AND @Rnum / @Rused <5)
    BEGIN
      SET @newPrice = @Rprice * 0.9;
    END
    ELSE IF(@Rnum / @Rused >= 5)
    BEGIN
      SET @newPrice = @Rprice * 0.8;
    END
    PRINT @input_Rtype + '-' + str(@Rnum / @Rused) + '-' + str(@newPrice);
END
```

4.4 Transact-SQL函数

Transact-SQL
函数

Transact-SQL提供了大量函数，比如聚合函数（如COUNT、AVG、MAX、MIN、SUM等）、数学函数（如ABS、EXP、POWER、SQRT等）、配置函数、字符串函数（如CHAR、LEN、LOWER、LTRIM、REPLACE等）、数据

类型转换函数（如CAST、CONVERT等）、日期和时间函数（如DATEADD、DAY、GETDATE、MONTH、YEAR等）、文本图像函数、用户自定义函数等。这里只介绍用户自定义函数的使用方法，其他函数的用法可以参考相关书籍或网络资料。

根据函数返回值形式的不同，可以创建3类自定义函数：标量函数、内联表值函数、多语句表值函数。自定义函数可以接收零个、一个或多个输入参数，其返回值可以是一个数值，也可以是一个表。自定义函数不支持输出参数。

4.4.1　标量函数

标量函数返回在RETURNS子句中定义的类型的单个值。创建标量函数的语法格式如下：

```
CREATE FUNCTION [函数的所有者].函数名(标量参数[AS]标量参数类型[=默认值])
 RETURNS 标量返回值类型
 BEGIN
     函数体(即Transact-SQL语句)
     RETURN 变量/标量表达式
 END
```

【例4.5】将字符串“001.002.003.004”按照指定分隔符进行分割，返回分割后子字符串的个数。

```
CREATE FUNCTION dbo.Fun_GetStrListLeng
(
    @originlStr VARCHAR(500), --要分割的字符串
    @split  VARCHAR(10)  --分隔符
)
RETURNS INT
AS
BEGIN
    DECLARE @location INT,--定义起始位置
            @start    INT,--定义从第几个开始
            @length  INT;--定义变量，用于接收计算元素的个数
    SET @originlStr=ltrim(rtrim(@originlStr));--去掉左右两边的空格
     SET @location=charindex(@split,@originlStr); --分隔符在字符串中第一次出现
的位置(索引从1开始计数)
    SET @length=1;
    WHILE @location<>0
    BEGIN
        SET @start=@location+1;
        SET @location=charindex(@split,@originlStr,@start);
        SET @length=@length+1;
    END
    RETURN @length;
END
```

可以使用以下语句调用该函数：

```
SELECT dbo.Fun_GetStrListLeng('001.002.003.004.005','.'); --返回5
```

可以使用以下语句删除该函数：

```
DROP FUNCTION Fun_GetStrListLeng;
```

4.4.2 内联表值函数

返回TABLE数据类型的值的用户自定义函数功能强大，可以替代视图，这些函数称为表值函数。表值函数可以分为内联表值函数和多语句表值函数。

内联表值函数和视图的相似之处是它们返回的表都是由一个查询定义的，然而，内联表值函数查询可以有参数，而视图没有。实际上，SQL Server对内联表值函数和视图的处理非常相似。查询处理器用内联表值函数的定义替换其引用，即查询处理器展开内联表值函数的定义，并生成一个访问基本表的执行计划。实际使用内联表值函数时，可以将它看作一个参数化的视图，从内联表值函数中删除和修改数据库，最终删除和修改的同样是基本表的数据。

创建内联表值函数的语法格式如下：

```
CREATE FUNCTION [函数的所有者].函数名(标量参数 [AS] 标量参数类型 [=默认值])
 RETURNS TABLE
 [WITH {Encryption | Schemabinding }]
 [AS]
 RETURN(单个SELECT语句,确定返回的表的数据)
```

【例4.6】创建用于查询指定学号的学生的选课情况（包括学号、姓名、课程号和成绩）的函数，然后调用该函数查询某位学生的选课情况。

```
CREATE FUNCTION dbo.Fun_GetList(@Sno CHAR(7))
RETURNS TABLE
RETURN(
    SELECT Student.Sno,Student.Sname,SC.Cno,SC.Grade
    FROM Student,SC
    where Student.Sno=SC.Sno
    AND Student.Sno=@Sno
);
```

可以使用以下语句调用该函数：

```
SELECT * FROM dbo.Fun_GetList('2024001');
```

4.4.3 多语句表值函数

创建多语句表值函数的语法格式如下：

```
CREATE FUNCTION [函数的所有者].函数名(标量参数 [AS] 标量参数类型 [=默认值])
 RETURNS @表变量 TABLE 表的定义(即列的定义和约束)
 BEGIN
```

```
    函数体(即Transact-SQL语句)
    RETURN
 END
```

【例4.7】创建一个函数，根据学号查询学生的姓名和年龄。

```
CREATE FUNCTION dbo.get_score_table(@Sno CHAR(7))
RETURNS @result_table TABLE(
   Sname CHAR(10),
   Sage INT
)
WITH ENCRYPTION
AS
BEGIN
    INSERT INTO @result_table
        SELECT Sname,Sage FROM Student WHERE Sno=@Sno;
    RETURN
END
```

可以使用以下语句调用该函数：

```
SELECT *FROM dbo.get_score_table('2024003');
```

4.5 ODBC编程

众多的厂商推出了各种各样的RDBMS，它们在性能、价格和应用范围上各有不同。一个综合信息系统的各部门由于需求有差异，往往会存在多种数据库，它们之间的互连访问成为一个棘手的问题，特别是当用户需要从客户端访问不同的服务器时，这个问题更加明显。为此，人们研究、开发了连接不同RDBMS的方法、技术和软件，使不同的RDBMS能够实现数据库互连。

ODBC编程

4.5.1 开放式数据库互连概述

目前开放式数据库互连接口标准主要有3个：ODBC、JDBC和OLE DB。

开放式数据库互连是为解决异构数据库间的数据共享问题而产生的，现已成为WOSA（Windows Open System Architecture，Windows开放式系统体系结构）的主要部分和基于Windows环境的一种数据库访问接口标准。ODBC为异构数据库访问提供统一接口，允许应用程序以SQL为数据存取标准，存取不同DBMS管理的数据，使应用程序可以直接操纵数据库中的数据，不需要随数据库的改变而更改应用程序。用ODBC可以访问各类计算机上的数据库文件，甚至可以访问Excel表等非数据库对象。

JDBC（Java Database Connectivity，Java数据库互连）是一种用于执行SQL语句的Java API，可以为多种关系数据库提供统一访问功能。它由一组用Java编写的类和接口组成。JDBC提供了一种基准，据此可以构建更高级的工具和接口，使数据库开发人员能够编写数据库应用程序。

OLE DB（Object Linking and Embedding Database，对象链接嵌入数据库）是一种用于访问各种数据源（如电子表格、文件系统、数据库、文本文件、Web文件）的数据接口标准。OLE DB由微软公司开发，旨在将Windows系统应用程序连接到各种数据库。OLE DB的作用是为应用程序提供统一的接口，帮助用户轻松地连接到各种数据源。它不只是一个数据库接口，还是一种应用程序与不同数据源交互的解决方案。

4.5.2 ODBC工作原理

从某种意义上讲，ODBC实际上主要是一个数据库的访问库（API），它包含访问不同数据库所要求的ODBC驱动程序。应用程序要操作不同类型的数据库，调用ODBC所支持的函数，动态连接到不同的驱动程序上即可。

应用程序调用ODBC API（函数调用），但ODBC API不直接访问数据库，而是通过驱动程序管理器与数据库交换信息。驱动程序管理器将应用程序对ODBC API的调用传递给专门的ODBC驱动程序（由DBMS提供），该驱动程序在执行完相应的操作后，将结果通过驱动程序管理器返回给应用程序，如图4-1所示。

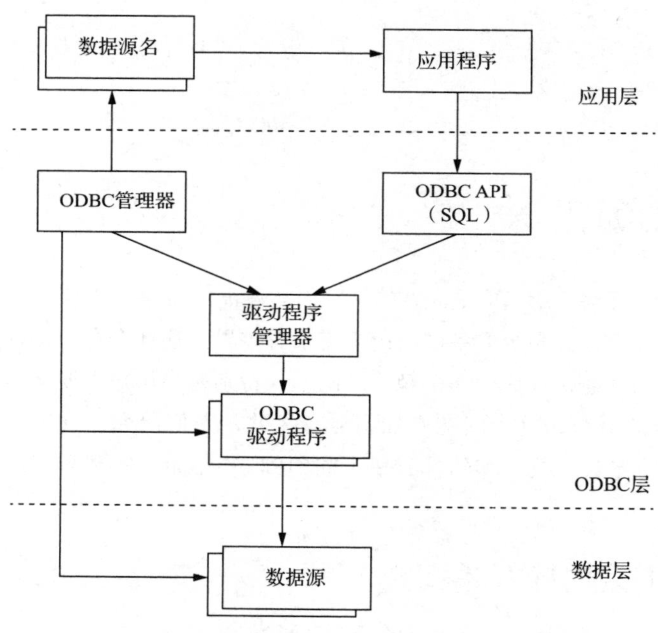

图4-1　ODBC应用系统的体系结构

ODBC应用系统的体系结构的各个组成部分具体如下。

（1）应用程序。调用ODBC API函数，递交SQL语句给DBMS，搜索出结果，并进行处理。

（2）ODBC管理器。安装ODBC驱动程序和注册数据源（提供数据库位置、数据库类型及ODBC驱动程序等信息，建立起ODBC与具体数据库的联系），这样，只要应用程序将数据源名提供给ODBC管理器，ODBC管理器就能建立起与相应数据库的连接。

（3）驱动程序管理器。管理ODBC驱动程序，是对用户透明的一个动态连接库ODBCADM.DLL（包含在ODBC32.DLL中），用于连接各种数据库系统的DBMS驱动程序（如Oracle、SQL Server、Foxpro、Sybase等驱动程序）。ODBCADM.DLL加载（通过Windows系统注册表找到对应关系）符合ODBC接口规范的任何DBMS厂商的驱动程序。

（4）ODBC驱动程序。本质是一些动态连接库（Dynamic Linked Library，DLL），支持ODBC的应用程序（如Excel）可以用它来访问ODBC数据源。每个ODBC驱动程序针对一个DBMS，如SQL Server、Access等。若系统所安装的ODBC驱动程序里没有相应的ODBC驱动，如Oracle的ODBC驱动，只需要安装Oracle软件，系统会自动将Oracle对应的驱动程序加载到ODBC驱动程序里。

需要说明的是，本书采用Java编写程序，而使用Java连接数据库时，通常使用JDBC的方式，而非ODBC的方式。使用Java连接数据库的方法将在4.6节“JDBC编程”中介绍。使用其他编程语言（比如C语言）通过ODBC方式连接数据库可以参考相关书籍，这里不做介绍。

4.6 JDBC编程

JDBC是Java中用来规范客户端程序如何访问数据库的应用程序接口，提供了诸如查询和更新数据库中数据的方法。JDBC也是Sun Microsystems公司的商标，通常说的JDBC是面向关系数据库的。

JDBC 编程

4.6.1 JDBC 的工作原理

JDBC（见图4-2）由两部分组成：JDBC API和JDBC Driver Interface。JDBC API是提供给开发者的一组独立于数据库的API，对任何数据库的操作都可以用这组API来进行。JDBC Driver Interface 是面向JDBC驱动程序开发商的编程接口，它会把通过JDBC API发给数据库的通用指令翻译成开发商自己的数据库可以执行的指令。

为了使客户端程序独立于特定数据库驱动程序，JDBC规范建议开发者使用接口编程方式，即尽量使应用依赖java.sql 及javax.sql中的接口和类。

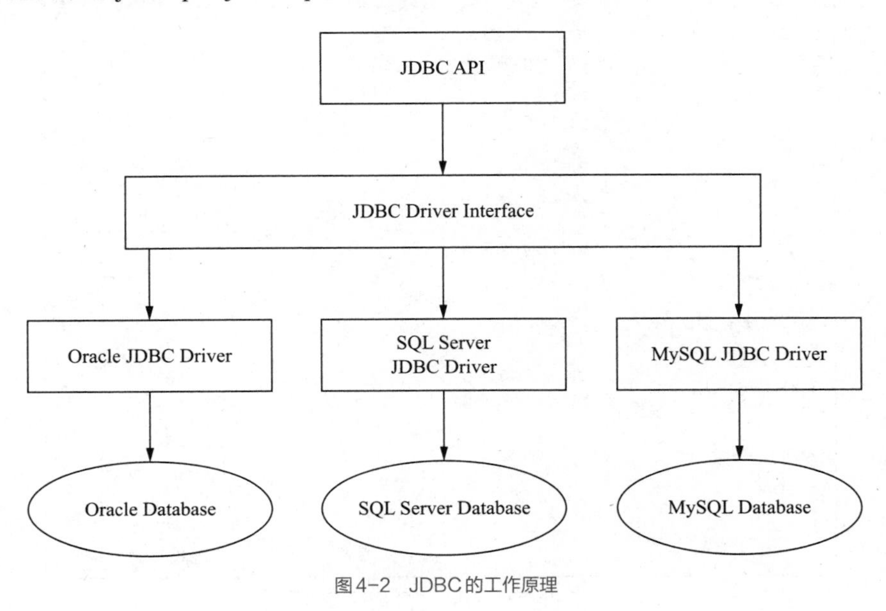

图4-2 JDBC的工作原理

4.6.2 JDBC 编程方法

要顺利开展JDBC编程，需要经过3个步骤：SQL Server的配置、下载并配置驱动程序、编写并运行应用程序。

1. SQL Server 的配置

（1）开启SQL Server身份验证模式

在连接SQL Server数据库之前，必须保证SQL Server采用SQL Server身份验证方式而不是Windows身份验证方式。

SQL Server安装好以后，默认是没有开启SQL Server身份验证方式的，需要打开SSMS进行设置。进入SSMS以后，在“对象资源管理器”窗格中，在数据库连接名称上单击鼠标右键，如图4-3所示，在弹出的菜单中选择“属性”，在弹出的窗口（见图4-4）中，选择“安全性”，在右侧的“服务器身份验证”区域中选择“SQL Server和Windows身份验证模式”。

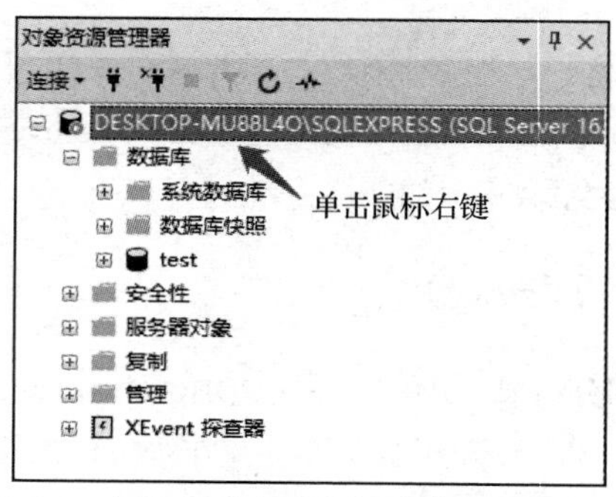

图4-3 “对象资源管理器”窗格

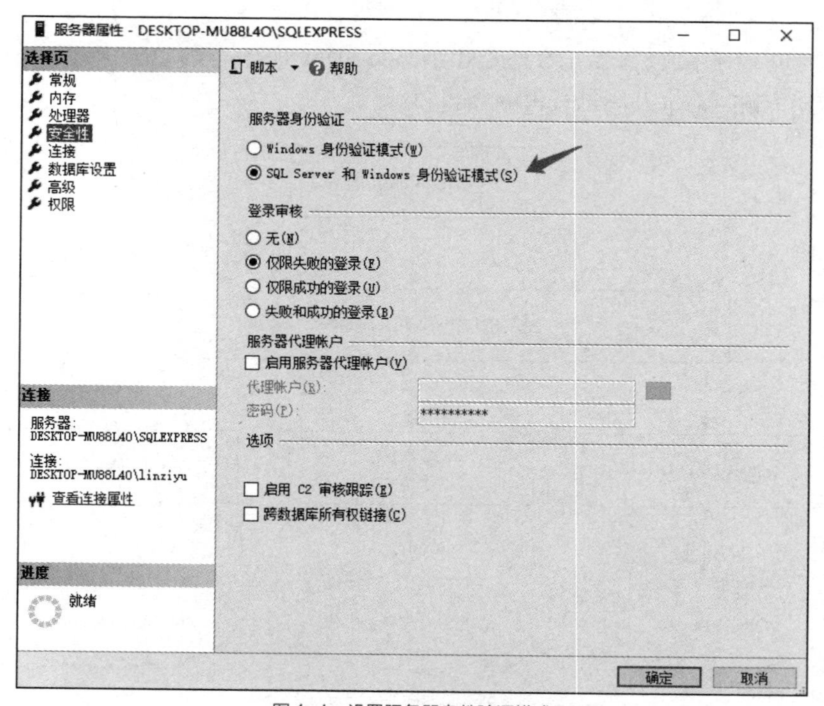

图4-4 设置服务器身份验证模式

（2）设置sa的密码并启用sa登录名

在“对象资源管理器”窗格中找到登录名sa（见图4-5），在sa上单击鼠标右键，在弹出的菜单中选择“属性”，弹出“登录属性-sa”窗口（见图4-6），在“选择页”区域中选择“常规”，然后在右侧设置sa的密码，比如设置为“123456”。然后，在“选择页”区域中选择“状态”（见图4-7），在“设置”区域中选择“授予”和“启用”。

图4-5　在“对象资源管理器”窗格中找到登录名sa

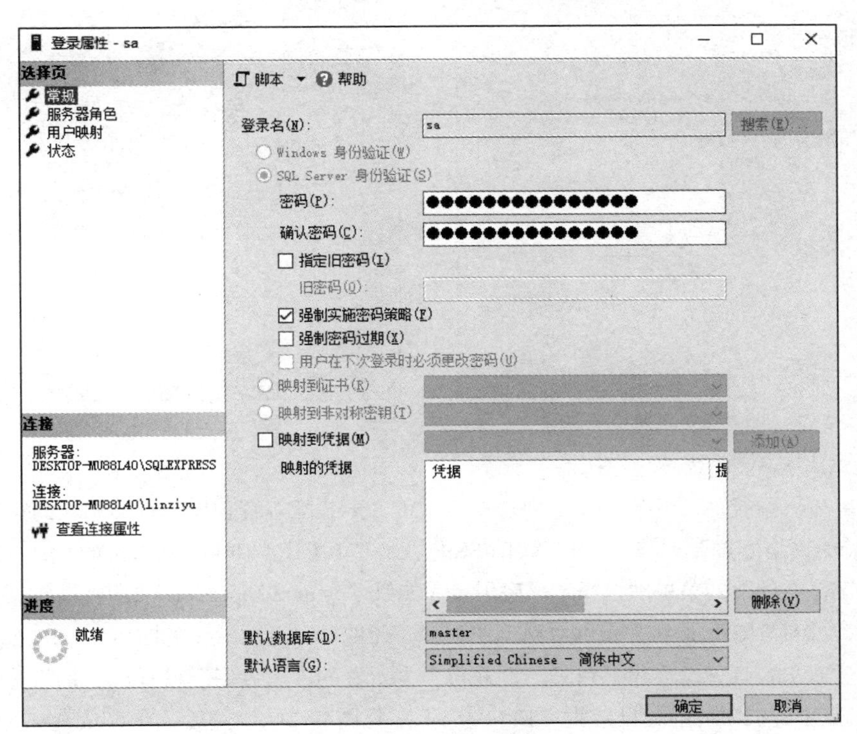

图4-6　“登录属性-sa”窗口

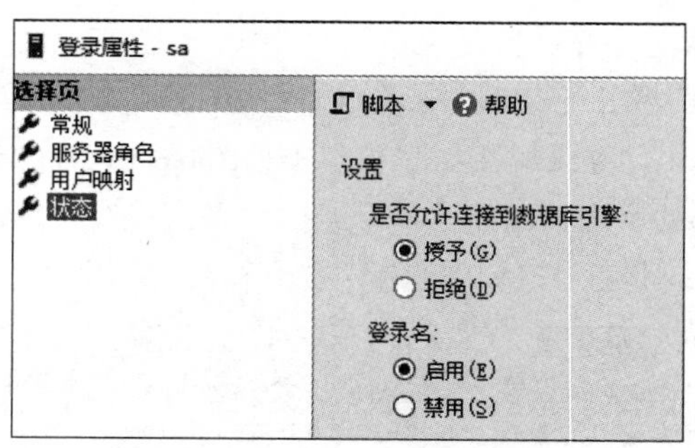

图4-7　在“选择页”区域中选择“状态”

（3）验证sa登录

在桌面上新建一个文本文件，文件名设置为“TestSQL.UDL”，双击这个文件打开“数据链接属性”对话框，如图4-8所示，默认显示“提供程序”选项卡，在“选择您希望连接的数据”列表中选择“Microsoft OLE DB Driver for SQL Server”。然后，单击“下一页”按钮，弹出“数据链接属性”对话框后，在“连接”选项卡中，在“选择或输入服务器名称”下拉列表框中输入“(local)”，在“用户名”和“密码”文本框中输入sa用户名和密码，单击“测试连接”按钮，如果连接成功，弹出图4-9所示的对话框，显示“连接测试成功”。

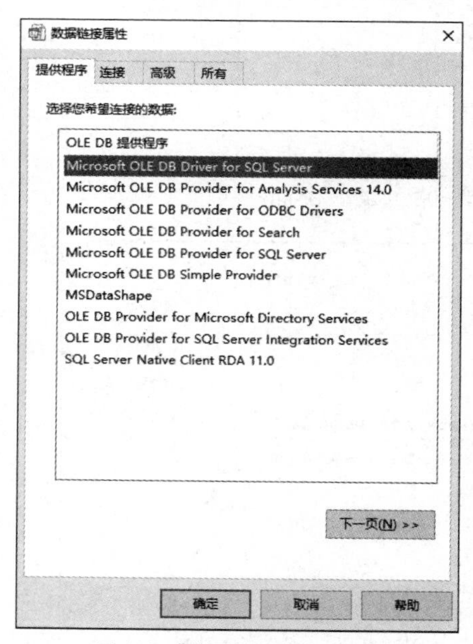

图4-8　“数据链接属性”对话框

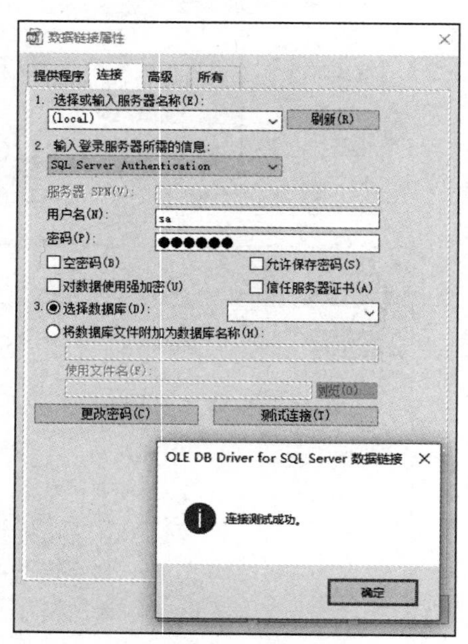

图4-9　连接测试成功

（4）SQL Server配置管理器

在Windows系统的“开始”菜单中选择“SQL Server配置管理器”打开相应的窗口，选择“SQL Server网络配置”下的“SQLEXPRESS的协议”（见图4-10）。在右边的“TCP/IP”上单击鼠标右键，在弹出的菜单中选择“已启用”。如果“Named Pipes”未启用，则将其也设置为启用。双击“TCP/IP”，在弹出的对话框中选择“IP地址”选项卡（见图4-11），把“IPAII”区域中的“TCP端口”设置成“1433”，并将上方所有的“已启用”设置成“是”。同时，把“IP1”区域中的“IP地址”设置为“127.0.0.1”（见图4-12）。然后，在Windows系统的“服务”窗口中，重启SQL Server服务。

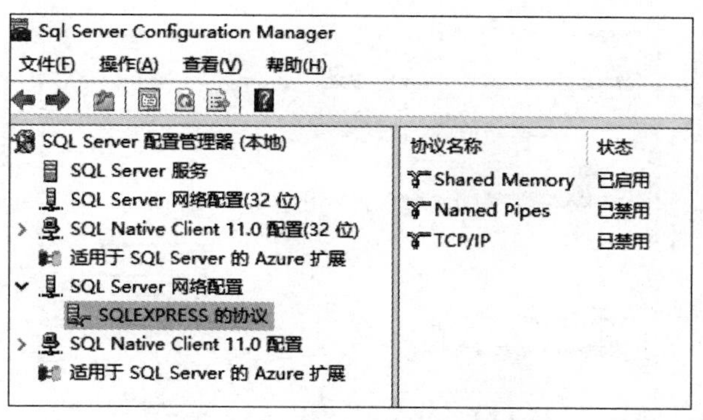

图4-10 选择“SQLEXPRESS的协议”

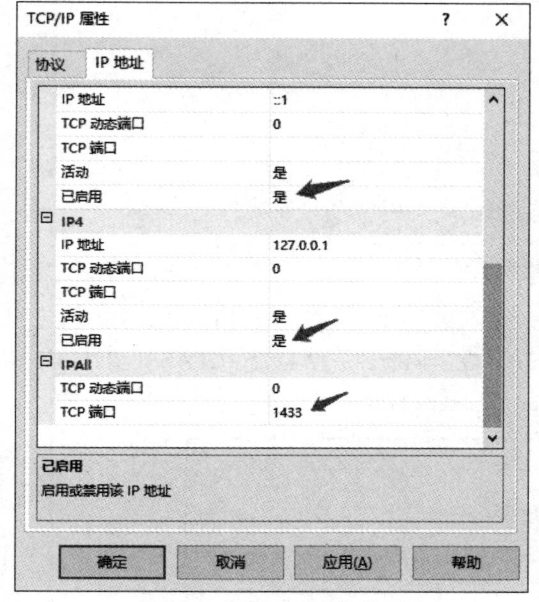

图4-11 “TCP/IP 属性”对话框

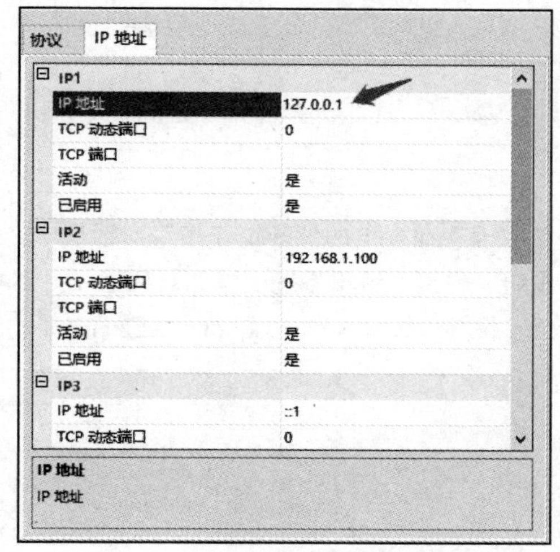

图4-12 IP 地址设置

2. 下载并配置驱动程序

（1）到微软公司官网下载SQL Server的JDBC驱动程序“Microsoft JDBC Driver for SQL Server”，比如，下载驱动程序文件sqljdbc_12.2.0.0_chs.zip，把该文件解压缩到某个目录（比如C:\）。

（2）按“Win+I”组合键打开“设置”窗口，在搜索框中输入“高级系统设置”（见图4-13），然后单击“查看高级系统设置”。

图4-13 搜索“高级系统设置”

（3）在弹出的“系统属性”对话框（见图4-14）中，单击“环境变量”按钮。

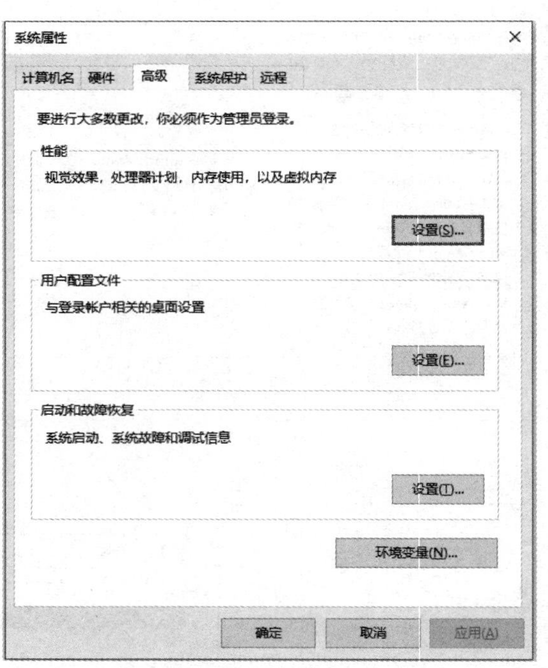

图4-14 “系统属性”对话框

（4）在弹出的“环境变量”对话框中，在“系统变量”区域（见图4-15）中单击“新建”按钮，弹出“编辑系统变量”对话框（见图4-16），在里面新建一个名为“CLASSPATH”的变量，将其值设置为“C:\sqljdbc_12.2\chs\mssql-jdbc-12.2.0.jre11.jar”。

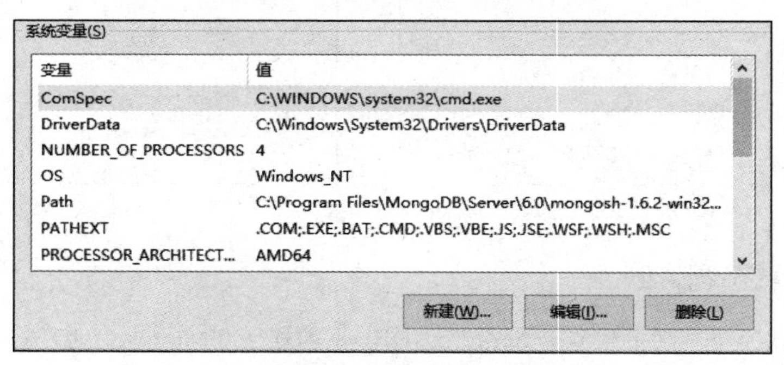

图4-15 “系统变量”区域

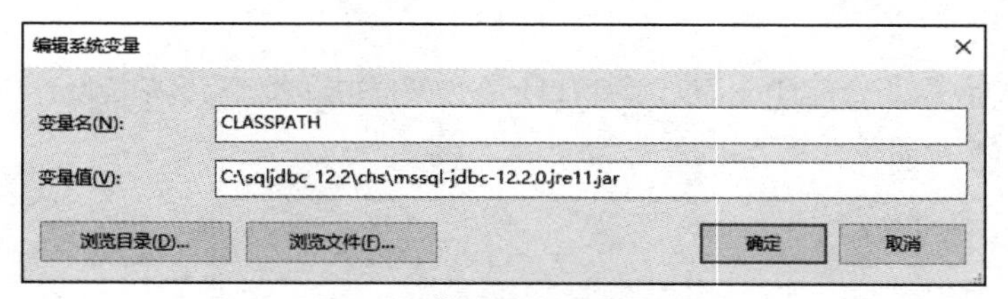

图4-16 “编辑系统变量”对话框

3. 编写并运行应用程序

进入SSMS，使用SQL语句“CREATE DATABASE test”创建一个数据库，名称为“test”。这里使用Eclipse作为开发工具。Eclipse是著名的跨平台的自由集成开发环境（Integrated

Development Environment，IDE），主要用于Java程序开发。可以到Eclipse官网下载安装包进行安装。

（1）运行Eclipse，新建一个Java Project，名称为“Test”。右击工程名，在弹出的菜单中依次选择“Build Path→Configure Build Path”，在打开的窗口中单击“Libraries”标签，单击“Classpath”，然后单击右侧的“Add External JARs”按钮，找到此前已经下载好的mssql-jdbc-12.2.0.jre8.jar和mssql-jdbc-12.2.0.jre11.jar文件并加入，然后单击“Apply and Close”按钮完成配置，如图4-17所示。

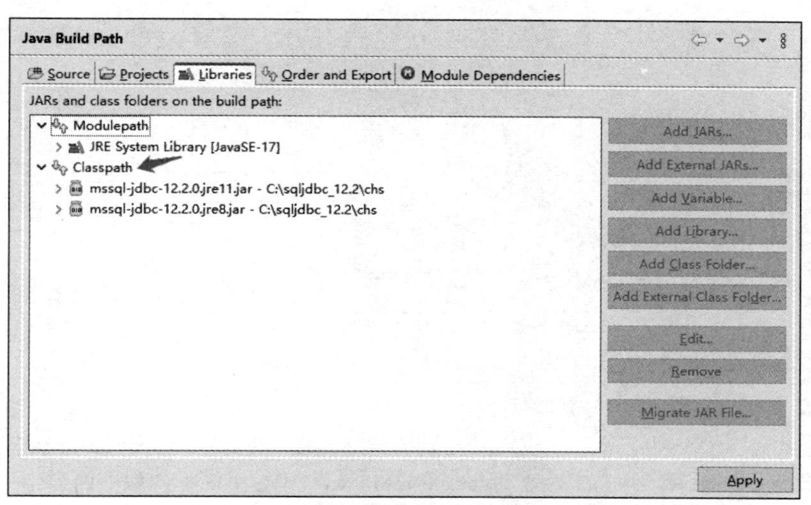

图4-17 在“Classpath”中加入相关JAR包

（2）选择“File→New→Class”，新建一个类文件“MyTestMain.java”，并把“Package”设置为“pkg”，在该文件中输入如下代码：

```
    package pkg;

    import java.sql.*;
    public class MyTestMain {
      public static void main(String [] args)
      {
      String dbURL="jdbc:sqlserver://localhost:1433;DatabaseName=test;encrypt=
false";
      String userName="sa";
      String userPwd="123456";
      try{
         Connection dbConn=DriverManager.getConnection(dbURL,userName,userPwd);
         System.out.println("连接数据库成功! ");
         String sql1 ="create table sc2(sno char(5),cno char(1), grade int)";
         String sql2="insert into sc2(sno,cno,grade) values('95888','3',88)";
         String sql3="select sno,cno,grade from sc2";
         Statement stmt = dbConn.createStatement();
```

```
        stmt.execute(sql1);
        stmt.execute(sql2);
        ResultSet rs=stmt.executeQuery(sql3);
        while(rs.next()){
            String sno = rs.getString(1);
            String cno = rs.getString(2);
            int grade = rs.getInt(3);
            System.out.println("学号:"+sno+"课程:"+cno+"成绩:"+grade);
        }
        dbConn.close();
    }
    catch(Exception e)
    {
        e.printStackTrace();
        System.out.print("SQL Server连接失败! ");
    }
  }
}
```

（3）打开Eclipse自动生成的文件“module-info.java”，在里面加入如下内容：

```
module Test {
    requires java.sql;
}
```

（4）在“MyTestMain.java”代码文件窗口内的任意区域单击鼠标右键，在弹出的菜单中选择“Run AS→1.Java Application”运行程序，运行成功以后会在“Console”面板中显示如下信息：

```
连接数据库成功!
学号:95888课程:3成绩:88
```

4.7 本章小结

基于数据库的应用系统可以使用数据库编程技术按需访问和管理数据库中的数据。本章详细介绍了数据库编程的相关知识。利用Transact-SQL提供的诸多功能，用户可以编写出复杂的数据库应用程序，满足企业各种业务场景需求。ODBC和JDBC为开发人员提供了统一的数据库访问接口，增强了数据库应用程序的可移植性。

4.8 习题

1. 试述Transact-SQL可以分为哪几种类型。
2. 试述在Transact-SQL中如何声明变量。

3. 试述Transact-SQL中有哪些类型的运算符。

4. 试述Transact-SQL中运算符的优先级。

5. 试述Transact-SQL有哪几种控制结构。

6. 试述在Transact-SQL中如何定义游标。

7. 试述存储过程的特点。

8. 试述存储过程的功能。

9. 试述Transact-SQL有哪几种类型的函数。

10. 试述Transact-SQL有哪几种类型的用户自定义函数。

11. 试述ODBC的工作原理。

12. 试述JDBC的工作原理。

13. 某工厂数据库包含以下5个关系：

工厂表F(Fid,Fname, Faddress)，属性分别表示工厂编号、厂名、厂址；

产品表P(Pid, Pname, Psize, Pprice, Pweight)，属性分别表示产品编号、产品名称、产品尺寸、产品价格、产品重量；

零件表A(Aid, Aname, Atype)，属性分别表示零件编号、零件名称、零件规格；

组装表M(Pid, Aid, Mtime)，属性分别表示产品编号、零件编号、组装时间；

生产表C(Fid, Pid, Cnum)，属性分别表示工厂编号、产品编号、计划产量。

使用Transact-SQL语句完成如下任务。

（1）输出产品尺寸数值在10到20之间（包括10和20）的产品的组装信息，并且只输出零件规格为“小”的零件信息，输出格式为“产品名称/零件编号”，多个零件编号之间以逗号隔开。

（2）编写一个存储过程，输入“厂址”，输出该工厂有生产记录且产品重量数值在5到10之间（包括5和10）的生产信息，输出格式为“产品名称/零件名称/零件规格/组装状态”。这里的组装状态的设置方法为：若组装时间在“2024-05-02”到“2024-06-01”之间（包括“2024-05-02”和“2024-06-01”），则设置为“未完成”；若组装时间在“2024-04-01”到“2024-05-01”之间（包括“2024-04-01”和“2024-05-01”），则设置为“完成”。

14. 某食品销售网店数据库包含以下6个关系：

食品表F (Fno, Fname, Fprice, Fdate, Fquality)，属性分别表示食品编号、食品名称、食品单价、生产日期、保质期；

顾客表C(Cno, Cname, Csex, Cage)，属性分别表示顾客编号、顾客名称、顾客性别、顾客年龄；

销售表S(Sno,Fno, Cno, Scount, Ssum, Sdate)，属性分别表示销售流水号、食品编号、顾客编号、销售数量、销售金额、销售日期；

供货商表SP (SPno, SPname, SPaddress)，属性分别表示供货商编号、供货商名称、供货商地址；

供货关系表SF(Fno,SPno,SFdate,SFnum,SFprice)，属性分别表示食品编号、供货商编号、采购日期、采购数量、采购价格（备注：本表表示已经发生的采购记录，编号相同的食品的供货商是唯一的）；

计划进货表P(Fno, SPno, Pnum,Pprice)，属性分别表示食品编号、供货商编号、进货数量、进货价格。

使用Transact-SQL语句完成如下任务。

（1）输出2024年1月1日到2024年5月31日期间，所有女性顾客的食品购买信息，输出格式为“顾客名称，购买总数量，购买总金额，购买食品明细（食品名称1、食品名称2……）”，多个食品名称之间以顿号隔开（相同的食品名称只能出现一次）。

（2）编写一个存储过程，输入“食品名称”和“进货数量参考值”。如果计划进货表P中该食品对应的进货数量（这里称为“原进货数量”）小于输入的进货数量参考值，则对计划进货表P中该食品对应的“原进货数量”做如下调整：若“原进货数量”小于等于10，则在原进货数量基础上增加30%，得到新的进货数量；若“原进货数量”大于10并且小于等于20，则在原进货数量基础上增加10%，得到新的进货数量。然后，按照这些食品调整后的进货数量从小到大的顺序分别输出一行字符串“食品编号/食品名称/进货数量”（备注：相同的食品如果来自不同的供货商，就会有不同的食品编号）。

15. 某电商平台的服装网店数据库包含以下6个关系：

服装表G(Gno, Gname, Gsize, Gcolor, Gprice,Gmaterial)，属性分别表示服装编号、服装名称、服装尺寸、服装颜色、服装单价、服装材质；

顾客表C (Cno, Cname, Csex, Cage,Cphone,Caddress)，属性分别表示顾客编号、顾客姓名、顾客性别、顾客年龄、顾客电话、顾客地址；

订单表O(Ono,Gno, Cno, Ocount, Osum, Odate)，属性分别表示订单号、服装编号、顾客编号、销售数量、销售金额、下单日期；

退货表B(Bno,Ono,Gno,Cno,Bcount,Bsum,Bdate)，属性分别表示退货单号、订单号、服装编号、顾客编号、退货数量、退货金额、退货日期；

仓库表W (Wno,Wname,Waddress)，属性分别表示仓库编号、仓库名称、仓库地址；

库存表GW(Gno,Wno,num,Ttime），属性分别表示服装编号、仓库编号、库存量、清点日期。

使用Transact-SQL语句完成如下任务。

（1）输出2024年第二季度，所有年龄在20岁到30岁之间的女性顾客的服装购买信息，输出格式为“顾客编号，顾客姓名，购买服装明细（服装名称1|服装名称2……）”，多个服装名称之间以“|”隔开（相同的服装名称只能出现一次）。

（2）编写一个存储过程，输入“服装颜色”和“参考价格”，如果该类服装的单价小于输入的参考价格并且差值大于100，则将服装表G中对应服装的单价提高30%；如果该类服装的单价和输入的参考价格之间的差值在100以内，则将服装表G中对应服装的单价提高2%；如果该类服装的单价大于输入的参考价格并且差值大于100，则将服装表G中对应服装的单价降低30%。然后，输出“服装名称-原单价-调整后的单价”。

实验2 Transact-SQL编程实践

一、实验目的

（1）熟悉变量的声明和使用方法。

（2）掌握流程控制语句的用法。

（3）掌握存储过程的使用方法。

（4）掌握系统函数和用户自定义函数的用法。

（5）掌握使用游标处理数据的方法。

二、实验平台

（1）操作系统：Windows。

（2）DBMS：SQL Server 2022 Express Edition。

三、实验任务

1. 用Transact-SQL语句求1+2+3+…+100，并使用@@ERROR判断是否执行成功，如果成功则输出值，否则输出执行失败。

2. 使用实验1中的School数据库，更新Student表中学号为“2024001”的学生的邮箱为“linshufan@pku.edu.cn”，并通过@@ROWCOUNT判断是否有数据被更新，如果没有则输出警告。

3. 使用实验1中的School数据库，使用IF…ELSE语句查询Student表中学号为“2024001”的学生，如果该学生存在，则输出该学生的各科成绩，否则输出“查无此人”。

4. 使用CASE语句查询学号为“2024001”的学生所选择的课程号为“1”的课程的成绩。如果成绩为80分或以上，则输出“优秀”；如果成绩在60～79分，则输出“及格”；否则输出“不及格”。

5. 使用Transact-SQL语句创建一个带输入和输出参数的存储过程，查询学生选修课程的成绩，将分数低于60分的成绩改为60分，高于80分的成绩改为80分。输入参数为学生的学号，输出参数为提示信息。如果学生不存在，则输出“查无此人”；如果更改失败，则输出“更改失败”；如果更改成功，则输出“更改成功”。

6. 查询学号为“2024001”的学生的邮箱，将邮箱转换成大写并输出，然后查询其选修课程名的前3个字符。

7. 使用Transact-SQL语句完成以下任务。

（1）创建标量函数，要求根据输入的学生学号，返回学生的平均成绩。

（2）创建内联表值函数，要求根据学生的姓名显示其所有选修课程的名称和成绩。

（3）创建多语句表值函数，要求根据课程名查询所有选修该课程的学生的姓名和成绩。

8. 使用Transact-SQL语句完成以下任务。

（1）定义一个游标，将学号为“2024001”的学生的选修课程的名称和成绩逐行输出。

（2）定义一个游标，将学号为“2024001”的学生的第二门选修课程的成绩（成绩降序排列）改为75分。

（3）创建一个没有聚簇索引的表，定义一个游标，删除其中一条记录，查看是否允许删除。

四、实验报告

《数据库系统原理》实验报告					
题目		姓名		日期	

实验环境：

实验任务与完成情况：

出现的问题：

解决方案（列出遇到的问题和其解决办法，列出没有解决的问题）：

第5章
关系数据库安全和保护

DBMS必须提供统一的数据保护功能，以保护数据库中数据的安全性、可靠性、正确性和有效性。通常，DBMS对数据库的安全保护功能是通过安全性控制、完整性控制、并发控制、数据库的备份与恢复4个方面来实现的。

本章将详细介绍数据库的安全性、完整性、并发控制和恢复机制。

5.1 安全性

数据库的安全性是指保护数据库以防止不合法的使用而造成数据泄露、被更改或被破坏，所以，安全性对任何一个DBMS来说都是至关重要的。在实际使用中，数据库通常存储了大量的数据，这些数据可能是个人信息、客户清单或其他机密资料，如若有人未经授权而非法侵入数据库，并窃取了查看和修改数据的权限，将会造成极大的危害，在银行系统、金融系统等系统中更是如此。

5.1.1 数据库安全性概述

数据库安全性概述

数据库安全性的目标主要是保证数据的完整性、可用性、保密性和可审计性。数据库系统只允许合法的用户进行合法的操作，数据库会对用户进行标识，系统内部会记录所有合法用户的标识。用户每次要求进入系统时，系统都将对用户进行鉴定以确定用户的合法性，只有合法的用户才能进行下一步的操作。对于合法的用户，当他要进行数据库操作时，DBMS还要验证此用户是否具有相应的操作权限，如果有，则进行操作，否则拒绝执行用户的操作；同时，DBMS还会将合法用户对数据库所做的任何操作记录在审计数据库中，使其具有不可否认性。因此，数据库系统所采用的安全技术主要包括以下几类。

（1）访问控制技术。防止未授权的用户访问系统，主要通过创建用户账号和口令、由DBMS控制登录过程来实现。

（2）存取控制技术。DBMS必须提供相应的技术来保证用户只能访问他所拥有的权限允许的范围内的数据，而不能访问数据库的其他内容。

（3）数据加密技术。用户为保护敏感数据的传输和存储，可以对数据库的敏感数据进行额外的保护。

（4）数据库审计。在数据库运行期间，记录数据库的访问情况，以利用审计数据分析数据库是否受到非法存取。

5.1.2　用户标识与鉴别

用户标识是指用户或应用向数据库系统出示的身份证明，最常见的用户标识是用户名和密码。用户标识用于唯一标识进入数据库系统的每个用户或应用的身份，因此必须保证标识具有唯一性。用户鉴别是指数据库系统检查并验证用户身份合法性的过程。用户标识与鉴别的功能保证了只有合法的用户才可以进入数据库系统、访问数据库资源。

用户标识是系统用于鉴别声明用户为系统合法用户的口令字符串。用户在注册DBMS时会获得一个用户名，系统会先确认提交访问请求的用户名是否合法，如果合法，则进一步鉴别用户身份。

用户鉴别是证明声明用户为系统合法用户的过程。大多数DBMS采用验证用户名与密码的方法来鉴别用户身份。该方法简单易行，成本低，但用户名和密码易被窃取，因此还可以采取更复杂的方法。

下面介绍数据库常用的几种认证方式。

（1）口令认证。基于口令的认证是应用于数据库系统的最常见的初始的单向认证机制，它是一种根据已知事物验证身份的方法，也是一种最广泛研究和使用的身份验证方法。数据库系统往往会对口令采取一些控制措施，常见的有最小长度限制、次数限定、选择字符、有效期、双口令和封锁用户系统等。一般还需考虑口令的分配和管理，以及口令在计算机中的安全存储。数据库一般以加密的方式在安全系统表中存储口令，攻击者要得到口令，必须知道加密算法和密钥（算法可能是公开的，但密钥是保密的）。有的系统存储口令使用单向哈希值，攻击者即使得到密文也难以推断出通行字的明文。要使用口令认证，在创建用户时必须关联口令。口令是用户在尝试连接时必须提供的，借此来防止非授权用户使用数据库。用户可以随时更改口令。口令机制实现起来简单，不需要额外的硬件支持，但是口令容易被遗忘、泄露。

（2）智能卡认证。智能卡（有源卡、IC 卡或Smart卡）作为个人所有物，可以用来验证个人身份，典型的智能卡主要由微处理器、存储器、输入输出接口、安全逻辑及运算处理器等组成。智能卡中引入了认证的概念，认证是指智能卡和应用终端之间通过相应的认证过程来相互确认合法性。智能卡和接口设备只有相互认证通过之后才能进行数据的读写操作，目的在于防止伪造应用终端及相应的智能卡。

（3）数字证书认证。数字证书是认证中心颁发并进行数字签名的数字凭证，它提供实体身份的鉴别与认证，信息完整性、机密性和不可否认性验证等安全服务。数字证书可用来证明实体所宣称的身份与其持有的公钥的匹配关系，使得实体的身份与证书中的公钥相互绑定。

（4）安全指纹认证。指纹认证是指使用指纹识别技术对用户身份进行确认，与口令认证相比，指纹认证有很多优点，如指纹不能被猜测、复制。对用户来说，用户不可能忘记、复制以及赠予指纹信息，指纹使用方便、不易被滥用和受到社会工程方面的攻击。安全指纹认证利用数据库的加密机制，将用户注册的指纹模板信息加密存储在系统用户表中，加密密钥利用数据库的密钥管理机制并结合用户口令进行安全保护。根据被授权用户的个人特征来进行认证是一种可信度更高的认证方式，目前已得到应用的个人生理特征还包括语音声纹、DNA、视网膜、虹膜、脸型和掌纹等。

5.1.3 自主存取控制

自主存取控制与强制存取控制

大型DBMS几乎都支持自主存取控制（Discretionary Access Control，DAC），目前的SQL标准也对自主存取控制提供支持，主要通过SQL的GRANT语句和REVOKE语句来实现。

用户存取权限是由数据对象和操作类型这两个要素组成的。定义一个用户的存取权限就是要定义这个用户可以在哪些数据对象上进行哪些类型的操作。在数据库系统中，定义存取权限称为授权。

定义用户存取权限时，数据对象范围越小，授权子系统就越灵活。有些DBMS的授权定义可精细到字段级，而有的DBMS只能对关系授权。授权粒度越细，授权子系统就越灵活，但系统定义与检查权限的开销也会相应增加。

有的DBMS还允许存取谓词中引用系统变量，如一天中的某个时刻、某台终端的编号。这样用户只能在某段时间内、某台终端上存取有关数据，这就是与时间和地点有关的存取权限。

自主存取控制能够通过授权机制有效地控制其他用户对敏感数据的存取。但是，由于用户对数据的存取权限是“自主”的，用户可以自由地决定将数据的存取权限授予何人、决定是否将“授权”的权限授予别人。在这种授权机制下，可能存在数据的“无意泄露”。

5.1.4 强制存取控制

所谓强制存取控制（Mandatory Access Control，MAC），是指系统为保证更高程度的安全性，按照TDI/TCSEC标准中安全策略的要求，所采取的强制存取检查手段。它不是用户能直接感知或进行控制的。MAC适用于那些对数据进行严格而密级固定的分类的部门，例如军事部门或政府部门。

在MAC中，DBMS所管理的全部实体被分为主体和客体两大类。主体是系统中的活动实体，既包括DBMS所管理的实际用户，也包括代表用户的各进程。客体是系统中的被动实体，是受主体操纵的，包括文件、基本表、索引、视图等。对于主体和客体，DBMS为它们的每个实例（值）都指定了一个敏感度标记。

敏感度标记被分成若干级别，例如绝密、机密、可信、公开等。主体的敏感度标记为许可证级别，客体的敏感度标记为密级。MAC机制就是通过对比主体的敏感度标记和客体的敏感度标记来最终确定主体是否能够存取客体。

当某一用户（或主体）以敏感度标记注册系统时，系统要求他对任何客体的存取必须遵循如下规则：

（1）仅当主体的许可证级别大于或等于客体的密级时，该主体才能读取相应的客体；

（2）仅当主体的许可证级别等于客体的密级时，该主体才能写相应的客体。

5.1.5 视图机制

视图的一个优点是可以为机密的数据提供安全保护。在DBMS中，可以为不同的数据库用户定义不同的视图，通过视图把数据对象限制在一定范围内，把要保密的数据对无权存取的用户隐藏起来，从而自动地为数据提供一定程度的安全保护。具体来讲，使用视图可以实现下列功能。

（1）将用户限定在表中特定的行上。例如，只允许员工查看与自己有关的业务记录。

（2）将用户限定在表中特定的列上。例如，只允许员工查看其他人员的公共信息，包括部门、办公电话等；不允许员工查看其他人员的个人信息，例如工资等。

（3）将多个表中的列连接起来，使它们看起来像一个表。

（4）聚合信息而非提供详细信息。

当然，视图机制主要的功能在于提供数据独立性，其安全保护功能并不是很精细，因此，在实际应用中，通常将视图机制和授权机制配合使用。首先用视图机制屏蔽掉一部分保密数据，然后在视图上面定义存取权限。

视图机制、数据加密和数据库审计

5.1.6 数据加密

数据库加密系统是一款基于透明加密技术、主动防御机制的数据库防泄露系统，该系统能够实现对数据库中的敏感数据进行加密存储、访问控制增强、应用访问安全、安全审计以及三权分立等功能。数据库加密系统可以有效防止明文存储引起的数据泄露、突破边界防护的外部黑客攻击、内部高权限用户的数据被窃取，防止绕开合法应用系统直接访问数据库，从根本上解决数据库敏感数据泄露问题，真正实现数据高度安全、应用完全透明、密文高效访问等技术特点。

对数据进行加密主要有3种方式：系统中加密、客户端（DBMS外层）加密、服务器端（DBMS内核层）加密。客户端加密的好处是不会加重数据库服务器的负载，并且可实现网上的传输加密。这种加密方式通常利用数据库外层工具实现。服务器端的加密需要对DBMS本身进行操作，属核心层加密，如果没有数据库开发商的配合，其实现难度相对较大。此外，对那些希望通过应用服务提供商获得服务的企业来说，只有在客户端实现加密，才能保证其数据的安全可靠。

对数据库中的数据进行加密是为了增强普通RDBMS的安全性，提供一个安全、适用的数据库加密平台，对数据库存储的内容进行有效保护。DBMS通过数据库存储加密等安全方法实现了数据库数据存储保密和完整性要求，使得数据库以密文方式存储数据并在密文方式下工作，确保了数据的安全。

5.1.7 数据库审计

数据库审计是监管数据库访问行为的系统，能够记录数据库的所有访问和操作行为，对数据库操作进行合规性管理，随时警报数据库遭受的风险行为，并对攻击数据库的行为进行阻断。数据库审计通过记录、分析和汇报用户访问数据库的行为，事后帮助用户生成合规报告、对事故追根溯源；通过加强内外部数据库管理，提高数据资产的安全性。

数据库审计要先采集数据库访问流量，流量全采集才能保证数据库审计的可用性和价值。目前有镜像和探针两种采集方式。镜像方式多用于传统IT架构，采用旁路部署，通过镜像方式获取访问流量；探针方式适用于复杂的网络环境，主要通过虚拟环境分配的审计管理网口进行数据传输，完成流量采集。

数据库审计还要进行SQL语法、语义解析，以保障其全面性与易用性。全面性审计包括访问数据库的应用层信息、登录时间、操作时间、客户端信息、SQL响应时长等；易用性审计要将数据库中的客户端IP地址、SQL操作类型、数据库表名称、列名称、过滤条件等变成业务人员熟悉的类似于办公地点、工作人员名称、业务对象等的业务要素，确保非专业运维管理人员也能看懂审计结果，知道数据库审计是什么。

5.1.8 统计数据库的安全性

统计数据库主要用于产生各类统计数据。统计数据库中存在特殊的安全性问题，即统计数据库中存放着大量的统计数据，这些统计数据本身也许是非敏感数据，但是可以通过某些方法从这些非敏感数据中得到敏感数据。例如，可以从合法的查询中推导出敏感数据，从而以危害系统的隐蔽方式获取敏感数据。所以，统计数据库的安全性是数据库安全性中的一个值得关注的问题，主要包括以下几种安全问题。

统计数据库的安全性

（1）通用跟踪谓词。在统计数据库的查询中，为了防止人们通过统计、汇总等手段来推断、演绎出秘密数据，系统设置如下：如果查询所标识的数据库中的记录的子集小于某一下界b（b是数据库中被标识的记录的子集的基数下界），或大于$n-b$（n是数据库中记录的总数），系统将拒绝执行这类查询。但对于任何一个被系统拒绝的查询，总是可以找到这样的谓词，利用它来得到被拒绝的查询的结果，这样的谓词称为通用跟踪谓词。实际上，对于结果集的基数c，满足$2b \leqslant c \leqslant n-2b$的任何谓词都是通用跟踪谓词，只要$b \leqslant n/4$。这个条件在任何现实情况下总是能够满足。

（2）个别跟踪谓词。在统计数据库的查询中，如果利用谓词能够发现某一特定的被系统拒绝的查询的结果，那么这个谓词称为个别跟踪谓词。如果用户知道谓词P标识统计数据库中某一特定记录R，P可以用P1 AND P2的方式来表示，而且P1 AND NOT P2所标识的结果的集合的基数在b和$n-b$之间，则谓词P1 AND NOT P2就是R的个别跟踪谓词。

（3）统计推理。统计推理是统计数据库中存在的一种特殊的安全性问题。统计推理是利用统计算法，由非敏感查询的结果数据推导出敏感数据的一种方法。统计推理主要包括直接推理和间接推理。直接推理试图直接通过查询所获得的一些记录来搜索并确定敏感数据。最有效的方法是形成一种特定的查询，它恰好与某个敏感数据项相匹配。间接推理试图依据一种或多种统计值来推导出想要的结果。例如，使用某些明显的统计值来推导出隐匿的个人敏感数据。间接推理包括求和推理、计数推理、取中值推理、追踪者推理和线性系统推理等。求和推理是指通过求和值来进行推理，从而得到所需要的值。一般把计数推理与求和推理结合起来以获取更多的信息。例如，已知计数值与求和值，很容易就能推出平均值；已知计数值与平均值，也可以推出求和值。取中值推理的推理过程较为复杂，要寻找按顺序排列并恰巧在中间有交叉点的两个查询结果项，才能推导出想要的结果。追踪者推理是指追踪者通过非敏感查询追踪到敏感数据，它关注利用少量结果而能够暴露大比例数据的地方，即通过能够产生少量结果的附加查询来定位出所期望的敏感数据。例如，对两次不同的查询附加一些条件，得到n个值和$n-1$个值，而这两组值可以互相抵消$n-1$个值，只剩下所期望的那个值。线性系统推理是指利用线性代数知识，综合数据库内容，有可能找出一系列查询，它们返回的结果与线性代数集合有关。例如，查询结果构成关于所期望数据项的一组线性方程，解这个线性方程组就可以得到所期望数据项的值。

5.1.9 SQL Server 中的安全控制

1. SQL Server 的安全体系结构

对任何企业来说，数据库的安全性最为重要，毕竟数据大都存储在数据库中。SQL Server安全性主要是指允许具有相应的数据访问权限的用户登录到SQL Server，并对数据库对象进行各种权限范围内的操作，同时拒绝所有的非授权用户的非法操作。因此，安全性管理与用户管理是密不可分的。SQL Server提供了内置的安全性和数据保护功能，正确地理解SQL Server安全体系结构，对部署和实施安全、稳定的SQL Server数据库可以起到事半功倍的效果。SQL Server的安全体系结构功能强大，设计灵活，可以分为4个等级。

SQL Server的安全体系结构

（1）操作系统的安全认证。

（2）SQL Server的登录安全认证。

（3）使用数据库的安全认证。

（4）使用数据库对象的安全认证。

SQL Server的安全性建立在验证和访问许可的机制上。一个用户访问SQL Server数据库中的数据需要经过3步：第一步是登录检验，检验用户是否具有连接到数据库服务器的资格；第二步是用户检验，检验用户是否是数据库的合法用户，是否具有对具体数据库进行访问的权限；第三步是检验用户是否具有针对某个数据库对象的操作权限。

2. 登录管理

（1）SQL Server的登录安全认证

SQL Server的登录安全认证是指数据库系统对用户访问数据库系统时所输入的用户名和密码进行确认的过程。安全认证的内容包括确认用户的用户名是否有效、能否访问系统、能访问系统中的哪些数据等。安全认证模式是指系统确认用户的方式。SQL Server有两种安全认证模式，即Windows身份验证模式和混合验证模式，具体如下。

登录管理

① Windows身份验证模式。Windows身份验证模式是由Windows系统来验证主体身份，SQL Server并不参与验证，SQL Server完全相信Windows系统的验证结果。采用此类模式登录SQL Server时不需要提供密码。Windows身份验证模式使用Kerberos协议，更加安全，这也是微软推荐的非常安全的做法。

② 混合验证模式（SQL Server和Windows身份验证模式）。在混合验证模式下，SQL Server允许由Windows系统来验证主体身份，又允许由SQL Server来验证主体身份。当由SQL Server来验证主体身份时，需要输入用户名和密码，此时与是否使用Windows账户验证没有任何关系，用到的用户名和密码将被加密后存放在master数据库中。

（2）设置SQL Server的登录安全认证模式

可以在SSMS中设置SQL Server的登录安全认证模式。

打开SSMS，使用Windows身份验证模式登录SQL Server。在“对象资源管理器”窗格（见图5-1）中，在数据库连接名称上单击鼠标右键，在弹出的菜单中选择“属性”。

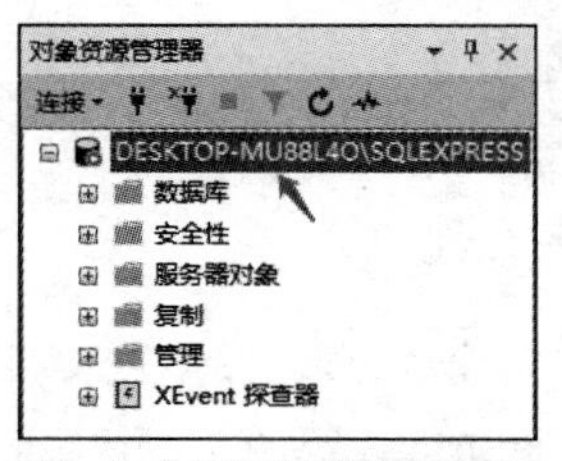

图5-1 “对象资源管理器”窗格

在打开的窗口（见图5-2）中，在左侧的“选择页”区域中选择“安全性”，然后，在“服务器身份验证”区域中选择需要的模式。注意，更改身份验证模式以后，需要重新启动数据库服务和SSMS，才会使更改生效。

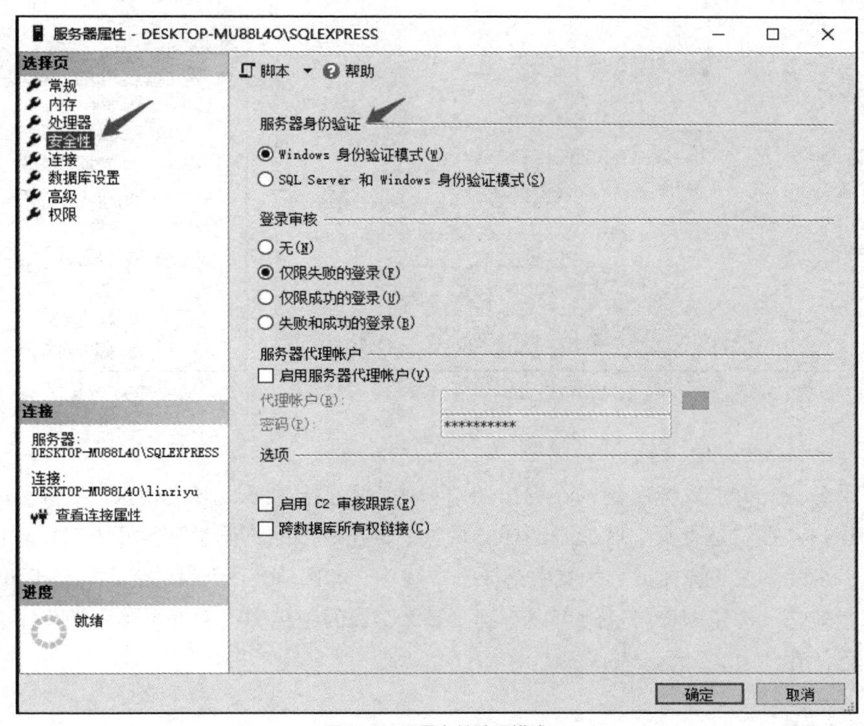

图5-2 设置身份验证模式

（3）对SQL Server登录进行管理

SQL Server可以对身份验证进行设置和管理，它提供了一系列存储过程来管理登录功能，主要包括sp_addlogin和sp_droplogin。

① 创建登录名。

登录名是服务器的一个实体，使用登录名只能进入服务器，但是不能让用户访问服务器中的数据库资源。每个登录名的定义存放在master数据库的syslogins表中。

可以使用存储过程sp_addlogin创建登录名，其基本语法格式如下：

```
sp_addlogin '<登录名>' [,<密码>]
```

【例5.1】创建一个不带密码的登录名L1。

```
sp_addlogin 'L1'
```

在SSMS中，单击“对象资源管理器”窗格左上角的“连接”按钮，在弹出的菜单中选择“数据库引擎”，会弹出图5-3所示的“连接到服务器”对话框。在“身份验证”下拉列表中选择“SQL Server身份验证”，在“登录名”下拉列表框中输入“L1”，不用输入密码，然后单击“连接”按钮，就可以登录SQL Server服务器了。

登录SQL Server服务器以后，可以发现，只能查看系统数据库，没有权限查看用户自建的数据库。这时，在“对象资源管理器”窗格（见图5-4）中，在“安全性”的“登录名”下可以看到刚才创建的登录名L1。同时，还可以看到登录名sa，可以将其看成数据库的超级管理员，它具有数据库管理员的权限。登录名sa的图标旁边有个红色的叉号，表示该登录名未启用。

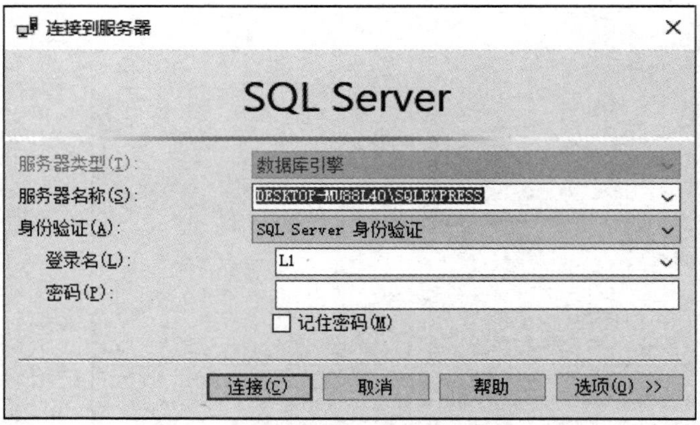

图5-3　使用登录名L1登录SQL Server服务器

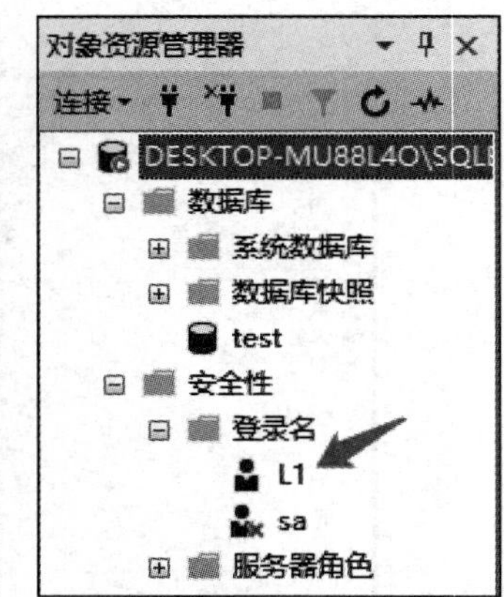

图5-4　查看已经创建好的登录名

启用登录名sa的方法如下。

在登录名sa上单击鼠标右键，在弹出的菜单中选择“属性”，会弹出图5-5所示的“登录属性-sa”窗口。在“选择页”区域中选择“状态”，在右侧的“设置”区域中选择“授予”和“启用”。然后，在“选择页”区域中选择“常规”，如图5-6所示，设置好登录名sa的密码，最后单击“确定”按钮即可。这时可以看到，登录名sa的图标旁边的红色叉号消失了，说明该登录名已经启用。

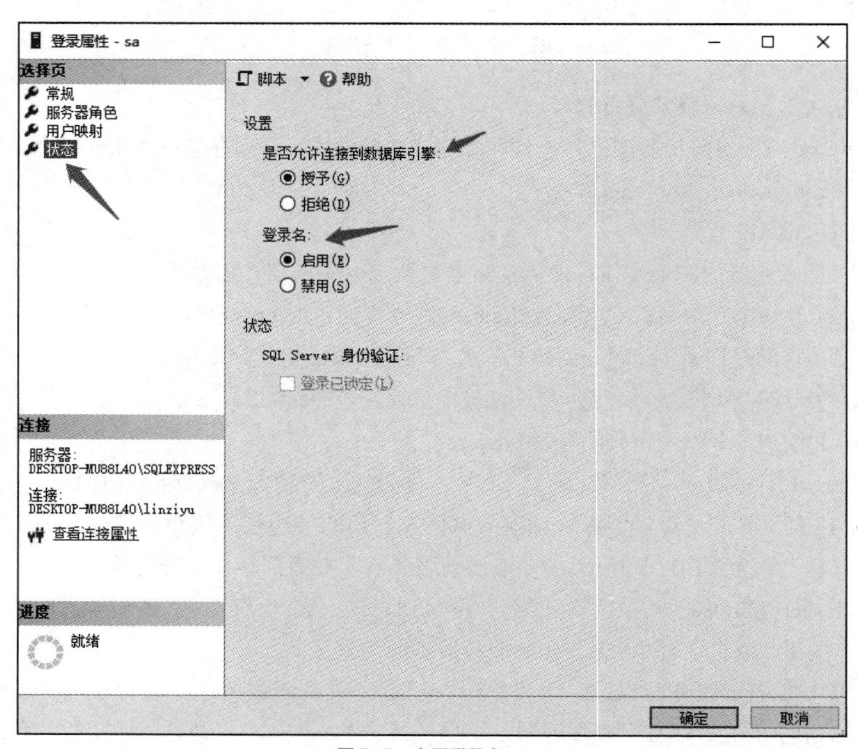

图5-5　启用登录名sa

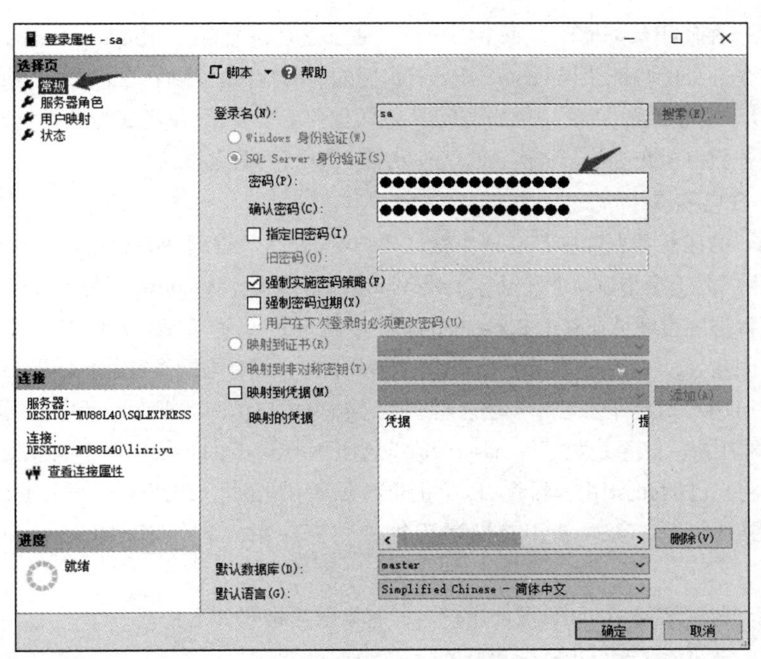

图5-6　设置登录名sa的密码

也可以根据需要创建一个带密码的登录名。

【例5.2】创建一个带密码（假设密码是123456）的登录名L1。

```
sp_addlogin 'L1', '123456'
```

② 删除登录名。

可以使用存储过程sp_droplogin删除登录名，基本语法格式如下：

```
sp_droplogin '<登录名>'
```

【例5.3】删除登录名L1。

```
sp_droplogin 'L1'
```

3. 数据库用户管理

在SQL Server中，账户有两类，一类是登录名，另一类是使用数据库的用户名。用户名和登录名是两个不同的概念。用户名是一个或多个登录名在数据库中的映射，可以对用户对象进行授权，以便为登录名提供对数据库的访问权限。用户定义信息存放在每个数据库的sysusers表中。

数据库用户管理

SQL Server把登录名与用户名的关系称为映射。用登录名登录SQL Server后，在访问各个数据库时，SQL Server会自动查询数据库中是否存在与此登录名关联的用户名，若存在就使用相应用户的权限访问数据库，若不存在就使用guest用户的权限访问数据库。

一个登录名可以被授权访问多个数据库，但一个登录名在每个数据库中只能映射一次，即一个登录名可对应多个用户名，一个用户名也可以被多个登录名使用。为了更好地理解登录名和用户名的关系，可以把SQL Server比喻成一栋大楼，里面的每个房间都是一个数据库，登录名是进入大楼的钥匙，而用户名是进入房间的钥匙。一个登录名可以有多个房间的钥匙，但一个用户名只能拥有一个房间的钥匙。

也就是说，在使用数据库时，每个用户首先通过登录建立自己与SQL Server的连接，即通过SQL Server的登录身份验证获得对SQL Server实例的访问权限。然后，该用户必须与SQL Server中的数据库用户建立映射关系，才能访问具体数据库。如果没有建立与数据库用户的映射关系，即使用户连接到SQL Server实例，也无法访问相应的数据库。

（1）创建用户名

SQL Server的任意数据库中都有两个默认用户：dbo（数据库拥有者用户）和guest（访客用户）。dbo（用户名）是指以sa（登录名）或Windows管理员（Windows身份验证模式）登录的用户，也就是说数据库管理员在SQL Server中的用户名就是dbo，而不是sa。dbo用户是数据库的拥有者或数据库的创建者，dbo用户在其所拥有的数据库中拥有所有的操作权限。如果guest用户在数据库中存在并被启用，则允许任意一个登录用户作为guest用户访问数据库，其中包括不是数据库用户的SQL服务器用户。除系统数据库master和临时数据库tempdb的guest用户不能被删除以外，其他数据库都可以将自己的guest用户删除，以防止非数据库用户的登录用户对数据库进行访问。

在SQL Server中，可以使用存储过程管理数据库用户名，主要包括sp_adduser和sp_dropuser。

可以使用存储过程sp_adduser增加用户名，基本语法格式如下：

```
sp_adduser  '<登录名>', '<用户名>'
```

【例5.4】在数据库test中创建一个用户名U1，并建立登录名L1和用户名U1之间的映射。

```
USE test
sp_adduser 'L1', 'U1'
```

注意，用户名是属于特定的数据库的，因此，在创建用户名时，一定把要用户名所属的数据库设置为当前数据库。

（2）删除用户名

可以使用存储过程sp_dropuser删除用户名，基本语法格式如下：

```
sp_dropuser  '<用户名>'
```

【例5.5】在数据库test中删除用户名U1。

```
USE test
sp_dropuser 'U1'
```

4. 权限管理

SQL Server通过权限管理来确保数据库的安全性。在SQL Server中，权限分为3种。

权限管理

（1）隐含权限。隐含权限是系统内置权限，是用户不需要被授权就可以拥有的数据操作权限。用户拥有的隐含权限与自己的身份有关，例如，数据库管理员可以执行数据库内的任何操作，数据库拥有者dbo可以对自己的数据库进行任何操作。

（2）语句权限。语句权限主要是指用户是否具有权限来执行某条语句。创建数据库或数据库对象时需要语句权限，这种权限可以限制是否能够创建数据库或数据库对象。例如，如果用户需要在数据库中创建表，则应该授予该用户CREATE TABLE语句权限。SQL Server中的语句权限如表5-1所示。

表 5-1 SQL Server 中的语句权限

语句权限	权限说明
CREATE DATABASE	创建数据库，只能由sa授予SQL服务器用户或角色
CREATE DEFAULT	创建默认
CREATE PROCDURE	创建存储过程
CREATE RULE	创建规则
CREATE TABLE	创建表
CREATE VIEW	创建视图
BACKUP DATABASE	备份数据库
BACKUP LOG	备份日志文件

（3）对象权限。对象权限是指对数据库中的表、视图和存储过程等对象进行操作的权限。SQL Server中的对象权限如表5-2所示。

表 5-2 SQL Server 中的对象权限

对象权限	数据库对象
SELECT	表、视图、表和视图中的列
UPDATE	表、视图、表中的列
INSERT	表、视图
DELETE	表、视图
EXECUTE	存储过程

5. 自主存取控制

SQL Server对自主存取控制提供了支持，主要包括GRANT语句和REVOKE语句，可以对表或视图等进行权限管理，权限主要包括SELECT、INSERT、UPDATE和DELETE。数据库对象的创建者会自动获得对该数据库对象的所有操作权限。获得数据操作权限的用户可以通过GRANT语句把权限转授给其他用户。

自主存取控制

（1）GRANT语句

GRANT语句的功能是将对指定操作对象的指定操作权限授予指定的用户，其基本语法格式如下：

```
GRANT <权限>[,<权限>]...
ON <对象名>
TO <用户>[,<用户>]...
[WITH GRANT OPTION];
```

如果使用WITH GRANT OPTION子句，则获得某种权限的用户还可以把这种权限授予别的用户。如果没有使用WITH GRANT OPTION子句，则获得某种权限的用户只能使用该权限，不能转授该权限给其他用户。

【例5.6】把针对Student表的SELECT权限赋予用户U1，并且用户U1不能转授权限。

```
GRANT SELECT
ON Student
TO U1;
```

【例5.7】把针对Student表的SELECT权限赋予用户U1，并且用户U1可以转授权限。

```
GRANT SELECT
ON Student
TO U1
WITH GRANT OPTION;
```

【例5.8】把针对Student表的所有权限赋予用户U1，并且用户U1不能转授权限。

```
GRANT ALL PRIVILEGES
ON Student
TO U1;
```

【例5.9】把针对Student表的SELECT权限赋予所有用户。

```
GRANT SELECT
ON Student
TO PUBLIC;
```

PUBLIC表示把权限授予所有用户。

【例5.10】把查询Student表和修改学生姓名的权限授予用户U1。

```
GRANT UPDATE(Sname), SELECT
ON Student
TO U1;
```

（2）REVOKE语句

REVOKE语句的功能是从指定用户那里收回对指定操作对象的指定权限，其语法格式如下：

```
REVOKE <权限>[,<权限>]...
ON <对象名>
FROM <用户>[,<用户>]...;
```

【例5.11】把用户U1修改学生学号的权限收回。

```
REVOKE UPDATE(Sno)
ON Student
FROM U1;
```

【例5.12】收回所有用户对Student表进行查询的权限。

```
REVOKE SELECT
ON Student
FROM PUBLIC;
```

【例5.13】收回用户U1对Student表的所有权限。

```
REVOKE ALL PRIVILEGES
ON Student
FROM U1
```

6. 角色管理

角色管理

一个数据库可能会有许多个用户，若单独给每个用户设置权限，会浪费很多时间。角色是一种集中管理权限的机制，它能将不同权限的用户分类组合，以便数据库管理员管理。具有相同权限的用户就称为角色。

（1）预定义角色

SQL Server中有两类预定义角色，即系统管理预定义角色和数据库预定义角色，这两类预定义角色将系统管理和数据库管理的权限做了分解，方便数据库管理员分配使用。

数据库预定义角色所具有的管理、访问数据库的权限已被SQL Server定义，并且SQL Server管理者不能对其所具有的权限进行任何修改。SQL Server中的每一个数据库中都有一组预定义的数据库角色，在数据库中使用预定义的数据库角色可以将不同级别的数据库管理工作分给不同的角色，易于实现工作权限的设置和传递。其中较为特殊的是public角色，它的权限是所有数据库用户的默认权限；每个用户都有public角色，不需要也不能够将用户指派给public角色，因为默认情况下所有用户都自动属于该角色，同样，用户也不能取消public角色或直接删除public角色。

表5-3列出了一些预定义的数据库角色。

表 5-3　预定义的数据库角色

角色	权限
public	维护所有默认权限
db_owner	执行所有数据库角色活动
db_accessadmin	添加或删除数据库用户、组及角色
db_ddladmin	添加、更改或删除数据库对象
db_securityadmin	分配语句执行和对象权限
db_backupoperator	备份数据库
db_datareader	读取任何表中的数据
db_datawriter	添加、更改或删除所有表中的数据
db_denydatareader	不能读取任何表中的数据
db_denydatawriter	不能更改任何表中的数据

（2）用户自定义的数据库角色

当预定义的数据库角色不能满足实际需求时，用户可以自定义新的数据库角色，从而使用户能够在数据库中进行某一特定操作。用户自定义数据库角色的主要好处是可以在同一数据库中定义多个不同的自定义角色，这种角色的组合是自由的，并且角色之间可以嵌套，从而在数据库中实现较复杂、不同级别的安全性。

用户自定义角色的SQL语句为CREATE ROLE，其语法格式如下：

```
CREATE ROLE <角色> [<拥有者>]
```

<角色>是定义的角色的名称，命名规则跟数据表名类似；<拥有者>用于指定该角色的拥有者，可以为用户或角色，但需要一定的权限，省略时表示该角色属于创建该角色的用户。

【例5.14】创建一个名为R1的角色。

```
CREATE ROLE R1
```

每个数据库用户都能担当一个或多个角色，指定角色的语法格式如下：

```
sp_addrolemember '角色名', '用户名';
```

【例5.15】让用户U1担当角色R1。

```
sp_addrolemember 'R1', 'U1';
```

若一个用户不再担当某角色，可取消该用户的角色资格。取消角色资格的语法格式如下：

```
sp_droprolemember '角色名','用户名';
```

【例5.16】取消用户U1担当角色R1的资格。

```
sp_droprolemember 'R1', 'U1';
```

修改角色名的SQL语句为ALTER ROLE，语法格式如下：

```
ALTER ROLE <角色名> WITH NAME=新名称;
```

【例5.17】将角色R1的名称改为R11。

```
ALTER ROLE R1 WITH NAME = R11;
```

删除角色的SQL语句为DROP ROLE，语法格式如下：

```
DROP ROLE <角色名>;
```

【例5.18】删除角色R1。

```
DROP ROLE R1;
```

7. 综合实例

综合实例

这里通过一个综合实例演示SQL Server的权限管理。使用Windows身份验证模式连接数据库，创建登录名L1、L2和L3。访问数据库test（该数据库已经在第3章中创建，里面包含Student表、Course表和SC表等），创建用户名U1、U2和U3，建立L1和U1、L2和U2、L3和U3之间的映射关系。具体语句如下：

```
sp_addlogin 'L1';
sp_addlogin 'L2';
sp_addlogin 'L3';
USE test;
sp_adduser 'L1','U1';
sp_adduser 'L2','U2';
sp_adduser 'L3','U3';
```

使用以下语句查询当前的登录名和用户名：

```
SELECT SYSTEM_USER;
SELECT USER;
```

可以看到，此时“SELECT SYSTEM_USER”显示的是登录名，因为当前使用Windows身份验证模式连接数据库，所以会显示Windows管理员的名字。“SELECT USER”显示的是用户名，值为dbo。这时执行以下查询语句：

```
SELECT * FROM Student;
```

可以看到，会显示查询结果，因为dbo拥有针对Student表的SELECT权限。现在把当前用户名切换到U1，语句如下：

```
EXECUTE AS USER = 'U1';
```

使用以下语句查询当前的登录名和用户名：

```
SELECT SYSTEM_USER;
SELECT USER;
```

SELECT SYSTEM_USER语句用于显示当前登录名，SELECT USER语句用于显示当前用户名。可以看到，此时“SELECT SYSTEM_USER”显示的是登录名L1，“SELECT USER”显示的是用户名U1。这时执行以下查询语句：

```
SELECT * FROM Student;
```

可以看到，系统会报错，因为U1没有针对Student表的SELECT权限。使用以下语句切换到用户dbo：

```
REVERT;
```

一定要使用SELECT USER语句确认是否切换成功。执行以下语句把针对Student表的SELECT权限赋予用户U1：

```
GRANT SELECT
ON Student
TO U1
```

使用EXECUTE AS语句把当前用户切换到U1（一定要使用SELECT USER语句确认是否切换成功），然后执行SELECT * FROM Student语句就可以查询到结果了。

让用户U1把针对Student表的SELECT权限转授给用户U2，语句如下：

```
GRANT SELECT
ON Student
TO U2
```

系统会报错，因为，用户U1没有权限把自己的SELECT权限转授给其他用户。使用REVERT语句切换到用户dbo，重新使用以下语句进行授权：

```
GRANT SELECT
ON Student
TO U1
WITH GRANT OPTION
```

使用EXECUTE AS语句把当前用户切换到U1，让用户U1把针对Student表的SELECT权限转授给用户U2，语句如下：

```
GRANT SELECT
ON Student
TO U2
```

可以看到，授权操作可以成功执行。这时，使用REVERT语句把当前用户切换到dbo，再使用EXECUTE AS语句把当前用户切换到U2，执行SELECT * FROM Student语句就可以查询到结果了。需要注意的是，如果当前用户是U1，在切换用户时，不能从U1直接切换到U2，必须先切换到dbo，然后才能切换到U2。

使用REVERT语句切换到用户dbo，重复给用户U2授权，语句如下：

```
GRANT SELECT
ON Student
TO U2
```

在用户dbo下使用REVOKE语句回收U2的权限，语句如下：

```
REVOKE SELECT
ON Student
FROM U2
```

使用EXECUTE AS语句把当前用户切换到U2，执行SELECT * FROM Student语句，发现仍然可以查询到结果。这是因为虽然在dbo用户下使用REVOKE语句回收了U2的权限，但是U2还拥有来自U1授予它的SELECT权限。使用REVERT语句切换到用户dbo，再使用EXECUTE AS语句把当前用户切换到U1，执行以下语句回收SELECT权限：

```
REVOKE SELECT
ON Student
FROM U2
```

使用REVERT语句切换到用户dbo，再使用EXECUTE AS语句把当前用户切换到U2，执行SELECT * FROM Student语句，系统会报错，因为U2已经没有SELECT权限了。

使用REVERT语句切换到用户dbo，执行以下语句一次性为所有用户授权：

```
GRANT SELECT
ON Student
TO PUBLIC
```

执行以下语句回收所有用户的权限：

```
REVOKE SELECT
ON Student
FROM PUBLIC
```

把当前用户切换到dbo，执行以下语句：

```
REVOKE SELECT
ON Student
FROM U1
```

可以发现，系统会报错，这是因为用户dbo为U1授予SELECT权限时使用了WITH GRANT OPTION子句，这时如果要回收权限，必须加上CASCADE关键字，语句如下：

```
REVOKE SELECT
ON Student
FROM U1 CASCADE
```

使用以下语句创建角色R1：

```
CREATE ROLE R1;
```

把针对Student表的SELECT权限赋予R1，语句如下：

```
GRANT SELECT
ON Student
TO R1;
```

让用户U1担当角色R1，语句如下：

```
sp_addrolemember 'R1', 'U1';
```

这时，用户U1就有权限查询Student表了。

使用以下语句创建角色R2：

```
CREATE ROLE R2;
```

让角色R2担当角色R1，语句如下：

```
sp_addrolemember 'R1', 'R2';
```

让用户U2担当角色R2，语句如下：

```
sp_addrolemember 'R2', 'U2';
```

这时，用户U2就有权限查询Student表了。

使用以下语句删除角色R2：

```
DROP ROLE R2;
```

上条语句会执行失败，因为用户U2挂接到R2，必须先解除挂接才能将其删除，语句如下：

```
sp_droprolemember 'R2','U2';
```

这时就可以成功执行DROP ROLE R2语句。

使用以下语句删除R1：

```
DROP ROLE R1;
```

上条语句会执行失败，因为用户U1挂接到R1，必须先解除挂接才能将其删除，语句如下：

```
sp_droprolemember 'R1','U1';
```

这时执行DROP ROLE R1语句会成功。

下面演示如何使用视图实现自主权限控制。继续使用上面的用户U1、U2和U3，并且假设已经把所有权限都回收，这时的U1、U2和U3不具备针对Student表的任何权限。现在要求给Student表增加一个字段Sadmin，表示学生所属的管理员，需要使用以下语句修改Student表的结构：

ALTER TABLE Student ADD Sadmin CHAR(6);

然后，按照图5-7所示的记录，为Student表的Sadmin字段添加数据，语句如下：

```
UPDATE Student SET Sadmin='U1' where sno='2024001';
UPDATE Student SET Sadmin='U2' where sno='2024002';
UPDATE Student SET Sadmin='U3' where sno='2024003';
UPDATE Student SET Sadmin='U3' where sno='2024004';
```

Student

学号 Sno	姓名 Sname	性别 Ssex	年龄 Sage	系 Sdept	所属管理员 Sadmin
2024001	林书凡	男	18	MA	U1
2024002	李欣然	女	19	IS	U2
2024003	王武义	男	20	CS	U3
2024004	苏文甜	女	19	CS	U3

图5-7 Student表中的记录

现在要求每个用户登录数据库时，只能查看自己管理的学生。比如，U1只能查看学号为“2024001”的学生，U2只能查看学号为“2024002”的学生，U3只能查看学号为“2024003”和“2024004”的学生。为了实现这种权限控制要求，需要采用视图机制。先创建一个视图：

```
CREATE VIEW V1 AS
SELECT * FROM Student WHERE Sadmin=USER;
```

上面的语句中，USER是SQL Server的一个系统变量，它的值是当前登录用户的名称。比如，如果当前使用U1登录数据库，USER的值就是U1；如果当前使用U2登录数据库，则USER的值是U2。假设当前是dbo用户，可以使用以下语句对用户进行视图权限的授予：

```
GRANT SELECT ON V1 TO PUBLIC;
```

该语句把针对视图V1的SELECT权限授予了所有用户。现在使用EXECUTE AS语句把当前用户切换到U1，然后执行SELECT * FROM V1语句，可以发现查询结果只有一条学号为“2024001”的记录；把当前用户切换到U2，执行SELECT * FROM V1语句，可以发现查询结果只有一条学号为“2024002”的记录；把当前用户切换到U3，执行SELECT * FROM V1语句，可以发现查询结果包含两条记录，一条是学号为“2024003”的记录，另一条是学号为“2024004”的记录。

5.2 完整性

数据库的数据完整性是指数据库中数据的正确性、相容性和一致性。例如，学生的学号必须是唯一的，性别只能是男或女，学生所选修的课程必须是已开设的课程等。数据库中数据是否具备完整性，直接关系到数据库系统能否真实地反映现实世界。为了维护数据库中的数据与现实世界的一致性，关系模式中的所有关系必须满足一定的完整性约束条件。这些约束条件包括对属性取值的约束、属性间值的约束、不同关系中属性值的约束等。完整性约束提供了一种手段来保证当用户对数据库进行插入、删除、更新操作时，不会破坏数据库中数据的正确性、相容性和一致性，从而保证用户查询到的数据是有意义的。

关系模型中有3类完整性约束，分别是实体完整性约束、参照完整性约束和用户自定义完整性约束。其中，实体完整性约束和参照完整性约束是关系模型必须有的完整性约束，应该由RDBMS自动支持；而用户自定义完整性约束包括域完整性约束和其他约束，大多是指特定应用领域中需要遵循的对属性值域的约束条件和业务规则，体现了具体应用领域中的语义约束。关系数据模式的3类完整性约束的规则介绍如下。

（1）实体完整性约束。关系中主码的值不能为空或部分为空。也就是说，主码中的属性（即主属性）不能取空值。例如，关系Student的属性Sno不能为空。

（2）参照完整性约束。如果关系R_2的外码X与关系R_1的主码相对应（基本关系R_1和R_2不一定是不同的关系，它们可以是同一个关系），则外码X的每个值必须在关系R_1的主码的值中找到，或者为空值。例如，关系SC中的属性Sno的每个值都必须可以在关系Student中找到。

（3）用户自定义完整性约束。用户自定义完整性约束是指用户对某一具体数据指定的约束条件进行检验。例如，关系SC中的属性Grade的值必须是大于等于0且小于等于100的整数。

为了维护关系数据库中数据的完整性，在对关系数据库进行插入、删除和更新操作时，需要检验是否满足上述3类完整性约束。

5.2.1 实体完整性

关系模型的实体完整性使用PRIMARY KEY约束定义。PRIMARY KEY约束可以作为表定义的一部分在创建表时定义，也可以在创建表之后添加。如果表已经有PRIMARY KEY约束，则可以对其进行修改或删除。为了实施实体完整性，系统一般会在主属性上自动创建唯一的索引来强制实现唯一性约束。

实体完整性

1. 创建表时创建 PRIMARY KEY 约束

【例5.19】创建学生表Student，并把Sno列定义为主码。

```
CREATE TABLE Student(
    Sno CHAR(7) PRIMARY KEY,
    Sname CHAR(10) NOT NULL,
    Ssex CHAR(2),
    Sage INT,
    Sdept CHAR(20)
);
```

【例5.20】创建选课表SC，并把Sno和Cno列的组合定义为主码。

```
CREATE TABLE SC(
    Sno CHAR(7),
    Cno CHAR(5),
    Grade INT,
    PRIMARY KEY (Sno,Cno)
);
```

2. 在已存在的表上添加 PRIMARY KEY 约束

【例5.21】创建一个学生表Student，使用ALTER TABLE语句修改表，设置Sno列为主码。

```
CREATE TABLE Student(
    Sno CHAR(7) NOT NULL,
    Sname CHAR(10) NOT NULL,
    Ssex CHAR(2),
    Sage INT,
    Sdept CHAR(20)
);
ALTER TABLE Student ADD PRIMARY KEY (Sno);
```

建立实体完整性约束以后，在插入记录或对主码进行更新操作时，DBMS会按照实体完整性约束的规则自动进行检查，具体如下：

（1）检查主码的各个属性是否为空，只要有一个为空就拒绝插入或修改；

（2）检查主码值是否唯一，如果不唯一则拒绝插入或修改。

检查记录中的主码值是否唯一的一种方法是进行全表扫描，很显然这种方法效率较低。为避免对基本表进行全表扫描，DBMS一般都在主码上建立索引，如B+树索引。

5.2.2 参照完整性

参照完整性可以使用FOREIGN KEY和REFERENCES来定义。在CREATE TABLE语句中用FOREIGN KEY关键字定义哪些列为外码，用REFERENCES关键字指明这些外码参照哪些表的主码。

【例5.22】创建选课表SC，把Sno和Cno列的组合定义为主码，并把Sno列定义为外码，它参照的是Student表中的Sno列，再把Cno列定义为外码，它参照的是Course表中的Cno列。

```
CREATE TABLE SC(
    Sno CHAR(7),
    Cno CHAR(5),
    Grade INT,
    PRIMARY KEY (Sno,Cno),
    FOREIGN KEY (Sno) REFERENCES Student(Sno),
    FOREIGN KEY (Cno) REFERENCES Course(Cno)
);
```

定义参照完整性约束以后，用户在操作数据库时，DBMS会进行参照完整性检查。一旦发现不满足参照完整性，就会做出相应处理。具体处理方式包括以下几种。

（1）拒绝执行。这是默认处理方式。

（2）级联操作。比如从Student表中删除学号是“2024001”的记录，则会从SC表中级联删除该学号对应的记录。

（3）设置为空值。比如，有两个关系Stu(Sno, Sname, Sage, Mno)和Major(Mno, Mname)，其中，Sno、Sname、Sage、Mno分别表示学号、姓名、年龄和专业号，Mno和Mname分别表示专业号和专业名。Stu表中的Mno是外码，参照的是Major表中的主码Mno。如果Major表中的某个专业被删除，则Stu表中相应记录的Mno字段应该设置为空值，表示该学生还没有被分配专业。

5.2.3 用户自定义完整性

用户自定义完整性

SQL Server支持3种形式的用户自定义完整性约束，即UNIQUE约束、非空约束和CHECK约束。

【例5.23】创建选课表SC，指定Sno和Cno列非空，指定Grade列的取值范围是0～100。

```
CREATE TABLE SC(
    Sno CHAR(7) NOT NULL,
    Cno CHAR(5) NOT NULL,
    Grade INT CHECK(Grade>=0 AND Grade<=100)
);
```

【例5.24】创建一个表S(Sname, Ssex, Sage)，指定Sname列不能包含重复值。

```
CREATE TABLE S(
    Sname CHAR(7) UNIQUE,
    Ssex CHAR(1),
    Sage INT
);
```

定义用户自定义完整性约束以后，用户在操作数据库时，DBMS会进行完整性检查。一旦发现不满足完整性，就会做出相应处理，一般是拒绝执行。

5.2.4 命名完整性约束

命名完整性约束

与数据库中的表和视图一样，可以对完整性约束进行命名。有了名字以后，就可以很方便地对完整性约束进行修改或删除。命名完整性约束的方法是在各种完整性约束的定义之前加上关键字CONSTRAINT和该约束的名字。

【例5.25】创建选课表SC，指定Grade列的取值范围是0～100，并把Sno和Cno列的组合定义为主码。把Sno列定义为外码，它参照的是Student表中的Sno列，再把Cno列定义为外码，它参照的是Course表中的Cno列。给这些完整性约束指定名字。

```
CREATE TABLE SC(
    Sno CHAR(7),
    Cno CHAR(5),
    Grade INT CONSTRAINT C1 Check(Grade>=0 AND Grade<=100),
    CONSTRAINT PK1 PRIMARY KEY (Sno,Cno),
    CONSTRAINT FK1 FOREIGN KEY (Sno) REFERENCES Student(Sno),
    CONSTRAINT FK2 FOREIGN KEY (Cno) REFERENCES Course(Cno)
);
```

5.2.5 完整性约束综合实例

完整性约束综合实例

建立一个Test数据库，在里面创建Student表、Course表和SC表，不设置任何完整性约束，插入一些数据，具体语句如下：

```
CREATE DATABASE Test;
USE Test;
CREATE TABLE Student(
    Sno CHAR(7) ,
    Sname CHAR(10) ,
    Ssex CHAR(2),
    Sage INT,
    Sdept CHAR(20)
);
CREATE TABLE Course(
    Cno CHAR(5),
    Cname CHAR(20),
    Cpno CHAR(5),
    Ccredit INT
);
CREATE TABLE SC(
    Sno CHAR(7),
    Cno CHAR(5),
    Grade INT
```

```
);
INSERT INTO Student VALUES('2024001','林书凡','男',18,'MA');
INSERT INTO Student VALUES('2024002','李欣然','女',19,'IS');
INSERT INTO Student VALUES('2024003','王武义','男',20,'CS');
INSERT INTO Student VALUES('2024004','苏文甜','女',19,'CS');
INSERT INTO Course VALUES('1','大数据' ,'3',2);
INSERT INTO Course VALUES('2','操作系统','5' ,4);
INSERT INTO Course VALUES('3','数据库' ,'5',4);
INSERT INTO Course VALUES('4','编译原理' ,NULL,4);
INSERT INTO Course VALUES('5','编程语言' ,NULL,2);
INSERT INTO Course VALUES('6','数据挖掘' ,'3',2);
INSERT INTO SC VALUES('2024001','1',97);
INSERT INTO SC VALUES('2024001','2',78);
INSERT INTO SC VALUES('2024001','3',86);
INSERT INTO SC VALUES('2024002','2',85);
INSERT INTO SC VALUES('2024002','3',77);
```

向Student表插入一条新记录“('王二小', 26)”：

```
INSERT INTO Student(Sname, Sage) VALUES ('王二小',26);
```

修改Student表约束，创建CHECK约束，让Sno字段非空：

```
ALTER TABLE Student ADD CHECK (Sno IS NOT NULL);
```

执行上面的语句时，DBMS会报错，因为Student表中已经包含了一条Sno字段为空值的记录，也就是“王二小”这条记录的Sno字段为空值。DBMS不能为已经包含空值的字段添加非空约束。不过，可以使用WITH NOCHECK选项在已经包含空值的字段上添加CHECK类型的非空约束，语句如下：

```
ALTER TABLE Student WITH NOCHECK ADD CHECK (Sno IS NOT NULL);
```

上面这条语句可以成功执行。这时，向Student表中插入一条记录：

```
INSERT INTO Student(Sname, Sage) VALUES ('王四',25);
```

执行该语句时，DBMS会报错，因为违反了Sno字段上已经创建的CHECK类型的非空约束条件。使用以下语句查询Student表上面已经创建了哪些约束：

```
SP_HELPCONSTRAINT Student;
```

在执行结果中可以看到已经创建了一个名称为“CK_Student_Sno_014935CB”的约束，“CK_Student_Sno_014935CB”是DBMS自动为该表创建的约束。使用以下语句删除这个约束：

```
ALTER TABLE Student DROP CONSTRAINT CK_Student_Sno_014935CB;
```

下面为Student表增加一个命名约束：

```
ALTER TABLE Student ADD CONSTRAINT C1 CHECK(Sno IS NOT NULL);
```

执行上面的语句时，DBMS也会报错，因为Student表中已经包含了一条Sno字段为空值的记录“王二小”这条记录的Sno字段为空值。DBMS不能为已经包含空值的字段添加非空约束。不过，可以使用WITH NOCHECK选项在已经包含空值的字段上添加CHECK类型的非空约束，语句如下：

```
ALTER TABLE Student WITH NOCHECK ADD CONSTRAINT C1 CHECK(Sno IS NOT NULL);
```

上面这条语句可以成功执行。执行以下语句查看已经创建好的约束：

```
SP_HELPCONSTRAINT Student;
```

在执行结果中可以看到已经创建了一个名称为C1的约束。这时，向Student表中插入一条记录：

```
INSERT INTO Student(Sname, Sage) VALUES ('王四',25);
```

执行该语句时，DBMS会报错，因为违反了Sno字段上已经创建的CHECK类型的非空约束条件。

现在给SC表设置外码。先执行以下语句把Sno字段设置为SC表的外码：

```
ALTER TABLE SC
ADD CONSTRAINT FK1 FOREIGN KEY (Sno) REFERENCES Student(Sno);
```

执行该语句后，DBMS会报错，错误信息为：被引用Student表中没有与外码FK1中的引用列匹配的主码或候选码。也就是说，Sno字段目前不是Student表的主码，因此不能被SC表引用。为此，必须先把Sno字段设置为Student表的主码，语句如下：

```
ALTER TABLE Student ADD CONSTRAINT PK1 PRIMARY KEY (Sno);
```

执行该语句时，DBMS会报错，错误信息为：无法在Student表中为空值的列上定义PRIMARY KEY 约束。为什么之前已经在Sno字段上创建了CHECK类型的非空约束C1，DBMS还会报错呢？这是因为在SQL Server中，要想把一个字段设置为主码，不能使用CHECK约束来声明非空，而要使用以下形式：

```
ALTER TABLE Student ALTER COLUMN Sno CHAR(7) NOT NULL;
```

执行该语句时会报错，因为之前已经向Student表中插入了一条Sno字段为空值的记录（即“王二小”这条记录），需要先删除该记录，语句如下：

```
DELETE FROM Student WHERE Sno IS NULL;
```

然后，就可以成功执行以下3条语句：

```
ALTER TABLE Student ALTER COLUMN Sno CHAR(7) NOT NULL;
ALTER TABLE Student ADD CONSTRAINT PK1 PRIMARY KEY (Sno);
ALTER TABLE SC
ADD CONSTRAINT FK1 FOREIGN KEY (Sno) REFERENCES Student(Sno);
```

至此，就成功地为SC表创建了参照完整性约束FK1。

下面把Cno字段设置为SC表的外码，语句如下：

```
ALTER TABLE SC
ADD CONSTRAINT FK2 FOREIGN KEY (Cno) REFERENCES Course(Cno);
```

执行该语句后，DBMS会报错，因为Cno字段目前不是Course表的主码，因此不能被SC表引用。为此，必须先把Cno字段设置为Course表的主码，语句如下：

```
ALTER TABLE Course ADD CONSTRAINT PK2 PRIMARY KEY (Cno);
```

执行该语句时，DBMS会报错，因为不能把允许为空值的字段设置为主码，需要执行以下语句添加非空约束：

```
ALTER TABLE Course ALTER COLUMN Cno CHAR(5) NOT NULL;
```

然后，就可以成功执行以下两条语句：

```
ALTER TABLE Course ADD CONSTRAINT PK2 PRIMARY KEY (Cno);
ALTER TABLE SC
ADD CONSTRAINT FK2 FOREIGN KEY (Cno) REFERENCES Course(Cno);
```

使用以下语句查看SC表当前已经创建好的约束：

```
SP_HELPCONSTRAINT SC;
```

可以看到，已经生成了两个约束，即FK1和FK2。

现在删除Student表中学号“2024001”对应的记录，语句如下：

```
DELETE FROM Student WHERE Sno = '2024001';
```

执行该语句时，DBMS会报错，错误信息为：DELETE 语句与 REFERENCES约束FK1冲突。也就是说，由于存在外码约束FK1，DBMS拒绝执行删除操作，如果把Student表中学号“2024001”对应的记录删除了，SC表中学号为“2024001”的选课记录就无法找到对应的学生。

现在把Student表中的学号“2024001”修改为“2024999”，语句如下：

```
UPDATE Student SET Sno = '2024999' WHERE Sno = '2024001';
```

执行该语句时，DBMS会报错，错误信息为：UPDATE 语句与 REFERENCES约束FK1冲突。也就是说，由于存在外码约束FK1，DBMS拒绝执行更新操作，如果把Student表中学号“2024001”对应的记录更新了，SC表中学号为“2024001”的选课记录就无法找到对应的学生。

实际上，可以通过增加相应子句来决定系统如何处理数据不一致的情形，系统有两种处理方式：拒绝执行和级联删除。上面的删除和更新操作实际上是被拒绝执行了。通过SP_HELPCONSTRAINT语句可以查询是哪种约束不一致，语句如下：

```
SP_HELPCONSTRAINT SC;
```

图5-8给出了上面的语句的执行结果，可以看出，“delete_action”和“update_action”字段的值都是“No Action”，这表示在执行删除操作和更新操作时，如果遇到违反外码约束条件的情形，操作会被拒绝执行。

	constraint_type	constraint_name	delete_action	update_action	status_enabled	status_for_replication	constraint_keys
1	FOREIGN KEY	FK1	No Action	No Action	Enabled	Is_For_Replication	Sno
2							REFERENCES test.dbo.Student (Sno)
3	FOREIGN KEY	FK2	No Action	No Action	Enabled	Is_For_Replication	Cno
4							REFERENCES test.dbo.Course (Cno)

图5-8 SP_HELPCONSTRAINT语句执行结果

实际上，当执行更新操作违反外码约束条件时，如果想要执行级联更新，可以通过增加ON UPDATE CASCADE子句来实现：

```
ALTER TABLE SC DROP CONSTRAINT FK1;
ALTER TABLE SC
ADD CONSTRAINT FK1 FOREIGN KEY (Sno) REFERENCES Student(Sno)
ON UPDATE CASCADE;
```

现在把Student表中的学号“2024001”修改为“2024999”，语句如下：

```
UPDATE Student SET Sno = '2024999' WHERE Sno = '2024001';
```

该语句可以成功执行，这时执行以下两条语句：

```
SELECT * FROM Student;
SELECT * FROM SC;
```

可以看到，Student表和SC表中的学号“2024001”都被修改为“2024999”。

同理，当执行删除操作违反外码约束条件时，如果想要执行级联删除，可以通过增加ON DELETE CASCADE子句来实现：

```
ALTER TABLE SC DROP CONSTRAINT FK1;
ALTER TABLE SC
ADD CONSTRAINT FK1 FOREIGN KEY (Sno) REFERENCES Student(Sno)
ON UPDATE CASCADE ON DELETE CASCADE;
```

现在执行删除操作，删除学号“2024999”对应的记录，语句如下：

```
DELETE FROM Student WHERE Sno = '2024999';
```

该语句可以成功执行，这时执行以下两条语句：

```
SELECT * FROM Student;
SELECT * FROM SC;
```

可以看到，Student表和SC表中学号“2024999”对应的记录都被删除了。

5.2.6 触发器

触发器是与表有关的数据库对象，在满足定义条件时触发，并执行触发器中定义的语句集合。触发器是一种特殊类型的存储过程，它由事件触发，而不是由程序调用或手动启动。当数据库有特殊的操作时，这些操作由数据库中的事件来触发，自动执行SQL语句。使用触发器可以保证数据的有效性、一致性和完整性，完成比约束更复杂的数据约束。触发器可以查询其他表，而且可以包含复杂的SQL语句，它们主要用于强制遵循复杂的业务规则或要求。例如，可以根据客户当前的账户状态，控制是否允许插入新订单。触发器也可用于强制引用完整性约束，以便在多个表中添加、更新或删除行时，保留在这些表之间所定义的关系。

1. 触发器的类型

根据SQL语句的不同，触发器可分为DML触发器和DDL触发器。通常说的触发器指的是DML触发器。

DML触发器是数据库服务器发生DML事件时执行的存储过程。当使用INSERT、UPDATE或DELETE语句修改指定表或视图中的数据时，可以使用DML触发器。DML触发器在INSERT、UPDATE和DELETE语句上操作，并且有助于在表或视图中修改数据时强制遵循业务规则，扩展数据完整性。

触发器的类型和工作原理

DDL触发器是在响应DDL事件时执行的存储过程。DDL触发器触发存储过程以响应各种DDL语句，这些语句主要以CREATE、ALTER 和 DROP 开头。DDL触发器可用于管理任务，例如审核和控制数据库操作。DDL触发器将触发存储过程以响应事件。但与DML触发器不同的是，DDL触发器不会为响应针对表或视图的UPDATE、INSERT或DELET语句而触发。相反，DDL触发器将为响应各种DDL事件而触发。这些事件主要与以关键字CREATE、ALTER和DROP开头的Transact-SQL语句对应。执行DDL式操作的系统存储过程也可以触发DDL触发器。DDL触发器的使用场合有：要防止对数据库架构进行某些更改，希望数据库中发生某种情况以响应数据库架构中的更改，要记录数据库架构中的更改或事件。

2. 触发器的工作原理

触发器（默认指DML触发器）执行时，系统内存中会自动生成两张虚拟表，即Inserted和Deleted，触发器执行结束以后这两张表会自动消失。INSERT触发器触发时，会用到Inserted表，在里面存放新增的记录。UPDATE触发器触发时，会同时用到Inserted和Deleted这两张表，系统会把更新后的记录存放到Inserted表中，把更新前的记录存放到Deleted表中。DELETE触发器触发时，会用到Deleted表，在里面存放被删除的记录，如表5-4所示。

表 5-4 虚拟表 Inserted 和 Deleted

	虚拟表Inserted	虚拟表Deleted
新增记录时	存放新增的记录	不存放记录
修改记录时	存放更新后的记录	存放更新前的记录
删除记录时	不存放记录	存放被删除的记录

3. 创建触发器

创建触发器的基本语法格式如下：

```
CREATE TRIGGER <触发器名>
ON <表名>
FOR {INSERT| DELETE|UPDATE}
AS
<触发动作体>
```

【例5.26】在SC表上创建一个INSERT触发器，每次插入学生成绩时，要求学生成绩不低于60分，低于60分时自动修改为60分。

```
CREATE TRIGGER GradeTrigger
ON SC
FOR INSERT
AS
UPDATE SC SET Grade=60 WHERE EXISTS (
   SELECT * FROM INSERTED
   WHERE Inserted.Sno = SC.Sno AND Inserted.Cno = SC.Cno AND Inserted.
Grade < 60);
```

上述语句执行成功以后，可以使用以下语句查看INSERT触发器是否创建成功：

```
SP_HELPTRIGGER SC;
```

这时，可以执行以下语句向SC表中插入一条新记录：

```
INSERT INTO SC VALUES ('2024003', '2', 59);
```

执行该语句时，SC表上的INSERT触发器会被触发，这时使用SELECT * FROM SC语句查询SC表，可以发现59分被自动修改为了60分。

可以使用DROP TRIGGER语句删除触发器，基本语法格式如下：

```
DROP TRIGGER <触发器名>;
```

【例5.27】删除触发器GradeTrigger。

```
DROP TRIGGER GradeTrigger;
```

【例5.28】在SC表上创建一个INSERT触发器，每次插入学生成绩时，要求CS系的学生成绩不低于60分，低于60分时自动修改为60分。

```
CREATE TRIGGER GradeTriggerCS
ON SC
FOR INSERT
AS
UPDATE SC SET Grade = 60 WHERE EXISTS
   (SELECT * FROM Student
   WHERE Sdept = 'CS' AND Student.Sno = SC.Sno
   ) AND EXISTS(
   SELECT * FROM Inserted
    WHERE Inserted.Sno = SC.Sno AND Inserted.Cno = SC.Cno AND Inserted.
Grade<60);
```

执行上述语句之前要删除之前已经创建的触发器GradeTrigger。创建好触发器Grade Trigger CS以后，可以使用以下语句测试效果：

```
INSERT INTO SC VALUES ('2024002', '4', 59);
INSERT INTO SC VALUES ('2024004', '4', 58);
```

执行这两条语句以后，查询SC表的记录可以发现，学号为“2024002”的学生的成绩依然是59分，没有发生变化，因为该学生不是CS系学生；而学号为“2024004”的学生的成绩自动被修改为了60分，因为该学生是CS系学生。

实际上，创建触发器Grade Trigger CS的语句不止一种，也可以写成以下语句：

```
CREATE TRIGGER GradeTriggerCS
ON SC
FOR INSERT
AS
UPDATE SC SET Grade = 60 WHERE EXISTS
   (SELECT * FROM Inserted WHERE Inserted.Sno = SC.Sno
   AND Inserted.Sno = SC.Sno AND Inserted.Grade < 60
   ) AND SC.Sno IN (SELECT Sno FROM Student WHERE Student.Sdept = 'CS');
```

【例5.29】数学是必修课，所有学生都必须选，学生退学则将成绩置为0。

首先设置一个触发器，每当学生入学时就增加一条数学课程的选课记录：

```
CREATE TRIGGER MathCourseAdd
ON Student
FOR INSERT
AS
INSERT INTO SC(Sno, Cno)
SELECT Sno, '2' FROM Inserted;
```

然后再设置一个触发器，每当学生退学时就把他的数学课程的成绩置为0。

```
CREATE TRIGGER MathCourseDelete
ON Student
FOR DELETE
AS
UPDATE SC SET Grade = 0
WHERE Cno = '2' AND Sno IN (SELECT Sno FROM Deleted);
```

【例5.30】创建触发器，更新Student表中的学号时，也同时更新SC表中的学号。

```
CREATE TRIGGER T1
ON Student
FOR UPDATE
AS
IF UPDATE(Sno)
BEGIN
UPDATE SC SET SC.Sno = i.Sno
FROM SC, Inserted i, Deleted d
WHERE SC.Sno = d.Sno
END
```

【例5.31】创建一个触发器，删除Student表中的某条记录时，也同时删除SC表中相应的记录。

```
CREATE TRIGGER T2
ON Student
FOR DELETE
AS
DELETE SC FROM SC, Deleted d
WHERE SC.Sno = d.Sno
```

5.3 并发控制

数据库中的数据是共享的资源，因此，数据库系统通常是多用户系统，即支持多个不同程序或同一程序的多个独立执行同时（或称并发）存取数据库中相同的数据。当多个用户同时操作相同的数据时，如果不采取任何措施，则会出现数据异常现象。

因此，DBMS必须对这种并发操作提供一定的控制，以防止它们彼此干扰，从而保证数据库的正确性、一致性不被破坏。这种机制被称为“并发控制”。其中，事务就是为了保证数据的一致性而产生的一个概念和基本手段。

5.3.1 事务的概念

事务（Transaction）是并发控制的基本单位。事务是指一个操作序列，这些操作要么都执行，要么都不执行。事务是一个不可分割的工作单位。例如，在银行转账场景中，从一个账号扣款并使另一个账号增款，这两个操作要么都执行，要么都不执行。

数据库事务具有4个基本特性。

（1）原子性（Atomicity）。原子性是指事务包含的所有操作要么全部成功，要么全部失败回滚。事务的操作如果成功，就必须完全应用到数据库；如果操作失败，则不能对数据库有任何影响。

事务的概念

（2）一致性（Consistency）。一致性是指事务必须使数据库从一个一致性状态变换到另一个一致性状态，也就是说事务执行之前和执行之后都必须处于一致性状态。以银行转账来说，假设用户A和用户B的钱加起来一共是5000元，那么不管用户A和用户B之间如何转账、转几次账，事务结束后两个用户的钱加起来还是5000元，这就是事务的一致性。

（3）隔离性（Isolation）。隔离性是指当多个用户并发访问数据库时，比如操作同一张表时，数据库为每一个用户开启的事务不能被其他事务的操作所干扰，多个并发事务之间要相互隔离。要达到这样一种效果：对于任意两个并发的事务T1和T2，在事务T1看来，T2要么在T1开始之前就已经结束，要么在T1结束之后才开始，这样每个事务都感觉不到有其他事务在并发地执行。

（4）持久性（Durability）。持久性是指事务一旦被提交，对数据库中的数据的改变就是永久性的，即便是在数据库系统遇到故障的情况下也不会丢失提交事务的操作。

5.3.2 并发操作问题

数据库是一个共享的数据资源。为了提高使用效率，数据库基本上都是多用户的，即允许多个用户并发地访问数据库中的数据。在飞机订票数据库系统、银行储蓄数据库系统等系统中，同一时刻并行运行的事务可能有数百个。如果对这种并发访问不加以控制，就会破坏数据的一致性，出现丢失修改、脏读和不可重复读等问题，如表5-5所示。

并发操作问题

表 5-5 并发访问带来的数据不一致问题

丢失修改		脏读		不可重复读	
T_1	T_2	T_1	T_2	T_1	T_2
读A=16		读A=16 做A=A-4 写回A=12		读A=16	
	读A=16		读A=12		读A=16 做A=A-2 写回A=14
做A=A-3 写回A=13		撤销		读A=14	
	做A=A-1 写回A=15 （数据库中最后为15）	（A恢复为16）	（A为12，与数据库中的16不相同）		

1. 丢失修改

两个事务T_1和T_2读入同一个数据并修改，T_2提交的修改结果覆盖了T_1提交的修改结果，导致T_1的修改结果丢失。例如，考虑飞机订票数据库系统中的一个操作序列。

（1）甲售票点（T_1事务）读出某航班的机票余量A，此时为16张。

（2）乙售票点（T_2事务）读出同一航班的机票余量A，此时也为16张。

（3）甲售票点卖出3张机票，将机票余量A修改成13张，写回数据库。

（4）乙售票点卖出1张机票，将机票余量A修改成15张，写回数据库。

实际上甲、乙两个售票点共卖出4张机票，可数据库中最后显示仅卖出了1张机票。显然，这是并发访问所造成的。在上面这种操作序列下，第（4）步中乙售票点的修改结果覆盖了第（3）步中甲售票点的修改结果，所以出现了错误。这就是著名的并发访问中的飞机订票问题。

2. 脏读

事务T_1更改某一数据，并写入数据库，事务T_2读取同一数据，但事务T_1由于某种原因被撤销，此时T_1更改过的数据恢复，使T_2读取到的数据与数据库中的数据不相同，只是操作过程中的一个过渡性的、不再需要的、“脏”的数据。

例如，考虑飞机订票数据库系统中的一个操作序列。

（1）甲售票点（T_1事务）读出某航班的机票余量A，此时为16张。然后，卖出4张机票，将机票余量A修改成12张，写回数据库。

（2）乙售票点（T_2事务）读出同一航班的机票余量A，此时为12张。

（3）甲售票点（T_1事务）有用户退票，用户退了4张机票，因此撤销之前的数据库操作，机票余量A又恢复为16张。这就导致乙售票点读取到的机票余量A的值12与数据库中的目前值16不一致，这就是脏读问题。

3. 不可重复读

事务T_1读取数据后，事务T_2执行更改操作，使T_1无法再现前一次读取的结果。不可重复读包括以下几种情况。

（1）事务T_1读取某一数据之后，事务T_2对其进行更改，使T_1再次读取该数据时，读取的结果与上次不同。

（2）事务T_1按一定条件读取某些数据记录之后，事务T_2删除了其中的部分数据记录，使T_1按相同的条件再次读取这些数据记录时，发现某些数据记录不在了。

（3）事务T_1按一定条件读取某些数据记录之后，事务T_2插入了一些数据记录，使T_1按相同的条件再次读取这些数据记录时，发现增加了某些数据记录。

后两种关于数据记录的不可重复读现象也被称为“幻像读”现象。

5.3.3 封锁

封锁是并发控制的重要手段。封锁可以使事务对它要操作的数据有一定的控制能力。封锁有3个环节：首先是申请加锁，事务在操作前要对它将使用的数据提出加锁请求；然后是获得锁，当条件满足时，系统允许事务对数据加锁，从而使事务获得数据的控制权；最后是释放锁，完成操作后事务放弃对数据的控制权。为了达到封锁的目的，在使用时事务应选择合适的锁，并遵从一定的封锁协议。

1．锁的类型

常见的锁有共享锁（读锁，或称S锁）和排他锁（写锁，或称X锁）。

（1）共享锁。加了共享锁，其他会话就不能加排他锁，除非共享锁移除或释放。读的时候要加上共享锁。注意，共享锁的特点是不一定要显式释放，会话A加了共享锁，会话B也可以加共享锁，那么共享锁就转移到了会话B，相当于会话A的共享锁已经释放。

锁的类型、封锁的工作原理和封锁粒度

（2）排他锁。加上排他锁，其他会话不能再加排他锁，除非显式释放。排他锁在修改记录的时候使用，所以也叫写锁。

2．封锁的工作原理

封锁的工作原理如下。

（1）若事务T对数据D加了排他锁，则所有别的事务对数据D提出的加锁请求都必须等待，直到事务T释放锁。

（2）若事务T对数据D加了共享锁，则别的事务还可以对数据D提出加共享锁请求，而对数据D提出的加排他锁请求必须等待，直到事务T释放锁。

（3）事务执行数据库操作时，都要先请求加相应的锁，即对读操作请求加共享锁，对更新（插入、删除、修改）操作请求加排他锁。这个过程一般是由DBMS在执行操作时自动隐式进行的。

（4）事务一直占有获得的锁，直到结束时释放。

因此，利用封锁机制可以解决并发操作所带来的3种不一致问题。

3．封锁粒度

共享锁和排他锁都是加在某一个数据对象上的。封锁的对象可以是逻辑单元，也可以是物理单元。例如，在关系数据库中，封锁对象可以是属性值、属性值集合、元组、关系、索引项、整个索引、整个数据库等逻辑单元，也可以是页（数据页或索引页）、块等物理单元。封锁对象可以很大，如对整个数据库加锁；封锁对象也可以很小，如只对某个属性值加锁。封锁对象的大小称为封锁粒度。

封锁粒度与系统的并发度、并发控制的开销密切相关。封锁粒度越大，数据库所能够封锁的数据单元就越少，并发度就越低，系统开销就越小；封锁粒度越小，并发度就越高，系统开销就越大。

因此，一个系统中同时存在不同大小的封锁单元供不同的事务选择使用是比较理想的。选择封锁粒度时必须考虑封锁结构和并发度两个因素，对系统开销和并发度进行权衡，以求得最优的结果。一般来说，需要处理多个关系的大量元组的用户事务可以以数据库为封锁单元，需要处理大量元组的用户事务可以以关系为封锁单元，只处理少量元组的用户事务可以以元组为封锁单元。

4．封锁协议

在运用共享锁和排他锁对数据对象加锁时，还需要约定一些规则，例如何时申请、持锁时间、何时释放等，这些规则称为封锁协议。对封锁方式约定不同的规则，就形成了各种不同的封锁协议。这里介绍三级封锁协议，它在不同程度上解决了丢失修改、脏读和不可重复读等不一致问题，为并发操作的正确调度提供了一定的保证。3种封锁协议具体如下。

（1）一级封锁协议。事务T在修改数据D之前必须先对其加排他锁，直到事务结束才释放排他锁。事务结束包括正常结束（COMMIT）和非正常结束（ROLLBACK）。一级封锁协议可防止丢失修改，并保证事务T是可恢复的。在一级封锁协议中，如果仅读数据而不对其进行修改，是不需要加锁的，所以它不能保证不读脏数据和可重复读。

封锁协议

例如，表5-6中使用一级封锁协议解决了表5-5中的丢失修改问题。在表5-6中，事务T_1在读A并进行修改之前先对A加排他锁，T_2请求对A加排他锁时被拒绝，T_2只能等到T_1释放A上的锁后对A加排他锁，这时它读到的A已经是T_1更新过的值13，再按此新的A值进行运算，并将结果A=12写回物理数据库，这样就避免了丢失修改问题。

表 5-6　一级封锁协议解决丢失修改问题

T_1	T_2
Xlock(A)	
获得排他锁	
读A=16	
	Xlock(A)
A=A−3 写回A=13	等待
Commit	等待
Unlock(A)	等待
	获得排他锁
	读A=13
	A=A−1 写回A=12
	Commit
	Unlock(A)

（2）二级封锁协议。事务T在修改数据D之前必须先对其加排他锁，直到事务结束才释放排他锁。事务T在读取数据D之前必须先对其加共享锁，读完后即可释放共享锁。二级封锁协议除了能够防止丢失修改外，还可进一步防止脏读。

例如，表5-7中使用二级封锁协议解决了表5-5中的脏读问题。在表5-7中，事务T_1在对A进行修改之前，对A加了排他锁，修改其值后写回物理数据库。这时，T_2申请在A上加共享锁，因为T_1已经在A上加了排他锁，T_2只能等待。T_1因某种原因撤销了修改操作，A恢复为原值16。T_1释放A上的排他锁后，T_2对A加上共享锁，读取A的值为16，这就避免了脏读问题。

表 5-7　二级封锁协议解决脏读问题

T_1	T_2
Xlock(A)	
获得排他锁	
读A=16 做A=A−4 写回A=12	

续表

T_1	T_2
	Slock(A)
	等待
撤销，恢复为A=16	等待
Unlock(A)	等待
	获得共享锁
	读A=16
	Commit
	Unlock(A)

（3）三级封锁协议。事务T在修改数据D之前必须先对其加排他锁，直到事务结束才释放排他锁。事务T在读取数据D之前必须先对其加共享锁，直到事务结束才释放共享锁。三级封锁协议除了能够防止丢失修改和脏读外，还可进一步防止不可重复读。

例如，表5-8中使用三级封锁协议解决了表5-5中的不可重复读问题。表5-8中，事务T_1在读A之前，对A加共享锁。这样，其他事务只能对A加共享锁，而不能加排他锁，即其他事务只能读A，不能修改A。所以，T_2为修改A而申请对A加排他锁时被拒绝，只能等待T_1释放A上的共享锁。T_1再次读取A值时，A值仍然是16，即可重复读。T_1结束后才释放A上的共享锁，这时T_2才可对A加排他锁，然后读取A值，把A值减去2，再把A的新值14写回数据库。最后事务T_2结束，释放A上的排他锁。

表 5-8　三级封锁协议解决不可重复读问题

T_1	T_2
Slock(A)	
获得共享锁	Xlock(A)
读A=16	等待
	等待
读A=16	等待
Commit	等待
Unlock(A)	等待
	获得排他锁
	读A=16 做A=A-2 写回A=14
	Commit
	Unlock(A)

上述三级封锁协议的主要区别在于什么操作需要申请何种锁及何时释放锁。不同级别的封锁协议如表5-9所示。

表 5-9　不同级别的封锁协议

	排他锁		共享锁		一致性保证		
	操作结束释放	事务结束释放	操作结束释放	事务结束释放	不丢失修改	不读脏数据	可重复读
一级封锁协议		√			√		
二级封锁协议		√	√		√	√	
三级封锁协议		√		√	√	√	√

5. 活锁和死锁

活锁和死锁

封锁带来的一个重要问题是可能出现“活锁”和“死锁”现象。在并发事务的处理过程中，由于锁会使一事务处于等待状态而调度其他事务处理，因此该事务可能会因优先级低而永远等待下去，这种现象称为“活锁”。活锁问题的解决与调度算法有关，一种简单的办法是“先来先服务”。

两个以上事务循环等待被同组中另一事务锁住数据单元的现象称为“死锁”。在任何一个多任务程序设计系统中，死锁总是潜在的。所以，在多任务程序设计系统环境下的DBMS需要提供死锁处理技术与方法。目前，处理死锁的方法可归结为以下4种。

（1）预防死锁。这是一种较为简单和直观的事先预防的方法。该方法是通过设置某些限制条件来破坏产生死锁的必要条件，从而预防死锁的产生。预防死锁是一种较易实现的方法，已被广泛使用。但由于所施加的限制条件往往很严格，因此可能导致系统资源利用率降低和系统吞吐量减少。

（2）避免死锁。该方法同样属于事先预防策略，但它并不需要事先设置各种限制条件去破坏产生死锁的必要条件，而是在资源的动态分配过程中，用某种方法去防止系统进入不安全状态，从而避免产生死锁。这种方法只需事先施加较弱的限制条件，便可获得较高的资源利用率及较大的系统吞吐量，但在实现上有一定的难度。目前，较完善的系统常用此方法来避免产生死锁。

（3）检测死锁。这种方法并不需要事先设置任何限制条件，也不必检查系统是否已经进入不安全状态，而是允许系统在运行过程中产生死锁。但可通过系统所设置的检测机制，及时地检测出死锁的产生，并精确地确定与死锁有关的事务，然后采取适当措施从系统中将已产生的死锁清除掉。

（4）解除死锁。这是与检测死锁相配套的一种措施。当检测到系统中已经产生死锁时，将事务从死锁状态中解脱出来。常用的方法是撤销或挂起一些事务，以便回收一些资源，再将这些资源分配给已经处于阻塞状态的事务，使之转为就绪状态，以继续运行。死锁的检测和解除措施有可能使系统获得较高的资源利用率和较大的吞吐量，但是在实现上难度最大。

预防死锁和避免死锁这两种方法实质上都是通过施加某些限制条件来预防死锁的产生。两者的主要差别在于：为预防死锁所施加的限制条件比较严格，这往往会影响事务的并发执行；而为避免死锁所加的限制条件比较宽松，这给事务的运行提供了较宽松的环境，有利于事务的并发执行。

6. 两段锁协议

两段锁协议是指事务必须分成两个阶段对数据进行加锁和解锁，在释放一个锁以后，事务不再申请获得其他锁。在两段锁协议中，第一段是获得锁，该阶段也称扩展阶段，事务可以获得任何数据项上任何类型的锁，但是不能释放锁；第二段是释放锁，该阶段也称收缩阶段，事务可以释放任何数据项上任何类型的锁，但是不能获得锁。

采用两段锁协议也有可能产生死锁，这是因为每个事务都不能及时解除被封锁的数据，可能会导致多个事务都要求对方解除被封锁的数据而不能继续运行。

可串行化是一种调度策略，是多个事务之间的执行方式。多个事务的并发执行是正确的，当且仅当其结果与按某一次序串行地执行这些事务的结果相同时，这种调度策略是可串行化调度。可串行化是并发事务正确调度的准则。一个给定的并发调度，当且仅当它是可串行化的时，才是正确的。如果事务遵循两段锁协议，那么它的并发调度是可串行化的。两段锁是可串行化的充分条件，但不是必要条件。即遵循两段锁协议，一定是可串行化的；不遵循两段锁协议，可能是可串行化的，也可能不是。

5.4 恢复机制

尽管数据库系统中采取了各种保护措施来保证数据库的安全性和完整性不被破坏，保证并发事务能够正确执行，但是，计算机系统中硬件的故障、软件的错误、操作员的失误及恶意的破坏仍然是难以避免的，这些故障轻则造成运行事务非正常中断，影响数据库中数据的正确性，重则破坏数据库，使数据库中部分或全部数据丢失。因此，DBMS必须具有把数据库从错误状态恢复到某一已知的正确状态的能力，即数据库的恢复功能。数据库系统采用的恢复技术是否有效，不仅对系统的可靠程度有决定性影响，而且对系统的运行效率也有很大影响，它是衡量系统性能优劣的重要指标。

5.4.1 故障的种类

数据库系统中的故障主要包括以下几类。

（1）事务故障。事务故障是由程序执行错误而引起事务非预期、异常终止的故障。它发生在单个事务的局部范围内，实际上就是程序的故障。有的事务故障可以通过事务程序本身发现。事务故障意味着事务没有达到预期的终点（COMMIT或者显示ROLLBACK），因此数据库可能处于不正确状态。恢复程序要在不影响其他事务运行的情况下，强行回滚该事务，即撤销该事务已经做出的任何对数据库的修改。这类恢复操作称为事务撤销（Undo）。

（2）系统故障。系统故障是指某种原因造成正常运行的系统突然停止，致使所有正在运行的事务都以非正常方式终止。发生系统故障时，内存中数据库缓冲区的数据全部丢失，但存储在外部存储设备上的数据不受影响。

（3）介质故障。介质故障是指硬件故障致使存储在外存中的数据部分丢失或全部丢失。介质故障发生的可能性比前两类故障小得多，但破坏性最大。

（4）计算机病毒。计算机病毒是蓄意设计的一种软件程序，它旨在干扰计算机操作，记录、毁坏或删除数据，或者自行传播到其他计算机和整个互联网。计算机病毒通常会减慢DBMS任务的执行速度并在处理过程中造成其他问题。

（5）用户操作错误。在某些情况下，用户的一些错误操作也可能导致数据库录入错误的数据，或不小心删除一些重要的数据。

5.4.2 数据恢复的实现技术

恢复机制涉及两个关键问题，一是如何备份数据，二是如何利用这些备份数据实施数据库恢复。备份数据最常用的技术是数据转存和登记日志文件。

1. 数据转存

数据备份常用的技术是数据转存。数据转存主要包括以下几种类型。

（1）静态海量存储：在系统没有执行事务时进行，每次转存数据库的全部数据。

（2）静态增量存储：在系统没有执行事务时进行，每次转存上次转存后更新的数据。

（3）动态海量存储：转存期间允许数据库进行存取或修改操作，每次转存数据库的全部数据。

（4）动态增量存储：转存期间允许数据库进行存取或修改操作，每次转存上次转存后更新的数据。

2. 登记日志文件

这里的日志文件指的是记录事务日志的文件。对于任何一个事务，日志都有非常全面的记录，根据这些记录可以将数据文件恢复成事务前的状态。从事务动作开始，事务日志就处于记录状态，事务执行过程中对数据库的任何操作都会被记录在内，直到用户提交或回滚后才结束记录。DBMS的原则是先写日志再修改数据，数据库如果中途出故障，重启或恢复时，可以根据日志文件结合检查点，按需要重做，以保持数据的一致性。不同数据库的机制不同，按照不同日志文件分类，有的日志文件会循环使用，有的日志文件会越来越大。

3. 数据库恢复策略

将数据库从错误状态恢复到某一个已知的正确状态的过程称为数据库的恢复。数据库恢复的思想就是冗余，而建立冗余的方法有数据转存和登记日志文件等。不同类型的故障采用的恢复策略不同。

（1）事务故障恢复

事务故障恢复由系统自动完成，无须数据库管理员参与。具体方法是：反向扫描日志文件，对事务的更新操作执行逆操作，直到读取事务开始标记。这里的事务故障恢复是指不重启数据库的情况。

（2）系统故障恢复

系统故障恢复在系统重启时完成，同样不需要用户干预。步骤如下：

① 正向扫描日志文件，找出故障发生前已经提交的事务，记入重做（Redo）队列；同时找出故障发生前尚未完成的事务，记入撤销（Undo）队列；

② 反向扫描日志文件，对撤销队列中的事务的更新操作执行逆操作；

③ 正向扫描日志文件，对重做队列中的事务的更新操作执行重做操作。

（3）介质故障与病毒破坏的恢复

介质故障与病毒破坏的恢复步骤如下：

① 载入最后的备份文件，将数据库恢复到最近一次备份时的状态；

② 从故障点开始反向扫描日志文件，找出已提交的事务，并记入重做队列；

③ 从起始点（即最后备份时刻）开始正向扫描日志文件，将重做队列的事务重做。

（4）**有检查点的恢复**

有检查点的恢复的具体步骤如下：

① 找出建立检查点时所有正在执行的事务；

② 未提交的事务做撤销处理；

③ 已提交的事务重做。

检查点类似于里程碑。建立检查点的时候，DBMS会将内存中的数据持久化到磁盘里。通常，为了提高性能，DBMS会先修改内存里的数据，积攒到一定量再写入磁盘；而日志则是事务提交时就马上写入磁盘。建立检查点的好处是，故障恢复的时候不用读太多的日志文件，做大量的重做操作。

5.5 本章小结

本章详细介绍了数据库安全性、完整性、并发控制和恢复机制的相关知识。数据库安全性控制可以防止未经授权的用户存取数据库中的数据，避免数据泄露、被更改和被破坏。数据库完整性控制可以保证数据库中数据及语义的正确性和有效性，防止给数据库带来错误操作。数据库的并发控制可以保证多个用户同时使用数据库时，不会影响数据库的数据一致性。数据库的恢复机制可以保证数据库在遭到破坏或遇到数据不正确时，系统有能力把数据库恢复到正确的状态。

5.6 习题

1. 试述数据库系统所采用的安全技术主要包括哪几类。
2. 试述在用户标识和鉴别方面数据库常用的认证方式有哪几种。
3. 试述自主存取控制是如何实现的。
4. 试述强制存取控制是如何实现的。
5. 试述视图机制的功能。
6. 试述对数据进行加密主要有哪几种方式。
7. 试述统计数据库主要有哪几种安全问题。
8. 试述SQL Server的安全体系结构分为哪几个等级。
9. 试述SQL Server有哪两种安全认证模式。
10. 试述关系数据模型的3类完整性约束的规则的具体含义。
11. 试述触发器包含哪两种类型。
12. 试述事务的概念。
13. 试述事务的并发操作可能引发哪些问题。
14. 试述锁的类型有哪几种。
15. 试述封锁的工作原理。
16. 试述什么是三级封锁协议。
17. 试述死锁的解决方法。
18. 试述什么是两段锁协议。

19. 试述数据库的故障有哪些种类。

20. 试述数据恢复的实现技术有哪几种。

21. 某酒店管理系统数据库包含以下6个关系：

客房表Room(Rno, Rtype, Rarea)的属性包括客房编号、客房类型、客房大小；

客房数量表Rest(Rtype, Rnum, Rprice)的属性包括客房类型、剩余客房数量、客房价格；

顾客表Customer (Cno, Cname, Cgender, Cage, Ctel)的属性包括顾客编号、顾客姓名、顾客性别、顾客年龄、顾客电话；

员工表Staff(Sno, Sname, Sgender, Sjob)的属性包括员工编号、员工姓名、员工性别、员工职务；

入住表Checkin(Cno, startTime, endTime, Rno)的属性包括顾客编号、入住时间、离开时间、客房编号；

打扫表Clean(Sno, cleanTime, Rno)的属性包括员工编号、打扫时间、客房编号。

请完成以下任务。

（1）该酒店有“大堂经理”“后勤经理”两名管理人员（假设数据库中已经存在用这两个名称作为用户名的用户），用SQL语句设计一个授权策略，保证“大堂经理”能够查看酒店客房的入住信息（包括顾客编号、顾客姓名、顾客电话、入住时间、离开时间、客房编号、客房类型），“后勤经理”能够查看2024年6月1日（含）后的员工打扫客房的信息（包括员工编号、客房编号、客房类型、打扫时间）。

（2）分别为Checkin表和Clean表建立触发器，当向Checkin表插入一条入住记录时，Rest表中相应类型客房的剩余数量应该减1；当向Clean表插入一条打扫记录时，Rest表中相应类型客房的剩余数量应该加1。

22. 某食品销售网店数据库包含以下6个关系：

食品表F (Fno, Fname, Fprice, Fdate, Fquality)，属性分别表示食品编号、食品名称、食品单价、生产日期、保质期；

顾客表C (Cno, Cname, Csex, Cage)，属性分别表示顾客编号、顾客名称、顾客性别、顾客年龄；

销售表S(Sno,Fno, Cno, Scount, Ssum, Sdate)，属性分别表示销售流水号、食品编号、顾客编号、销售数量、销售金额、销售日期；

供货商表SP (SPno, SPname, SPaddress)，属性分别表示供货商编号、供货商名称、供货商地址；

供货关系表SF(Fno,SPno,SFdate,SFnum,SFprice)，属性分别表示食品编号、供货商编号、采购日期、采购数量、采购价格（备注：本表表示已经发生的采购记录，编号相同的食品的供货商是唯一的）；

计划进货表P(Fno, SPno, Pnum,Pprice)，属性分别表示食品编号、供货商编号、进货数量、进货价格。

请完成以下任务。

（1）该网店有“客服经理”“销售经理”两名管理人员（假设数据库中已经存在用这两个名称作为用户名的用户），用SQL语句设计一个授权策略，保证“客服经理”能够查看过期食品的编号、名称、单价、过期天数、总的销售量和供货商编号，“销售经理”能够查看未过期食品的编号、名称、单价、保质期剩余天数、总的销售量和供货商编号（备注：DATEDIFF('2024-05-31','2024-05-30')表示计算两个日期的差值，结果是1）。

（2）创建insert_spprice触发器，当向计划进货表P中插入一条记录时，如果食品名称是“蛋糕”且进货数量小于30，则自动将进货数量设置为30，并在real_spprice表中增加一条相应的记录，记录未修改过数量的计划进货信息（假设real_spprice表已存在）。

23. 某电商平台的服装网店数据库包含以下6个关系：

服装表G(Gno,Gname,Gsize,Gcolor,Gprice,Gmaterial)，属性分别表示服装编号、服装名称、服装尺寸、服装颜色、服装单价、服装材质；

顾客表C(Cno,Cname,Csex,Cage,Cphone,Caddress)，属性分别表示顾客编号、顾客姓名、顾客性别、顾客年龄、顾客电话、顾客地址；

订单表O(Ono,Gno,Cno,Ocount,Osum,Odate)，属性分别表示订单号、服装编号、顾客编号、销售数量、销售金额、下单日期；

退货表B(Bno,Ono,Gno,Cno,Bcount,Bsum,Bdate)，属性分别表示退货单号、订单号、服装编号、顾客编号、退货数量、退货金额、退货日期；

仓库表W (Wno,Wname,Waddress)，属性分别表示仓库编号、仓库名称、仓库地址；

库存表GW(Gno,Wno,num,Ttime），属性分别表示服装编号、仓库编号、库存量、清点日期。

请完成以下任务。

（1）该网店有“销售客服”“售后客服”两名管理人员（假设数据库中已经存在用这两个名称作为用户名的用户），用SQL语句设计一个授权策略，保证“销售客服”能够查看服装销售信息（包括服装编号、服装名称、服装颜色、销售总量、销售总金额）和2024年第一季度的订单信息（订单表），“售后客服”能够查看服装信息（包括服装编号、服装名称、退货总量、退货总金额）和2024年第一季度的退货信息（退货表）。

（2）在服装表G中增加一列GBnum（退货总量），创建insert_back触发器，当向退货表B中插入一条退货记录时，库存表GW中相应服装的库存数量增加相应的退货数量，服装表G中相应服装的退货总量加上相应的退货数量。

实验3　数据库的安全性和完整性的实践

一、实验目的

（1）熟悉用户标识的使用方法与鉴别的方法。

（2）掌握自主存取控制的使用方法。

（3）掌握触发器的使用方法。

二、实验平台

（1）操作系统：Windows。

（2）DBMS：SQL Server 2022 Express Edition。

三、实验任务

1. 用户标识与鉴别

（1）在SSMS中，设置SQL Server的登录安全认证模式。

（2）在SSMS中建立一个名为“张三”的登录用户和同样名为“张三”的School数据库用户。

（3）在SSMS中删除“张三”这个用户。

2. 自主存取控制

（1）在SSMS中建立一个名为“张三”的登录用户和同样名为“张三”的School数据库用户。

（2）验证“张三”这个用户是否具有对学生表的SELECT权限。

（3）将School数据库的操作权限授予数据库用户“张三”。

3. 视图机制在自主存取控制上的应用

（1）在数据库School上创建用户“张三”。

（2）新建查询，用管理员身份登录数据库。在Choice表上创建视图ch_view，并显示其内容。

（3）在视图ch_view上授予用户“张三”INSERT权限。

（4）将视图ch_view上score列的权限授予用户“张三”。

（5）将视图ch_view的所有权限授予用户“张三”。

（6）以用户“张三”登录查询分析器，对视图ch_view进行查询操作。

（7）以用户“张三”登录查询分析器，对Choice表中no字段为“23001”的学生的成绩进行修改，改为90分。

（8）回收用户“张三”对视图ch_view的查询权限。

4. 实体完整性

（1）在数据库School中建立表Stu_Union，设置主键约束，在没有违反实体完整性约束条件的前提下插入并更新一条记录。

（2）请给出一个实例演示违反实体完整性约束条件的插入操作。

（3）请给出一个实例演示违反实体完整性约束条件的更新操作。

（4）首先建立Scholarship表，插入一些数据，然后演示无法建立实体完整性约束以及参照完整性约束的情形。

5. 参照完整性

（1）建立表Course，令cno列为主键，并在Stu_Union表中插入数据。为下面的实验步骤做准备。

（2）建立表SC，令sno和cno列分别为参照Stu_Union表和Course表的外键，设定为级联删除，并令sno和cno列的组合为其主键。在不违反参照完整性约束条件的前提下，插入数据。

（3）演示违反参照完整性约束条件的插入操作。

（4）在Stu_Union表中删除数据，演示级联删除。

（5）在Course表中删除数据，演示级联删除。

（6）为了演示多重级联删除，建立Stu_Card表，令stu_id列为参照Stu_Union表的外键，令card_id列为其主键，并插入数据。

（7）为了演示多重级联删除，建立ICBC_Card表，令stu_card_id列为参照Stu_Card表的外键，令bank_id列为其主键，并插入数据。

（8）通过删除Student表中的一条记录，演示3个表的多重级联删除。

（9）演示参照问题及其解决方法。建立教师授课和课程指定教师听课关系的两张表，规定一个教师可以教授多门课，但是只能去听一门课。为两张表建立相互之间的参照关系，暂时不考虑听课教师和授课教师是否相同。

6．触发器的应用

（1）在表SC中演示触发器的INSERT操作，当学生成绩低于60分时，将成绩改为60分，并在事先创建的记录表中插入一条学生成绩低于60分的记录（提示：另外创建一个表记录成绩低于60分的学生的真实记录）。

（2）在表Stu_Union中创建行级触发器，触发事件是UPDATE。当更新表Stu_Union的Sid列时，同时更新表SC中的选课记录（提示：这个触发器实际上相当于具有CASCADE参数的外键引用）。

（3）在表Stu_Union中删除一个学生的学号（演示触发器的DELETE操作），使它在表SC中的相关信息同时被删除。

（4）演示触发器的删除操作。

四、实验报告

《数据库系统原理》实验报告

题目		姓名		日期	

实验环境：

实验任务与完成情况：

出现的问题：

解决方案（列出遇到的问题和其解决办法，列出没有解决的问题）：

第6章 关系数据库的规范化理论

关系数据库的规范化理论是关系数据库设计的理论依据。规范化理论研究的是关系模式中各属性之间的依赖关系及其对关系模式性能的影响，探讨“好”的关系模式应该具备的性质，以及达到“好”的关系模式的设计算法。规范化理论提供了判断关系模式优劣的理论标准，能够帮助数据库设计人员预测可能出现的问题，因此规范化理论是设计人员的有力工具。虽然规范化理论以关系数据模型为背景，但是它对基于其他数据模型的数据库的设计同样具有理论上的指导意义。

本章首先介绍关系模式中可能存在的冗余和异常问题，然后介绍函数依赖和范式理论，最后介绍模式分解。

6.1 关系模式中可能存在的冗余和异常问题

假定有关系S(No, Name, Sex, Course, Grade)，其中，S是学生表，表S中包含的5个属性依次为学号、姓名、性别、课程、成绩，(No, Course)是主码。

关系模式中可能存在的冗余和异常问题

这个关系模式存在如下问题。

（1）数据冗余。一名学生可能选修多门课程，这样会导致姓名和性别属性多次重复存储。

（2）不一致性。由于数据冗余，当更新某些数据项时，就有可能一部分字段修改了，而另一部分字段未修改，造成数据不一致。

（3）插入异常。如果某个学生未选修课程，则其学号、姓名和性别属性无法插入，因为课程属性为空，关系模式规定主码不能为空或部分为空。

（4）删除异常。当要删除所有学生的成绩时，所有学号、姓名和性别属性也都删除了。

关系模式产生上述问题的原因以及解决这些问题的方法，都与数据依赖的概念密切相关。数据依赖是可以作为关系模式的取值的任何一个关系所必须满足的一种约束条件，是通过一个关系中各个元组的某些属性值之间的相等与否体现出来的相互关系。这是现实世界属性间相互联系的抽象表现，是数据内在的性质，是语义的体现。

数据依赖普遍存在于现实世界中，其中最重要的两类数据依赖是函数依赖和多值依赖。这里只介绍函数依赖，多值依赖的知识可以参考相关书籍。

6.2 函数依赖

函数依赖是指关系中属性间的对应关系。

定义6.1 设R为任意给定关系，如果对于R中属性X的每一个值，R中的属性Y只有唯一值与之对应，则称X函数决定Y，或Y函数依赖于X，记作$X \to Y$。其中，X称为决定因素。对于关系R中的属性X和Y，若X不能函数决定Y，则记作$X \nrightarrow Y$。

例如，关系S(No, Name, Sex, Course, Grade)中存在以下函数依赖：

No→Name

No→Sex

(No, Course) → Grade

关系S中学生姓名不能函数决定学号，因为不同学号的学生可能同名同姓。另外，课程不能函数决定学号和姓名，因为可能有多名学生选修同一门课，其可以表示为：

Course↛No

Course↛Name

需要注意的是，函数依赖针对关系的所有元组，即某个关系中只要有一个元组的有关属性值不满足函数依赖的定义，则对应的函数依赖就不成立。判断一个关系中是否存在某种函数依赖，关键是清楚地了解关系中的属性在客观应用中的语义，通晓其所有可能的取值情况及相互关系。

函数依赖可以分为完全函数依赖、部分函数依赖和传递函数依赖。

定义6.2 设$X \to Y$是一个函数依赖，若$Y \subseteq X$，则称$X \to Y$是一个平凡的函数依赖。

定义6.3 设$X \to Y$是一个函数依赖，并且任何$X' \subset X$，$X' \to Y$都不成立，则称$X \to Y$是一个完全函数依赖，记作$X \xrightarrow{F} Y$。

定义6.4 设$X \to Y$是一个函数依赖，但不是完全函数依赖，则称$X \to Y$是一个部分函数依赖，记作$X \xrightarrow{P} Y$。

定义6.5 设$R(U)$是一个关系模式，$X \subseteq U$，$Y \subseteq U$，$Z \subseteq U$，如果$X \to Y$，$Y \to Z$，且$Y \nrightarrow X$，$Z-Y \neq \Phi$，$Y-X \neq \Phi$，则称Z传递函数依赖于X，记作$X \xrightarrow{T} Z$。

定义6.6 设$R(U)$为任意给定关系模式，U为其所含的全部属性集合，X为U的子集，若有完全函数依赖$X \to U$，则X为R的一个候选码。

例如，有一个教学关系模式Teaching<U,F>：

U={Sno,Sname,Sage,Ssex,Sdept,Sdname,Course,Grade}

F={Sno→Sname, Sno→Sage, Sno→Ssex, Sno→Sdept, Sdept→Sdname, (Sno, Course)→Grade}

其中，Sno、Sname、Sage、Ssex、Sdept、Sdname、Course、Grade分别表示学号、姓名、年龄、性别、系、系主任、课程名和成绩。

可以看出，在教学关系模式Teaching中，(Sno,Course)是主码，有非主属性完全函数依赖于码，比如(Sno,Course) $\xrightarrow{F}$ Grade，其他非主属性部分函数依赖于码，比如(Sno,Course) $\xrightarrow{P}$ Sname、(Sno,Course) $\xrightarrow{P}$ Sage、(Sno,Course) $\xrightarrow{P}$ Ssex和(Sno,Course) $\xrightarrow{P}$ Sdept。同时，由于存在Sno→Sdept和Sdept→Sdname，因此存在一个传递函数依赖Sno $\xrightarrow{T}$ Sdname。

6.3 范式

设计不好的关系模式易出现存储异常，影响数据库的使用性能。为了设计出一个好的关系模式，人们研究出了规范化理论。在规范化理论中，关系模式需要满足一定的要求，不同程度的要求称为不同的范式（Normal Form，NF）。满足最低要求的称为第一范式（1NF），这是最基本的范式；在第一范式的基础上进一步满足一些新要求的称为第二范式（2NF）；再进一步的范式是第三范式（3NF）及其改进形式Boyce-Codd范式（BCNF）；当然，还有更进一步的高级范式，如第四范式（4NF）、第五范式（5NF）等。这里只介绍到BCNF范式。各种范式之间的关系如下：

$$1NF \supset 2NF \supset 3NF \supset BCNF \supset 4NF \supset 5NF$$

某一关系模式R属于第n范式，可简记为$R \in n$NF。一个低一级范式的关系模式通过模式分解可以转换为若干个高一级范式的关系模式的集合，这种过程就叫规范化。在关系数据库中，所有的关系模式都必须是规范化的，即至少是第一范式。

6.3.1 第一范式（1NF）

定义6.7 如果关系模式R的每一个属性对应的域值都是不可再分的，则称关系模式R属于第一范式，记作$R \in$ 1NF。若数据库模式R中的每个关系模式都属于1NF，则数据库模式$R \in$ 1NF。

第一范式（1NF）

第一范式是对关系模式的最起码的要求。不满足第一范式的数据库模式中的每个关系模式上的关系的集合不能称为关系数据库。第一范式是一个不含重复元组的关系，不存在嵌套结构。不满足第一范式的关系模式为非规范化的关系模式。在关系数据库中，凡非规范化的关系模式都必须转换成规范化的关系模式。非规范化的关系模式转换为1NF较为容易，可以通过重写关系中属性值相同部分的数据来实现。

满足第一范式的关系模式并不一定是一个好的关系模式，比如教学关系模式Teaching属于1NF，但它仍然会出现数据冗余、更新异常、插入异常、删除异常等问题，具体如下。

（1）数据冗余。若“大数据”这门课程被100名学生选修，那么这些学生所在系的系主任姓名就要反复存储100次，这就带来了严重的数据冗余问题。

（2）更新异常。某系更换系主任后，系统必须修改与该系学生有关的每一个元组。

（3）插入异常。如果一个系刚成立，尚无学生，就无法把这个系及其系主任的信息存入数据库。若学校开设了一门新课程，但尚未有任何同学选修，则这门新课程的基本信息将无法存储到数据库中。

（4）删除异常。如果某个系的学生全部毕业了，在删除该系学生信息的同时，把这个系及其系主任的信息也删掉了。

因此，可以说关系模式Teaching不是一个好的关系模式。一个好的关系模式不会出现插入异常、删除异常、更新异常等问题，同时，数据冗余度应尽可能小。关系模式Teaching的问题是由存在于模式中的某些数据依赖引起的，即非主属性Sname、Sage、Ssex部分函数依赖于码，解决方法是通过分解关系模式来消除其中不合适的数据依赖。只有将这个关系模式规范化，使它符合更高的范式，才能得到高性能的关系模式。

6.3.2 第二范式（2NF）

第二范式（2NF）

定义6.8 如果关系模式$R\in$1NF，并且每个非主属性都完全函数依赖于R的码，则$R\in$2NF。

很显然，关系模式Teaching不属于2NF，因为存在非主属性Sname、Sage、Ssex部分函数依赖于码。可以根据2NF的定义对它进行分解，让分解后得到的两个关系模式都属于2NF。分解后得到的两个关系模式如下：

S_1(Sno, Sname, Sdept, Sdname)

S_2(Sno, Course, Grade)

可以看出，S_1的码是Sno，函数依赖包括Sno→Sname、Sno→Sdept和Sdept→Sdname，非主属性是Sname、Sdept和Sdname，三者都完全函数依赖于码，不存在非主属性对码的部分函数依赖，因此，$S_1\in$2NF。S_2的码是(Sno,Course)，函数依赖包括(Sno,Cno)→Grade，非主属性是Grade，它完全函数依赖于码，不存在非主属性对码的部分函数依赖，因此，$S_2\in$2NF。

将一个1NF关系模式分解为多个2NF关系模式，可以在一定程度上解决原1NF关系模式中存在的插入异常、删除异常、数据冗余度大、修改复杂等问题。

但是，将一个1NF关系模式分解为多个2NF关系模式，并不能完全消除关系模式中的各种异常情况和数据冗余。也就是说，属于2NF的关系模式并不一定是好的关系模式。

例如，关系模式S_1属于2NF，它包含如下函数依赖：

Sno→Sname

Sno→Sdept

Sdept→Sdname

可以看出，Sdname传递函数依赖于Sno，即S_1中存在非主属性对码的传递函数依赖。S_1中仍然存在插入异常、删除异常、数据冗余度大和修改复杂等问题，具体如下。

（1）插入异常。如果某个系因某些原因暂时没有在校学生（比如该系刚成立），就无法把这个系的信息存入数据库。

（2）删除异常。如果某个系的学生全部毕业了，在删除学生信息的同时，把这个系的信息也删掉了。

（3）数据冗余度大。每个系的系主任都是唯一的，系主任的信息却重复出现，重复次数与该系学生人数相关。

（4）修改复杂。当一个系的系主任更换时，由于每个系的系主任信息是重复存储的，修改时必须同时更新该系所有学生的Sdname属性值。

综上所述，S_1虽然属于2NF，但仍然不是一个好的关系模式。关系模式S_1的问题是由存在于模式中的某些数据依赖引起的，即非主属性Sdname传递函数依赖于主码，解决方法是通过分解关系模式来消除其中不合适的数据依赖。

6.3.3 第三范式（3NF）

第三范式（3NF）

定义6.9 关系模式R中若不存在这样的码X、属性组Y及非主属性Z（$Z\not\subseteq Y$），使得$X\to Y$、$Y\to Z$和$Y\nrightarrow X$成立，则称$R\in$3NF。

若$R\in$3NF，则R中既不存在非主属性对码的部分函数依赖，也不存在非主属性对码的传递函数依赖。3NF是一个可用的关系模式应该满足的最低范式。也就是说，一个关系模式如果不属于3NF，那么它是不能使用的。

S_1属于2NF，但是不属于3NF，因为，存在非主属性Sdname传递函数依赖于码。为了消除该传递函数依赖，可以把S_1分解为以下两个关系模式：

S_{11}(Sno, Sname, Sdept)

S_{12}(Sdept, Sdname)

分解后的两个关系模式S_{11}和S_{12}既没有非主属性对码的部分函数依赖，也不存在非主属性对码的传递函数依赖，因此它们都属于3NF。分解后在一定程度上解决了各种异常情况和数据冗余问题。

但是，将一个2NF关系模式分解为多个3NF关系模式后，并不能完全消除关系模式中的各种异常情况和数据冗余问题。也就是说，属于3NF的关系模式并不一定是好的关系模式。

6.3.4 Boyce-Codd 范式（BCNF）

Boyce-Codd 范式（BCNF）

属于3NF的关系模式消除了非主属性对码的部分函数依赖和传递函数依赖，解决了存储异常问题，一般情况下能满足实际应用要求。但是，上面的讨论只涉及非主属性和主属性间的函数依赖，而没有考虑主属性间的函数依赖问题。实际上，主属性间也存在着部分函数依赖和传递函数依赖，同样会引发存储异常问题。

例如，在关系模式STJ(S, T, J)中，S表示学生，T表示教师，J表示课程。假设每个教师只教授一门课，每门课由若干个教师教授，某一学生选定某门课，就确定了一个固定的教师。于是，有以下函数依赖：

$$(S,J)\rightarrow T，(S,T)\rightarrow J，T\rightarrow J$$

可以看出，(S, J)和(S, T)都可以作为候选码。该关系模式没有任何非主属性对码的传递函数依赖和部分函数依赖，所以，STJ属于3NF，但是，该关系模式也存在一些问题。

（1）插入异常。如果某个学生刚刚入校，尚未选修课程，则因受主属性不能为空的限制，有关信息无法存入数据库中。同样地，如果某个教师开设了某门课程，但尚未有学生选修，则有关信息也无法存入数据库中。

（2）删除异常。如果选修过某门课程的学生全部毕业了，在删除这些学生元组的同时，把相应教师开设该门课程的信息也删掉了。

（3）数据冗余度大。虽然一个教师只教授一门课，但每个选修某门课程的学生元组都要记录教师和课程信息。

（4）修改复杂。某个教师开设的某门课程改名后，所有选修了该教师开设的该课程的学生元组都要进行相应的修改。

因此，虽然STJ属于3NF，但是，它仍然不是一个理想的关系模式。出现问题的原因在于，在STJ中主属性J依赖于T，即主属性J部分函数依赖于(S,T)。因此，巴斯和科德提出了修正的第三范式，即BCNF。

定义6.10 若$R\in$1NF，而且R中没有任何属性传递函数依赖于R的码，则关系模式$R\in$BCNF。

BCNF不但排除了非主属性对主属性的传递函数依赖，也排除了主属性间的传递函数依赖。对于非BCNF的关系模式，可以通过模式分解使它达到BCNF。例如，可以将STJ分解为以下两个关系模式：

ST(S, T)

TJ(T, J)

其中，ST的码为S，TJ的码为T。分解后的关系模式中没有任何属性对码的部分函数依赖和传递函数依赖。

下面给出一个更直观的等价的BCNF的定义。

定义6.11 设关系模式$R \in 1NF$，F是R上的函数依赖集，对于F中的每一个函数依赖$X \rightarrow Y$，必有X是R的一个候选码，则$R \in BCNF$。

6.4 模式分解

把一个关系模式分解成若干个关系模式的过程称为关系模式的分解。为什么需要分解关系模式呢？因为原来的关系模式可能造成数据冗余或给数据库带来潜在的不一致问题。下面首先介绍一些基础知识，然后介绍模式分解算法。

6.4.1 基础知识

1. 逻辑蕴含和闭包

定义6.12 设F是关系模式R的一个函数依赖集，X、Y是R的属性子集，如果从F中的函数依赖能够推出$X \rightarrow Y$，即r（r是R的一个关系）中任意两个元组t和s满足$t[X]=s[X]$，$t[Y]=s[Y]$，则称F逻辑蕴含$X \rightarrow Y$。

定义6.13 由被F逻辑蕴含的函数依赖的全体构成的集合称为F的闭包，记为F^+。

定义6.14 设有关系模式$R<U, F>$，U是R的属性全集，F是R的函数依赖集，X是U的子集，如果满足条件：

（1）$X \rightarrow U \in F^+$；

（2）不存在$X' \subset X$且$X' \rightarrow U \in F^+$成立。

则称X为关系模式R的一个候选码。

逻辑蕴含和闭包

码是数据库的一个重要概念，它在模式设计和数据库中起着重要作用。由码的定义可知，要确定关系模式的码，需要确定关系模式中属性间的依赖关系。那么给出函数依赖集F，如何知道F逻辑蕴含$X \rightarrow Y$呢？下面介绍一组推理规则，用这组推理规则可以确定F是否逻辑蕴含$X \rightarrow Y$，这组规则称为阿姆斯特朗公理。

2. 函数依赖公理

1974年，阿姆斯特朗提出了一组推理规则来推导函数依赖的逻辑蕴含，并从理论上证明了这些规则的正确性和完备性，这组规则被称为阿姆斯特朗公理。

设有关系模式$R<U, F>$，X、Y、Z、W均是U的子集，F是R上只涉及U中属性的函数依赖集，则存在以下规则。

A1 自反律（Reflexivity）：若$Y \subseteq X \subseteq U$，则$X \rightarrow Y$在$R$上成立。

A2 增广律（Augmentation）：若$X \rightarrow Y$且$Z \subseteq U$，则$XZ \rightarrow YZ$在R上成立。

A3 传递律（Transitivity）：若$X \rightarrow Y$、$Y \rightarrow Z$，则$X \rightarrow Z$在R上成立。

函数依赖公理

证明：设r是R<U, F>上的任意关系，t和s是r中的任意元组，X、Y、Z、W均是U的子集。

（1）设$Y \subseteq X \subseteq U$，若$t[X]=s[X]$，由于$Y \subseteq X$，则有$t[Y]=s[Y]$，所以$X \to Y$成立。自反律得证。

（2）设$X \to Y$为F所蕴含，且$Z \subseteq U$。若$t[XZ]=s[XZ]$，则有$t[X]=s[X]$和$t[Z]=s[Z]$；由$X \to Y$，可以得到$t[Y]=s[Y]$，进而得到$t[YZ]=s[YZ]$，所以$XZ \to YZ$成立。增广律得证。

（3）设$X \to Y$及$Y \to Z$为F所蕴含。若$t[X]=s[X]$，由于$X \to Y$，有$t[Y]=s[Y]$；再由$Y \to Z$，当$t[Y]=s[Y]$时，一定有$t[Z]=s[Z]$，所以$X \to Z$成立。传递律得证。

证毕。

由阿姆斯特朗公理可以得到下面3个推论。

推论6.1：若$X \to Y$、$X \to Z$，则$X \to YZ$。

推论6.2：若$X \to Y$且$WY \to Z$，则$XW \to Z$。

推论6.3：若$X \to Y$及$Z \subseteq Y$，则$X \to Z$。

推论6.1称为合并规则，推论6.2称为伪传递规则，推论6.3称为分解规则。由合并规则和分解规则可以得出一个重要结论（引理6.1）。

引理6.1　如果$A_i(i=1,2,\ldots,n)$是关系模式R的属性，则$X \to A_1 A_2 \ldots A_n$成立的充分必要条件是$X \to A_i(i=1,2,\ldots,n)$成立。

建立公理体系的目的在于有效而准确地计算函数依赖的逻辑蕴含，即从已知的函数依赖推出未知的函数依赖。这里有两个问题。一个问题是能否保证按公理推出的函数依赖都是正确的，即这些函数依赖是否都属于F^+。“正确”是指只要使F中的函数依赖为真（对R的任何关系r都成立），则用公理推出的函数依赖也为真。这就是公理的正确性。另一个问题是用公理能否推出所有的函数依赖，也就是说F^+中的所有函数依赖是否都能用公理推出。这是一个很重要的问题。因为如果F^+中有一个函数依赖不能用公理推出来，那么这些公理就不够用，就不完全，还必须补充新的公理。这就是公理的完备性。

公理的正确性保证推出的所有函数依赖都为真，公理的完备性保证可以推出所有的函数依赖，这就确保了计算和推导的可靠性和有效性。公理完备性的另一种理解是，所有不能用公理推出的函数依赖都不为真，即它不能由F逻辑蕴含。或者说，存在一个具体关系r，F中所有的函数依赖都满足r，而不能用公理推出的$X \to Y$不满足r，即F不能逻辑蕴含$X \to Y$。

可以证明阿姆斯特朗公理是正确和完备的，具体证明过程可以参考相关书籍，这里不做介绍。

3. 闭包的计算

定义6.15　设有关系模式R<U, F>，F为其函数依赖集，则称所有用阿姆斯特朗公理从F推出的函数依赖$X \to A_i$中A_i的属性集合为X的属性闭包（其中i是大于0的整数），记为X^+。

下面给出一种计算属性闭包X^+的有效算法。

算法6.1　计算属性集X关于F的闭包X^+。

输入：关系模式R的属性全集U、U上的函数依赖集F及属性集X。

输出：属性集X的闭包X^+。

方法：计算$X^{(i)}(i=0,1,\ldots,n)$。

（1）初值$X^{(0)}=X$，$i=0$。

（2）$X^{(i+1)}=X^{(i)} \cup Z$。

其中，属性集$Z=\{A \mid 存在V \rightarrow W \in F且V \subseteq X^{(i)}且A \in W\}$。

（3）判断$X^{(i+1)}=X^{(i)}$或$X^{(i+1)}=U$是否成立，若成立则转（5），若不成立则转（4）。

（4）$i=i+1$，转（2）。

（5）输出X^+的结果$X^{(i+1)}$。

算法6.1给出了不用公理推导计算属性闭包的一种方法，即只要F中的函数依赖的左部属性包含在X的中间结果$X^{(i)}$中，就可以将其没有出现在$X^{(i)}$中的右部属性A并入$X^{(i)}$中。显然，$X \rightarrow A$是成立的。这样的计算是有限的，每次加入的属性数至少为1。因此，最多计算$|U|-|X|+1$次。其中，$|U|$和$|X|$分别表示U和X的属性数。根据算法，需要扫描F中所有的函数依赖，不会漏掉某些属于X^+的属性。所以，算法6.1是正确的。

【例6.1】已知关系模式$R<U, F>$，其中，$U=\{A, B, C, D, E\}$、$F=\{AB \rightarrow C, B \rightarrow D, C \rightarrow E, EC \rightarrow B, AC \rightarrow B\}$，求$(AB)^+$。

解：设$X^{(0)}=AB$。

（1）计算$X^{(1)}$：逐一地扫描F中的各个函数依赖，找左部为A、B或AB的函数依赖（$AB \rightarrow C$和$B \rightarrow D$），于是$X^{(1)}=AB \cup CD=ABCD$。

（2）因为$X^{(0)} \neq X^{(1)}$，所以再找出左部为$ABCD$的子集的那些函数依赖（$AB \rightarrow C$、$B \rightarrow D$、$C \rightarrow E$和$AC \rightarrow B$），于是$X^{(2)}=X^{(1)} \cup BCDE=ABCDE$。

（3）因为$X^{(2)}=U$，算法终止，所以$(AB)^+=ABCDE$。

4. 最小函数依赖集

定义6.16 设F和G是关系模式R上的两个函数依赖集，如果$G^+=F^+$，就说明函数依赖集F覆盖G（F是G的覆盖，或G是F的覆盖），或F与G等价。

最小函数依赖集

定义6.16表明，判断两个函数依赖集F和G是否等价，需要知道$G^+=F^+$是否成立。但通过求函数依赖集的闭包判定$G^+=F^+$是否成立是行不通的。下面的引理给出了判定两个函数依赖集是否等价的方法。

引理6.2 $F^+=G^+$的充分必要条件是$F \subseteq G^+$和$G \subseteq F^+$。

证明：如果$F^+=G^+$，则$F \subseteq G^+$和$G \subseteq F^+$是必然的，因此，必要性显然成立。这里只证明充分性。

设$F \subseteq G^+$。对任意函数依赖$X \rightarrow Y \in F^+$，根据函数依赖闭包的定义，则有F逻辑蕴含$X \rightarrow Y$，因为$F \subseteq G^+$，所以有G^+逻辑蕴含$X \rightarrow Y$，即$X \rightarrow Y \in (G^+)^+$。而$(G^+)^+=G^+$，所以$X \rightarrow Y \in G^+$。则$F^+ \subseteq G^+$。

同理，若$G \subseteq F^+$，可证明$G^+ \subseteq F^+$。因此有$F^+=G^+$。

证毕。

引理6.2给出了判定两个函数依赖集F和G等价的方法，即判定是否满足$F \subseteq G^+$和$G \subseteq F^+$。要判定$F \subseteq G^+$是否成立，可以检查F中的每个函数依赖$X \rightarrow Y$是否由G逻辑蕴含。若G逻辑蕴含$X \rightarrow Y$，则有$X \rightarrow Y \subseteq G^+$。检查$G$是否逻辑蕴含$X \rightarrow Y$，可以通过在$G$中求属性$X$的闭包$X^+$，看$Y \subseteq X^+$是否成立。可以以同样的方法检查$G \subseteq F^+$是否成立，从而判定$F$和$G$是否等价。

定义6.17 若函数依赖集F满足以下条件，则称F为最小函数依赖集。

（1）F中的所有函数依赖的右部都是单属性。

（2）对于F中的任意函数依赖$X \rightarrow A$，$F-\{X \rightarrow A\}$与F不等价。

（3）对于F中的任意函数依赖$X \rightarrow A$，$F-\{X \rightarrow A\} \cup \{Z \rightarrow A\}$与$F$不等价，其中$Z \subset X$。

由定义6.17的3个条件可知，最小函数依赖集是由这样一些函数依赖组成的：每个函数依赖的右部都是单属性，每个函数依赖的左部没有多余的属性，且函数依赖集中没有多余的函数依赖。可见，最小函数依赖集是具有最简形式的函数依赖集。

定理6.1 每个函数依赖集F都等价于一个最小函数依赖集F_m。

证明：采用构造性方法证明。依据定义分3步对F进行"极小化处理"，找出F的一个最小函数依赖集。

（1）逐一检查F中各函数依赖FD_i（$X \to Y$），若$Y=A_1A_2 \ldots A_k$（$k > 2$），则用$\{X \to A_j \mid j=1, 2, \ldots, k\}$来取代$X \to Y$。引理6.1保证了$F$变换前后的等价性。

（2）逐一检查F中各函数依赖FD_i（$X \to A$），令$G=F-\{X \to A\}$，X^+是属性集X关于G的闭包，若$A \in X^+$，则从F中去掉此函数依赖。由于F与$G=F-\{X \to A\}$等价的充要条件是$A \in X^+$，因此F变换前后是等价的。

（3）逐一检查F中各函数依赖FD_i（$X \to A$），设$X=B_1B_2 \ldots B_m$，逐一检查B_i（$i=1, 2, \ldots, m$），$(X-B_i)^+$是属性集$X-B_i$关于F的闭包，若$A \in (X-B_i)^+$，则以$X-B_i$取代X。由于F与$F-\{X \to A\} \cup \{Z \to A\}$等价的充要条件是$A \in Z^+$，其中，$Z=X-B_i$，$Z^+$是属性集$Z$关于$F$的闭包，因此$F$变换前后是等价的。

由定义6.17可知，最后剩下的F就一定是最小函数依赖集。因为对F的每一次"改造"都保证了改造前后的两个函数依赖集等价，因此，最后的F与原来的F等价。

证毕。

定理6.1的证明过程也是求F的最小函数依赖集的过程。

【例6.2】设有关系模式$R<U,F>$，其中，$U=\{C,T,H,R,S,G\}$，$F=\{CS \to G, C \to T, TH \to R, HR \to C, HS \to R\}$，请计算$F$的最小函数依赖集。

解：

（1）利用分解规则，将所有的函数依赖变成右边都是单属性的函数依赖。由于F的所有函数依赖的右边都是单属性，故不用分解。

（2）去掉F中多余的函数依赖。

a. 设$CS \to G$为冗余的函数依赖，则去掉$CS \to G$，得：

$$F_1=\{C \to T, TH \to R, HR \to C, HS \to R\}$$

计算CS关于F_1的闭包$(CS)^+$。

设$X^{(0)}=CS$。

计算$X^{(1)}$：扫描F_1中各个函数依赖，找到左部为CS或CS子集的函数依赖，找到一个函数依赖$C \to T$。故有$X^{(1)}=X^{(0)} \cup T=CST$。

计算$X^{(2)}$：扫描F_1中的各个函数依赖，找到左部为CST或CST子集的函数依赖，找到一个函数依赖$C \to T$，$X^{(2)}=X^{(1)} \cup T=CST$。故有$X^{(2)}=X^{(1)}$。算法终止。

$(CS)^+= CST$，不包含G，故$CS \to G$不是冗余的函数依赖，不能从F_1中去掉。

b. 设$C \to T$为冗余的函数依赖，则去掉$C \to T$，得：

$$F_2=\{CS \to G, TH \to R, HR \to C, HS \to R\}$$

计算C关于F_2的闭包C^+。

设$X^{(0)}=C$。

计算$X^{(1)}$：扫描F_2中的各个函数依赖，没有找到左部为C的函数依赖。故有$X^{(1)}=X^{(0)}$。算法终止。故$C \to T$不是冗余的函数依赖，不能从F_2中去掉。

c. 设$TH \to R$为冗余的函数依赖，则去掉$TH \to R$，得：

$$F_3=\{CS \to G, C \to T, HR \to C, HS \to R\}$$

计算TH关于F_3的闭包$(TH)^+$。

设$X^{(0)}=TH$。

计算$X^{(1)}$：扫描F_3中的各个函数依赖，没有找到左部为TH或TH子集的函数依赖。故有$X^{(1)}=X^{(0)}$。算法终止。故$TH \to R$不是冗余的函数依赖，不能从F_3中去掉。

d. 设$HR \to C$为冗余的函数依赖，则去掉$HR \to C$，得：

$$F_4=\{CS \to G, C \to T, TH \to R, HS \to R\}$$

计算HR关于F_4的闭包$(HR)^+$。

设$X^{(0)}=HR$。

计算$X^{(1)}$：扫描F_4中的各个函数依赖，没有找到左部为HR或HR子集的函数依赖。故有$X^{(1)}=X^{(0)}$。算法终止。故$HR \to C$不是冗余的函数依赖，不能从F_4中去掉。

e. 设$HS \to R$为冗余的函数依赖，则去掉$HS \to R$，得：

$$F_5=\{CS \to G, C \to T, TH \to R, HR \to C\}$$

计算HS关于F_5的闭包$(HS)^+$。

设$X^{(0)}=HS$。

计算$X^{(1)}$：扫描F_5中的各个函数依赖，没有找到左部为HS或HS子集的函数依赖。故有$X^{(1)}=X^{(0)}$。算法终止。故$HS \to R$不是冗余的函数依赖，不能从F_5中去掉，即$F_5=\{CS \to G, C \to T, TH \to R, HR \to C, HS \to R\}$。

（3）去掉F_5中各函数依赖左边多余的属性（只检查左部不是单属性的函数依赖），没有发现左边有多余属性的函数依赖。

故最小函数依赖集为：$F=\{CS \to G, C \to T, TH \to R, HR \to C, HS \to R\}$。

【例6.3】 设有关系模式$R\langle U, F\rangle$，其中，$U=\{A,B,C,D,E,G\}$，$F=\{AB \to C, C \to A, BC \to D, ACD \to B, D \to EG, BE \to C, CG \to BD, CE \to AG\}$。计算其等价的最小函数依赖集。

解：

（1）将函数依赖的右边属性单一化，结果为$F_1=\{AB \to C, C \to A, BC \to D, ACD \to B, D \to E, D \to G, BE \to C, CG \to B, CG \to D, CE \to A, CE \to G\}$。

（2）在F_1中去掉多余的函数依赖。对于$CG \to B$，由于$(CG)^+=ABCDEG$，所以$CG \to B$是多余的。删除多余的函数依赖后，得到结果$F_2=\{AB \to C, C \to A, BC \to D, ACD \to B, D \to E, D \to G, BE \to C, CG \to D, CE \to A, CE \to G\}$。

（3）在F_2中去掉函数依赖左部多余的属性。对于$CE \to A$，由于有$C \to A$，因此E是多余的；对于$ACD \to B$，由于$(CD)^+=ABCDEG$，因此A是多余的。删除函数依赖左部多余的属性后，结果为$F_3=\{AB \to C, C \to A, BC \to D, CD \to B, D \to E, D \to G, BE \to C, CG \to D, CE \to G\}$。

5. 候选码的求解

候选码的求解

对于给定的关系$R(A_1, A_2, \ldots, A_n)$和函数依赖集F，可将其属性分为4类。

- L类：仅出现在F的函数依赖左部的属性。
- R类：仅出现在F的函数依赖右部的属性。

- N类：在F的函数依赖左右两边均未出现的属性。
- LR类：在F的函数依赖左右两边均出现的属性。

下面介绍快速求解候选码的一个充分条件。

定理6.2 对于给定的关系模式R及其函数依赖集F，若X（$X \in R$）是L类属性，则X必为R的任意候选码的成员。

推论6.4 对于给定的关系模式R及其函数依赖集F，若X关于F的闭包X^+包含R的全部属性，则X必为R的唯一候选码。

【例6.4】设有关系模式$R<U, F>$，其中，$U=\{A,B,C,D\}$，其函数依赖集$F=\{D \rightarrow B, B \rightarrow D, AD \rightarrow B, AC \rightarrow D\}$，求$R$的所有候选码。

解：可以发现，A和C属性都是L类属性，由定理6.2可知，AC必是R的任意候选码的成员。又因为$(AC)^+=ACBD$，所以，AC是R的唯一候选码。

推论6.5 对于给定的关系模式R及其函数依赖集F，若X（$X \in R$）是L类属性，且X包含R的全部属性，则X必为R的唯一候选码。

定理6.3 对于给定的关系模式R及其函数依赖集F，如果X（$X \in R$）是R类属性，则X不在任何候选码中。

定理6.4 设有关系模式R及其函数依赖集F，如果X是R的N类属性，则X必包含在R的任意候选码中。

推论6.6 对于给定的关系模式R及其函数依赖集F，如果X是R的N类和L类属性组成的属性集，且X关于F的闭包X^+包含R的全部属性，则X是R的唯一候选码。

【例6.5】设有关系模式$R<U, F>$，其中，$U=\{A, B, C, D, E, P\}$，R的函数依赖集为$F=\{A \rightarrow D, E \rightarrow D, D \rightarrow B, BC \rightarrow D, DC \rightarrow A\}$，求$R$的所有候选码。

解：可以发现，C、E两个属性是L类属性，故C、E必在R的任意候选码中；因为P是N类属性，所以，P也必在R的任意候选码中。又因为$(CEP)^+=ABCDEP$，所以CEP是R的唯一候选码。

6.4.2 模式分解算法

把低一级的关系模式分解为若干个高一级的关系模式的方法不是唯一的。只有能够保证分解后的关系模式与原关系模式等价，分解方法才有意义。为了保证分解后的关系模式与原关系模式等价，需要判定分解后形成的关系模式是否无损连接以及是否保持函数依赖。

无损连接是指分解后的关系通过自然连接可以恢复成原来的关系，即通过自然连接得到的关系与原来的关系相比，既不多出信息、又不丢失信息。保持函数依赖是指在关系模式的分解过程中，函数依赖不能丢失，即关系模式分解不能破坏原来的语义。

1. 无损连接分解

一个关系模式分解为多个关系模式，相应地，存储在一个关系中的数据要分别存储到多个关系中。分解后的关系通过自然连接能够恢复为原来的关系，即保证连接后的关系与原关系完全一致。这样的分解称为无损连接分解。

无损连接分解

当分解成两个关系子模式的时候，判断是否无损连接分解的简便方法是：假设有关系模式$R<U,F>$，$\rho=\{R_1, R_2\}$是R的一个分解，若$R_1 \cap R_2 \rightarrow R_1-R_2$或者$R_1 \cap R_2 \rightarrow R_2-R_1$，则$\rho$为无损连接分解。

【例6.6】设有关系模式$R(U, V, W, X, Y, Z)$，其函数依赖集$F=\{U \to V, W \to Z, Y \to U, WY \to X\}$，现有分解$\rho=\{UVY, WXYZ\}$，判断分解$\rho$是否为无损连接分解。

解：计算得到$R_1 \cap R_2$为Y，R_1-R_2为UV，因为$Y \to U$、$U \to V$，因此有$Y \to UV$，即有$R_1 \cap R_2 \to R_1-R_2$，所以ρ为无损连接分解。

当分解成两个或两个以上的关系子模式的时候，可以采用表格法（见算法6.2）来判断是否属于无损连接分解。

算法6.2 判断一个分解的无损连接性。设$\rho=\{ R_1<U_1,F_1>, R_2<U_2,F_2>, \dots , R_k<U_k,F_k>\}$是$R<U,F>$的一个分解，$U=\{A_1, A_2,\dots,A_n\}$，$F=\{FD_1, FD_2,\dots,FD_p\}$。

（1）建立一个n列k行的表，每列对应一个属性，每行对应分解中的一个关系模式。若属性A_j属于U_i，则在j列i行的交叉处填上a_j，否则填上b_{ij}。

（2）对应每个FD_i（FD_i为$X_i \to A_{li}$）做下列操作。

① 找到X_i所对应的列中具有相同符号的那些行，检查这些行的li列，若其中有a_{li}则全部改为a_{li}；否则全部改为b_{mli}，m是这些行的最小行号。

② 如果某个b_{tli}被改动，则该表的li列中凡是b_{tli}的符号（不管它是否为开始找到的那些行）均应做相应修改。

③ 如果在某次更改之后，有一行成为$a_1, a_2,\dots, a_n$，则算法终止，ρ具有无损连接性，否则ρ不具有无损连接性。

（3）比较扫描前后表有无变化，如有变化，则返回第（2）步，否则算法终止。

【例6.7】已知关系模式$R<U, F>$，其中，$U=\{A, B, C, D, E\}$，$F=\{AB \to C，C \to D，D \to E\}$。

R的一个分解为$R_1(A, B, C)$、$R_2(C, D)$、$R_3(D, E)$，判断分解是否是无损连接分解。

解：对$R_1(A, B, C)$而言，需要在第R_1行的第A列里面填写a_1，第R_1行的第B列里面填写a_2，第R_1行的第C列里面填写a_3，第R_1行的第D列填写b_{14}，第R_1行的第E列填写b_{15}。也就是说，R_1中包含属性A、B和C，就在第R_1行的第A、B、C列上填写a_j（其中，j表示列号），而在第R_1行的第D和E列上填写b_{ij}（其中，i表示行号，j表示列号）。同理，可以把第R_2行和第R_3行的内容填写进去，如图6-1所示。

	A	B	C	D	E
R_1	a_1	a_2	a_3	b_{14}	b_{15}
R_2	b_{21}	b_{22}	a_3	a_4	b_{25}
R_3	b_{31}	b_{32}	b_{33}	a_4	a_5

图6-1 算法执行过程表格数据之一

取出函数依赖$AB \to C$，查看是否存在在第A列和第B列上的值都相等的行，没有发现，所以，这步操作结束，表格数据没有发生变化，如图6-2所示。

取出函数依赖$C \to D$，查看是否存在在第C列上的值相等的行，可以发现，第R_1行和第R_2行这两行在第C列上的值相等，都是a_3。这时，在第R_2行第D列上存在a_4，所以，需要把其他行的值也修改成a_4。也就是说，要把第R_1行第D列的值修改成a_4，如图6-3所示。

取出函数依赖$D \to E$，查看是否存在在第D列上的值相等的行，可以发现，第R_1行、第R_2行和第R_3行这3行在D列上的值相等，都是a_4。这时，在第R_3行第E列上存在a_5，所以，需要把其他行的值也修改成a_5。也就是说，要把第R_1行第E列和第R_2行第E列的值都修改成a_5，如图6-4所示。这时，可以发现，第R_1行出现了a_1、a_2、a_3、a_4和a_5，满足算法判定条件，因此，可以判定为无损连接分解。

	A	B	C	D	E
R_1	a_1	a_2	a_3	b_{14}	b_{15}
R_2	b_{21}	b_{22}	a_3	a_4	b_{25}
R_3	b_{31}	b_{32}	b_{33}	a_4	a_5

$AB \to C$

	A	B	C	D	E
R_1	a_1	a_2	a_3	b_{14}	b_{15}
R_2	b_{21}	b_{22}	a_3	a_4	b_{25}
R_3	b_{31}	b_{32}	b_{33}	a_4	a_5

图6-2　算法执行过程表格数据之二

	A	B	C	D	E
R_1	a_1	a_2	a_3	b_{14}	b_{15}
R_2	b_{21}	b_{22}	a_3	a_4	b_{25}
R_3	b_{31}	b_{32}	b_{33}	a_4	a_5

$C \to D$

	A	B	C	D	E
R_1	a_1	a_2	a_3	a_4	b_{15}
R_2	b_{21}	b_{22}	a_3	a_4	b_{25}
R_3	b_{31}	b_{32}	b_{33}	a_4	a_5

图6-3　算法执行过程表格数据之三

	A	B	C	D	E
R_1	a_1	a_2	a_3	a_4	b_{15}
R_2	b_{21}	b_{22}	a_3	a_4	b_{25}
R_3	b_{31}	b_{32}	b_{33}	a_4	a_5

$D \to E$

	A	B	C	D	E
R_1	a_1	a_2	a_3	a_4	a_5
R_2	b_{21}	b_{22}	a_3	a_4	a_5
R_3	b_{31}	b_{32}	b_{33}	a_4	a_5

图6-4　算法执行过程表格数据之四

2. 保持函数依赖的分解

保持函数依赖的分解

定义6.18　设有关系模式R，F是R的函数依赖集，Z是R的一个属性集合，则称Z所涉及的F^+中的所有函数依赖为F在Z上的投影，记为$\prod_Z(F)$，有：

$$\prod_Z(F) = \{X \to Y \mid X \to Y \in F^+ \text{且} XY \subseteq Z\}$$

定义6.19　设关系模式R的一个分解$\rho=\{R_1,R_2,\ldots,R_k\}$，$F$是$R$的函数依赖集，如果$F$等价于$\prod_{R_1}(F) \cup \prod_{R_2}(F) \cup \ldots \cup \prod_{R_k}(F)$，则称$\rho$具有依赖保持性。

一个无损连接分解不一定具有依赖保持性，一个依赖保持性分解不一定具有无损连接性。

【例6.8】 给定关系模式 $R<U,F>$，其中$U=\{A, B, C, D\}$，$F=\{A\to B, B\to C, C\to D, D\to A\}$。判断关系模式$R$的分解$\rho=\{AB, BC, CD\}$是否具有依赖保持性。

解： 因为$\prod_{AB}(F)=\{A\to B, B\to A\}$，$\prod_{BC}(F)=\{B\to C, C\to B\}$，$\prod_{CD}(F)=\{C\to D, D\to C\}$，$\prod_{AB}(F)\cup\prod_{BC}(F)\cup\prod_{CD}(F)=\{A\to B, B\to A, B\to C, C\to B, C\to D, D\to C\}$。可以看到，$A\to B$、$B\to C$、$C\to D$均得以保持，又因为$D^+=ABCD$，$A\subseteq D^+$，所以$D\to A$也得到保持，因此该分解具有依赖保持性。

算法6.3 把一个关系模式分解为3NF，使它具有依赖保持性。

输入：关系模式R和R的最小函数依赖集F_m。

输出：R的一个分解$\rho=\{R_1, R_2, ..., R_k\}$，$R_i\in$3NF（$i$=1,...,$k$），$\rho$具有依赖保持性。

方法如下。

（1）如果F_m中有一个函数依赖$X\to A$，且$XA=R$，则输出$\rho=\{R\}$，转到第（4）步。

（2）如果R中某些属性与F中所有函数依赖的左部和右部都无关，则将它们构成关系模式，从R中将它们分出去。

（3）对F_m中的每一个$X_i\to A_i$，都构成一个关系子模式$R_i=X_iA_i$。

（4）停止分解，输出ρ。

【例6.9】 设有关系模式$R<U, F>$，其中$U=\{C, T, H, R, S, G\}$，$F=\{CS\to G, C\to T, TH\to R, HR\to C, HS\to R\}$，将其保持依赖性分解为3NF。

解： 求出F的最小函数依赖集，$F_m=\{CS\to G, C\to T, TH\to R, HR\to C, HS\to R\}$，然后使用算法6.3。

（1）不满足条件。

（2）不满足条件。

（3）$R_1=CSG$，$R_2=CT$，$R_3=THR$，$R_4=HRC$，$R_5=HSR$。

（4）$\rho=\{CSG,CT,THR,HRC,HSR\}$。

算法6.4 把一个关系模式分解为3NF，使它既具有无损连接性又具有依赖保持性。

输入：关系模式R和R的最小函数依赖集F_m。

输出：R的一个分解$\rho=\{R_1, R_2,\dots, R_k\}$，$R_i\in$3NF（$i$=1,...,$k$），$\rho$具有无损连接性和依赖保持性。

方法如下。

（1）根据算法6.3求出依赖保持性分解$\rho=\{R_1, R_2,\dots, R_k\}$。

（2）判定ρ是否具有无损连接性，若有，则转到第（4）步。

（3）令$\rho=\rho\cup\{X\}$，其中X是R的候选码。

（4）输出ρ。

【例6.10】 对于例6.9的关系模式 $R<U, F>$，将其保持无损连接性和依赖保持性分解为3NF。

解： 使用算法6.4。

（1）由例6.9求出依赖保持性分解为$\rho=\{CSG, CT, THR, HRC, HSR\}$。

（2）利用算法6.2判断其无损连接性（过程略），可知ρ具有无损连接性。

（3）不执行。

（4）输出$\rho=\{CSG, CT, THR, HRC, HSR\}$。

算法6.5 把关系模式无损分解成BCNF。

输入：关系模式R和函数依赖集F。

输出：R的一个无损连接分解$\rho=\{R_1, R_2, \ldots, R_k\}$。

方法如下。

（1）令$\rho=\{R\}$。

（2）如果ρ中所有关系模式都是BCNF，则转到第（4）步。

（3）如果ρ中有一个关系模式S不是BCNF，则S中必能找到一个函数依赖$X\rightarrow A$，X不是S的候选码，且A不属于X，设$S_1=XA$、$S_2=S-A$，用分解$\{S_1, S_2\}$代替S，转到第（2）步。

（4）输出ρ。

【例6.11】 设有关系模式$R<U, F>$，其中，$U=\{A, B, C, D, E, G, H\}$，$F=\{A\rightarrow B, A\rightarrow C ,C\rightarrow D, C\rightarrow E, E\rightarrow GH\}$，将$R$无损连接地分解成BCNF。

解：

步骤1：初始化$\rho=\{R\} = \{R(A,B,C,D,E,G,H)\}$。

步骤2：计算一下R的候选码，易知R的候选码为A。

步骤3-1：从函数依赖集F中容易发现，$A\rightarrow B$和$A\rightarrow C$是满足BCNF的，$C\rightarrow D$不满足，且D不属于$\{C\}$。

令$R_1 = \{CD\}$，$R_2=R-\{D\} = \{A,B,C,E,G,H\}$，替换$R$，即$\rho=\{R_1(C,D), R_2(A,B,C,E,G,H)\}$。

此时，F分成两部分。$F_1=\{C\rightarrow D\}$，$F_2=\{A\rightarrow B, A\rightarrow C, C\rightarrow E, E\rightarrow GH\}$。

步骤3-2：由于R_1已经满足BCNF，所以不用继续处理。继续计算R_2的候选码，易知R_2的候选码为A。

同理，$A\rightarrow B$和$A\rightarrow C$满足BCNF，$C\rightarrow E$不满足，且E不属于$\{C\}$。

令$R_3 = \{CE\}$，$R_4 = R_2-E=\{A, B, C, G, H\}$，替换$R_2$。为了形式美观，$\rho$中的$R_2$被替换为$R_3$和$R_4$以后，这里再把$R_3$写为$R_2$、$R_4$写为$R_3$，后续操作相同，不再赘述。

因此，$\rho=\{R_1(C,D), R_2(C,E), R_3(A,B,C,G,H)\}$。

此时，F_2分成两部分，即$F_3=\{C\rightarrow E\}$和$F_4=\{A\rightarrow B, A\rightarrow C, C\rightarrow GH\}$。为了形式美观，$\rho$中的$F_2$被替换为$F_3$和$F_4$以后，这里再把$F_3$写为$F_2$、$F_4$写为$F_3$，后续操作相同，不再赘述。

因此，$F_1=\{C\rightarrow D\}$，$F_2=\{C\rightarrow E\}$，$F_3=\{A\rightarrow B, A\rightarrow C, C\rightarrow GH\}$。

这里要特别关注F_3中的函数依赖$C\rightarrow GH$，它是由$C\rightarrow E$和$E\rightarrow GH$导出的传递依赖。因此，在书写新的函数依赖集时，千万不要漏掉传递依赖等性质推出的新依赖。

步骤3-3：由于R_1、R_2已经满足BCNF，所以不用继续处理。继续计算R_3的候选码，易知R_3的候选码为A。

此时$A\rightarrow B$、$A\rightarrow C$已经满足BCNF，而$C\rightarrow GH$不满足，且C不属于$\{GH\}$。

因此，令$R_4=\{CGH\}$，$R_5=R_3-\{GH\} = \{A,B,C\}$。

替换掉原来的R_3，即$\rho=\{R_1(C, D), R_2(C,E), R_3(C,G,H), R_4(A,B,C)\}$。

F_3分解为两部分，即$F_4=\{C\rightarrow GH\}$和$F_5=\{A\rightarrow B, A\rightarrow C\}$。

因此，$F_1=\{C\rightarrow D\}$，$F_2=\{C\rightarrow E\}$，$F_3=\{C\rightarrow GH\}$，$F_4=\{A\rightarrow B, A\rightarrow C\}$。

显然，R_4的候选码为A，且F_4中的函数依赖左侧都是候选码，因此ρ中的所有分解都满足BCNF。算法结束。

3. 关于模式分解的一些结论

模式分解有一些重要的结论如下。

（1）分解具有无损连接性和分解保持函数依赖是两个相互独立的标准，具有无损连接性的分解不一定保持函数依赖，保持函数依赖的分解不一定具有无损连接性。一个关系模式的分解具有3种可能情况：第一，具有无损连接性，但是没有保持函数依赖；第二，保持函数依赖，但是不具有无损连接性；第三，既具有无损连接性，又保持函数依赖。

关于模式分解的一些结论

（2）若要求分解具有无损连接性，那么分解后的模式一定能达到BCNF。

（3）若要求分解保持函数依赖，那么分解后的模式总是可以达到3NF，但是不一定能达到BCNF。

（4）若要求分解既具有无损连接性，又保持函数依赖，则分解后的模式可以达到3NF，但是不一定能达到BCNF。

6.5 本章小结

关系数据库的规范化理论涉及如何构建好的关系模式，以及如何改进已经设计好的关系模式。规范化是关系模式调优的一种机制，它以数据依赖为出发点，采用模式分解等措施，消除关系中一些无意义的依赖，以解决数据操作异常、数据冗余等问题。模式分解包括无损连接分解和保持函数依赖的分解，本章给出了相关的算法来介绍满足特定要求的模式分解。

6.6 习题

1. 试述关系数据库中可能存在的冗余和异常问题有哪些。

2. 试述函数依赖根据不同性质可以分为哪几种类型。

3. 请写出1NF、2NF、3NF、BCNF的定义。

4. 由BCNF的定义可以得到如下结论：

（1）所有非主属性对每一个码都是完全函数依赖；

（2）所有主属性对每一个不包含它的码也是完全函数依赖；

（3）没有任何属性完全函数依赖于非码的任何一组属性。

请分别证明上述3个结论。

5. 设某关系模式$R<U,F>$，其中，$U=\{A,B,C,D,E,G\}$，$F=\{AE \to D, AG \to C, BE \to G, EG \to D, ABE \to DC, G \to A\}$。

（1）求出R的最小函数依赖F_m。

（2）求出属性EG关于F的闭包$(EG)^+$。

（3）求出R的码。

（4）此关系模式最高属于哪级范式？说明理由。

（5）将此关系模式分解为3NF，要求分解既是无损连接分解又是保持函数依赖的分解，并验证该分解具有无损连接性（请给出判断过程）。

6. 设某关系模式$R<U,F>$，其中，$U=\{A,B,C,D,E\}$，$F=\{A \to BD, E \to C, D \to E\}$，$\rho=\{ABD, CDE\}$。分解$\rho$是否为无损连接分解？试说明理由。

7. 设关系模式$R(ABC)$，请问函数依赖$F=\{AB \to C, AC \to B, C \to B\}$是满足3NF还是满足

BCNF？试说明理由。

8. 设某关系模式$R<U,F>$，其中，$U=(A,B,C,D,E,G,H,I,J,K)$，$F=\{AB→D, AE→G, DE→C, AC→DG, C→B, BE→D, AI→JK, J→I\}$。

（1）求出R的最小函数依赖F_m。

（2）求出$(ACI)^+$。

（3）求出R的码。

（4）此关系模式最高属于哪级范式？说明理由。

（5）将此关系模式分解为3NF，要求分解既是无损连接分解又是保持函数依赖的分解，并验证该分解具有无损连接性（请给出判断过程）。

（6）判断下面的分解是否为无损连接分解并给出理由。

$R_1(ABDI)$、$R_2(ACEG)$、$R_3(DECB)$、$R_4(AEIJK)$。

9. 证明：若一个模式$R<U,F>∈$3NF，则$R<U,F>∈$2NF。

10. 设有关系模式$R<U,F>$，其中，$U=\{A,B,C,D,E,G\}$，$F=\{A→BC,BC→D,ACD→E,D→EG,CD→A,CG→BD\}$。

（1）求$(AE)^+$并简要地写出中间步骤。

（2）求R的所有候选码。

（3）简述求最小函数依赖F_m的步骤，并求出F_m。

（4）此关系模式最高属于哪级范式？说明理由。

（5）将R分解为3NF，要求具有无损连接性且保持函数依赖，并验证其无损连接性（画出表格）。

11. 证明：若$R<U,F>∈$BCNF，则$R<U,F>∈$3NF。

12. 证明：任何的二元关系模式必定是BCNF。

13. 开发某一商品管理系统，通过需求分析得到一个商品信息表（Commodity），表中属性包括商品编号（Cno）、商品名称（Cname）、商品价格（Cprice）、商店编号（Sno）、商店名称（Sname）、商店地址（Saddress）、部门编号（Dno）、部门名称（Dname）、部门经理（Dmanager）、商品销量（Csales）、商品库存量（Camount）。商品编号唯一确定商品名称和商品价格，商店编号唯一确定商店名称和商店地址，部门编号唯一确定部门名称和部门经理，商品销量为部门销售商品的数量，商品库存量为商店存储商品的数量。关系模式$St<U,F>$，U={Cno,Cname,Cprice,Sno,Sname, Saddress,Dno,Dname,Dmanager,Csales,Camount}。

请完成以下问题的求解。

（1）根据语义写出F的集合。

（2）计算$(\text{Cno,Dno})^+$和$(\text{Dname})^+$。

（3）找出Commodity表的候选码。

（4）此关系模式最高属于哪级范式？说明理由。

（5）将Commodity表分解为3NF，要求具有无损连接性且保持函数依赖，并验证其无损连接性（画出表格）。

14. 证明：若$R<U,F>∈$3NF，且R只有包含一个属性的候选码，则$R<U,F>∈$BCNF。

15. 证明：$X→A_1A_2...A_k$成立的充分必要条件$X→A_i$（$i=1,2,...,k$）均成立。

第7章 关系数据库设计

数据库设计是指在现有的应用环境下，从建立概念模型开始，逐步建立和优化逻辑模型，最后建立高效的物理模型，并据此建立数据库及其应用系统，使之能够有效地收集、存储和管理数据，满足用户的各种应用需求。数据库设计的最终目的是满足用户的需求，简化应用程序的编程设计，实现系统协同、高效的开发，降低开发成本。

本章首先介绍数据库设计的步骤，然后依次介绍系统需求分析、概念结构设计、逻辑结构设计、物理结构设计、数据库实施、数据库运行和维护。

7.1 数据库设计的步骤

数据库设计是软件工程的一部分，主要包括6个阶段：系统需求分析阶段、概念结构设计阶段、逻辑结构设计阶段、物理结构设计阶段、数据库实施阶段、数据库运行和维护阶段。各个阶段的先后关系如图7-1所示。其中，对于每一个阶段，如果设计结果不满足要求，都可以返回前面的任意阶段，直到满足要求为止。

数据库设计的步骤

作为一种主流的数据库，关系数据库的设计目标是生成一组关系模式，既可以方便地获取信息，又不必存储不必要的冗余信息。关系数据库的设计过程同样也包括上述6个阶段，其中最为核心的阶段是逻辑结构设计阶段，也就是将概念模型转换为关系模型并进行规范化处理。具体来说就是将E-R图转换为关系模式，以及对关系模式进行规范化。比如，构造出来的关系模式是否适合所针对的具体问题、应该构造几个关系模式、每个关系模式由哪些属性构成等，都是关系数据库设计过程中要解决的核心问题。

在数据库的设计过程中，不同的人员会参与数据库设计的不同阶段。比如，用户和数据库管理员主要负责需求分析以及数据库的运行和维护；应用开发人员在系统实施阶段参与进来，负责编制程序和准备软件、硬件环境；而系统分析人员、数据库设计人员可能需要自始至终地参与数据库设计。需要注意的是，在数据库的设计过程中必须充分调动用户的积极性。另外，应用环境的改变、新技术的出现等都会导致应用需求发生变化，因此，设计人员在设计数据库时必须充分考虑系统的可扩充性，使设计灵活、易于修改。

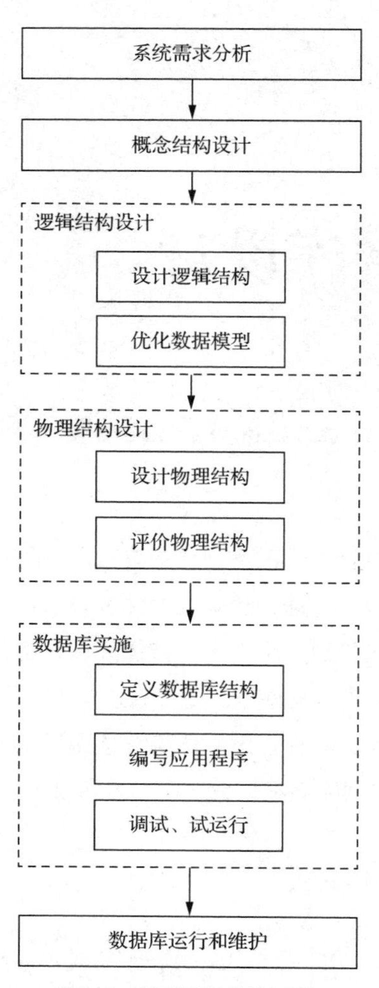

图7-1 数据库设计的基本步骤

7.2 系统需求分析

系统需求分析是整个设计阶段最困难、最耗时的阶段，它是在建立数据库的必要性和可行性分析研究的基础上进行的。通常的工作包括详细调查现实世界要处理的对象（如组织、部门、企业等），调查和分析用户的业务活动和数据的使用情况，弄清所用数据的种类、范围、数量以及它们在业务活动中交流的情况，确定用户对数据库系统的使用要求和各种约束条件等。在该阶段需要准确了解、分析用户的需求，形成需求分析说明书。

7.2.1 系统调研过程

系统调研也称项目调研，即把系统开发当作项目来运作，其主要目的是通过接触用户以了解并最终明确用户的实际需求。这个过程是一个系统分析人员理解和掌握用户业务流程的过程，也是一个需要不断与用户进行沟通和磋商的过程。系统调研方法比较灵活，因人、因系统而异。系统调研大致可以分为以下几个步骤来完成。

（1）充分了解项目背景以及开发的目的。一定要充分了解项目背景，知道项目所属的行业、所要解决的问题、在企业当中的位置和作用，项目涉及企业的哪些部门、是否得到企业领导层的足够重视，项目是否涉及对企业现有系统的兼容和改造等。

（2）深入用户单位（指使用该系统的机构和组织）进行调查。包括了解单位的组织结构、运作方式，了解各部门的职责。然后从数据流的角度分析各个部门的特性以及它与其他部门之间的关系，如各部门的输入（输出）数据及其格式是什么，这些数据来自哪里、去向何方等，并建立相应的记录。这个步骤是调研的重点，而且难度比较大，难点在于如何与用户建立有效的沟通渠道。用户与系统分析人员一般都具有不同的技术背景，所以经常导致这些情况出现：用户认为已经说清楚了的东西而系统分析人员对之还不理解，或者用户提出的要求过高，超出了计算机能够处理的范围等。当出现这些情况时，需要系统分析人员不断地询问或说明，时间久了就会使用户感到厌倦。在进行这项调查前系统分析人员应该做好充分的准备，例如拟好调查方案、设计合理而简洁的调查表等。

（3）确定用户需求、明确系统功能和边界。综合各个系统分析人员的调查结果，形成系统的功能说明书，确定哪些功能是系统要实现的，哪些是不应该实现的或者是不能实现的。所有这些结果都应该跟用户确认后以书面形式记录下来。

7.2.2 需求分析的方法

为表达用户的需求，可以采用多种分析方法。这些方法主要分为自顶向下和自底向上两类，其中常采用的方法是自顶向下的结构化分析（Structured Analysis，SA）方法。

SA方法的分析过程符合人类对问题的认识并最终解决的一般过程，其分析过程简单、实用，现已在众多领域中得到应用。

SA方法的特点可以归结为一棵树的产生过程：先创建树根结点，然后创建树根结点的子结点，接着创建各子结点的子结点，直到创建完所有的树叶结点。在这棵树中，树根结点相当于整个系统（第一层次上的系统），其子结点相当于第二层次上的系统，以此类推，最后层次上的系统由树叶结点表示，系统分析人员认为已经清楚而不必再分解了。自顶向下的SA方法是从整个系统开始，采用逐层分解的方式对系统进行分析的方法。

SA方法只是分析问题的一种思想，在具体的分析过程中还需要借助其他的分析工具，这样才能完成对分析过程和结果的记录、对用户需求的表达等。数据流图就是最为常用的辅助分析工具和描述手段。

数据流图以图形的方式来刻画数据处理系统中信息的转变和传递过程，是对现实世界中实际系统的一种逻辑抽象表示，但又独立于具体的计算机系统。自顶向下的SA方法可以与数据流图有机地结合起来，将对系统的分析过程和结果形象地表示出来。

7.3 概念结构设计

将需求分析得到的用户需求抽象为信息结构（即概念模型）的过程就是概念结构设计。概念模型具有以下特点。

（1）能真实、充分地反映现实世界，是现实世界的真实模型。

（2）易于理解，可以用它和不熟悉计算机的用户交换意见。

（3）易于更改，当应用环境和应用要求改变时，容易对概念模型进行修改和扩充。

（4）易于向关系、网状、层次等各种数据模型进行转换。

概念模型用于信息世界的建模，是现实世界到机器世界的一个中间层次，是数据库设计的有力工具，是数据库设计人员和用户进行交流的语言。对概念模型的基本要求是：具有较强的语义表达能力，能够方便、直接地表达应用中的各种语义知识，简单、清晰、易于用户理解。

本节首先介绍概念结构的设计方法，然后介绍概念模型及其表示方法（E-R图）。

7.3.1 概念结构的设计方法

概念结构的设计方法包括4种。

（1）自顶向下。首先定义全局概念结构的框架，然后逐步细化为完整的全局概念结构，如图7-2所示。

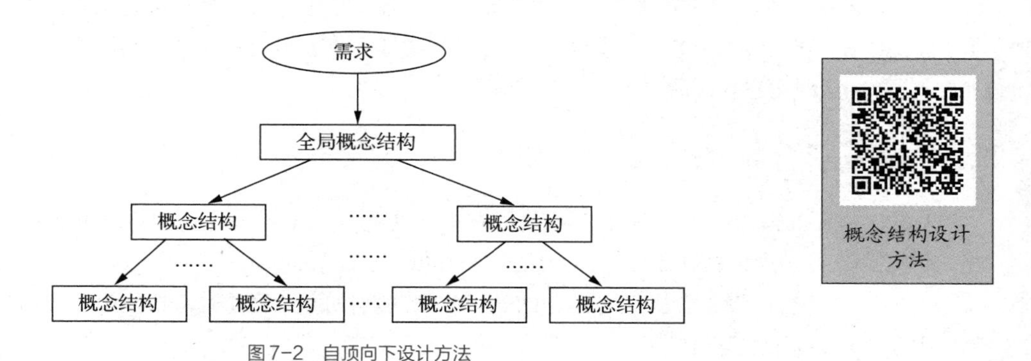

图7-2 自顶向下设计方法

（2）自底向上。首先定义各局部应用的概念结构，然后将它们集成起来，得到全局概念结构，如图7-3所示。

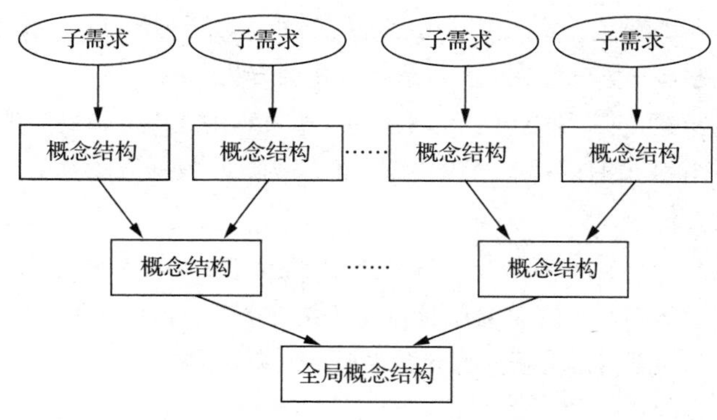

图7-3 自底向上设计方法

（3）逐步扩张。首先定义最重要的核心概念结构，然后向外扩充，以“滚雪球”的方式逐步生成其他概念结构，直至得到全局概念结构，如图7-4所示。

（4）混合策略。将自顶向下和自底向上结合，用自顶向下策略设计一个全局概念结构的框架，以它为骨架集成自底向上策略中设计的各局部概念结构，如图7-5所示。

常用的策略是自顶向下地进行需求分析，自底向上地设计概念结构。

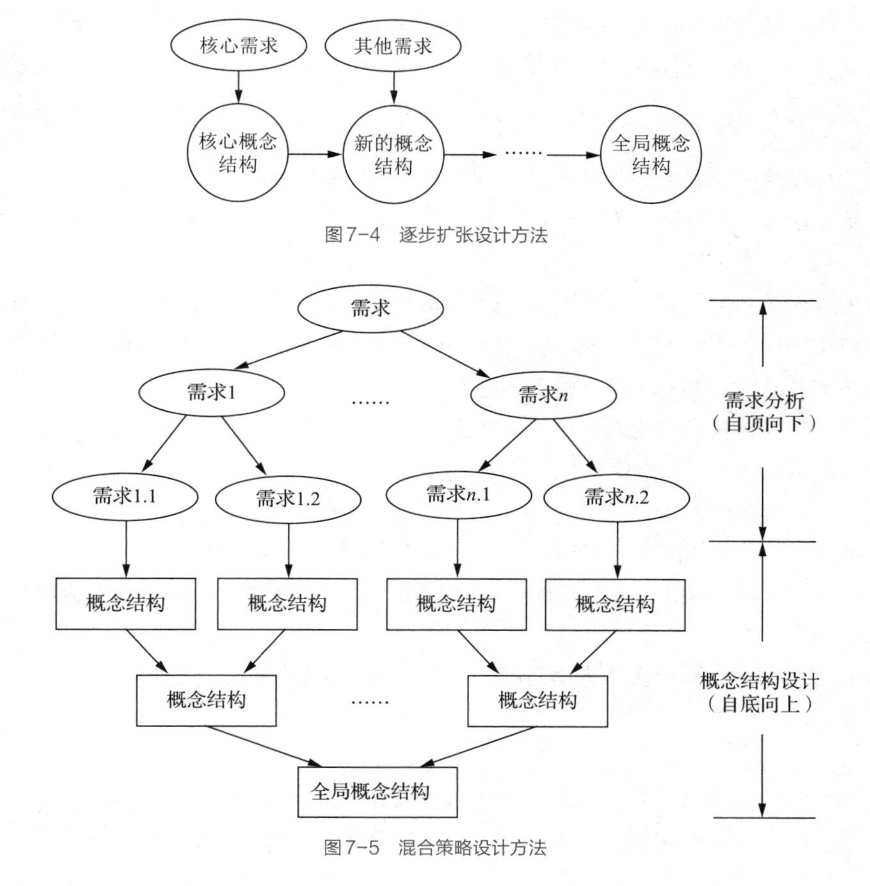

图7-4 逐步扩张设计方法

图7-5 混合策略设计方法

7.3.2 概念模型中的基本概念

概念结构设计的核心是用概念模型对现实世界进行建模。因此，需要先了解概念模型的基本概念，具体如下。

概念模型中的基本概念

（1）实体（Entity）。客观存在并可区分的事物称为实体，可以是具体的人、事、物，也可以是抽象的概念或联系。

（2）属性（Attribute）。实体所具有的某一特性称为属性。一个实体可以由若干个属性来刻画。

（3）码（Key）。唯一标识实体的属性集称为码。

（4）域（Domain）。属性的取值范围称为该属性的域。

（5）实体型（Entity Type）。用实体名及其属性名的集合来抽象和刻画同类实体称为实体型。比如，学生(学号,姓名,性别,年龄,系,年级)是一个实体型。

（6）实体集（Entity Set）。同型实体的集合称为实体集，如全体学生、女学生。

（7）联系（Relationship）。现实世界中事物内部的联系以及事物之间的联系在信息世界中反映为实体（型）内部的联系和实体（型）之间的联系。

7.3.3 实体之间的联系

概念模型需要描述实体以及实体之间的联系。在现实世界中，事物内部以及事物之间是有联系的。实体内部的联系通常是指组成实体的各属性之间的联系，实体之间的联系通常是指不同实体型的实体集之间的联系。

1. 两个实体型之间的联系

两个实体型之间的联系存在3种情况（见图7-6）：一对一联系（1∶1）、一对多联系（1∶n）、多对多联系（m∶n）。

（1）一对一联系（1∶1）

如果对于实体集A中的每一个实体，实体集B中至多有一个（也可以没有）实体与之联系，同样地，对于实体集B中的每一个实体，实体集A中至多有一个（也可以没有）实体与之联系，则称实体集A与实体集B具有一对一联系，记为1∶1。

例如，电影院的座位和观众两个实体集之间的联系就是1∶1联系，一个座位只能坐一位观众，一个观众也只能坐一个座位。

（2）一对多联系（1∶n）

如果对于实体集A中的每一个实体，实体集B中有n个实体（$n \geqslant 0$）与之联系，对于实体集B中的每一个实体，实体集A中至多只有一个实体与之联系，则称实体集A与实体集B有一对多联系，记为1∶n。

例如，部门和职工两个实体集之间的联系就是1∶n联系，一个部门可以有多个职工，而每个职工只能从属于一个部门。

（3）多对多联系（m∶n）

如果对于实体集A中的每一个实体，实体集B中有n（$n \geqslant 0$）个实体与之联系，对于实体集B中的每一个实体，实体集A中有m（$m \geqslant 0$）个实体与之联系，则称实体集A与实体集B有多对多联系，记为m∶n。

例如，工程项目和职工两个实体集之间的联系就是m∶n联系，一个工程项目可以由多个职工来完成，一个职工也可以参与多个工程项目。

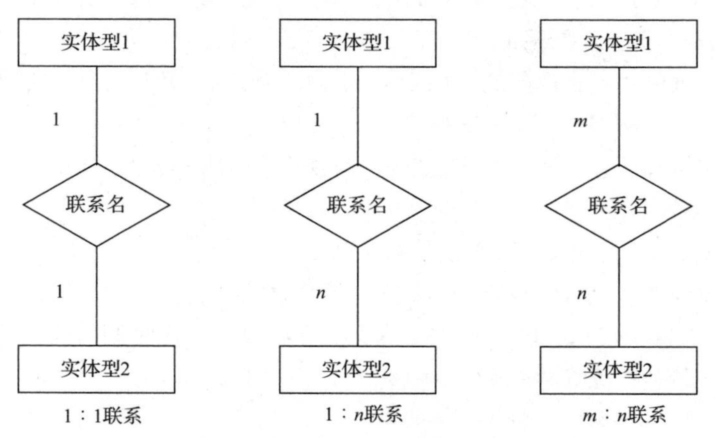

图7-6　两个实体型之间可能存在的联系

2. 两个以上实体型之间的联系

两个以上的实体型之间存在一对一、一对多、多对多联系。

假设有课程、教师与参考书3个实体型。一门课程可以由若干个教师讲授，使用若干本参考书，每个教师只讲授一门课程，每本参考书只供一门课程使用，课程与教师、参考书之间的联系是一对多联系，如图7-7所示。

再比如，有供应商、项目和零件3个实体型。一个供应商可以供给多个项目零件，每个项目可以使用多个供应商供应的零件，一个供应商可以供应多种零件，每种零件可以由不同供应商供给，可以看出，这3个实体型之间的联系是多对多联系，如图7-8所示。

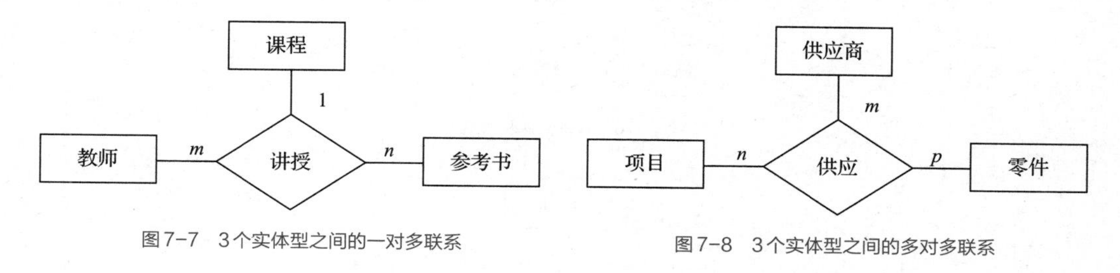

图7-7 3个实体型之间的一对多联系

图7-8 3个实体型之间的多对多联系

3. 单个实体型内的联系

同一个实体集内的各个实体之间也可以存在一对一、一对多和多对多的联系。

例如，职工实体集内部具有领导与被领导的联系，某一职工（领导）领导若干名职工，一个职工仅被另外一个职工（领导）直接领导，这是一对多联系，如图7-9所示。

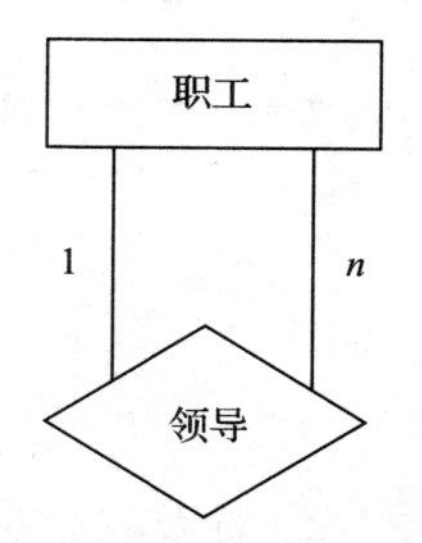

图7-9 单个实体型内的一对多联系

7.3.4 E-R图

E-R图提供了表示实体、属性和联系的方法，用来描述现实世界的概念模型，其通用的表示方式如下。

（1）实体：用矩形框表示，将实体名写在框内。

（2）属性：用椭圆框表示，将属性名写在框内，用连线将实体与属性连接起来。

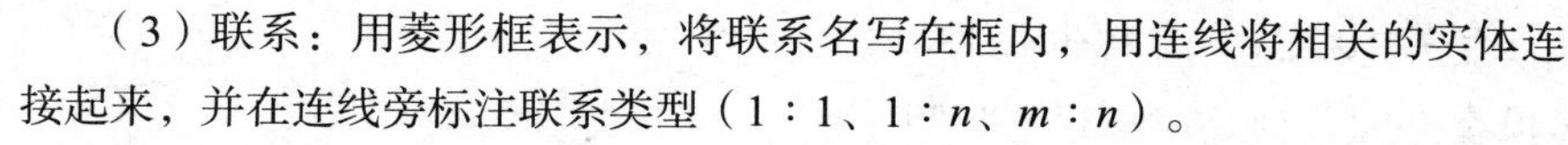

（3）联系：用菱形框表示，将联系名写在框内，用连线将相关的实体连接起来，并在连线旁标注联系类型（1∶1、1∶n、m∶n）。

例如，教师实体具有教工号、姓名、性别、出生年月、民族和籍贯等属性，如图7-10所示。

联系可以具有属性。比如，有供应商、项目和零件3个实体，如图7-11所示。一个供应商可以供给多个项目零件，每个项目可以使用多个供应商供应的零件，一个供应商可以供应多种零件，每种零件可以由不同供应商供给。3个实体之间存在多对多联系，联系的属性是供应量。

可以看出，E-R图接近普通人的思维，即使不具备计算机专业知识，也可以理解其表示的含义。

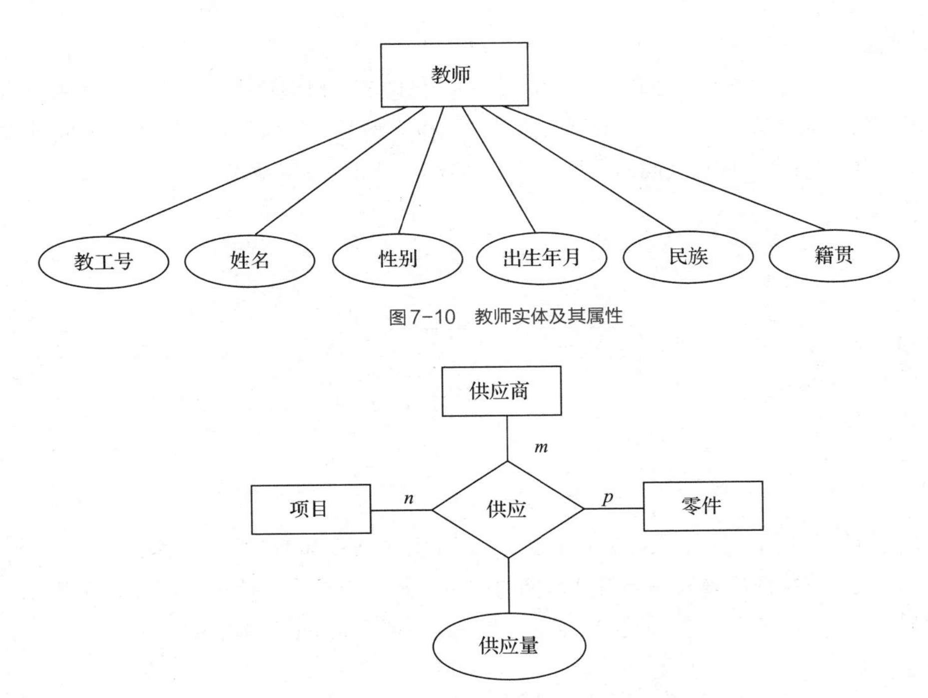

图7-10　教师实体及其属性

图7-11　3个实体之间的多对多联系及属性

7.3.5　E-R图实例

1. 医院病房管理E-R图

这里设计一个医院病房管理的概念模型，涉及的实体如下。

（1）科室，其属性包括科室名、科室地址和科室电话。

（2）病房，其属性包括病房号和床位号。

（3）病人，其属性包括病历号、姓名和性别。

（4）医生，其属性包括工作证号、姓名、职称和年龄。

这些实体之间的联系如下。

（1）一个科室可以管理多个病房，一个病房只能从属于一个科室。

（2）一个病房可以入住多个病人，一个病人只能入住一个病房。

（3）一个医生可以诊治多个病人，一个病人只能接受一个医生诊治。

（4）一个科室拥有多个医生，一个医生只能从属于一个科室。

根据上述语义描述，可以绘制出图7-12所示的E-R图。

2. 百货公司E-R图

百货公司管辖若干连锁商店，每家商店经营若干种商品，每种商品只能由一家商店经营；每家商店有若干职工，但每个职工只能隶属于一家商店。

实体“商店”的属性有店号、店名、店址、店经理。

实体“商品”的属性有商品号、商品名、单价、产地。

实体“职工”的属性有工号、姓名、性别、工资。

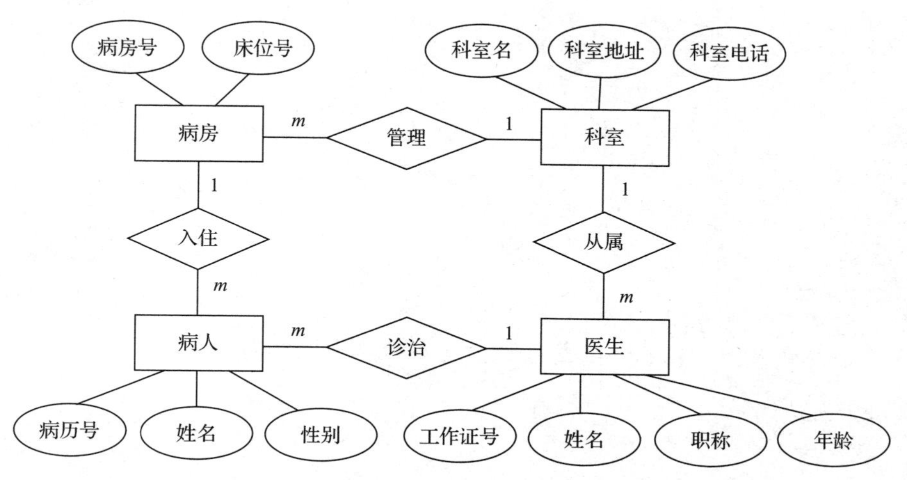

图7-12 医院病房管理E-R图

要求在联系中反映出职工参加某商店工作的开始时间、商店销售商品的月销量。

根据上述语义描述，可以绘制出图7-13所示的E-R图。

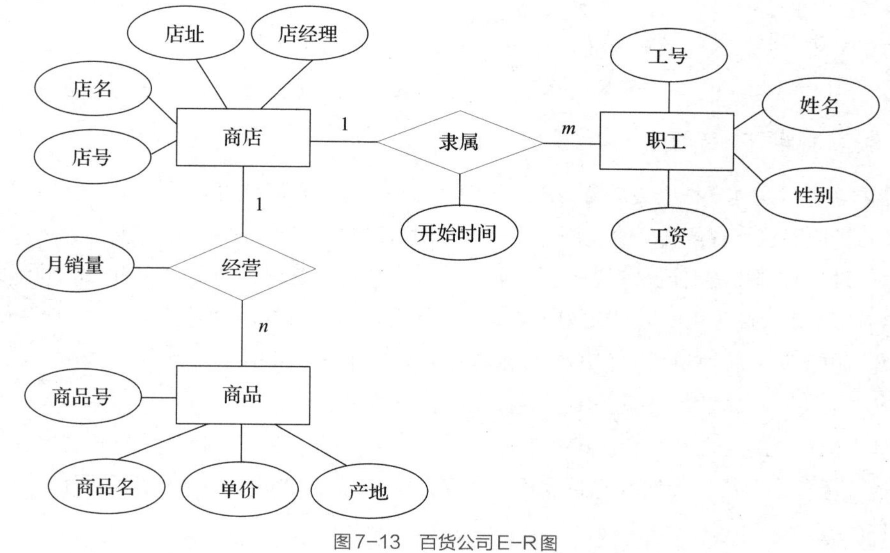

图7-13 百货公司E-R图

3．教学管理E-R图

学校有若干个系，每个系有若干个教师和学生，每个教师和学生只能从属于一个系；每个教师可以教授若干门课程，每门课程只能由一个教师来教授；每个教师可以参加多个项目，一个项目可以由多个教师参加；每个学生可以同时选修多门课程，一门课程也可以由多个学生选修；每个学生选修的每门课程都有成绩。

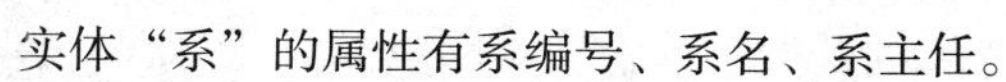

实体“系”的属性有系编号、系名、系主任。

实体“教师”的属性有教师编号、教师姓名、职称。

实体“学生”的属性有学号、姓名、性别、班号。

实体“项目”的属性有项目编号、名称、负责人。

实体“课程”的属性有课程编号、课程名、学分。

根据上述语义描述，可以绘制出图7-14所示的E-R图。

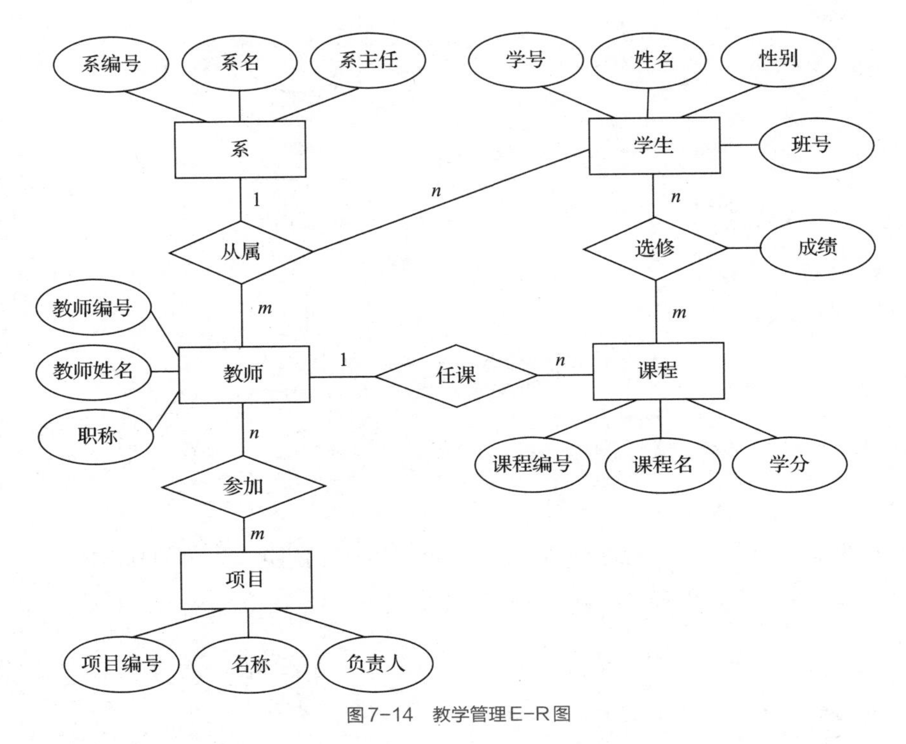

图7-14　教学管理E-R图

4. 服装管理E-R图

一个顾客可以购买多种服装（需要记录日期和金额），一种服装可以卖给多个顾客。每种服装只会存放在一个仓库中，一个仓库可以存放多种服装。一个仓库由多个管理员管理（需要记录管理年限），一个管理员可以管理多个仓库。一种服装会有多个供应商（需要记录供货时间），一个供应商可以供应多种服装。

服装管理E-R图

实体“顾客”的属性包括顾客ID、登录账号、登录密码、年龄。

实体“服装”的属性包括服装ID、名称、价格、类型。

实体“仓库”的属性包括仓库ID、仓库电话、仓库地址、仓库总容量、仓库剩余容量。

实体“仓库管理员”的属性包括仓库管理员ID、仓库管理员电话、仓库管理员性别、仓库管理员年龄。

实体“供应商”的属性包括供应商ID、供应商电话、供应商地址。

根据上述语义描述，可以绘制出图7-15所示的E-R图。

5. 工厂管理E-R图

某工厂需要建立一个数据库管理以下信息：该工厂有多个车间，一个车间只属于一个工厂；为了存放零件，该工厂有多个仓库，一个仓库只属于一个工厂；一个车间有多个职工，一个职工只能在一个车间工作；一个车间生产多种零件，一种零件可以被多个车间生产；一个仓库可以存储多种零件，一种零件可以存放到多个仓库中；零件的生产和存放需要标注相应的数量。

工厂管理E-R图

实体“工厂”的属性有工厂名、工厂电话、工厂位置（假设工厂名唯一）。

实体“车间”的属性有车间编号、车间电话、车间位置。

实体“仓库”的属性有仓库编号、仓库电话、仓库位置。

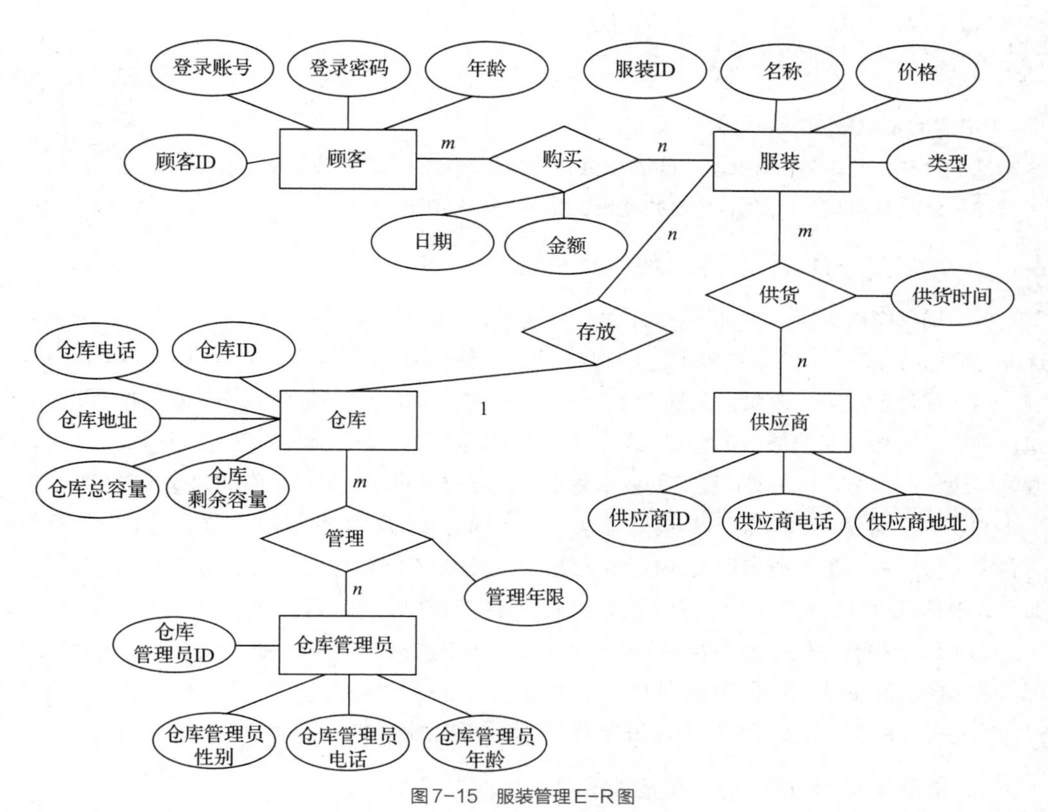

图7-15　服装管理E-R图

实体“职工”的属性有职工编号、职工姓名、职工性别。

实体“零件”的属性有零件编号、零件重量、零件价格。

根据上述语义描述，可以绘制出图7-16所示的E-R图。

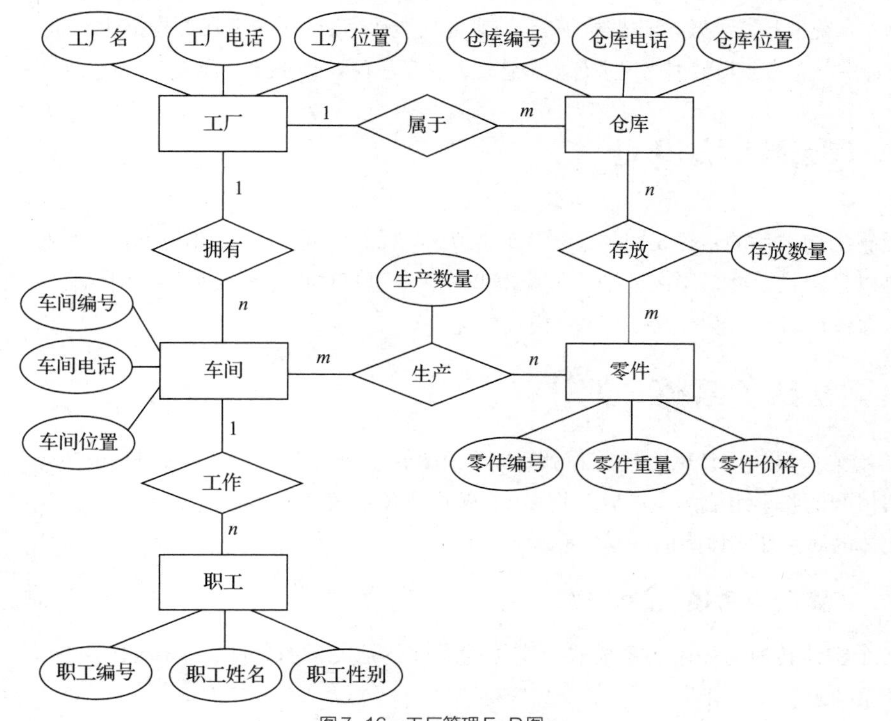

图7-16　工厂管理E-R图

7.3.6 E-R图的集成

E-R图的集成

E-R图的集成一般需要分为两步。

（1）合并。解决各分E-R图之间的冲突，将分E-R图合并成初步E-R图。

（2）修改和重构。消除不必要的冗余，生成基本E-R图。

1. 合并分E-R图，生成初步E-R图

各个局部应用所面向的问题不同，各个子系统的E-R图之间必定会存在许多不一致的地方。这种现象称为冲突。子系统E-R图之间的冲突主要包括3类：属性冲突、命名冲突和结构冲突。

（1）属性冲突。一种情形是属性域冲突，即属性值的类型、取值范围或取值集合不同。例如，对于部门号，有的部门把它定义为整数，有的部门把它定义为字符串。另一种情形是属性值单位冲突。例如，物品的长度有的以米为单位，有的以厘米为单位，有的以毫米为单位。

（2）命名冲突。一种情形是同名异义，即不同意义的对象在不同的局部应用中具有相同的名字。另一种情形是异名同义，即同一意义的对象在不同的局部应用中具有不同的名字。例如，对于科研项目，财务科称它为项目、科研处称它为课题、生产管理处称它为工程。

（3）结构冲突。同一对象在不同应用中具有不同的抽象。例如，职工在某一个局部应用中被当作实体，而在另一局部应用中则被当作属性。

合并分E-R图的主要工作与关键是合理消除各分E-R图的冲突。

2. 消除不必要的冗余，生成基本E-R图

所谓冗余的数据，是指可由基本数据导出的数据。冗余的联系是指可由其他联系导出的联系。消除冗余主要采用分析方法，即以数据流图和数据字典为依据，根据数据字典中关于数据项之间逻辑关系的说明来消除冗余。这里的数据字典是数据库系统中存储三级模式结构定义的数据库，通常是数据库系统中各类数据详细描述的集合，它的功能是存储和检索各种数据描述，即元数据。在数据库设计中，它对各类数据描述进行集中管理，它是一种数据分析、系统设计和管理的有力工具。

7.4 逻辑结构设计

逻辑结构设计的目标是将概念模型转换为等价的、为特定DBMS所支持的数据模型。数据模型可以是网状模型、层次模型或关系模型等，这里只讨论关系模型。逻辑结构设计一般包含两个步骤：初始关系模式设计、关系模式的优化。

7.4.1 初始关系模式设计

初始关系模式设计的主要工作就是将E-R图转换成关系模式。E-R图是由实体、实体的属性和实体间的联系组成的，所以，把E-R图转换成关系模式，实际上就是将实体、实体的属性和实体间的联系转换为关系模式。

1. 实体向关系模式的转换

一个实体转换为一个关系模式，实体的属性就是关系的属性，实体的码就是关系的码。

实体向关系模式的转换

例如，某教师实体如图7-17所示。

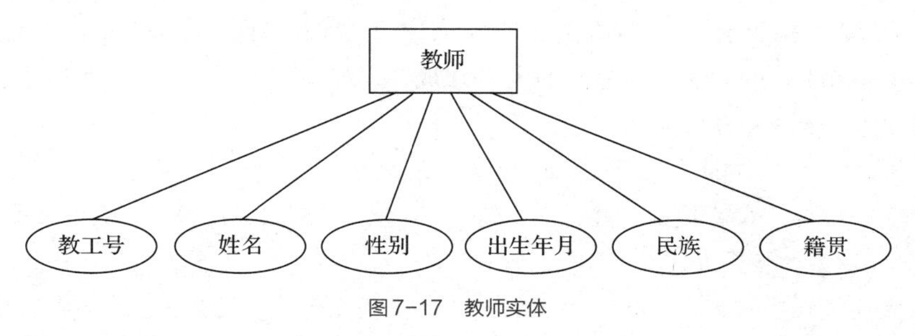

图7-17　教师实体

可以将这个教师实体转换为如下关系模式：

教师(教工号,姓名,性别,出生年月,民族,籍贯)

2. 实体间联系的转换方法

（1）1：1联系的转换方法

一个1：1联系可以转换为一个独立的关系模式，也可以与任意一端实体对应的关系模式合并。如果将1：1联系转换为一个独立的关系模式，则与该联系相连的各实体的码，以及该联系本身的属性均转换为关系模式的属性，且每个实体的码均是该关系模式的候选码。如果将1：1联系与某一端实体对应的关系模式合并，则需要在被合并关系模式中增加属性，新增的属性为联系本身属性和与联系相关的另一个实体的码。

例如，有一个1：1的联系，联系名称是“管理”，如图7-18所示，把这个联系转换为关系模式，可以使用以下3种方法。

① 转换为一个独立的关系模式：管理(职工号,班级号)或管理(职工号,班级号)。这里的属性加下画线表示它是关系的码。

② 将“管理”联系与“班级”关系模式合并，则只需在“班级”关系模式中加入“教师”关系模式的码，即职工号，得到的关系模式为班级(班级号,学生人数,职工号)。

③ 将“管理”联系与“教师”关系模式合并，则只需在“教师”关系模式中加入“班级”关系模式的码，即班级号，得到的关系模式为教师(职工号,姓名,性别,职称,班级号,是否为优秀班主任)。

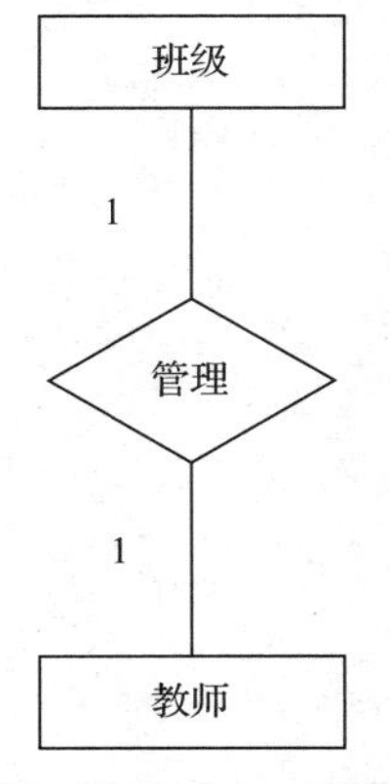

图7-18　一个1：1联系

（2）1：n联系的转换方法

在向关系模式转换时，实体间的1：n联系有两种转换方法。一种方法是将联系转换为一个独立的关系模式，其属性由与该联系相连的各实体的码，以及该联系本身的属性组成，而该关系模式的码为n端实体的码。另一种方法是在n端实体中增加新属性，原关系的码不变。

例如，有一个1：n的联系，联系名称是“组成”，如图7-19所示，把这个联系转换为关系模式，可以使用以下两种方法。

① 使其成为一个独立的关系模式：组成(<u>学号</u>,班级号)。

② 将其与“学生”关系模式合并：学生(<u>学号</u>,姓名,出生日期,所在系,年级,班级号)。

（3）m：n联系的转换方法

在向关系模式转换时，一个m：n联系转换为一个关系模式。转换方法为：与该联系相连的各实体的码，以及该联系本身的属性均转换为关系模式的属性，新关系模式的码为两个相连实体的码的组合。

例如，有一个m：n的联系，联系名称是“选修”，如图7-20所示，把这个联系转换为关系模式：选修(<u>学号</u>,<u>课程号</u>,成绩)。

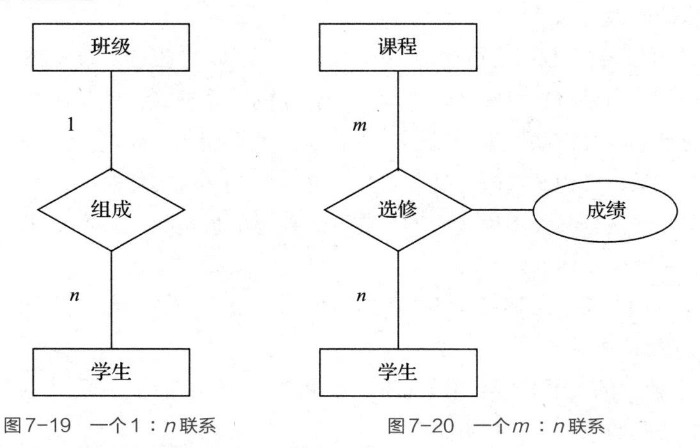

图7-19　一个1：n联系　　　　图7-20　一个m：n联系

（4）3个或3个以上实体间的多元联系的转换方法

将3个或3个以上实体间的多元联系转换为关系模式的方法是新建一个独立的关系模式，该关系模式的属性为多元联系相连的各实体的码及联系本身的属性，码为各实体的码的组合。

例如，有一个多元联系，联系的名称是“讲授”，如图7-21所示，可以将它转换为关系模式：讲授(<u>课程号</u>,<u>职工号</u>,<u>书号</u>,课时)。

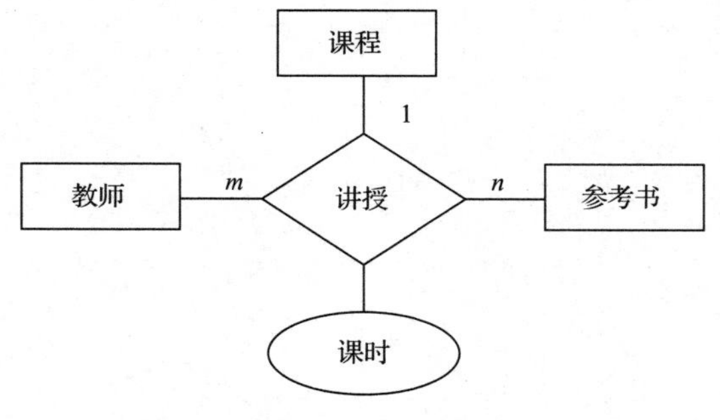

图7-21　一个多元联系

（5）同一实体集的实体之间的联系的转换方法

同一实体集的实体之间的联系即自联系，它的转换也可以按上述1：1、1：n和m：n 3种情况分别处理。

3. 实例

【例7.1】把7.3.5小节的医院病房管理E-R图转换成关系模式。

科室(科室名,科室地址,科室电话)

病房(病房号,床位号,科室名)

病人(病历号,姓名,性别,病房号,工作证号)

医生(工作证号,姓名,职称,年龄,科室名)

备注：加下画线的属性表示主码，加灰色背景的属性表示外码，余同。

【例7.2】把7.3.5小节的百货公司E-R图转换成关系模式。

职工(工号,姓名,性别,工资,店号,开始时间)

商店(店号,店名,店址,店经理)

商品(商品号,商品名,单价,产地)

经营(店号,商品号,月销量)

【例7.3】把7.3.5小节的教学管理E-R图转换成关系模式。

系(系编号,系名,系主任)

教师(教师编号,教师姓名,职称)

学生(学号,姓名,性别,班号)

项目(项目编号,名称,负责人)

课程(课程编号,课程名,学分,教师编号)

参加(教师编号,项目编号)

选修(学号,课程编号,成绩)

从属(系编号,教师编号,学号)

【例7.4】把7.3.5小节的服装管理E-R图转换成关系模式。

顾客(顾客ID,登录账号,登录密码,年龄)

仓库(仓库ID,仓库电话,仓库地址,仓库总容量,仓库剩余容量)

服装(服装ID,名称,价格,类型,仓库ID)

供应商(供应商ID,供应商电话,供应商地址)

仓库管理员(仓库管理员ID,仓库管理员性别,仓库管理员电话,仓库管理员年龄)

供货(供应商ID,服装ID,供货时间)

购买(顾客ID,服装ID,金额,日期)

管理(仓库ID,仓库管理员ID,管理年限)

【例7.5】把7.3.5小节的工厂管理E-R图转换成关系模式。

工厂(工厂名,工厂电话,工厂位置)

车间(车间编号,车间电话,车间位置,工厂名)

仓库(仓库编号,仓库电话,仓库位置,工厂名)

职工(职工编号,职工姓名,职工性别,车间编号)

零件(零件编号,零件重量,零件价格)

生产(车间编号,零件编号,生产数量)

存放(仓库编号,零件编号,存放数量)

7.4.2 关系模式的优化

数据库逻辑结构设计的结果不是唯一的。为了进一步提高数据库应用系统的性能，还应该根据需要适当地修改、调整关系模式的结构。这就是关系模式的优化。关系模式的优化通常以关系规范化理论为指导，具体方法如下。

关系模式的优化

（1）确定各属性间的函数依赖关系。

（2）对各个关系模式之间的函数依赖集进行极小化处理，消除冗余的联系。

（3）判断每个关系模式的范式，根据实际需要确定最合适的范式。

（4）按照需求分析阶段得到的处理要求，分析关系模式对应用场景是否适用，确定是否要对某些关系模式进行合并或分解。

（5）对关系模式进行必要的分解，提高数据操作的效率和存储空间的利用率。

7.5 物理结构设计

数据库在物理设备上的存储结构与存取方法称为数据库的物理结构，它依赖于给定的计算机系统。为一个给定的逻辑数据模型选取一个最适合应用要求的物理结构的过程，称为物理结构设计。物理结构设计的目的是有效地实现逻辑模式，确定所采取的存储策略。此阶段以逻辑设计的结构作为输入，并结合具体DBMS的特点与存储设备的特性进行设计，选定数据库在物理设备上的存储结构和存取方法。物理结构设计主要步骤包括确定数据分布、存储结构、访问方式。物理结构设计完成以后，还要进行性能评价。如果评价结果为满足原设计要求，则可进入数据库实施阶段；否则需要重新设计或修改物理结构，有时甚至要返回逻辑结构设计阶段修改数据模型。

物理结构设计

7.5.1 确定数据分布

从企业计算机应用环境出发，确定数据是采用集中管理模式还是采用分布式管理模式，目前一般采用分布式管理模式。数据分布需要考虑以下几个方面。

（1）根据不同应用分布数据。一般情况下企业的不同部门所使用的数据不同，将与部门应用相关的数据存储在相应的场地，实现在不同场地处理不同的业务，针对应用的多个场地的业务可以通过网络进行数据管理。

（2）根据处理要求确定数据的分布。针对不同的处理要求，会有不同的使用频度和响应时间要求。频度高、响应时间短的数据应该存储在高速设备上。

（3）针对数据的分布存储必然会导致数据的逻辑结构发生变化，要对关系模式做新的调整。

7.5.2 确定数据的存储结构

存储结构具体是指数据库文件中记录之间的物理结构。在文件中，数据是以记录为单位进行存储的，可以采用顺序存储、哈希存储、堆存储、B+树等方式。

一般为了提高数据的访问速度，会采用索引技术。在物理结构设计阶段，要根据数据处理和修改要求，确定数据库文件的索引字段和索引类型。

7.5.3 确定数据的访问方式

数据的访问方式一般是由存储结构决定的。数据库物理结构的组成包括存储结构的设计、存储记录的布局、存取方法的设计等。

1. 存储结构的设计

存储记录一般包括以下几个组成部分：记录、数据项长度、长度和数据项之间的联系、逻辑记录到存储记录的映射。一般在设计记录的存储结构时，并不改变数据库的逻辑结构，但可以在物理上对记录进行封装。多个用户同时访问数据时会由于访问冲突而等待，可以将这些数据分布在不同的磁盘组上，当多个用户同时访问时，系统可以并行地执行I/O，减少访问冲突，从而提高数据库的性能。

2. 存储记录的布局

存储记录的布局就是确定数据的存放位置。存储记录作为一个整体如何分布在物理区域上，是数据库物理设计阶段的重要问题。聚簇功能可以大大提高按聚簇码进行查询的效率。建立聚簇索引的原则如下。

（1）聚簇码的值相对稳定，不需要或很少需要进行修改。

（2）表主要用于查询，并且通过聚簇码进行访问或连接是该表的主要应用。

（3）对应每个聚簇码值的平均元组数既不能太多，也不能太少。

3. 存取方法的设计

存取方法为存储在物理设备上的数据提供存储和检索能力。存取方法包括存储结构、检索机制。存储结构限制可能访问的路径和存储记录，检索机制定义每个应用的访问路径。

7.5.4 评价物理结构

在物理结构的设计过程中需要对时间效率、空间效率、维护代价和各种用户要求进行权衡，权衡后可能会产生多种设计方案。数据库设计人员必须对这些方案进行详细的评价，从中选择一个较优的方案作为数据库的物理结构。评价数据库物理结构的方法完全依赖于所选择的DBMS，主要是从定量估算各种方案的存储空间、存取时间和维护代价入手，对估算结果进行权衡和比较，选出一个较优的、合理的物理结构。如果该物理结构不符合用户需求，则需要修改设计。

7.6 数据库实施

对数据库的物理结构进行初步评价以后，就可以进行数据库的实施了。数据库实施阶段的工作是：设计人员用DBMS提供的DDL和其他应用程序将逻辑结构设计和物理结构设计的结果严格描述出来，使数据模型成为DBMS可以接受的代码，再经过调试产生目标模式，完成建立数据库结构的工作，最后组织数据入库，并运行应用程序进行调试。数据库实施主要包括以下几个步骤。

（1）建立数据库结构。在确定数据库的逻辑结构和物理结构之后，接着就要使用选定的DBMS提供的各种工具来建立数据库结构。当数据库结构建立好后，就可以开始运行DBMS提供的数据语言及其宿主语言编写数据库的应用程序。

（2）数据的载入。数据库结构建立之后，可以向数据库中装载数据。组织数据入库是数据库实施阶段的主要工作。来自各部门的数据的格式通常不符合系统要求，需要对数据格式进行统一，同时还要保证数据的完整性和有效性。

（3）应用程序的编制与调试。数据库应用程序的设计应与数据库的设计同时进行，也就是说编制与调试应用程序的同时，需要实现数据的入库。如果调试应用程序时数据的入库尚未完成，可先使用模拟数据。

（4）数据库的试运行。在将一部分数据加载到数据库后，就可以开始对数据库系统进行联合调试了。这个过程又称为数据库试运行。这一步要实际运行数据库应用程序，执行对数据库的各种操作，测试应用程序的功能是否满足系统设计要求。如果不满足系统设计要求，则要对应用程序进行修改、调整，直到满足为止。此外，还要对系统的性能进行测试，分析其是否达到设计目标。完成应用程序的开发与调试后，就可以对原始数据进行采集、整理、转换及入库，并开始数据库的试运行。

7.7 数据库运行和维护

数据库运行和维护

数据库试运行合格后，即可投入正式运行，这标志着数据库开发工作基本完成。但是，由于应用环境在不断变化，数据库运行过程中物理存储也会不断变化。对数据库设计进行评价、调整、修改等维护工作是一项长期的任务，也是设计工作的继续和提高。

在数据库运行阶段，数据库的维护工作主要如下。

（1）数据库的备份和恢复。SQL Server 提供了两种不同类型的恢复机制：一类是系统自动完成恢复，即相应的措施在系统每次启动时都自动采取，保证在系统瘫痪前执行完成的事务都写到了数据库设备上，而未执行完成的事务都被回滚；另一类是人工完成恢复，即通过 DUMP 和 LOAD 命令来执行人工备份和恢复工作。因此，定期备份事务日志和数据库是一项十分重要的日常维护工作。

（2）数据库的安全性和完整性控制。数据库的安全性保护数据库不被非法使用而造成数据泄露、被更改或被破坏。数据库的完整性保证数据库中数据的一致性。为保证系统数据的安全，系统管理员必须依据系统的实际情况，采取一系列的安全保障措施。数据库管理员需要综合运用各种计算机系统安全防护技术和数据库安全保护机制，对数据库系统进行有效管理，确保数据库系统的数据安全。同时，数据库管理员应该合理设置访问权限，让特定用户只能访问允许其访问的数据。

（3）数据库性能的监督、分析和改进。可以使用DBMS提供的监测系统性能参数的工具对系统运行过程中的各种性能指标进行监控，发现问题并及时解决问题，避免系统异常给企业带来不可挽回的损失。

（4）数据库的重组和重构。数据库的重组是指按照系统设计要求对数据库存储空间进行全面调整，如调整磁盘分区和存储空间、重新安排数据的存储、整理回收碎块等，以提高数据库性能。数据库的重构是指由于数据库应用环境不断变化，增加了新的应用或新的实体、取消了某些应用、有的实体与实体间的联系也发生了变化，这使得原有的数据库设计不能满足新的需求，此时需要调整数据库的模式和内模式。数据库的重组并不修改数据库原有设计的逻辑结构和物理结构，而数据库的重构则不同，它可以部分修改数据库的模式和内模式。

7.8 本章小结

数据库设计是程序开发的核心部分，标准的数据库设计原则和步骤能有效提高开发效率。数据库设计是信息系统开发和建设的重要组成部分。数据库设计人员应该具备的技术和知识包括数据库的基本知识和数据库设计技术、计算机科学的基础知识、程序设计的方法和技巧、软件工程的原理和方法、应用领域的知识。数据库设计质量与设计人员的经验和水平有直接关系，因此，读者必须学好数据库设计的相关理论和技术，并在丰富的实践过程中不断积累经验，这样才能设计出高性能的数据库。

7.9 习题

1. 试述数据库设计的基本步骤。
2. 试述在系统需求分析阶段，系统调研过程包含哪几个步骤。
3. 试述概念结构设计包含哪4种方法，每种方法的具体含义是什么。
4. 试述概念模型中的基本概念有哪些，具体含义是什么。
5. 试述两个实体型之间的联系有哪3种情况，分别是什么含义。
6. 请以一个具体实例说明E-R图的绘制方法。
7. 试述E-R图的集成包括哪几个步骤。
8. 试述E-R图之间的冲突主要包括哪3类，具体是什么含义。
9. 请以一个实例说明1：1联系的转换方法。
10. 请以一个实例说明1：n联系的转换方法。
11. 请以一个实例说明m：n联系的转换方法。
12. 请以一个具体实例说明3个或3个以上实体间的多元联系的转换方法。
13. 试述关系模式的优化方法是什么。
14. 试述物理结构设计主要包括哪些步骤。
15. 试述数据库实施主要包括哪些步骤。
16. 试述数据库的维护工作主要包括哪些。
17. 某运动会主办方通过需求分析得到如下信息。

主办方需要建立一个数据库管理以下信息。运动会有多个运动员、多个比赛项目、多个裁判组、多个裁判。每个比赛项目由多个运动员参加，一个运动员可以参加多个比赛项目，运动员参加比赛的时候要记录比赛时间和比赛成绩。每个比赛项目由一个裁判组负责，且一个裁判组只能负责一个比赛项目，一个裁判组由多个裁判组成。

实体“运动员”的属性有运动员编号、姓名、性别。

实体“比赛项目”的属性有项目编号、项目名称。

实体“裁判组”的属性有裁判组编号、裁判数量。

实体“裁判”的属性有裁判编号、裁判名称、裁判级别。

请根据上述描述完成以下任务。

（1）试画出E-R图，并注明属性和联系类型。

（2）将E-R图转换成关系模型，并注明主码和外码。

18. 某电影经过需求分析得到如下信息。

实体“电影”的属性包括电影编号、电影名称、电影长度、电影制作年份。

实体“电影公司”的属性包括公司编号、公司名称、公司地址、公司电话。

实体“演员”的属性包括演员编号、演员姓名、演员性别、演员年龄。

实体“观众”的属性包括观众编号、观众姓名、观众性别。

约定：每个电影公司可以制作多部电影，也可以管理多个演员；一部电影只能由一个电影公司制作；一部电影有多个演员，一个演员可以演多部电影；一个演员只归一个电影公司管理；一部电影可由多个观众观看，一个观众也可以观看多部电影。

请根据上述描述完成以下任务。

（1）试画出E-R图，并注明属性和联系类型。

（2）将E-R图转换成关系模型，并注明主码和外码。

19. 某酒店经过需求分析得到如下信息。

该酒店具有多个房间，雇用多个员工。一个员工只能被一个酒店雇用，一个员工需要打扫多个房间，一个员工需要服务多个顾客。一个房间只属于一个酒店，一个房间只由一个员工打扫，一个房间可以入住多个顾客。一个顾客可以被多个员工服务，一个顾客只能入住一个房间。

实体“酒店”的属性有酒店名称、酒店地址、酒店电话（假设酒店名称唯一）。

实体“员工”的属性有员工编号、员工姓名、员工性别、员工职务。

实体“房间”的属性有房间号码、房间价格、房间类型。

实体“顾客”的属性有顾客身份证、顾客姓名、顾客性别、顾客电话。

请根据上述描述完成以下任务。

（1）试画出E-R图，并注明属性和联系类型。

（2）将E-R图转换成关系模型，并注明主码和外码。

第8章 NoSQL数据库

传统的关系数据库可以较好地支持结构化数据存储和管理，它以完善的关系代数理论为基础，具有严格的标准，支持事务ACID特性，借助索引机制可以实现高效的查询。因此，关系数据库从20世纪70年代诞生以来就一直是数据库领域的主流产品类型。但是，Web 2.0的迅猛发展以及“大数据时代”的到来，使关系数据库的发展越来越力不从心。在“大数据时代”，数据类型繁多，包括结构化数据和各种非结构化数据，其中非结构化数据的比例在90%以上。关系数据库由于具有数据模型不灵活、水平扩展能力较差等局限性，已经无法满足各种类型的非结构化数据的大规模存储需求。不仅如此，关系数据库引以为豪的一些关键特性，如事务机制和支持复杂查询，在“Web 2.0时代”的很多应用中都成为“鸡肋”。因此，在新的应用需求驱动下，各种新型的NoSQL数据库不断涌现，并逐渐获得市场的青睐。

本章首先介绍NoSQL兴起的原因，比较NoSQL数据库与传统的关系数据库的差异；然后介绍NoSQL数据库的四大类型以及NoSQL数据库的三大基石；最后简要介绍与NoSQL数据库同样受到关注的NewSQL数据库。

8.1 NoSQL概述

NoSQL概述

NoSQL是一种不同于关系数据库的DBMS设计方式，是非关系数据库的统称，它所采用的数据模型并非传统关系数据库的关系模型，而是类似键值、列族、文档等非关系模型。NoSQL数据库没有固定的表结构，通常也不存在连接操作，也没有严格遵守ACID约束条件。因此，与关系数据库相比，NoSQL具有灵活的水平可扩展性，可以支持海量数据存储。此外，NoSQL数据库支持MapReduce风格的编程，可以较好地应用于“大数据时代”的各种数据管理。NoSQL数据库的出现，一方面弥补了关系数据库在当前商业应用中存在的各种缺陷，另一方面也撼动了关系数据库的垄断地位。

当应用场合需要简单的数据模型、灵活的IT系统、较高的数据库性能和较低的数据库一致性时，NoSQL数据库是一个很好的选择。通常NoSQL数据库具有以下3个特点。

1. 灵活的可扩展性

传统的关系数据库由于自身设计机理的原因，通常很难实现横向扩展，在数据库系统负载大规模增加时，往往需要通过升级硬件来实现纵向扩展。但是，当前的计算机硬件制造工艺已经达到一个限度，性能提升的速度开始趋缓，已经远远赶不上数据库系统负载的增加速度，而且配置高端的高性能服务器成本很高，因此寄希望于通过纵向扩展满足实际业务需求已经变得越来越不现实。相反，横向扩展仅需要非常普通、廉价的标准化刀片服务器，不仅具有较高的性价比，也提供了理论上近乎无限的扩展空间。NoSQL数据库在设计之初就是为了满足横向扩展的需求的，因此具备良好的横向扩展能力。

2. 灵活的数据模型

关系模型是关系数据库的基石，它以完备的关系代数理论为基础，具有规范的定义，遵守各种严格的约束条件。这种做法虽然满足了业务系统对数据一致性的要求，但是过于“死板”的数据模型也意味着无法满足各种新兴的业务需求。相反，NoSQL数据库旨在摆脱关系数据库的各种束缚条件，摈弃了流行多年的关系模型，转而采用键值、列族等非关系模型，允许在一个数据元素里存储不同类型的数据。

3. 与云计算紧密融合

云计算具有很好的水平扩展能力，可以根据资源使用情况进行自由伸缩，各种资源可以动态加入或退出。NoSQL数据库可以凭借自身良好的横向扩展能力，充分、自由地利用云计算基础设施，很好地融入云计算环境中，构建基于NoSQL的云数据库服务。

8.2 NoSQL兴起的原因

NoSQL兴起的原因

关系数据库是指采用关系模型的数据库，最早由图灵奖得主、有“关系数据库之父”之称的埃德加·科德于1970年提出。由于关系数据库具有规范的行和列结构，因此存储在关系数据库中的数据通常被称为结构化数据，用来查询和操作关系数据库的语言被称为结构查询语言（Structure Query Language，SQL）。由于关系数据库具有完备的关系代数理论基础、完善的事务管理机制和高效的查询处理引擎，因此它在社会生产和生活中得到了广泛的应用，并从20世纪70年代到21世纪前10年，一直占据商业数据库应用的主流位置。目前主流的关系数据库有Oracle、DB2、SQL Server、Sybase、MySQL等。

尽管数据库的事务和查询机制较好地满足了银行、电信等各类商业公司的业务数据管理需求，但是随着Web 2.0的兴起和“大数据时代”的到来，关系数据库显得越来越力不从心，暴露出越来越多难以弥补的缺陷，于是NoSQL数据库应运而生，它很好地满足了Web 2.0的需求，得到了市场的青睐。

8.2.1 关系数据库无法满足 Web 2.0 的需求

关系数据库已经无法满足Web 2.0的需求，主要表现在以下3个方面。

1. 无法满足海量数据的管理需求

在“Web 2.0时代”，每个用户都是信息的发布者，用户的购物、社交、搜索等网络行为都在产生大量数据。据统计，在1分钟内，新浪微博可以产生2万条微博，淘宝网可以卖出6万件商品，人人网可以发生30万次访问，百度可以产生90万次搜索查询。上述网站很快就可以产生超过10亿条的记录。对关系数据库来说，在一张有10亿条记录的表里进行SQL查询，效率极其低下。

2．无法满足数据高并发的需求

在“Web 1.0时代”，网站通常采用动态页面静态化技术，事先访问数据库生成静态页面供浏览者访问，从而保证在大规模用户访问时，也能够有较好的实时响应性能。但是，在“Web 2.0时代”，各种用户的信息都在不断地更新，购物记录、搜索记录、微博粉丝数等信息都需要实时更新，动态页面静态化技术基本没有用武之地，所有信息都需要动态实时生成，这就会有高并发的数据库访问，可能产生每秒上万次的读写请求。对很多关系数据库而言，这都是“难以承受之重”。

3．无法满足高可扩展性和高可用性的需求

在“Web 2.0时代”，不知名的网站可能一夜爆红，用户迅速增加；已经广为人知的网站也可能因为发布了热门信息，引来大量用户在短时间内围绕该信息进行大量交流互动。这些都会导致数据库读写负荷急剧增加，需要数据库能够在短时间内迅速提升性能应对突发需求。但是，遗憾的是，关系数据库通常是难以横向扩展的，没有办法像网页服务器和应用服务器那样简单地通过添加更多的硬件和服务节点来扩展性能和负载能力。

8.2.2 关系数据库的关键特性在“Web 2.0 时代”成为“鸡肋”

关系数据库的关键特性包括完善的事务机制和高效的查询机制。关系数据库的事务机制是由1998年图灵奖获得者、被誉为“数据库事务处理专家”的詹姆斯·格雷提出的。一个事务具有原子性、一致性、隔离性、持续性（即ACID特性），有了事务机制，数据库中的各种操作可以保证数据的一致性修改。关系数据库还拥有非常高效的查询机制，可以对查询语句进行语法分析和性能优化，保证查询的高效执行。

但是，关系数据库引以为傲的两个关键特性到了“Web 2.0时代”却成了“鸡肋”，主要表现在以下3个方面。

1．Web 2.0 网站系统通常不要求严格的数据库事务

对许多Web 2.0网站而言，数据库事务已经不是那么重要了。比如，对微博网站而言，如果一个用户发布微博的过程出现错误，系统可以直接丢弃该信息，而不必像关系数据库那样执行复杂的回滚操作，这样并不会给用户造成什么损失。而且，数据库事务通常有一套复杂的实现机制来保证数据的一致性，需要大量系统开销；对包含大量频繁实时读写请求的Web 2.0网站而言，实现事务的代价是难以承受的。

2．Web 2.0 并不要求严格的读写实时性

对关系数据库而言，一旦有一条数据记录成功插入数据库，这条数据记录就可以立即被查询到。这对银行等金融机构而言是非常重要的。银行用户肯定不希望自己刚刚存入一笔钱，却无法在系统中立即查询到这笔存款记录。但是，Web 2.0却没有这种实时读写需求，用户的微博粉丝数量增加了10个，在几分钟后显示更新后的粉丝数量，用户可能也不会察觉。

3. Web 2.0 通常不包含大量复杂的 SQL 查询

复杂的SQL查询通常包含多表连接操作，在数据库中，多表连接操作代价高，因此各类SQL查询处理引擎都设计了十分巧妙的优化机制，通过调整选择、投影、连接等操作的顺序，达到尽早减少参与连接操作的元组数目的目的，从而降低连接代价、提高连接效率。但是，Web 2.0网站在设计时就已经尽量减少甚至避免了这类操作，通常只采用单表的主键查询，因此关系数据库的查询优化机制在Web 2.0中难以有所作为。

综上所述，关系数据库凭借自身的独特优势，很好地满足了传统企业的数据管理需求，在数据库领域占据主流地位40余年；但是随着“Web 2.0时代”的到来，各类网站的数据管理需求已经与传统企业大不相同，在这种新的应用背景下，纵使关系数据库使尽浑身解术，也难以满足新时代的要求，于是NoSQL数据库应运而生，它的出现可以说是IT发展的必然。

8.3 NoSQL数据库与关系数据库的比较

表8-1给出了NoSQL数据库和关系数据库的简单比较，比较标准包括数据库原理、数据规模、数据库模式、查询效率、一致性、数据完整性、扩展性、可用性、标准化、技术支持和可维护性等。从表8-1中可以看出，关系数据库的突出优势在于，以完善的关系代数理论为基础，有严格的标准，支持事务ACID特性，借助索引机制可以实现高效的查询，技术成熟，有专业公司的技术支持；其劣势在于，可扩展性较差，无法较好地支持海量数据存储，数据模型过于“死板”，无法较好地支持Web 2.0应用，事务机制影响了系统的整体性能等。NoSQL数据库的明显优势在于，可以支持超大规模数据存储，灵活的数据模型可以很好地支持Web 2.0应用，具有强大的横向扩展能力等；其劣势在于，缺乏理论基础，复杂查询性能不高，一般都不能实现事务强一致性，很难实现数据完整性，技术尚不成熟，缺乏专业团队的技术支持，维护较困难等。

NoSQL 数据库与关系数据库的比较

表 8-1　NoSQL 数据库和关系数据库的简单比较

比较标准	关系数据库	NoSQL数据库	备注
数据库原理	完全支持	部分支持	关系数据库有关系代数理论作为基础； NoSQL没有统一的理论基础
数据规模	大	超大	关系数据库很难实现横向扩展，纵向扩展的空间也比较有限，性能会随着数据规模的增大而降低； NoSQL数据库可以很容易通过添加更多设备来支持更大规模的数据存储
数据库模式	固定	灵活	关系数据库需要定义数据库模式，严格遵守数据定义和相关约束条件； NoSQL数据库不存在数据库模式，可以自由、灵活地定义并存储各种不同类型的数据
查询效率	高	可以实现高效的简单查询，但是不具备高度结构化查询等特性，复杂查询的性能不尽如人意	关系数据库借助索引机制可以实现快速查询（包括记录查询和范围查询）； 很多NoSQL数据库没有面向复杂查询的索引机制，虽然NoSQL数据库可以使用MapReduce来加速查询，但是它在复杂查询方面的性能仍然不如关系数据库

续表

比较标准	关系数据库	NoSQL数据库	备注
一致性	强一致性	弱一致性	关系数据库严格遵守事务ACID特性，可以保证事务强一致性； 很多NoSQL数据库放松了对事务ACID特性的要求，而是使用BASE模型，只能保证最终一致性
数据完整性	容易实现	很难实现	任何一个关系数据库都可以很容易地实现数据完整性，如通过主键或者非空约束来实现实体完整性，通过主键、外键来实现参照完整性，通过约束或者触发器来实现用户自定义完整性，但是NoSQL数据库却无法实现
扩展性	一般	好	关系数据库很难实现横向扩展，纵向扩展的空间也比较有限； NoSQL数据库在设计之初就充分考虑了横向扩展的需求，可以很容易通过添加廉价设备实现扩展
可用性	强	很强	关系数据库在任何时候都以保证数据一致性为优先目标，其次才是优化系统性能，随着数据规模的增大，关系数据库为了保证严格的一致性，只能提供相对较弱的可用性； 大多数NoSQL数据库都能提供较强的可用性
标准化	是	否	关系数据库已经标准化（SQL）； NoSQL数据库还没有行业标准，不同的NoSQL数据库都有自己的查询语言，很难规范API
技术支持	高	低	关系数据库经过几十年的发展，已经非常成熟，Oracle等大型厂商都可以提供很好的技术支持； NoSQL数据库在技术支持方面仍然处于起步阶段，还不成熟，缺乏有力的技术支持
可维护性	复杂	复杂	关系数据库需要专门的数据库管理员（DBA）维护； NoSQL数据库虽然没有关系数据库复杂，但也难以维护

分布式数据库公司VoltDB的首席技术官、Ingres和PostgreSQL数据库的总设计师迈克尔·斯通布雷克认为，当今大多数商业数据库软件已经在市场上存在30年或更长时间，它们的设计并没有围绕自动化以及事务性环境，同时在这几十年中不断发展出的新功能并没有想象中的那么好，许多新兴的NoSQL数据库（如MongoDB和Cassandra）的普及很好地弥补了传统数据库系统的局限性，但是NoSQL数据库没有统一的查询语言，这将拖慢NoSQL数据库的发展。

通过上述对NoSQL数据库和关系数据库的一系列比较可以看出，二者各有优势，也都存在不同层面的缺陷。因此，在实际应用中，二者都可以有各自的目标用户群体和市场空间，不存在一个完全取代另一个的问题。对关系数据库而言，在一些特定应用领域，其地位和作用仍然无法被取代，银行、超市等领域的业务系统仍然需要高度依赖于关系数据库来保证数据的一致性。此外，对一些复杂查询分析型应用而言，基于关系数据库的数据仓库产品仍然可以比NoSQL数据库获得更好的性能。比如，有研究人员利用基准测试数据集TPC-H和YCSB（Yahoo! Cloud Serving Benchmark），对微软公司基于SQL Server的并行数据仓库产品PDW（Parallel Data Warehouse）和Hadoop平台上的数据仓库产品Hive（属于NoSQL）进行了实验比较，实验结果表明PDW要比Hive快9倍。对NoSQL数据库而言，Web 2.0领域是其未来的主战场，Web 2.0网站系统对数据一致性要求不高，但是对数据量和并发读写要求较高，NoSQL数据库可以很好地满足这些应用的需求。在实际应用中，一些公司也会采用混合的方式构建数据库应用，比如亚马逊公司就使用不同类型的数据库来支撑它的电子商务应用。对于“购物篮”这种临时性数据，采用键值存储会更加高效，而当前的产品和订单信息则适合存放在关系数据库中，大量的历史订单信息则适合保存在类似MongoDB的文档数据库中。

8.4 NoSQL的四大类型

NoSQL 的四大类型

近些年，NoSQL数据库发展势头非常迅猛。在短短四五年时间内，NoSQL领域就爆炸性地产生了50～150个新的数据库。一项网络调查显示，企业最需要的开发人员技能前十名依次是HTML5、MongoDB、iOS、Android、Mobile Apps、Puppet、Hadoop、jQuery、PaaS和Social Media。其中，MongoDB（一种文档数据库，属于NoSQL）的热度甚至高于iOS，这足以看出NoSQL的受欢迎程度。感兴趣的读者可以参考《七周七数据库》一书，学习Riak、Apache HBase、MongoDB、Apache CouchDB、Neo4j和Redis等NoSQL数据库的使用方法。

NoSQL数据库虽然数量众多，但是归结起来，典型的NoSQL数据库通常包括键值数据库、列族数据库、文档数据库和图数据库，分别如图8-1（a）～图8-1（d）所示。

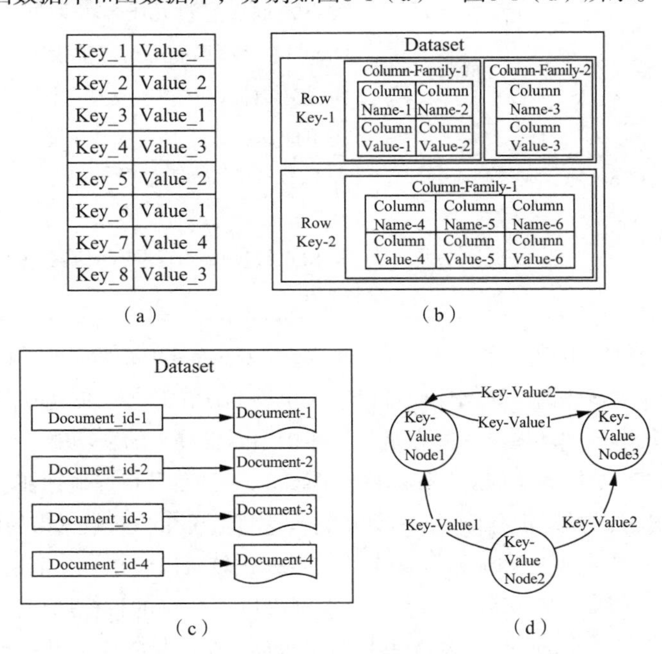

图8-1　不同类型的NoSQL数据库

8.4.1 键值数据库

键值数据库（Key-Value Database）会使用一个哈希表，这个表中有一个特定的Key和一个指向特定Value的指针。Key可以用来定位Value，即存储和检索具体的Value。Value对数据库而言是透明不可见的，不能对Value进行索引和查询，只能通过Key进行查询。Value可以用来存储任意类型的数据，包括整型数据、字符型数据、数组、对象等。在存在大量写操作的情况下，键值数据库可以比关系数据库实现更好的性能。因为，关系数据库需要建立索引来加速查询，当存在大量写操作时，索引会频繁更新，由此会产生很大的索引维护代价。关系数据库通常很难横向扩展，但是键值数据库天生具有良好的伸缩性，理论上几乎可以实现数据量的无限扩容。键值数据库可以进一步划分为内存键值数据库和持久化（Persistent）键值数据库。内存键值数据库把数据保存在内存，如Memcached和Redis；持久化键值数据库把数据保存在磁盘，如Berkeley DB、Voldemort和Riak。

当然，键值数据库也有自身的局限性，条件查询就是键值数据库的弱项。因此，如果只对部分值进行查询或更新，效率就会比较低下。在使用键值数据库时，应该尽量避免多表关联查询，可以采用双向冗余存储关系来代替表关联，把操作分解成单表操作。此外，键值数据库在发生故障时不支持回滚操作，因此无法支持事务。键值数据库的相关产品、数据模型、典型应用、优点、缺点和使用者如表8-2所示。

表 8-2 键值数据库

项目	描述
相关产品	Redis、Riak、SimpleDB、Chordless、Scalaris、Memcached
数据模型	键值对
典型应用	内容缓存，如会话、配置文件、参数、购物车等
优点	扩展性好、灵活性好、存在大量写操作时性能好
缺点	无法存储结构化信息、条件查询效率较低
使用者	百度云数据库（Redis）、GitHub（Riak）、BestBuy（Riak）、Twitter（Redis和Memcached）、StackOverFlow（Redis）、Instagram（Redis）、Youtube（Memcached）、Wikipedia（Memcached）

8.4.2 列族数据库

列族数据库一般采用列族数据模型，数据库由多个行构成，每行包含多个列族，不同的行可以具有不同数量的列族，属于同一列族的数据会被存放在一起。每行数据通过行键进行定位，与这个行键对应的是一个列族。从这个角度来说，列族数据库也可以被视为键值数据库。列族可以被配置成支持不同类型的访问模式。比如，一个列族也可以被设置成放入内存当中，以消耗内存为代价来换取更好的响应性能。列族数据库的相关产品、数据模型、典型应用、优点、缺点和使用者如表8-3所示。

表 8-3　列族数据库

项目	描述
相关产品	BigTable、HBase、Cassandra、HadoopDB、GreenPlum、PNUTS
数据模型	列族
典型应用	分布式数据存储与管理
优点	查找速度快、可扩展性强、容易进行分布式扩展、复杂性低
缺点	功能较少，大都不支持强事务一致性
使用者	Ebay（Cassandra）、Instagram（Cassandra）、NASA（Cassandra）、Twitter（Cassandra和HBase）、Facebook（HBase）、Yahoo!（HBase）

8.4.3　文档数据库

在文档数据库中，文档是数据库的最小单位。虽然每一种文档数据库的部署都有所不同，但是它们大都假定文档以某种标准化格式封装并对数据进行加密，同时用多种格式进行解密，包括XML、YAML、JSON和BSON等，或者也可以使用二进制格式（如PDF、微软Office文档等）。文档数据库通过键来定位一个文档，因此可以把文档数据库看成键值数据库的一个衍生品，而且前者比后者具有更高的查询效率。对那些可以把输入数据表示成文档的应用而言，文档数据库是非常合适的。一个文档可以包含非常复杂的数据结构，如嵌套对象，并且不需要采用特定的数据模式，每个文档可能具有完全不同的结构。文档数据库既可以根据键来构建索引，也可以基于文档内容来构建索引。基于文档内容的索引和查询能力是文档数据库不同于键值数据库的地方，因为在键值数据库中，值对数据库而言是透明不可见的，不能根据值来构建索引。文档数据库主要用于存储并检索文档数据，当需要考虑很多关系、标准化约束以及需要事务支持时，传统的关系数据库是更好的选择。文档数据库的相关产品、数据模型、典型应用、优点、缺点和使用者如表8-4所示。

表 8-4　文档数据库

项目	描述
相关产品	CouchDB、MongoDB、Terrastore、ThruDB、RavenDB、SisoDB、RaptorDB、CloudKit、Percona Server、Jackrabbit
数据模型	版本化的文档
典型应用	存储、索引并管理面向文档的数据或者类似的半结构化数据
优点	性能好、灵活性高、复杂性低、数据结构灵活
缺点	缺乏统一的查询语法
使用者	百度云数据库（MongoDB）、SAP（MongoDB）、Codecademy（MongoDB）、Foursquare（MongoDB）、NBC News（RavenDB）

8.4.4　图数据库

图数据库以图论为基础，一个图是一个数学概念，用来表示一个对象集合，包括顶点以及连接顶点的边。图数据库使用图作为数据模型来存储数据，完全不同于键值对数据库、列族数据库和文档数据库，可以高效地存储不同顶点之间的关系。图数据库专门用于处理具有高度相互关联关系的数据，可以高效地处理实体之间的关系，比较适合用于社交网络、模式识别、依赖分析、推荐系统以及路径寻找等场合。有些图数据库（如Neo4J）完全支持ACID特性。但是，除了在处理图和关系这些应用领域具有很好的性能以外，在其他领域，图数据库的性能不如其他NoSQL数据库。图数据库的相关产品、数据模型、典型应用、优点、缺点和使用者如表8-5所示。

表 8-5 图数据库

项目	描述
相关产品	Neo4J、OrientDB、InfoGrid、Infinite Graph、GraphDB
数据模型	图结构
典型应用	应用于大量复杂、互连接、低结构化的图结构场合，如社交网络、推荐系统等
优点	灵活性高、支持复杂的图算法、可用于构建复杂的关系图谱
缺点	复杂性高、只能支持一定的数据规模
使用者	Adobe（Neo4J）、Cisco（Neo4J）、T-Mobile（Neo4J）

8.5 NoSQL的三大基石

NoSQL的三大基石为CAP、BASE和最终一致性。

8.5.1 CAP

2000年，美国著名科学家、伯克利大学教授埃里克·布鲁尔（Eric Brewer）提出了著名的CAP理论，后来美国麻省理工学院的两位科学家塞思·吉尔伯特（Seth Gilbert）和南希·林奇（Nancy lynch）证明了CAP理论的正确性。CAP的含义如下。

CAP

- C（Consistency）：一致性。它是指任何一个读操作总是能够读到之前完成的写操作的结果，也就是在分布式环境中，多点的数据是一致的。
- A（Availability）：可用性。它是指快速获取数据，可以在确定的时间内返回操作结果。
- P（Tolerance of Network Partition）：分区容忍性。它是指当出现网络分区的情况时（即系统中的一部分节点无法和其他节点进行通信），分离的系统也能够正常运行。

CAP理论（见图8-2）告诉我们，一个分布式系统不可能同时满足一致性、可用性和分区容忍性这3个需求，最多只能同时满足其中两个。如果要追求一致性，那么要牺牲可用性，需要处理因为系统不可用而导致的写操作失败的情况；如果要追求可用性，那么要预估到可能发生数据不一致的情况，比如，系统的读操作可能不能精确地读取到写操作写入的最新值。

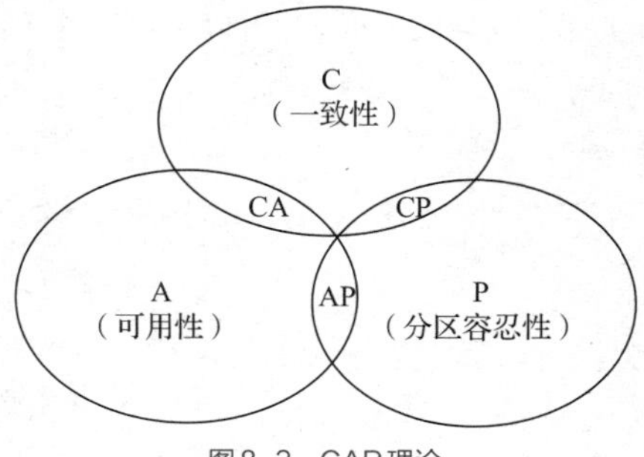

图8-2 CAP理论

下面给出一个牺牲一致性来换取可用性的实例。假设分布式环境下存在两个节点M_1和M_2，一个数据V的两个副本V_1和V_2分别保存在M_1和M_2上，两个副本的值都是val_0，现在假设有两个进程P_1和P_2分别对两个副本进行操作，进程P_1向节点M_1中的副本V_1写入新值val_1，进程P_2从节点M_2中读取V的副本V_2的值。

当整个过程完全正常执行时，会按照以下过程进行，初始状态如图8-3（a）所示，正常执行过程如图8-3（b）所示，更新传播失败时的执行过程如图8-3（c）所示。

（1）进程P_1向节点M_1中的副本V_1写入新值val_1。

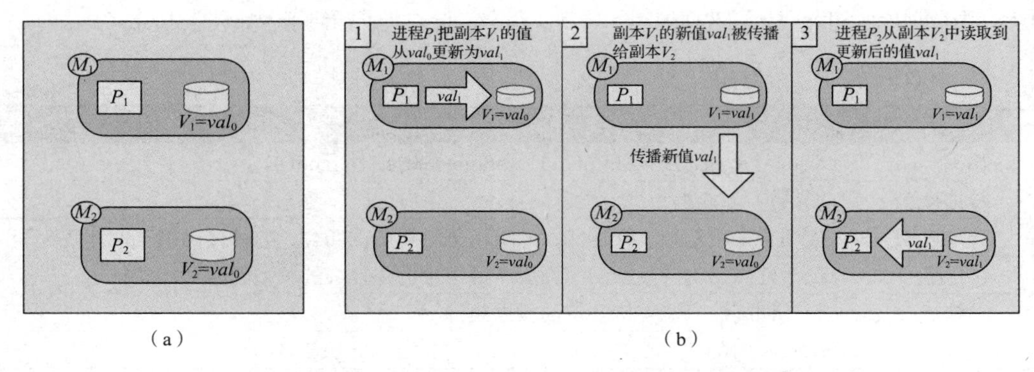

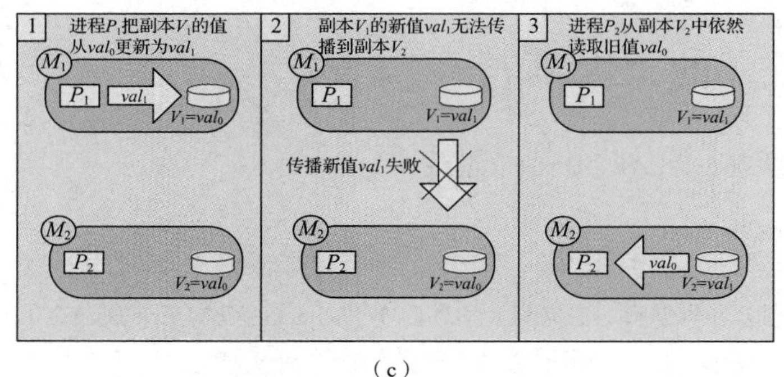

图8-3　一个牺牲一致性来换取可用性的实例

（2）节点M_1向节点M_2发送消息MSG以更新副本V_2的值，把副本V_2的值更新为val_1。

（3）进程P_2在节点M_2中读取副本V_2的新值val_1。

但是当网络发生故障时，可能导致节点M_1中的消息MSG无法发送到节点M_2，这时，进程P_2在节点M_2中读取到的副本V_2的值仍然是旧值val_0。由此产生不一致问题。

从这个实例可以看出，当我们希望两个进程P_1和P_2都实现高可用性，也就是能够快速访问到需要的数据时，就会牺牲数据一致性。

处理CAP的问题时可以有以下几个明显的选择，如图8-4所示。

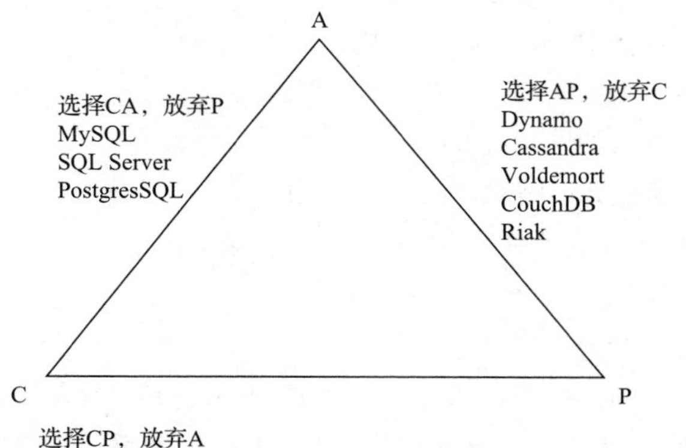

图8-4　不同产品在CAP理论下的不同设计原则

（1）CA，也就是强调一致性（C）和可用性（A），放弃分区容忍性（P），最简单的做法是把所有与事务相关的内容都放到同一台设备上。很显然，这种做法会严重影响系统的可扩展性。传统的关系数据库（MySQL、SQL Server和PostgreSQL）都采用了这种设计原则，因此扩展性都比较差。

（2）CP，也就是强调一致性（C）和分区容忍性（P），放弃可用性（A）。当出现网络分区的情况时，受影响的服务器需要等待数据一致，因此在等待期间就无法对外提供服务。Neo4J、BigTable和HBase等NoSQL数据库都采用了CP设计原则。

（3）AP，也就是强调可用性（A）和分区容忍性（P），放弃一致性（C），允许系统返回不一致的数据。这对许多Web 2.0网站而言是可行的，Web 2.0网站的用户首先关注的是网站服务是否可用，当用户需要发布一条微博时，这条微博必须能够立即发布，否则用户就会放弃使用，但这条微博发布后什么时候能够被其他用户读取到不是非常重要的问题，不会影响到用户体验。因此，对Web 2.0网站而言，可用性与分区容忍性优先级要高于一致性，网站一般会尽量朝着AP的方向设计。当然，在采用AP设计原则时，也可以不完全放弃一致性，转而采用最终一致性。Dynamo、Riak、CouchDB、Cassandra等NoSQL数据库就采用了AP设计原则。

8.5.2 BASE

说起BASE（Basically Available，Soft-state，Eventual consistency），不得不谈到ACID。一个数据库事务具有ACID特性。

BASE

- A（Atomicity）：原子性。它是指事务必须是原子工作单元，对其数据进行修改，要么全都执行，要么全都不执行。
- C（Consistency）：一致性。它是指事务在完成时，必须使所有的数据都保持一致状态。
- I（Isolation）：隔离性。它是指由并发事务所做的修改必须与任何其他并发事务所做的修改隔离。
- D（Durability）：持久性。它是指事务完成之后，对数据的修改是永久性的，该修改即使出现致命的系统故障也将一直保持。

关系数据库系统中设计了复杂的事务机制来保证事务在执行过程中严格满足ACID特性要求。关系数据库的事务机制较好地满足了银行等领域对数据一致性的要求，因此得到了广泛的商业应用。但是，NoSQL数据库通常应用于Web 2.0网站等场景中，对数据一致性的要求并不是很高，而是强调系统的高可用性。因此为了获得系统的高可用性，可以考虑适当牺牲一致性或分区容忍性。BASE的基本思想就是在这个基础上发展起来的，它完全不同于ACID特性，BASE牺牲了高一致性，从而获得了可用性或可靠性，Cassandra系统就是一个很好的实例。有意思的是，单从名字上就可以看出二者有点“水火不容”，BASE的意思是碱，而ACID的意思是酸。

BASE的基本含义是基本可用（Basically Available）、软状态（Soft-state）和最终一致性（Eventual consistency）。

1. 基本可用

基本可用是指一个分布式系统的一部分发生问题变得不可用时，其他部分仍然可以正常使用，也就是允许分区失败的情形出现。比如，一个分布式数据存储系统由10个节点组成，当其中1个节点损坏不可用时，其他9个节点仍然可以正常提供数据访问服务，那么，只有10%的数据是不可用的，其余90%的数据都是可用的，这时就可以认为这个分布式数据存储系统基本可用。

2．软状态

软状态（Soft-state）是与硬状态（Hard-state）相对应的一种提法。数据库保存的数据是硬状态时，可以保证数据一致性，即保证数据一直是正确的。软状态是指状态可以有一段时间不同步，具有一定的滞后性。假设某个银行中的一个用户A转移资金给另外一个用户B，假设这个操作通过消息队列来实现解耦，即用户A向发送队列中放入资金，资金到达接收队列后通知用户B取走资金。由于消息传输的延迟，这个过程可能会存在短时的不一致性，即用户A已经在发送队列中放入资金，但是资金还没有到达接收队列，用户B还没拿到资金。这就会出现数据不一致，即用户A的钱已经减少了，但是用户B的钱并没有相应增加。也就是说，在转账的开始和结束之间存在一个滞后时间，在这个滞后时间内，两个用户的资金似乎都消失了，出现了短时的不一致。虽然这对用户来说有滞后，但是这种滞后是用户可以容忍的，甚至用户根本感知不到，因为两边用户实际上都不知道资金何时到达。当经过短暂延迟后，资金到达接收队列时，就可以通知用户B取走资金，状态最终一致。

3．最终一致性

一致性包括强一致性和弱一致性，二者的主要区别在于高并发的数据访问操作下，后续操作是否能够获取最新的数据。对强一致性而言，当执行完一次更新操作后，后续的其他读操作就可以保证读到更新后的最新数据；如果不能保证后续读到的都是更新后的数据，就是弱一致性。而最终一致性只不过是弱一致性的一种特例，允许后续的访问操作可以暂时读不到更新后的数据，但是经过一段时间之后，最终必须读到更新后的数据。最终一致性也是ACID的最终目的，只要最终数据是一致的就可以了，而不是每时每刻都保持一致。

8.5.3　最终一致性

最终一致性

讨论一致性的时候，需要从客户端和服务端两个角度来考虑。从服务端来看，一致性是指更新如何复制分布到整个系统，以保证数据最终一致。从客户端来看，一致性主要指的是高并发的数据访问操作下，后续操作是否能够获取最新的数据。关系数据库通常实现强一致性，也就是一旦一个更新操作完成，后续的访问操作都可以立即读取到更新后的数据。而对弱一致性而言，则无法保证后续都能够读到更新后的数据。

最终一致性的要求更低，只要经过一段时间后能够访问到更新后的数据即可。也就是说，一个操作OP往分布式存储系统中写入了一个值，遵循最终一致性的系统可以保证，如果后续访问发生之前没有其他写操作去更新这个值，那么最终所有的后续访问都可以读取到操作OP写入的最新值。从操作OP完成到后续访问可以最终读取到操作OP写入的最新值，这之间的时间间隔称为“不一致性窗口”。如果系统没有出错，这个窗口的大小取决于交互延迟时间、系统负载和副本个数等。

最终一致性根据更新数据后各进程访问到数据的时间和方式的不同，又可以进行如下区分。

- 因果一致性。如果进程A通知进程B它已更新了一个数据项，那么进程B的后续访问将获得进程A写入的最新值。而与进程A无因果关系的进程C的访问仍然遵守一般的最终一致性规则。
- “读己之所写”一致性。可以把它视为因果一致性的一个特例。当进程A执行一个更新操作之后，它总是可以访问到更新过的值，绝不会看到旧值。
- 会话一致性。它把访问存储系统的进程放到会话（Session）的上下文中，只要会话还存在，系统就保证“读己之所写”一致性。如果由于某些失败情形令会话终止，就要建立新的会话，而且系统保证不会延续到新的会话。
- 单调读一致性。如果进程已经看到过数据对象的某个值，那么任何后续访问都不会返回在那个值之前的值。
- 单调写一致性。系统保证来自同一个进程的写操作按顺序执行。系统必须保证这种程度的一致性，否则编程就非常难了。

8.6 从NoSQL数据库到NewSQL数据库

NoSQL数据库可以提供良好的扩展性和灵活性，很好地弥补了传统关系数据库的缺陷，较好地满足了Web 2.0应用的需求。但是，NoSQL数据库也存在不足之处。由于采用非关系数据模型，因此它不具备高度结构化查询等特性，查询效率尤其是在复杂查询方面不如关系数据库，而且不支持事务ACID特性。

从NoSQL数据库到NewSQL数据库

在这个背景下，近几年，NewSQL数据库开始逐渐变得热门。NewSQL是各种新的可扩展、高性能数据库的简称。这类数据库不仅具有NoSQL数据库对海量数据进行存储、管理的能力，还保持了传统的关系数据库支持ACID和SQL等的特性。不同的NewSQL数据库的内部结构差异很大，但是它们有两个显著的共同特点：都支持关系数据模型，以及都使用SQL作为其主要的接口。

目前，具有代表性的NewSQL数据库主要有Spanner、Clustrix、GenieDB、ScalArc、Schooner MySQL、VoltDB、RethinkDB、TimescaleDB、Akiban、CodeFutures、ScaleBase、Translattice、NimbusDB、Drizzle、Tokutek、JustOne DB等。此外，还有一些在云端提供的NewSQL数据库（也就是云数据库，在第12章介绍），如Amazon RDS、Microsoft SQL Azure、Database、Xeround和FathomDB等。在众多NewSQL数据库中，Spanner备受瞩目，它是一个可扩展、多版本、全球分布并且支持同步复制的数据库，是谷歌公司的第一个可以全球扩展并且支持外部一致性的数据库。Spanner能做到这些，离不开一个用GPS和原子钟实现的时间API。这个API能将数据中心之间的时间同步精确到10 ms以内。因此，Spanner有几个良好的特性：无锁读事务、原子模式修改、读历史数据无阻塞。

一些NewSQL数据库与传统的关系数据库相比具有明显的性能优势。比如，VoltDB系统使用了NewSQL创新的体系架构，释放了主内存运行的数据库中消耗系统资源的缓冲池，在执行交易时比传统关系数据库快45倍。VoltDB可扩展服务器数量为39个，并可以每秒处理160万个交易（300个CPU核心），而具备同样处理能力的Hadoop则需要更多的服务器。

综合来看，“大数据时代”的到来，引发了数据处理架构的变革，如图8-5所示。以前，业界和学术界追求的方向是一种架构支持多类应用（One Size Fits All），包括事务型应用（OLTP

系统）、分析型应用（OLAP、数据仓库）和互联网应用（Web 2.0）。但是，实践证明，这种理想愿景是不可能实现的，不同应用场景的数据管理需求截然不同，一种数据库架构根本无法满足所有场景。因此，到了“大数据时代”，数据库架构开始向着多元化方向发展，并形成了关系数据库（OldSQL）、NoSQL数据库和NewSQL数据库3个阵营，三者各有自己的应用场景和发展空间。尤其是关系数据库并没有就此被其他两者完全取代，在基本架构不变的基础上，许多关系数据库产品开始引入内存计算和一体机技术以提升处理性能。在未来一段时期内，3个阵营共存共荣的局面还将持续。不过有一点是肯定的，那就是关系数据库的辉煌时期已经过去了。

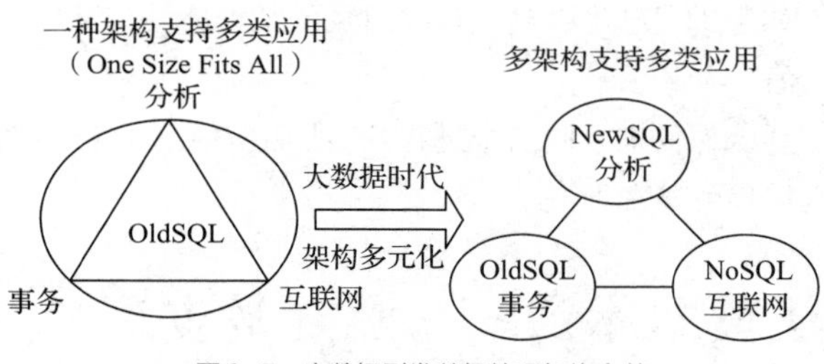

图8-5　大数据引发数据处理架构变革

为了更加清晰地认识关系数据库、NoSQL数据库和NewSQL数据库的相关产品，图8-6给出了3种数据库相关产品的分类情况。

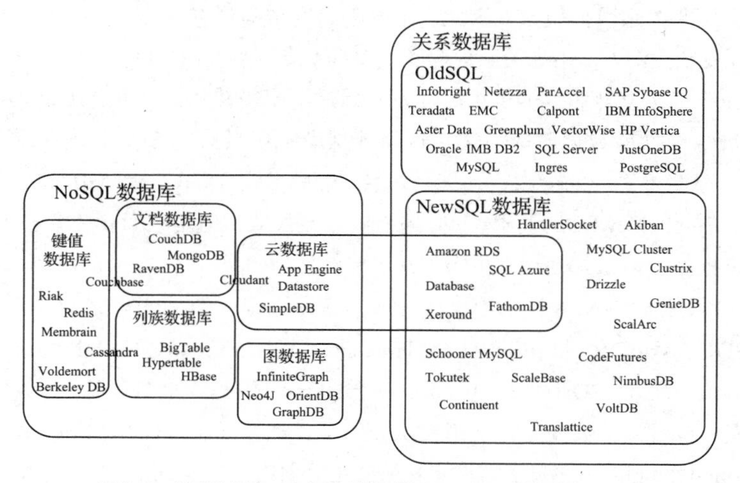

图8-6　关系数据库、NoSQL数据库和NewSQL数据库产品分类

8.7　本章小结

本章介绍了NoSQL数据库的相关知识。NoSQL数据库较好地满足了“大数据时代”的各种非结构化数据的存储需求，开始得到越来越广泛的应用。需要指出的是，传统的关系数据库和NoSQL数据库各有所长，彼此都有各自的市场空间，不存在一方完全取代另一方的情况。在很长的一段时期内，二者会共同存在，满足不同应用的差异化需求。

NoSQL数据库主要包括键值数据库、列族数据库、文档数据库和图数据库4种类型，不同产品都有各自的应用场合。CAP、BASE和最终一致性是NoSQL数据库的三大基石，是理解NoSQL

数据库的基础。

本章最后介绍了融合传统关系数据库和NoSQL数据库优点的NewSQL数据库。

8.8 习题

1. 如何准确理解NoSQL的含义?
2. 试述关系数据库在哪些方面无法满足Web 2.0的需求。
3. 为什么说关系数据库的一些关键特性在“Web 2.0时代”成为“鸡肋”?
4. 请比较NoSQL数据库和关系数据库的优缺点。
5. 试述NoSQL数据库的四大类型。
6. 试述键值数据库、列族数据库、文档数据库和图数据库的适用场合和优缺点。
7. 试述CAP理论的具体含义。
8. 请举例说明不同产品在设计时是如何运用CAP理论的。
9. 试述数据库的ACID特性的含义。
10. 试述BASE的具体含义。
11. 试述软状态、硬状态的具体含义。
12. 什么是最终一致性?
13. 试述不一致性窗口的含义。
14. 最终一致性根据更新数据后各进程访问到数据的时间和方式的不同,又可以分为哪些不同类型?
15. 什么是NewSQL数据库?
16. 试述NewSQL数据库与传统的关系数据库、NoSQL数据库的区别。

第9章 分布式数据库HBase

HBase是一种应用广泛的NoSQL数据库，它是针对谷歌BigTable的开源实现，是一个高可靠、高性能、面向列、可伸缩的分布式数据库，主要用来存储非结构化和半结构化的松散数据。HBase可以支持超大规模数据存储，它可以通过水平扩展的方式，利用廉价计算机集群处理由超过10亿行数据和数百万列元素组成的数据表。

本章首先介绍HBase的由来及其与关系数据库的区别，然后介绍HBase访问接口、数据模型、实现原理和运行机制，最后介绍HBase的安装方法和编程实践方面的知识。

9.1 HBase概述

HBase是针对谷歌BigTable的开源实现，因此，本节首先对BigTable进行简要介绍，然后介绍HBase及其和BigTable的关系，最后对HBase和传统关系数据库进行对比分析。

9.1.1 从 BigTable 说起

从BigTable说起

BigTable是一个分布式存储系统，利用谷歌公司提出的MapReduce分布式并行计算模型来处理海量数据，使用谷歌文件系统（Google File System，GFS）来存储底层数据，并采用Chubby提供协同服务管理，可以扩展到PB级别的数据和上千台设备，具备广泛应用性、可扩展性、高性能和高可用性等特点。从2005年4月开始，BigTable已经在谷歌公司的实际生产系统中应用，谷歌公司的许多项目都存储在BigTable中，包括搜索、地图、财经、打印、社交网站Orkut、视频共享网站YouTube和博客网站Blogger等。这些应用无论是在数据量方面（从URL到网页再到卫星图像），还是在延迟需求方面（从后端批量处理到实时数据服务），都对BigTable提出了截然不同的需求。尽管这些应用的需求大不相同，但是BigTable依然能够为谷歌产品提供一个灵活的、高性能的解决方案。当用户的资源需求随着时间变化时，只需要简单地往系统中添加机器，就可以实现服务器集群的扩展。

总的来说，BigTable具备以下特性：支持大规模海量数据、分布式并发数据处理效率极高、易于扩展且支持动态伸缩、适用于廉价设备、适合读操作而不适合写操作。

9.1.2 HBase 简介

HBase是Hadoop生态系统中的重要成员。

1. Hadoop 生态系统

Hadoop是Apache软件基金会旗下的一个开源分布式计算和存储平台，为用户提供了系统底层细节透明的分布式基础架构，在分布式环境下提供了海量数据的存储和处理能力。Hadoop是基于Java开发的，具有很好的跨平台特性，并且可以部署在廉价的计算机集群中。

多年来，Hadoop生态系统不断完善和成熟，目前已经包含多个子项目（见图9-1）。除了核心的HDFS和MapReduce以外，Hadoop生态系统还包括ZooKeeper、HBase、Hive、Pig、Mahout、Sqoop、Flume、Ambari等功能组件。

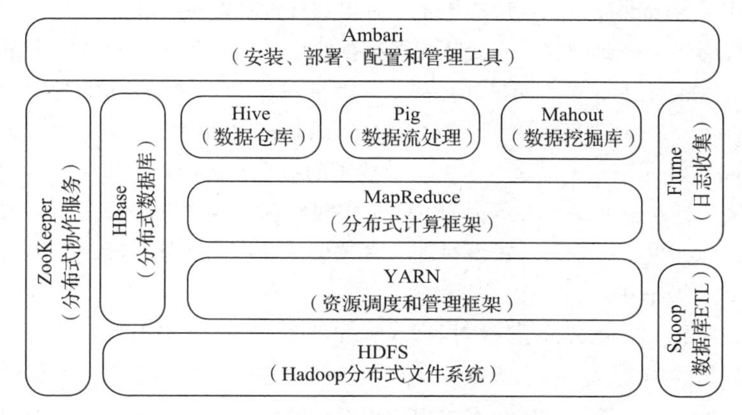

图9-1 Hadoop生态系统

Hadoop生态系统中的各个组件及其功能介绍如下。

（1）HDFS。Hadoop分布式文件系统（Hadoop Distributed File System，HDFS）是Hadoop项目的两大核心之一，是针对GFS的开源实现。HDFS具有处理超大数据、流式处理、可以运行在廉价商用服务器上等优点。HDFS在设计之初就是为了运行在廉价的大型服务器集群上，因此在设计上把硬件故障作为一种常态来考虑，在部分硬件发生故障的情况下仍然能够保证文件系统的整体可用性和可靠性。HDFS放宽了一部分POSIX（Portable Operating System Interface，可移植操作系统接口）约束，从而实现以流的形式访问文件系统中的数据。HDFS在访问应用程序数据时，可以具有很高的吞吐率，因此对超大数据集的应用程序而言，用HDFS来存储底层数据是较好的选择。

（2）MapReduce。Hadoop MapReduce是针对谷歌MapReduce的开源实现。MapReduce是一种编程模型，用于大规模数据集（大于1 TB）的并行运算，它将复杂的、运行于大规模集群上的并行计算过程高度地抽象到了两个函数（Map和Reduce）上，并且允许用户在不了解分布式系统底层细节的情况下开发并行应用程序，并将其运行于廉价计算机集群上，完成海量数据的处理。通俗地说，MapReduce的核心思想就是“分而治之”，它把输入的数据集切分为若干独立的数据块，分发给一个主节点管理下的各个分节点来共同并行完成；最后，通过整合各个节点的中间结果得到最终结果。

（3）HBase。HBase是一个提供高可靠性、高性能、可伸缩、实时读写、分布式的列式数据库，一般采用HDFS来存储底层数据。HBase是针对谷歌BigTable的开源实现，二者都采用了相同的数据模型，具有强大的非结构化数据存储能力。HBase与传统关系数据库的一个重要区别是，前者采用基于列的存储，而后者采用基于行的存储。HBase具有良好的横向扩展能力，可以通过不断增加廉价的商用服务器来提高存储能力。

（4）Hive。Hive是一个基于Hadoop的数据仓库工具，可以用于对Hadoop文件中的数据集进行数据整理、特殊查询和分析存储。Hive的学习门槛较低，因为它提供了类似于关系数据库SQL的查询语言——Hive QL，可以通过Hive QL语句快速实现简单的MapReduce统计。Hive自身可以将Hive QL语句转换为MapReduce任务进行运行，而不必开发专门的MapReduce应用程序，因此十分适合用于数据仓库的统计分析。

（5）Pig。Pig是一种数据流语言和运行环境，适用于使用Hadoop和MapReduce平台来查询大型半结构化数据集。虽然MapReduce应用程序的编写不是十分复杂，但毕竟也是需要一定开发经验的。Pig的出现大大简化了Hadoop常见的工作任务，它在MapReduce的基础上创建了更简单的过程抽象语言，为Hadoop应用程序提供了一种更加接近SQL的接口。Pig是一个相对简单的语言，它可以执行语句，因此当我们需要从大型数据集中搜索满足某个给定搜索条件的记录时，采用Pig要比采用MapReduce更有明显的优势，前者只需要编写一个简单的脚本在集群中自动并行处理与分发，而后者则需要编写一个单独的MapReduce应用程序。

（6）Mahout。Mahout是Apache软件基金会旗下的一个开源项目，提供一些可扩展的机器学习领域经典算法，旨在帮助开发人员更加方便、快捷地创建智能应用程序。Mahout提供一系列机器学习算法，包括聚类、分类、推荐过滤、频繁子项挖掘。此外，通过使用 Apache Hadoop 库，Mahout 可以有效地扩展到云中。

（7）ZooKeeper。ZooKeeper是针对谷歌Chubby的一个开源实现，是高效、可靠的协同工作系统，提供分布式锁之类的基本服务（如统一命名服务、状态同步服务、集群管理、分布式应用配置项的管理等），用于构建分布式应用程序，减轻分布式应用程序所承担的协调任务。ZooKeeper使用Java编写，很容易编程接入，它使用了一个和文件树结构相似的数据模型，可以使用Java或者C语言来进行编程接入。

（8）Flume。Flume是Cloudera提供的一个高可用、高可靠、分布式的海量日志采集、聚合和传输的系统。Flume支持在日志系统中定制各类数据发送方，用于收集数据；同时，Flume提供对数据进行简单处理并写到各种数据接收方的能力。

（9）Sqoop。Sqoop是SQL-to-Hadoop的缩写，主要用来在Hadoop和关系数据库之间交换数据，可以改进数据的互操作性。通过Sqoop可以方便地将数据从MySQL、Oracle、PostgreSQL等关系数据库导入Hadoop（可以导入HDFS、HBase或Hive），或者将数据从Hadoop导出到关系数据库，使得关系数据库和Hadoop之间的数据迁移变得非常方便。Sqoop主要通过JDBC和关系数据库进行交互，理论上，支持JDBC的关系数据库都可以使用Sqoop和Hadoop进行数据交互。Sqoop是专门为大数据集设计的，支持增量更新，可以将新记录添加到最近一次导出的数据源上，或者指定上次修改的时间戳。

（10）Ambari。Apache Ambari是一种基于Web的工具，支持Apache Hadoop集群的安装、部署、配置和管理。Ambari目前可以支持大多数Hadoop组件，包括HDFS、MapReduce、Hive、Pig、HBase、ZooKeeper、Sqoop等。

2. Hadoop 生态系统中 HBase 与其他部分的关系

图9-2描述了Hadoop生态系统中HBase与其他部分的关系。HBase利用Hadoop MapReduce来

处理HBase中的海量数据，实现高性能计算；利用ZooKeeper作为协同服务，实现稳定服务和失败恢复；使用HDFS作为高可靠的底层数据存储方式，利用廉价集群提供海量数据存储能力。当然，HBase也可以直接使用本地文件系统而不用把HDFS作为底层数据存储方式，不过，为了提高数据的可靠性和系统的健壮性，发挥HBase处理大量数据等作用，一般都使用HDFS作为HBase的底层数据存储方式。此外，为了方便在HBase上进行数据处理，Sqoop为HBase提供了高效、便捷的RDBMS数据导入功能，Pig和Hive为HBase提供了高层语言支持。HBase是BigTable的开源实现，HBase和BigTable的底层技术对应关系如表9-1所示。

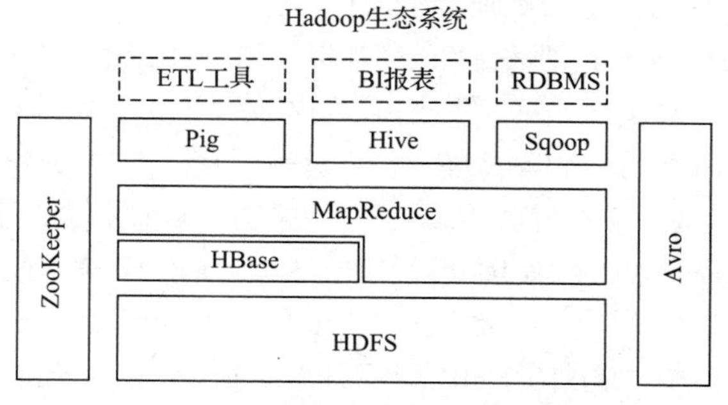

图9-2　Hadoop生态系统中HBase与其他部分的关系

表 9-1　HBase 和 BigTable 的底层技术对应关系

项目	BigTable	HBase
文件存储系统	GFS	HDFS
海量数据处理	MapReduce	Hadoop MapReduce
协同服务管理	Chubby	ZooKeeper

9.1.3　HBase 与传统关系数据库的对比分析

关系数据库从20世纪70年代发展到今天，已经是一种非常成熟、稳定的DBMS，通常具备的功能包括面向磁盘的存储和索引结构、多线程访问、基于锁的同步访问机制、基于日志记录的恢复机制和事务机制等。

HBase与传统关系数据库的对比分析

但是，随着Web 2.0应用的不断发展，传统的关系数据库已经无法满足Web 2.0的需求，无论是在数据高并发方面，还是在高可扩展性和高可用性方面，传统的关系数据库都显得力不从心。关系数据库的关键特性——完善的事务机制和高效的查询机制，在“Web 2.0时代”也成为“鸡肋”。包括HBase在内的非关系数据库的出现，有效弥补了传统关系数据库的缺陷，在Web 2.0应用中得到了大量使用。

HBase与传统关系数据库的区别主要体现在以下几个方面。

- 数据类型。关系数据库采用关系模型，具有丰富的数据类型和存储方式。HBase则采用更加简单的数据模型，它把数据存储为未经解释的字符串，用户可以把不同格式的结构化数据和非结构化数据都序列化成字符串保存到HBase中，用户需要自己编写程序把字符串解析成不同的数据类型。
- 数据操作。关系数据库中包含丰富的操作，如插入、删除、更新、查询等，其中会涉及复杂的多表连接，多表连接通常是借助多个表之间的主外键关联来实现的。HBase操作则不存在复杂的表与表之间的关系，只有简单的插入、查询、删除、清空等操作，因为

HBase在设计上就避免了复杂的表与表之间的关系，通常只采用单表的主键查询，所以它无法实现像关系数据库中那样的表与表之间的连接操作。

- 存储模式。关系数据库是基于行模式存储的，元组或行会被连续地存储在磁盘页中。在读取数据时，需要按顺序扫描每个元组，然后从中筛选出查询所需要的属性。如果每个元组只有少量属性的值对查询是有用的，那么基于行模式存储就会浪费许多磁盘空间和内存带宽。HBase是基于列存储的，每个列族都由几个文件保存，不同列族的文件是分离的，它的优点是：可以降低I/O开销，支持大量并发用户查询，因为仅需要处理可以回答这些查询的列，而不需要处理与查询无关的大量数据行；同一个列族中的数据会被一起压缩，由于同一列族内的数据相似度较高，因此可以获得较高的数据压缩率。
- 数据索引。关系数据库通常可以针对不同列构建复杂的多个索引，以提高数据访问性能。与关系数据库不同的是，HBase只有一个索引——行键。通过巧妙的设计，HBase中的所有访问方法，或者通过行键访问，或者通过行键扫描，从而使得整个系统不会慢下来。由于HBase位于Hadoop框架之上，因此可以使用Hadoop MapReduce来快速、高效地生成索引表。
- 数据维护。在关系数据库中，更新操作会用当前的新值去替换记录中原来的旧值，旧值被覆盖后就不存在。而在HBase中执行更新操作时，并不会删除数据旧的版本，而是生成一个新的版本，旧的版本仍然保留。
- 可伸缩性。关系数据库很难实现横向扩展，纵向扩展的空间也比较有限。相反，HBase和BigTable这些分布式数据库就是为了实现灵活的水平扩展而开发的，因此能够轻易地通过在集群中增加或者减少硬件数量来实现性能的伸缩。

但是，相对关系数据库来说，HBase也有自身的局限性，如HBase不支持事务，因此无法实现跨行的原子性。

9.2 HBase访问接口

HBase访问接口

HBase提供了Native Java API、HBase Shell、Thrift Gateway、REST Gateway、Pig、Hive等多种访问接口，表9-2给出了HBase访问接口的类型、特点和使用场合。

表 9-2　HBase 访问接口

类型	特点	场合
Native Java API	最常规和高效的访问接口	适合Hadoop MapReduce作业并行批处理HBase表数据
HBase Shell	HBase的命令行工具，最简单的接口	适用于HBase管理
Thrift Gateway	利用Thrift序列化技术，支持C++、PHP、Python等多种语言	适合其他异构系统在线访问HBase表数据
REST Gateway	解除了语言限制	支持REST风格的HTTP API访问HBase
Pig	使用Pig Latin流式编程语言来处理HBase中的数据	适合做数据统计
Hive	简单	当需要以类似SQL的方式来访问HBase的时候

9.3 HBase数据模型

数据模型是理解一个数据库产品的核心，本节介绍HBase数据模型，包括列族、列限定符、单元格、时间戳等概念，并详细介绍概念视图和物理视图。

9.3.1 数据模型概述

HBase是一个稀疏、多维度、排序的映射表，这张表的索引是行键、列族、列限定符和时间戳。每个值是一个未经解释的字符串，没有数据类型。用户在表中存储数据，每一行都有一个可排序的行键和任意多的列。表在水平方向上由一个或者多个列族组成，一个列族中可以包含任意多个列，同一个列族里面的数据存储在一起。列族支持动态扩展，可以很轻松地添加一个列族或列，无须预先定义列的数量以及类型，所有列均以字符串形式存储，用户需要自行进行数据类型的转换。由于同一张表里面的每行数据都可以有截然不同的列，因此对整个映射表的每行数据而言，有些列的值就是空的，所以说HBase是稀疏的。

数据模型概述

在HBase中执行更新操作时，并不会删除数据旧的版本，而是生成一个新的版本，旧的版本仍然保留。HBase可以对允许保留的版本的数量进行设置。客户端可以选择获取距离某个时间最近的版本的数据，或者一次获取所有版本的数据。如果在查询的时候不提供时间戳，那么会返回距离现在最近的版本的数据，因为在存储的时候，数据会按照时间戳排序。HBase提供了两种数据版本回收方式：一种是保存数据的最后n个版本；另一种是保存最近一段时间内（如最近7天）的版本。

9.3.2 数据模型的相关概念

HBase实际上就是一个稀疏、多维度、持久化存储的映射表，它采用行键（Row Key）、列族（Column Family）、列限定符（Column Qualifier）和时间戳（Timestamp）进行索引，每个值都是未经解释的字节数组byte[]。下面具体介绍HBase数据模型的相关概念。

数据模型的相关概念

1. 表

HBase采用表来组织数据，表由行和列组成，所有列划分为若干个列族。

2. 行

每个HBase表都由若干行组成，每个行由行键来标识。访问表中的行只有3种方式：通过单个行键访问、通过一个行键的区间来访问和全表扫描。行键可以是任意字符串（最大长度是64 KB，实际应用中长度一般为10～100字节），在HBase内部，行键保存为字节数组。存储时，数据按照行键的字典序排序存储。在设计行键时，要充分考虑这个特性，将经常一起读取的行存储在一起。

3. 列族

一个HBase表被分成许多列族的集合，列族是基本的访问控制单元。列族需要在创建表时就定义好，数量不能太多（HBase的一些缺陷使得列族数量只限于几十个），而且不要频繁修改。存储在一个列族当中的所有数据通常都属于同一种数据类型，这通常意味着具有更高的压缩率。

表中的每个列都归属于某个列族，数据可以被存放到列族的某个列下面，但是在把数据存放到列族的某个列下面之前，必须创建列族。在创建完一个列族以后，就可以使用同一个列族当中的列。列名都以列族作为前缀。例如，courses:history和courses:math这两个列都属于courses这个列族。在HBase中，访问控制、磁盘和内存的使用统计都是在列族层面进行的。在实际应用中，我们可以借助列族上的控制权限实现特定的目的。比如，我们可以允许一些应用向表中添加新的数据，而另一些应用则只被允许浏览数据。HBase列族还可以被配置成支持不同类型的访问模式。比如，一个列族也可以被设置成放入内存当中，以消耗内存为代价，换取更好的响应性能。

4. 列限定符

列族里的数据通过列限定符（或列）来定位。列限定符不用事先定义，也不需要在不同行之间保持一致。列限定符没有数据类型，总被视为字节数组byte[]。

5. 单元格

在HBase表中，通过行、列族和列限定符确定一个单元格（Cell）。单元格中存储的数据没有数据类型，总被视为字节数组byte[]。每个单元格中可以保存一个数据的多个版本，每个版本对应一个不同的时间戳。

6. 时间戳

每个单元格都保存着同一个数据的多个版本，这些版本采用时间戳进行索引。每次对一个单元格执行操作（新建、修改、删除）时，HBase都会隐式地自动生成并存储一个时间戳。时间戳一般是64位整型，可以由用户自己赋值（自己生成唯一时间戳可以避免应用程序中数据版本冲突），也可以由HBase在数据写入时自动赋值。一个数据的不同版本是根据时间戳降序进行存储的，这样，最新的版本可以被最先读取。

下面以一个实例来阐释HBase的数据模型。图9-3所示是一张用于存储学生信息的HBase表，学号作为行键来唯一标识每个学生，表中设计了列族Info来保存学生相关信息，列族Info中包含3个列——name、major和email，分别用来保存学生的姓名、专业和电子邮箱地址信息。学号为“201505003”的学生存在两个版本的电子邮箱地址，时间戳分别为ts1=1174184619081和ts2=1174184620720，时间戳较大的数据版本是最新的。

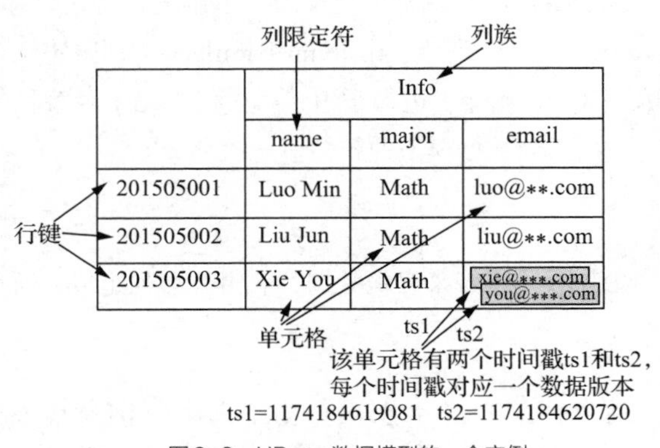

图9-3 HBase数据模型的一个实例

9.3.3 数据坐标

HBase使用坐标来定位表中的数据，也就是说，每个值都是通过坐标来访问的。对我们熟悉的关系数据库而言，数据定位可以理解为采用“二维坐标”，即根据行和列就可以确定表中一个具体的值。但是，在HBase中需要根据行键、列族、列限定符和时间戳来确定一个单元格，因此可以理解为采用

"四维坐标"，即［行键,列族,列限定符,时间戳］。

例如，在图9-3中，由行键"201505003"、列族"Info"、列限定符"email"和时间戳"1174184619081"（ts1）这4个坐标值确定的单元格["201505003","Info","email","1174184619081"]里面存储的值是"xie@**.com"；由行键"201505003"、列族"Info"、列限定符"email"和时间戳"1174184620720"（ts2）这4个坐标值确定的单元格["201505003","Info","email","1174184620720"]里面存储的值是"you@***.com"。

如果把所有坐标看成一个整体，视为"键"，把四维坐标对应的单元格中的数据视为"值"，那么，HBase也可以看成一个键值数据库（见表9-3）。

表 9-3 HBase 可以被视为一个键值数据库

键	值
["201505003","Info","email","1174184619081"]	"xie@**.com"
["201505003","Info","email","1174184620720"]	"you@***.com"

9.3.4 概念视图

在HBase的概念视图中，一个表可以视为一个稀疏、多维的映射关系。表9-4所示就是HBase存储数据的概念视图，它是一个存储网页的HBase表的片段。行键是一个反向URL（即cn.edu.xmu.www），之所以这样存放，是因为HBase是按照行键的字典序来排序存储数据的。采用反向URL的方式，可以让来自同一个网站的数据都保存在相邻的位置。在按照行键的值进行水平分区时，就可以尽量把来自同一个网站的数据划分到同一个分区（Region）中。contents列族用来存储网页内容，anchor列族包含任何引用这个页面的锚链接文本。XMU的主页被PKU和FZU主页同时引用，因此，这里的行包含名称为"anchor:fzu.edu.cn"和"anchor:pku.edu.cn"的列。可以采用四维坐标来定位单元格中的数据，比如在这个实例表中，四维坐标["cn.edu.xmu.www","anchor","fzu.edu.cn",t5]对应的单元格里面存储的数据是"FZU"，四维坐标["cn.edu.xmu.www","anchor","pku.edu.cn",t4]对应的单元格里面存储的数据是"PKU"，四维坐标["cn.edu.xmu.www","contents","html",t3]对应的单元格里面存储的数据是网页内容。可以看出，在一个HBase表的概念视图中，每行都包含相同的列族，尽管行不需要在每个列族里存储数据。比如在表9-4中，前两行数据中，列族contents的内容就为空，后3行数据中，列族anchor的内容为空。从这个角度来说，HBase表是一个稀疏的映射关系，即里面存在很多空的单元格。

概念视图

表 9-4 概念视图

行键	时间戳	列族contents	列族anchor
"cn.edu.xum.www"	t5		anchor:fzu.edu.cn="FZU"
	t4		anchor:pku.edu.cn="PKU"
"cn.edu.xmu.www"	t3	contents:html="<html>..."	
	t2	contents:html="<html>..."	
	t1	contents:html="<html>..."	

9.3.5 物理视图

在概念视图层面，HBase中的每个表是由许多行组成的；但是在物理视图层面，它采用了基于列的存储方式，而不是像传统关系数据库那样采用基于行的存储方式，这也是HBase和传统关系数据库的重要区别。表9-4所示的概念视图在进行物理存储的时候，会存成表9-5所示的两个小片段。也就是说，这个HBase表会按照contents和anchor这两个列族分别存放，属于同一个列族的数据保存在一起，同时，和每个列族一起存放的还有行键和时间戳。

物理视图

表 9-5 物理视图

列族contents		
行键	时间戳	列族contents
"cn.edu.xmu.www"	t3	contents:html="<html>..."
	t2	contents:html="<html>..."
	t1	contents:html="<html>..."

列族anchor		
行键	时间戳	列族anchor
"cn.edu.xmu.www"	t5	anchor:fzu.edu.cn="FZU"
	t4	anchor:pku.edu.cn="PKU"

在表9-4所示的概念视图中，我们可以看到，有些列是单元格的，即这些单元格上面不存在值。在物理视图中，这些空的单元格不会被存储成null，而是根本就不会被存储。当请求这些空白的单元格的时候，会返回null。

9.3.6 面向列的存储

通过前面的论述，我们已经知道HBase面向列存储，也就是说，HBase是一个“列式数据库”。而传统的关系数据库采用的是面向行的存储方式，被称为“行式数据库”。为了加深对这个问题的认识，下面我们对面向行的存储（行式数据库）和面向列的存储（列式数据库）做简单介绍。

面向列的存储

简单地说，行式数据库使用NSM（N-ary Storage Model）存储模型，一个元组（或行）会被连续地存储在磁盘页中，如图9-4所示。也就是说，数据是一行一行被存储的，第一行写入磁盘页后，再写入第二行，依此类推。在从磁盘中读取数据时，需要在磁盘中按顺序扫描每个元组的完整内容，然后从每个元组中筛选出查询所需要的属性。如果每个元组只有少量属性的值对查询是有用的，那么NSM就会浪费许多磁盘空间和内存带宽。

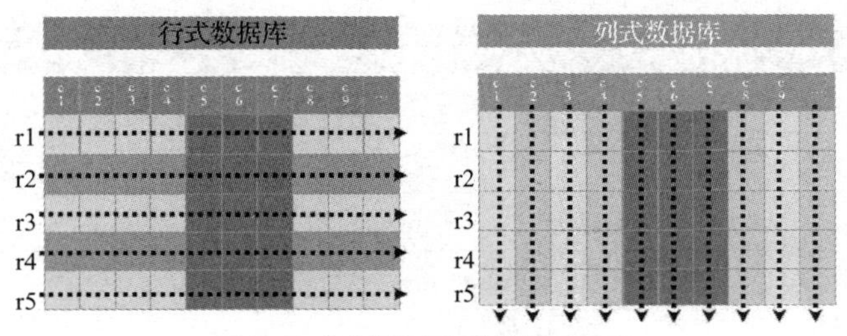

图9-4 行式数据库和列式数据库示意

列式数据库采用DSM（Decomposition Storage Model）存储模型，它是在1985年被提出来的，目的是最小化无用的I/O。DSM采用了不同于NSM的思路，对采用DSM存储模型的关系数据库而言，DSM会对关系进行垂直分解，并为每个属性分配一个子关系。因此，一个具有*n*个属性的关系会被分解成*n*个子关系，每个子关系单独存储，每个子关系只有当其相应的属性被请求时才会被访问。也就是说，DSM以关系数据库中的属性或列为单位进行存储，关系中多个元组的同一属性值（或同一列值）会被存储在一起，而一个元组中不同属性值则通常会被分别存放于不同的磁盘页中。

图9-5所示是一个关于行式存储和列式存储的实例，从中可以看出两种存储方式的具体差别。

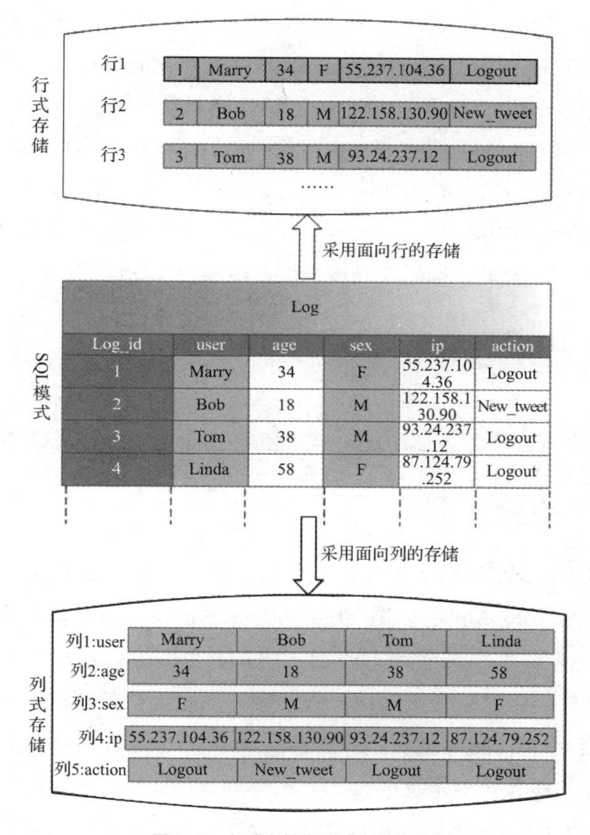

图9-5 行式存储和列式存储的实例

行式数据库主要适用于小批量的数据处理，如联机事务型数据处理，我们平时熟悉的Oracle和MySQL等关系数据库都属于行式数据库。列式数据库主要适用于批量数据处理和即席查询（Ad-Hoc Query）。它的优点是：可以降低I/O开销，支持大量并发用户查询；其数据处理速度比传统方法快100倍，因为仅需要处理可以回答这些查询的列，而不是分类整理与特定查询无关的数据行；具有较高的数据压缩率，比传统的行式数据库更有效，甚至能达到5倍的效果。列式数据库主要用于数据挖掘、决策支持和地理信息系统等查询密集型系统中，因为一次查询就可以得出结果，而不必每次都要遍历所有的数据库。所以，列式数据库大多应用在人口统计调查、医疗分析等行业中，这些行业需要处理大量的数据，假如采用行式数据库，会导致消耗的时间无限增加。

DSM存储模型的缺陷是：执行连接操作时需要巨大的元组重构代价，因为一个元组的不同属性被分散到不同磁盘页中存储，当需要一个完整的元组时，就要从多个磁盘页中读取相应属性的值来重新组合得到原来的一个元组。对联机事务型数据处理而言，需要频繁对一些元组进行修改（如百货商场售出一件衣服后要立即修改库存数据），如果采用DSM存储模型，就会带来较大的开销。在过去的很多年里，数据库主要应用于联机事务型数据处理。因此，在很长一段时间里，主流商业数据库大都采用NSM存储模型而不是DSM存储模型。但是，随着市场需求的变化，分析型应用开始发挥越来越重要的作用，企业需要分析各种经营数据来制定决策。对分析型应用而言，一般数据被存储后不会发生修改（如数据仓库），因此不会涉及巨大的元组重构代价。所以，从近些年开始，DSM存储模型开始受到青睐，并且出现了一些采用DSM存储模型的商业产品和学术研究原型系统，如Sybase IQ、ParAccel、Sand/DNA Analytics、Vertica、InfiniDB、InfoBright、MonetDB和LucidDB。Sybase IQ和Vertica这些商业化的列式数据库已经可以很好地满足数据仓库等分析型应用的需求，并且可以获得较高的性能。鉴于DSM存储模型的许多优良特性，HBase等非关系数据库（或称NoSQL数据库）也吸收、借鉴了这种面向列的存储格式。

可以看出，如果严格从关系数据库的角度来看，HBase并不是一个列式数据库，毕竟HBase是以列族为单位进行分解（列族当中可以包含多个列），而不是每个列都单独存储。但是HBase借鉴和利用了磁盘上的列存储格式，所以，从这个角度来说，HBase可以被视为列式数据库。

9.4 HBase的实现原理

本节介绍HBase的实现原理，包括HBase的功能组件、表、Region以及Region的定位。

9.4.1 HBase 的功能组件

HBase的实现包括3个主要的功能组件：库函数，链接到每个客户端；一个Master主服务器；许多个Region服务器。Region服务器负责存储和维护分配给自己的Region，处理来自客户端的读写请求。Master主服务器负责管理和维护HBase表的分区信息，比如，一个表被分成了哪些Region，每个Region被存放在哪台Region服务器上，同时也负责维护Region服务器列表。因此，如果Master主服务器停机，那么整个系统都会无效。Master会实时监测集群中的Region服务器，把特定的Region分配到可用的Region服务器上，并确保整个集群内部不同Region服务器之间的负载均衡。当某个Region服务器因出现故障而失效时，Master会把该故障服务器上存储的Region重新分配给其他可用的Region服务器。除此以外，Master还处理模式变化，如表和列族的创建。

HBase的功能组件

客户端并不是直接从Master主服务器上读取数据，而是在获得Region的位置信息后，直接从Region服务器上读取数据。尤其需要指出的是，HBase客户端并不依赖于Master，而是借助ZooKeeper来获得Region的位置信息，所以大多数客户端从来不和主服务器Master通信，这种设计方式使Master的负载很小。

9.4.2 表和 Region

一个HBase中存储了许多表。对每个HBase表而言，表中的行是根据行键的值的字典序进行维护的，表中包含的行的数量可能非常庞大，无法存储在一台设备上，需要分布存储到多台设备上。因此，需要根据行键的值对表中的行进行分区（见图9-6），每个行区间构成一个分区，这个分区被称为Region，包含位于某个值域区间内的所有数据。Region是负载均衡和数据分发的基本单位。这些Region会被分发到不同的Region服务器上。

初始时，每个表只包含一个Region，随着数据的不断插入，Region会持续增大，当一个Region中包含的行数量达到一个阈值时，该Region就会被等分成两个新的Region（见图9-7）。随着表中行的数量继续增加，会分裂出越来越多的Region。

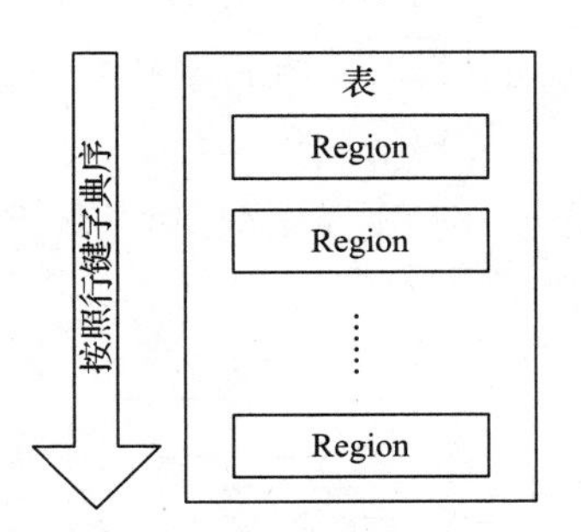

图9-6　一个HBase表被划分成多个Region

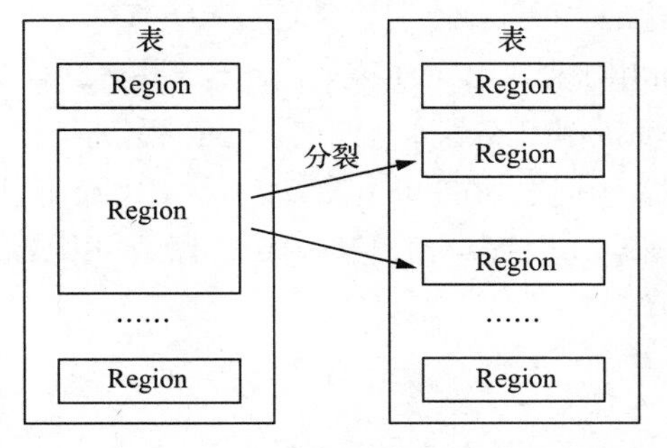

图9-7　一个Region会分裂成两个新的Region

每个Region的默认大小在100 MB到200 MB之间。Master主服务器会把不同的Region分配到不同的Region服务器上（见图9-8），但是同一个Region是不会被拆分到多个Region服务器上的。每个Region服务器负责管理一个Region集合，通常一个Region服务器上会放置10～1000个Region。

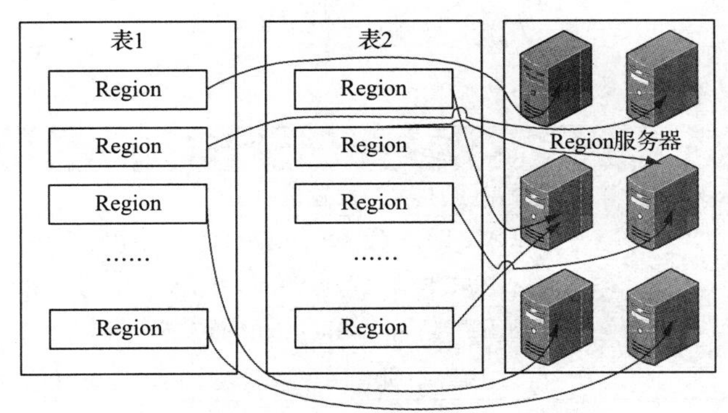

图9-8　不同的Region可以分布在不同的Region服务器上

9.4.3　Region的定位

1. HBase早期定位方法

一个HBase的表可能非常庞大，会被分裂成很多个Region，这些Region可被分发到不同的Region服务器上。因此，必须设计相应的Region定位机制，保证客户端知道可以在哪里找到自己所需要的数据。

每个Region都由一个RegionID来唯一标识，这样，一个Region标识符就可以表示成“表名+开始主键+RegionID”。

有了Region标识符，就可以唯一地标识每个Region。为了确定每个Region所在的位置，可以构建一张映射表。映射表的每个条目（或每行）包含两项内容，一个是Region标识符，另一个是Region服务器标识。这个条目表示Region和Region服务器之间的对应关系，从而可以知道某个Region被保存在哪个Region服务器中。这个映射表包含了关于Region的元数据（即Region和Region服务器之间的对应关系），因此也被称为“元数据表”，又名“.META.表”。

当一个HBase表中的Region数量非常多的时候，.META.表的条目就会非常多，一个服务器保存不下，也需要分区存储到不同的服务器上，因此.META.表也会分裂成多个Region。这时，为了定位这些Region，需要构建一个新的映射表，记录所有元数据的具体位置，这个新的映射表就是“根数据表”，又名“-ROOT-表”。-ROOT-表是不能被再分割的，永远只存在一个Region用于存放-ROOT-表。因此这个用来存放-ROOT-表的Region的名字是在程序中被“写死”的，Master主服务器永远知道它的位置。

综上所述，在0.96.0版本之前，HBase使用类似B+树的三层结构来保存Region的位置信息（见图9-9）。表9-6给出了HBase三层结构中各层次的名称和作用。

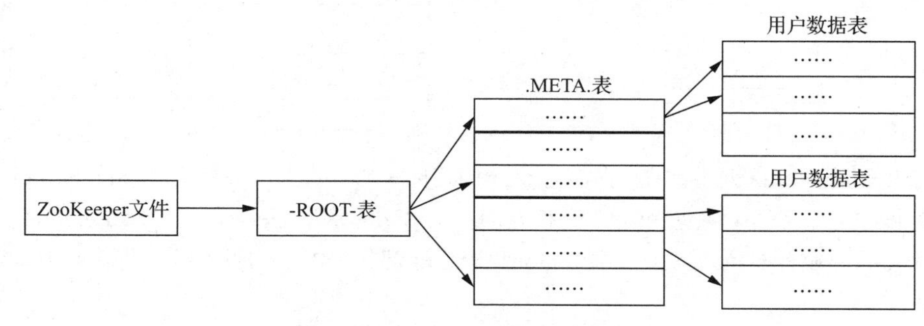

图9-9　HBase的三层结构

表 9-6　HBase 三层结构中各层次的名称和作用

层次	名称	作用
第一层	ZooKeeper文件	记录-ROOT-表的位置信息
第二层	-ROOT-表	记录.META.表的Region位置信息，-ROOT-表只能有一个Region。通过-ROOT-表就可以访问.META.表中的数据
第三层	.META.表	记录用户数据表的Region位置信息，.META.表可以有多个Region，保存HBase中所有用户数据表的Region位置信息

为了加快访问速度，.META.表的全部Region都会被保存在内存中。假设.META.表的每行（一个映射条目）在内存中大约占用1 KB，并且每个Region限制为128 MB，那么，上面的三层结构可以保存的用户数据表的Region数目的计算方法是：-ROOT-表能够寻址的.META.表的Region个数×每个.META.表的Region可以寻址的用户数据表的Region个数。一个-ROOT-表最多只能有一个Region，也就是最多只能有128 MB，按照每行（一个映射条目）占用1 KB内存计算，128 MB空间可以容纳128 MB/1 KB=2^{17}行，也就是说，一个-ROOT-表可以寻址2^{17}个.META.表的Region。同理，每个.META.表的Region可以寻址的用户数据表的Region个数是128 MB/1 KB=2^{17}。最终，三层结构可以保存的Region数目是(128 MB/1 KB)×(128 MB/1 KB) = 2^{34}个。可以看出，这个数量已经足够满足实际应用中的用户数据存储需求。

2. HBase 新定位方法

通过三层结构虽然极大地扩展了可以容纳的Region数量，一直扩展到2^{34}个，可是实际上用不了这么多。虽然设计上是允许多个.META.表存在的，但是实际上在HBase的发展历史中，.META.表一直只有一个。所以，-ROOT-表中的记录一直都只有一行，-ROOT-表形同虚设。三层结构提高了代码的复杂度，容易产生Bug。因此，从0.96.0版本之后，HBase舍弃了三层结构，转而采用两层结构。-ROOT-表被去掉了，.MEAT.表被修改成hbase:meta表。采用两层结构以后的Region定位方法如下（见图9-10）。

（1）客户端先通过ZooKeeper查询哪台Region服务器上有hbase:meta表。

（2）客户端连接含有hbase:meta表的Region服务器。hbase:meta表存储了所有Region的行键范围信息，通过这个表就可以查询出要存取的行键属于哪个Region，以及这个Region又属于哪个Region服务器。

（3）获取这些信息后，客户端就可以直连其中一台拥有要存取的行键的Region服务器，并直接对其进行操作。

（4）客户端会把定位信息缓存起来，下次操作就不需要进行以上加载hbase:meta表的步骤了。

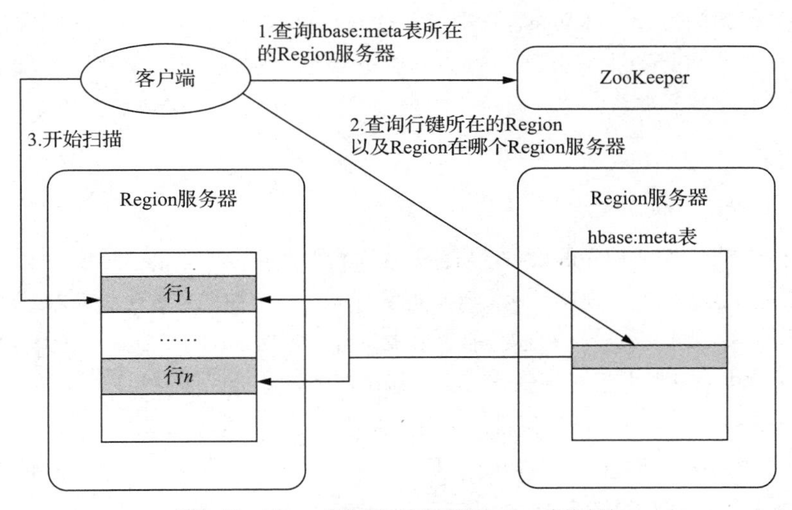

图9-10 HBase采用两层结构后的Region定位方法

9.5 HBase的运行机制

本节介绍HBase的运行机制，包括HBase的系统架构以及Region服务器、Store和HLog这三者的工作原理。

9.5.1 HBase 的系统架构

HBase的系统架构如图9-11所示，包括客户端、ZooKeeper服务器、Master主服务器、Region服务器。需要说明的是，HBase一般采用HDFS作为底层数据存储方式，因此图9-11中加入了HDFS和Hadoop。

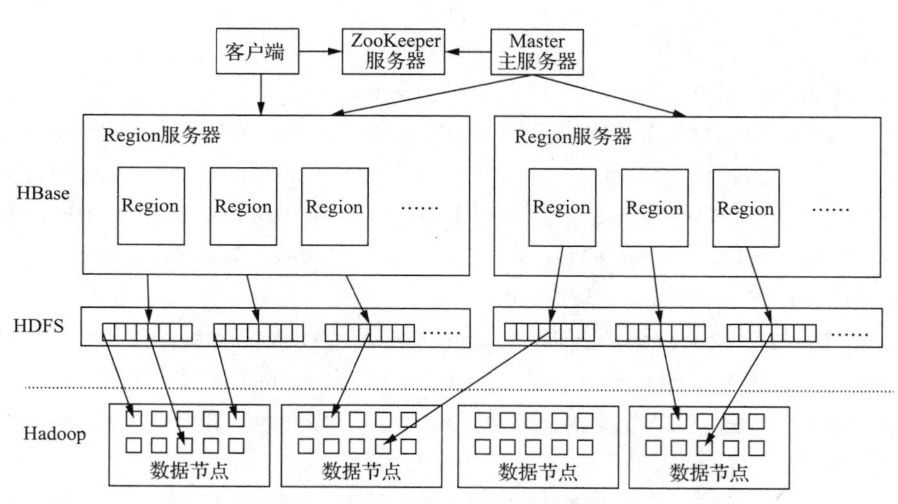

图9-11 HBase的系统架构

1. 客户端

客户端包含访问HBase的接口，同时在缓存中维护着已经访问过的Region位置信息，用来加快后续数据访问过程。HBase客户端使用HBase的RPC（Remote Procedure Call，远程过程调用）机制与Master主服务器和Region服务器进行通信。其中，对于管理类操作，客户端与Master主服务器进行RPC；而对于数据读写类操作，客户端则会与Region服务器进行RPC。

2. ZooKeeper 服务器

ZooKeeper服务器并非单一的设备，可能是由多台设备构成的集群，提供稳定、可靠的协同服务。ZooKeeper服务器能够很容易地实现集群管理的功能，如果有多台服务器组成一个服务器集群，那么必须有一个“总管”知道当前集群中每台服务器的服务状态，一旦某台服务器不能提供服务，集群中其他服务器必须知道，从而做出调整重新分配服务策略。同样，加强集群的服务能力时，会增加一台或多台服务器，这同样也必须让“总管”知道。

HBase服务器集群中包含一个Master主服务器和多个Region服务器，Master主服务器就是这个集群的“总管”，它必须知道Region服务器的状态。ZooKeeper服务器就可以轻松做到这一点，每个Region服务器都需要到ZooKeeper服务器中进行注册，ZooKeeper服务器会实时监控每个Region服务器的状态并告知Master主服务器。这样，Master主服务器就可以通过ZooKeeper服务器随时感知到各个Region服务器的工作状态。

ZooKeeper服务器不仅能够维护当前的集群中服务器的服务状态，而且能够选出一个“总管”，让这个“总管”来管理集群。HBase中可以启动多个Master主服务器，但是ZooKeeper服务器可以选举出一个Master主服务器作为集群的“总管”，并保证在任何时刻总有一个Master主服务器在运行，这就避免了Master主服务器的“单点失效”问题。

ZooKeeper服务器中保存了-ROOT-表的地址和Master主服务器的地址，客户端可以通过访问ZooKeeper服务器获得-ROOT-表的地址，并最终通过“三级寻址”找到所需的数据。ZooKeeper服务器中还存储了HBase的模式，包括有哪些表、每个表有哪些列族。

3. Master 主服务器

Master主服务器主要负责表和Region的管理工作。

- 管理用户对表的增加、删除、修改、查询等操作。
- 实现不同Region服务器之间的负载均衡。
- 在Region分裂或合并后，负责重新调整Region的分布。
- 对发生故障并失效的Region服务器上的Region进行迁移。

客户端访问HBase上的数据的过程并不需要Master主服务器的参与，客户端可以访问ZooKeeper服务器以获取-ROOT-表的地址，并最终到达相应的Region服务器进行数据读写。Master主服务器仅维护表和Region的元数据信息，因此负载很低。

任何时刻，一个Region只能分配给一个Region服务器。Master主服务器维护了当前可用的Region服务器列表，以及当前哪些Region分配给了哪些Region服务器、哪些Region还未被分配。当存在未被分配的Region，并且有一个Region服务器上有可用空间时，Master主服务器就会给这个Region服务器发送一个请求，把该Region分配给它。Region服务器接收请求并完成数据加载后，就开始负责管理该Region，并对外提供服务。

4. Region 服务器

Region服务器是HBase中最核心的模块，负责维护分配给自己的Region，并响应用户的读写请求。HBase一般采用HDFS作为底层数据存储方式，因此Region服务器需要向HDFS中读写数据。采用HDFS作为底层数据存储方式，可以为HBase提供可靠、稳定的数据存储功能，HBase自身并不具备复制数据和维护数据副本的功能，而HDFS可以为HBase提供这些支持。当然，HBase也可以不采用HDFS，而是使用其他任何支持Hadoop接口的文件系统作为底层数据存储方式，比如本地文件系统或云计算环境中的Amazon S3（Simple Storage Service）。

9.5.2 Region 服务器的工作原理

Region服务器的工作原理

Region服务器是HBase中最核心的模块，图9-12描述了Region服务器向HDFS中读写数据的基本原理，从该图可以看出，Region服务器内部管理了一系列Region和一个HLog文件。其中HLog文件是磁盘上面的记录文件，它记录着所有的更新操作；每个Region又是由多个Store组成的，每个Store对应表中的一个列族的存储。每个Store又包含一个MemStore和若干个StoreFile。其中，MemStore是内存中的缓存，保存最近更新的数据；StoreFile是磁盘中的文件，这些文件都是B+树结构的，方便快速读取。StoreFile在底层的实现方式是HDFS的HFile，HFile的数据块通常采用压缩方式存储，压缩之后可以大大减少网络I/O和磁盘I/O。

1. 用户读写数据的过程

当用户写入数据时，数据会被分配到相应的Region服务器去执行操作。用户数据先被写入MemStore和HLog中，当操作写入HLog之后，才会调用commit()方法将其返回给客户端。

当用户读取数据时，Region服务器会先访问MemStore缓存，如果数据不在缓存中，才会到磁盘上面的StoreFile中去寻找。

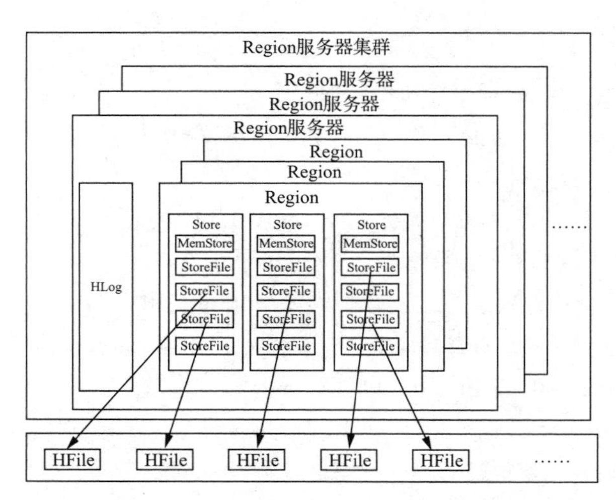

图9-12　Region服务器向HDFS中读写数据

2. 缓存的刷新

MemStore缓存的容量有限，系统会周期性地调用Region.flushcache()方法把MemStore缓存里面的数据写到磁盘的StoreFile中，清空缓存，并在HLog文件中写入一个标记，用来表示缓存中的数据已经被写入StoreFile中。每次刷新缓存都会在磁盘上生成一个新的StoreFile，因此每个Store会包含多个StoreFile。

每个Region服务器都有一个自己的HLog文件，在启动的时候，每个Region服务器都会检查自己的HLog文件，确认最近一次执行缓存刷新操作之后是否有新的写入操作。如果没有更新，说明所有数据已经被永久保存到磁盘的StoreFile中；如果发现更新，就先把这些更新写入MemStore，再刷新缓存，将其写入磁盘的StoreFile中。最后，删除旧的HLog文件，并开始为用户提供数据访问服务。

3. StoreFile 的合并

每次刷新MemStore缓存都会在磁盘上生成一个新的StoreFile，这样，系统中的每个Store中就会存在多个StoreFile。当需要访问某个Store中的某个值时，必须查找所有StoreFile，非常耗费时间。为了减少查找时间，系统一般会调用Store.compact()方法把多个StoreFile合并成一个大文件。由于合并操作比较耗费资源，因此只会在StoreFile的数量达到一个阈值的时候才会触发合并操作。

9.5.3　Store 的工作原理

Store的工作原理

Region服务器是HBase的核心模块，而Store则是Region服务器的核心。每个Store对应表中的一个列族的存储。每个Store包含一个MemStore缓存和若干个StoreFile。

MemStore是排序的内存缓冲区，当用户写入数据时，系统先把数据放入MemStore缓存，当MemStore缓存满时，就会刷新缓存，把数据存到磁盘中的一个StoreFile中。随着StoreFile数量的不断增加，当达到事先设定的数量时，就会触发文件合并操作，多个StoreFile会被合并成一个大的StoreFile。当多个StoreFile合并后，会逐步形成越来越大的StoreFile。当单个StoreFile的大小超过指定的阈值时，就会触发文件分裂操作。同时，当前的一个父Region会被分裂成两个子Region，父Region会下线，新分裂出的两个子Region会被Master主服务器分配到相应的Region服务器上。StoreFile的合并和分裂过程如图9-13所示。

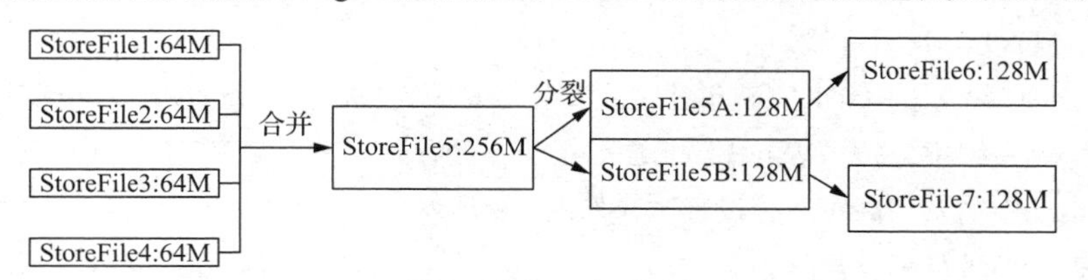

图9-13 StoreFile的合并和分裂过程

9.5.4 HLog的工作原理

在分布式环境下，必须考虑系统出错的情形，比如当Region服务器发生故障时，MemStore缓存中的数据（还没有被写入文件）会全部丢失。因此，HBase采用HLog来保证系统发生故障后能够恢复到正确的状态。

HBase系统为每个Region服务器配置了一个HLog文件，它是一种预写式日志（Write Ahead Log），也就是说，用户更新数据的操作必须被记入日志后，数据才能写入MemStore缓存，并且MemStore缓存数据对应的日志已经被写入磁盘之后，该缓存数据才会被刷新写入磁盘。

ZooKeeper会实时监测每个Region服务器的状态，当某个Region服务器发生故障时，ZooKeeper会通知Master。Master会先处理该故障Region服务器上面遗留的HLog文件，由于一个Region服务器上面可能维护着多个Region，这些Region共用一个HLog文件，因此这个遗留的HLog文件中包含来自多个Region的日志记录。系统会根据每条日志记录所属的Region对HLog数据进行拆分，分别放到相应Region的目录下，然后将失效的Region重新分配到可用的Region服务器中，并把与该Region相关的HLog日志记录也发送给相应的Region服务器。Region服务器领取到分配给自己的Region以及与之相关的HLog日志记录以后，会重新做一遍日志记录中的各种操作，把日志记录中的数据写入MemStore缓存，然后刷新到磁盘的StoreFile中，完成数据恢复。

需要特别指出的是，在HBase系统中，每个Region服务器只需要维护一个HLog文件，所有Region共用一个HLog文件，而不是每个Region都使用一个HLog文件。在这种所有Region共用一个HLog文件的方式中，多个Region的更新操作所发生的日志修改只需要不断把日志记录追加到单个日志文件中，而不需要同时打开、写入多个日志文件中，因此可以减少磁盘寻址次数，提高对表的写操作性能。这种方式的缺点是，如果一个Region服务器发生故障，为了恢复其上的Region，需要将Region服务器上的HLog文件按照其所属的Region进行拆分，然后分发到其他Region服务器上执行恢复操作。

9.6 HBase的安装

HBase是基于Java开发的分布式数据库，因此，在安装HBase之前必须先安装JDK。

9.6.1 安装JDK

JDK（Java Development Kit）是整个Java的核心，包括Java运行环境（Java Runtime

Environment）、Java工具和Java基础类库等。要想开发Java应用程序，就必须安装JDK，因为JDK里面包含各种Java工具。要想在计算机上运行使用Java开发的应用程序，也必须安装JDK，因为JDK里面包含Java运行环境。

访问Oracle官网，下载JDK安装包并完成安装。安装完成后需要设置Path环境变量。

在Windows系统中，按“Win+I”组合键打开“设置”窗口，在搜索框中输入“高级系统设置”，如图9-14所示，然后单击“查看高级系统设置”。

图9-14　搜索“高级系统设置”

在弹出的“系统属性”对话框（见图9-15）中，单击“环境变量”按钮。

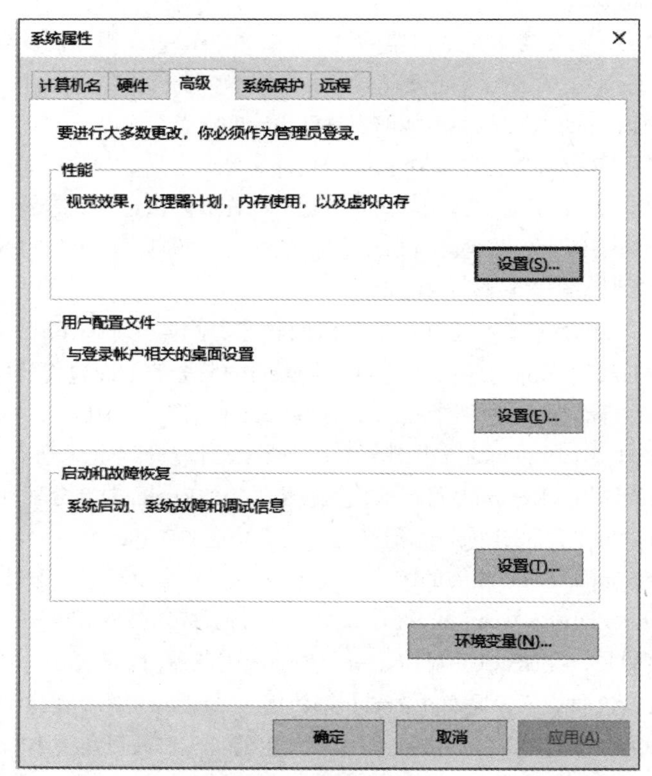

图9-15　“系统属性”对话框

在弹出的“环境变量”对话框中，在“系统变量”区域找到名称为“Path”的环境变量，在环境变量Path中加入以下信息，增加以后的效果如图9-16所示。

```
C:\Program Files\Java\jdk1.8.0_281\bin
```

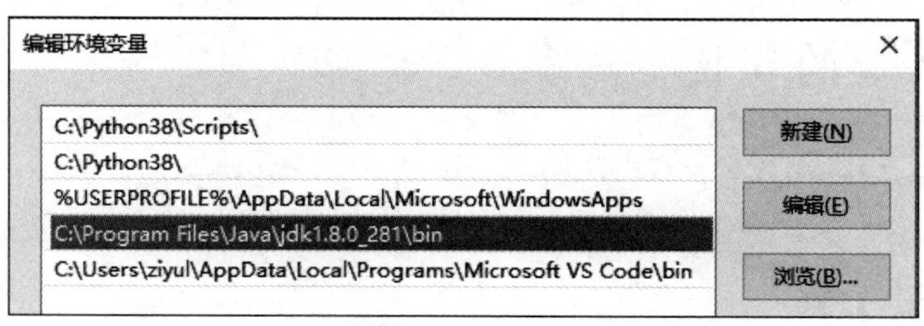

图9-16　编辑环境变量Path

然后，在“系统变量”区域中新建一个环境变量JAVA_HOME（如果已经存在，就不用创建），把它的值设置为以下内容。

```
C:\Program Files\Java\jdk1.8.0_281
```

打开命令提示符窗口，执行“java -version”命令检测是否安装成功，如果安装成功，则会返回图9-17所示的信息。

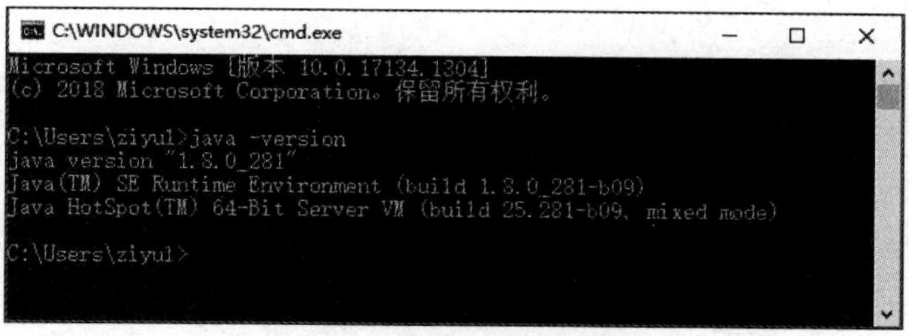

```
C:\WINDOWS\system32\cmd.exe
Microsoft Windows [版本 10.0.17134.1304]
(c) 2018 Microsoft Corporation。保留所有权利。

C:\Users\ziyul>java -version
java version "1.8.0_281"
Java(TM) SE Runtime Environment (build 1.8.0_281-b09)
Java HotSpot(TM) 64-Bit Server VM (build 25.281-b09, mixed mode)

C:\Users\ziyul>
```

图9-17　安装成功返回的信息

9.6.2　安装HBase

HBase的安装模式包括单机模式和分布式模式。其中，单机模式使用本地文件系统保存数据，而分布式模式则使用HDFS保存数据，需要先安装Hadoop，再安装HBase。简单起见，这里采用单机模式进行安装，在这种模式下，不需要安装Hadoop。

到HBase官网下载HBase安装文件hbase-2.2.2-bin.tar.gz。把安装文件解压缩到C盘根目录下，这样可以避免一些权限问题引起的运行错误。

到Maven中央仓库下载jansi-1.14.jar，把该文件放到“C:\hbase-2.2.2\lib”目录下，如果缺少这个文件，启动HBase时会报错。

在“C:\hbase-2.2.2\conf”目录下，找到文件hbase-env.cmd，把该文件中的内容替换为以下内容：

```
set JAVA_HOME=C:\PROGRA~1\Java\jdk1.8.0_281
set HBASE_CLASSPATH=C:\hbase-2.2.2\conf
set HBASE_MANAGES_ZK=true
set HBASE_OPTS=%HBASE_OPTS% "-XX:+UseConcMarkSweepGC" "-Djava.net.
preferIPv4Stack=true"
```

在上面的文件内容中，特别要注意JAVA_HOME的写法。如果JDK路径中包含空格，则直接使用以下设置后面步骤会报错：

```
set JAVA_HOME=C:\Program Files\Java\jdk1.8.0_281
```

为了解决这个问题，只需要用PROGRA~1 代替Program Files，即改为：

```
set JAVA_HOME=C:\PROGRA~1\Java\jdk1.8.0_281
```

在“C:\hbase-2.2.2\conf”目录下，找到文件hbase-site.xml，把该文件中的内容替换为以下内容：

```
<?xml version="1.0"?>
<?xml-stylesheet type="text/xsl" href="configuration.xsl"?>
<configuration>
        <property>
```

```
            <name>hbase.rootdir</name>
            <value>file:///C:/hbase-2.2.2/hbase-tmp</value>
        </property>
        <property>
            <name>hbase.tmp.dir</name>
            <value>C:/hbase-2.2.2/tmp</value>
        </property>
        <property>
            <name>zookeeper.znode.parent</name>
            <value>/HBase/master</value>
        </property>
        <property>
            <name>hbase.cluster.distributed</name>
            <value>false</value>
        </property>
        <property>
            <name>hbase.unsafe.stream.capability.enforce</name>
            <value>false</value>
        </property>
        <property>
            <name>hbase.zookeeper.quorum</name>
            <value>localhost</value>
        </property>
        <property>
            <name>hbase.zookeeper.property.clientPort</name>
            <value>2181</value>
        </property>
        <property>
            <name>hbase.zookeeper.property.dataDir</name>
            <value>C:/hbase-2.2.2/zkdata</value>
        </property>
</configuration>
```

打开一个命令提示符窗口，执行以下命令启动HBase：

```
> cd C:\hbase-2.2.2\bin
> start-hbase.cmd
```

启动成功以后，再打开一个命令提示符窗口，执行以下命令进入HBase Shell环境：

```
> cd C:\hbase-2.2.2\bin
> hbase shell
```

HBase Shell启动过程可能会花费较长时间，启动成功以后，会显示以下格式的命令提示符：

```
hbase(main):001:0>
```

在这个命令提示符后面，可以输入HBase提供的各种Shell命令来操作HBase数据库。

最后执行exit命令即可退出Shell环境：

```
hbase(main):001:0> exit
```

注意，这里退出HBase数据库是退出HBase Shell，而不是停止HBase数据库的后台运行，执行exit命令后，HBase数据库仍然在后台运行，如果要停止运行HBase数据库，需要使用如下命令：

```
> cd C:\hbase-2.2.2\bin
> stop-hbase.cmd
```


9.7　HBase编程实践

本节主要介绍Windows系统中关于HBase数据库的常用Shell命令、数据处理常用的Java API，以及基于HBase的编程实例。

9.7.1　HBase常用的Shell命令

HBase为用户提供了非常好用的Shell命令，通过这些命令用户可以很方便地对表、列族、列等进行操作。下面介绍一些常用的Shell命令以及具体的操作实例。

HBase常用的Shell命令

在使用具体的Shell命令操作HBase数据库之前，需要先启动HBase，并且启动HBase Shell，进入Shell命令提示符状态。

1. 在HBase中创建表

假设这里要创建一个student表，该表包含Sname、Ssex、Sage、Sdept、course等字段。需要注意的是，在关系数据库（比如MySQL）中，需要先创建数据库，再创建表；但是，在HBase数据库中，不需要创建数据库，直接创建表就可以。在HBase中创建student表的Shell命令如下：

```
hbase> create 'student','Sname','Ssex','Sage','Sdept','course'
```

对HBase而言，在创建HBase表时，不需要自行创建行键，系统会默认把一个属性作为行键，通常是把put命令中跟在表名后的第一个数据作为行键。

创建完student表后，可通过describe命令查看student表的基本信息，命令如下：

```
hbase> describe 'student'
```

可以使用list命令查看当前HBase数据库中已经创建了哪些表，命令如下：

```
hbase> list
```

2. 添加数据

HBase使用put命令添加数据，一次只能为一个表的一行的一个列（也就是一个单元格，单元格是HBase中的概念）添加一个数据，所以，直接用Shell命令插入数据的效率很低。在实际应用中，一般都是利用编程操作数据。因为这里只插入一条学生记录，所以，我们可以用Shell命令手动插入数据，命令如下：

```
hbase> put 'student','95001','Sname','LiYing'
```

执行上面的put命令会为student表添加学号为“95001”、名字为“LiYing”的一个单元格数据，其行键为“95001”，也就是说，系统默认把跟在表名student后面的第一个数据作为行键。

下面继续添加4个单元格的数据，用来记录LiYing同学的相关信息，命令如下：

```
hbase> put 'student','95001','Ssex','male'
hbase> put 'student','95001','Sage','22'
hbase> put 'student','95001','Sdept','CS'
hbase> put 'student','95001','course:math','80'
```

3. 查看数据

HBase中有两个用于查看数据的命令。

- get命令：用于查看表的某个单元格数据。
- scan命令：用于查看表的全部数据。

比如，可以使用以下命令返回student表中95001行的数据：

```
hbase> get 'student','95001'
```

上述命令的执行结果如图9-18所示。

```
hbase(main):012:0> get 'student','95001'
COLUMN                          CELL
 Sage:                          timestamp=1686616092059, value=22
 Sdept:                         timestamp=1686616098159, value=CS
 Sname:                         timestamp=1686616072612, value=LiYing
 Ssex:                          timestamp=1686616085607, value=male
 course:math                    timestamp=1686616104284, value=80
1 row(s)
Took 0.0400 seconds
```

图9-18　get命令的执行结果

下面使用scan命令查询student表的全部数据：

```
hbase> scan 'student'
```

上面scan命令的执行结果如图9-19所示。

```
hbase(main):013:0>  scan 'student'
ROW                          COLUMN+CELL
 95001                       column=Sage:, timestamp=1686616092059, value=22
 95001                       column=Sdept:, timestamp=1686616098159, value=CS
 95001                       column=Sname:, timestamp=1686616072612, value=LiYing
 95001                       column=Ssex:, timestamp=1686616085607, value=male
 95001                       column=course:math, timestamp=1686616104284, value=80
1 row(s)
Took 0.0220 seconds
```

图9-19　scan命令的执行结果

4. 删除数据

在HBase中用delete以及deleteall命令进行删除数据操作，二者的区别是：delete命令用于删除一个单元格数据，是put命令的反向操作，而deleteall命令用于删除一行数据。

首先，使用delete命令删除student表中95001行中Ssex列的所有数据，命令如下：

```
hbase > delete 'student','95001','Ssex'
```

上面的delete命令执行后的结果如图9-20所示。

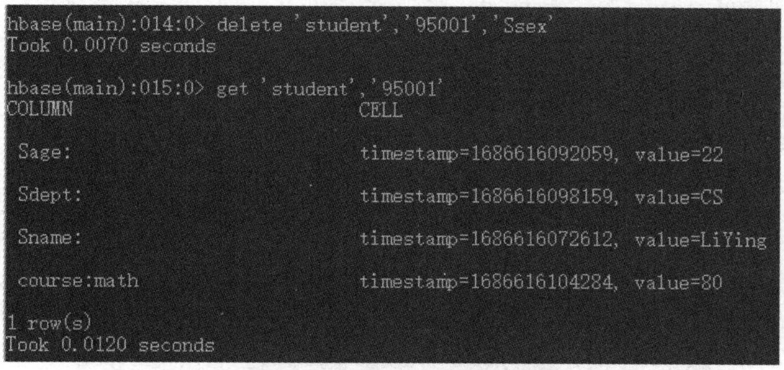

```
hbase(main):014:0> delete 'student','95001','Ssex'
Took 0.0070 seconds

hbase(main):015:0> get 'student','95001'
COLUMN                          CELL
 Sage:                          timestamp=1686616092059, value=22
 Sdept:                         timestamp=1686616098159, value=CS
 Sname:                         timestamp=1686616072612, value=LiYing
 course:math                    timestamp=1686616104284, value=80
1 row(s)
Took 0.0120 seconds
```

图9-20 delete命令的执行结果

从中可以看出，95001行中的Ssex列的所有数据已经被删除。

然后，使用deleteall命令删除student表中的95001行的全部数据，命令如下：

```
hbase> deleteall 'student','95001'
```

5. 删除表

删除表需要分两步操作，第一步让该表不可用，第二步删除表。比如，要删除student表，可以使用如下命令：

```
hbase> disable 'student'
hbase> drop 'student'
```

6. 查询历史数据

在添加数据时，HBase会自动为添加的数据添加一个时间戳。在修改数据时，HBase会为修改后的数据生成一个新的版本（时间戳），从而完成“改”操作，旧的版本依旧保留，系统会定时回收垃圾数据，只留下最新的几个版本，保存的版本数可以在创建表的时候指定。

为了查询历史数据，这里创建一个teacher表。首先，在创建表的时候需要指定保存的版本数（假设指定为5），命令如下：

```
hbase> create 'teacher',{NAME=>'username',VERSIONS=>5}
```

然后，插入数据，并更新数据，使其产生历史数据。需要注意的是，这里插入数据和更新数据都是使用put命令，具体如下：

```
hbase> put 'teacher','91001','username','Mary'
hbase> put 'teacher','91001','username','Mary1'
hbase> put 'teacher','91001','username','Mary2'
hbase> put 'teacher','91001','username','Mary3'
hbase> put 'teacher','91001','username','Mary4'
hbase> put 'teacher','91001','username','Mary5'
```

查询时，默认情况下会显示当前最新版本的数据。如果要查询历史数据，需要指定查询的历史版本数。由于上面设置了保存版本数为5，所以，在查询时指定的历史版本数的有效取值为1～5，具体命令如下：

```
hbase> get 'teacher','91001',{COLUMN=>'username',VERSIONS=>5}
hbase> get 'teacher','91001',{COLUMN=>'username',VERSIONS=>3}
```

上述命令执行后的结果如图9-21所示。

```
hbase(main):025:0> get 'teacher','91001',{COLUMN=>'username',VERSIONS=>5}
COLUMN                          CELL
 username:                      timestamp=1686616490023, value=Mary5
 username:                      timestamp=1686616483325, value=Mary4
 username:                      timestamp=1686616477341, value=Mary3
 username:                      timestamp=1686616470378, value=Mary2
 username:                      timestamp=1686616462251, value=Mary1
1 row(s)
Took 0.0170 seconds
hbase(main):026:0> get 'teacher','91001',{COLUMN=>'username',VERSIONS=>3}
COLUMN                          CELL
 username:                      timestamp=1686616490023, value=Mary5
 username:                      timestamp=1686616483325, value=Mary4
 username:                      timestamp=1686616477341, value=Mary3
1 row(s)
Took 0.0110 seconds
```

图9-21　get命令的执行结果

9.7.2　HBase常用的Java API及应用实例

现在介绍与HBase数据存储管理相关的Java API（HBase版本为2.2.2），主要包括HBaseConfiguration、TableDescriptor、ColumnFamilyDescriptor、Put、Get、ResultScanner、Result、Scan。下面先介绍这些类的功能与常用方法，然后给出具体的编程实例，从而帮助读者更好地了解这些类的使用方法。

HBase常用的Java API及应用实例

1. HBase常用Java API

（1）org.apache.hadoop.hbase.client.Admin

Admin为Java接口类型，不可以直接用该接口实例化一个对象，必须调用Connection.getAdmin()方法，返回一个Admin的子对象，然后用这个Admin接口来操作返回的子对象。该接口用于管理HBase数据库的表信息，包括创建或删除表、列出表项、使表有效或无效、添加或删除表的列族成员、检查HBase的运行状态等，主要方法如表9-7所示。

表9-7　Admin接口的主要方法

返回值	方法
void	addColumnFamily(TableName tableName, ColumnFamilyDescriptor columnFamily) 向一个已存在的表添加列
void	createTable(TableDescriptor desc) 创建表
void	deleteTable(TableName tableName) 删除表
void	disableTable(TableName tableName) 使表无效

续表

返回值	方法
void	enableTable(TableName tableName) 使表有效
boolean	tableExists(TableName tableName) 检查表是否存在
TableDescriptor	listTableDescriptors() 列出所有的表项
void	abort(String why, Throwable e) 终止服务器或客户端

（2）**org.apache.hadoop.hbase.HBaseConfiguration**

HBaseConfiguration类用于管理HBase的配置信息，其主要方法如表9-8所示。

表 9-8　HBaseConfiguration 类的主要方法

返回值	方法
static org.apache.hadoop.conf.Configuration	create() 使用默认的HBase配置文件创建Configuration
static org.apache.hadoop.conf.Configuration	addHBaseResources(org.apache.hadoop.conf.Configuration conf) 向当前Configuration添加参数conf中的配置信息
static void	merge(org.apache.hadoop.conf.Configuration destConf, org.apache.hadoop. conf.Configuration srcConf) 合并两个Configuration

（3）**org.apache.hadoop.hbase.client.Table**

Table是Java接口类型，不可以用Table接口直接实例化一个对象，而必须调用Connection.getTable()方法返回Table的一个子对象，然后调用返回的子对象的成员方法。这个接口用于与HBase进行通信。如果多个线程对一个Table接口子对象进行put或者delete操作，则写缓冲器可能会崩溃。因此，在多线程环境下，建议使用Connection和ConnectionFactory。Table接口的主要方法如表9-9所示。

表 9-9　Table 接口的主要方法

返回值	方法
void	close() 释放所有资源，根据缓冲区中数据的变化更新Table
void	delete(Delete delete) 删除指定的单元格或行
boolean	exists(Get get) 检查Get对象指定的列是否存在
Result	get(Get get) 从指定的行的某些单元格中取出相应的值
void	put(Put put) 向表中添加值

续表

返回值	方法
ResultScanner	getScanner(byte[] family) ‖ getScanner(byte[] family, byte[] qualifier) ‖ getScanner(Scan scan) 获得ResultScanner实例
TableDescriptor	getDescriptor() 获得当前表的TableDescriptor实例
TableName	getName() 获得当前表的名字实例

（4）**org.apache.hadoop.hbase.client.TableDescriptor**

TableDescriptor接口包含HBase中表的详细信息，例如表中的列族、该表的类型（.META.）、该表是否只读、MemStore的最大空间、Region什么时候应该分裂等。该接口的主要方法如表9-10所示。

表 9-10　TableDescriptor 接口的主要方法

返回值	方法
ColumnFamilyDescriptor[]	getColumnFamilies() 返回表中所有的列族的名字
TableName	getTableName() 返回表的名字实例
byte[]	getValue(byte[] key) 获得某个属性的值

（5）**org.apache.hadoop.hbase.client.TableDescriptorBuilder**

TableDescriptorBuilder类用于构建TableDescriptorBuilder，其主要方法如表9-11所示。

表 9-11　TableDescriptorBuilder 类的主要方法

返回值	方法
TableDescriptor	build() 构建TableDescriptor
TableDescriptorBuilder	newBuilder(TableName name) 构建TableDescriptorBuilder
TableDescriptorBuilder	setColumnFamily(ColumnFamilyDescriptor family) 设置某个列族
TableDescriptorBuilder	removeColumnFamily(byte[] name) 删除某个列族
TableDescriptorBuilder	setValue(byte[] key, byte[] value) 设置属性的值

（6）**org.apache.hadoop.hbase.client.ColumnFamilyDescriptor**

ColumnFamilyDescriptor接口包含列族的详细信息，例如列族的版本号、压缩设置等。ColumnFamilyDescriptor通常在添加列族或者创建表的时候使用。列族一旦建立就不能被修改，只能通过删除列族，然后再创建新的列族来间接地修改列族。一旦列族被删除了，该列族包含的数据也随之被删除。ColumnFamilyDescriptor接口的主要方法如表9-12所示。

表 9-12 ColumnFamilyDescriptor 接口的主要方法

返回值	方法
byte[]	getName() 获取列族的名字
byte[]	getValue(byte[] key) 获得某列单元格的值

（7）org.apache.hadoop.hbase.client.ColumnFamilyDescriptorBuilder

ColumnFamilyDescriptorBuilder类用于构建ColumnFamilyDescriptor，其主要方法如表9-13所示。

表 9-13 ColumnFamilyDescriptorBuilder 类的主要方法

返回值	方法
ColumnFamilyDescriptor	build() 构建ColumnFamilyDescriptor
ColumnFamilyDescriptorBuilder	newBuilder(byte[] name) 构建ColumnFamilyDescriptorBuilder
ColumnFamilyDescriptorBuilder	setValue(byte[] key, byte[] value) 设置某列单元格的值

（8）org.apache.hadoop.hbase.client.Put

Put类用于对单元格执行添加数据操作。Put类的主要方法如表9-14所示。

表 9-14 Put 类的主要方法

返回值	方法
Put	addColumn(byte[] family, byte[] qualifier, byte[] value) 将指定的列族、列限定符、对应的值添加到Put实例中
Put	add(Cell cell) 添加特定的键值到Put实例中
Put	setAttribute(String name, byte[] value) 设置属性

（9）org.apache.hadoop.hbase.client.Get

Get类用于获取单行的信息。Get类的主要方法如表9-15所示。

表 9-15 Get 类的主要方法

返回值	方法
Get	addColumn(byte[] family, byte[] qualifier) 根据列族和列限定符获得对应的列
Get	setFilter(Filter filter) 为获得具体的列，设置相应的过滤器

（10）org.apache.hadoop.hbase.client.Result

Result类用于存放执行Get或Scan操作后的结果，并以<key,value>的格式存储在map结构中。该类不是线程安全的。Result类的主要方法如表9-16所示。

表 9-16 Result 类的主要方法

返回值	方法
boolean	containsColumn(byte[] family, byte[] qualifier) 检查是否包含列族和列限定符指定的列
List<Cell>	getColumnCells(byte[] family, byte[] qualifier) 获得列族和列限定符指定的列中的所有单元格
NavigableMap<byte[], byte[]>	getFamilyMap(byte[] family) 根据列族获得包含列限定符和值的所有行的键值对
byte[]	getValue(byte[] family, byte[] qualifier) 获得列族和列限定符指定的单元格的最新值

（11）org.apache.hadoop.hbase.client.ResultScanner

ResultScanner接口是客户端获取值的接口，该接口的主要方法如表9-17所示。

表 9-17 ResultScanner 接口的主要方法

返回值	方法
void	close() 关闭Scanner并释放相应的资源
Result	next() 获得下一个Result实例

（12）org.apache.hadoop.hbase.client.Scan

可以利用Scan类来限定需要查找的数据，例如限定版本号、起始行号、终止行号、列族、列限定符、返回值的数量的上限等。Scan类的主要方法如表9-18所示。

表 9-18 Scan 类的主要方法

返回值	方法
Scan	addFamily(byte[] family) 限定需要查找的列族
Scan	addColumn(byte[] family, byte[] qualifier) 限定列族和列限定符指定的列
Scan	readAllVersions() || readVersions(int versions) readAllVersions()表示获取所有的版本，readVersions(int versions)表示只获取特定的版本
Scan	setTimeRange(long minStamp, long maxStamp) 限定最大的时间戳和最小的时间戳，只有在此范围内的单元格才能被获取
Scan	setFilter(Filter filter) 指定Filter来过滤掉不需要的数据

续表

返回值	方法
Scan	withStartRow(byte[] startRow) 限定开始的行，否则从表头开始
Scan	withStopRow(byte[] stopRow) 限定结束的行（不含此行）
Scan	setBatch(int batch) 限定最多返回的单元格数目，用于防止返回过多的数据，导致出现OutofMemory错误

2. HBase 编程实例

现在通过具体的编程实例来深入介绍上述Java API的使用方法。在本实例中，首先创建一个学生信息表student（见表9-19）用来存储学生姓名（姓名作为行键，并且假设姓名不会重复）以及考试成绩，其中，考试成绩是一个列族，分别存储了各个科目的考试成绩。然后，向表student中添加数据（见表9-20）。

表 9-19 学生信息表 student 的结构

name	score		
	English	Math	Computer

表 9-20 需要添加到 student 表中的数据

name	score		
	English	Math	Computer
zhangsan	69	86	77
Lisi	55	100	88

下面是完成上述基本操作过程的代码框架，其中，ExampleForHBase类的方法init()、close()、createTable()、insertData()、getData()的代码细节将在后面逐一给予介绍。

```
import org.apache.hadoop.conf.Configuration;
import org.apache.hadoop.hbase.*;
import org.apache.hadoop.hbase.client.*;
import java.io.IOException;
public class ExampleForHBase {
    public static Configuration configuration; //管理HBase的配置信息
    public static Connection connection;  //管理HBase连接
    public static Admin admin; //管理HBase数据库的表信息
    public static void main(String[] args)throws IOException{
        init();//建立连接
        createTable();//建表
        insertData();//插入单元格数据
        insertData();//插入单元格数据
```

```
        insertData();//插入单元格数据
        getData();//浏览单元格数据
        close();//关闭连接
    }
public static void init(){…}//建立连接
public static void close(){…}//关闭连接
public static void createTable(){…}//创建表
public static void insertData() {…}//插入数据
public static void getData(){…}//浏览单元格数据
}
```

（1）建立连接，关闭连接

在操作HBase数据库前，需要先建立连接，具体代码如下：

```
//建立连接
    public static void init(){
        configuration  = HBaseConfiguration.create();
        configuration.set("hbase.rootdir","file:///C:/hbase-2.2.2/hbase-
tmp");
        configuration.set("hbase.zookeeper.quorum","localhost");
        configuration.set("hbase.zookeeper.property.clientPort","2181");
        configuration.set("hbase.tmp.dir","C:/hbase-2.2.2/tmp");
        configuration.set("zookeeper.znode.parent","/HBase/master");
        configuration.set("hbase.cluster.distributed","false");
        configuration.set("hbase.unsafe.stream.capability.enforce","false");
        configuration.set("hbase.zookeeper.property.dataDir","C:/
hbase-2.2.2/zkdata");
        try{
            connection = ConnectionFactory.createConnection(configuration);
            admin = connection.getAdmin();
        }catch (IOException e){
            e.printStackTrace();
        }
    }
```

在上述代码中，configuration对象用于管理HBase的配置信息，可以发现，这里配置的各个参数和前面介绍的hbase-site.xml中的配置是相同的。

在HBase数据库中操作结束以后，需要关闭连接，具体代码如下：

```
public static void close(){
        try{
            if(admin != null){
                admin.close();
```

```
            }
            if(null != connection){
                connection.close();
            }
        }catch (IOException e){
            e.printStackTrace();
        }
    }
```

（2）创建表

创建表时，需要给出表名和列族名称，具体代码如下：

```
/*创建表*/
  /**
   * @param myTableName 表名
   * @param colFalimy 列族数组
   * @throws Exception
   */
public static void createTable(String myTableName,String[] colFamily)
throws IOException{
TableName tableName = TableName.valueOf(myTableName);
        if(admin.tableExists(tableName)){
            System.out.println("talbe exists!");
        }else {
            TableDescriptorBuilder tableDescriptor = TableDescriptorBuilder.
newBuilder(tableName);
            for(String str:colFamily){
                ColumnFamilyDescriptor family =
ColumnFamilyDescriptorBuilder.newBuilder(Bytes.toBytes(str)).build();
                tableDescriptor.setColumnFamily(family);
            }
            admin.createTable(tableDescriptor.build());
        }
    }
```

在上述代码中，为了创建学生信息表student，需要指定参数myTableName为“student”，colFamily为“{"score"}”。上述代码与以下HBase Shell命令等效：

```
create 'student', 'score'
```

（3）添加数据

HBase采用四维坐标定位一个单元格，即行键、列族、列限定符、时间戳，其中时间戳可以在插入数据时由系统自动生成。因此，这里在添加数据时，需要提供行键、列族、列限定符以及数据等信息，具体实现代码如下：

```
/*添加数据*/
/**
 * @param tableName 表名
 * @param rowKey 行键
 * @param colFamily 列族
 * @param col 列限定符
 * @param val 数据
 * @throws Exception
 */
    public static void insertData(String tableName,String rowKey,String colFamily, String col,String val) throws IOException {
        Table table = connection.getTable(TableName.valueOf(tableName));
        Put put = new Put(rowKey.getBytes());
        put.addColumn(colFamily.getBytes(),col.getBytes(), val.getBytes());
        table.put(put);
        table.close();
    }
```

添加数据时，需要分别设置参数tableName、rowKey、colFamily、col、val的值，然后运行上述代码。例如，添加表9-20中的第一行数据时，为insertData()方法指定相应参数，并运行如下3行代码：

```
insertData("student","zhangsan","score","English","69");
insertData("student","zhangsan","score","Math","86");
insertData("student","zhangsan","score","Computer","77");
```

上述代码与以下HBase Shell命令等效：

```
put 'student', 'zhangsan', 'score:English', '69';
put 'student', 'zhangsan', 'score:Math', '86';
put 'student', 'zhangsan', 'score:Computer', '77';
```

（4）浏览数据

现在可以浏览刚才插入的数据，可以使用以下代码获取某个单元格的数据：

```
/*获取某单元格数据*/
/**
 * @param tableName 表名
 * @param rowKey 行键
 * @param colFamily 列族
 * @param col 列限定符
 * @throws IOException
*/
  public static void getData(String tableName,String rowKey,String colFamily,String col)throws  IOException{
```

```
        Table table = connection.getTable(TableName.valueOf(tableName));
        Get get = new Get(rowKey.getBytes());
        get.addColumn(colFamily.getBytes(),col.getBytes());
        Result result = table.get(get);
        System.out.println(new String(result.getValue(colFamily.getBytes(),
col==null?null:col.getBytes())));
        table.close();
    }
```

比如，现在要获取姓名为“zhangsan”的学生在“English”上的数据，就可以在运行上述代码时，指定参数tableName为“student”、rowKey为“zhangsan”、colFamily为“score”、col为“English”。代码如下：

```
getData("student", "zhangsan", "score", "English");
```

用Eclipse运行后的结果如下：

```
69
```

上述代码与以下HBase Shell命令等效：

```
get 'student','zhangsan',{COLUMN=>'score:English'}
```

（5）代码清单

本实例的完整代码（即ExampleForHBase.java文件中的内容）如下：

```
import org.apache.hadoop.conf.Configuration;
import org.apache.hadoop.hbase.*;
import org.apache.hadoop.hbase.client.*;
import org.apache.hadoop.hbase.util.Bytes;
import java.io.IOException;
public class ExampleForHBase {
   public static Configuration configuration;
   public static Connection connection;
   public static Admin admin;
   public static void main(String[] args)throws IOException{
      init();
      createTable("student",new String[]{"score"});
      insertData("student","zhangsan","score","English","69");
      insertData("student","zhangsan","score","Math","86");
      insertData("student","zhangsan","score","Computer","77");
      getData("student", "zhangsan", "score","English");
      close();
   }
   //建立连接
   public static void init(){
      configuration  = HBaseConfiguration.create();
```

```
        configuration.set("hbase.rootdir","file:///C:/hbase-2.2.2/hbase-
tmp");
        configuration.set("hbase.zookeeper.quorum","localhost");
        configuration.set("hbase.zookeeper.property.clientPort","2181");
        configuration.set("hbase.tmp.dir","C:/hbase-2.2.2/tmp");
        configuration.set("zookeeper.znode.parent","/HBase/master");
        configuration.set("hbase.cluster.distributed","false");
         configuration.set("hbase.unsafe.stream.capability.enforce","false");
         configuration.set("hbase.zookeeper.property.dataDir","C:/
hbase-2.2.2/zkdata");
        try{
            connection = ConnectionFactory.createConnection(configuration);
            admin = connection.getAdmin();
        }catch (IOException e){
            e.printStackTrace();
        }
    }
    //关闭连接
    public static void close(){
        try{
            if(admin != null){
                admin.close();
            }
            if(null != connection){
                connection.close();
            }
        }catch (IOException e){
            e.printStackTrace();
        }
    }
    //创建表
    public static void createTable(String myTableName,String[] colFamily)
throws IOException {
        TableName tableName = TableName.valueOf(myTableName);
        if(admin.tableExists(tableName)){
            System.out.println("talbe exists!");
        }else {
            TableDescriptorBuilder tableDescriptor = TableDescriptorBuilder.
```

```
newBuilder(tableName);
            for(String str:colFamily){
                ColumnFamilyDescriptor family =
    ColumnFamilyDescriptorBuilder.newBuilder(Bytes.toBytes(str)).build();
                tableDescriptor.setColumnFamily(family);
            }
            admin.createTable(tableDescriptor.build());
        }
    }
    //插入数据
    public static void insertData(String tableName,String rowKey,String colFamily,String col,String val) throws IOException {
        Table table = connection.getTable(TableName.valueOf(tableName));
        Put put = new Put(rowKey.getBytes());
        put.addColumn(colFamily.getBytes(),col.getBytes(), val.getBytes());
        table.put(put);
        table.close();
    }
    //浏览数据
    public static void getData(String tableName,String rowKey,String colFamily, String col)throws IOException{
        Table table = connection.getTable(TableName.valueOf(tableName));
        Get get = new Get(rowKey.getBytes());
        get.addColumn(colFamily.getBytes(),col.getBytes());
        Result result = table.get(get);
        System.out.println(new String(result.getValue(colFamily.getBytes(),col==null?null:col.getBytes())));
        table.close();
    }
}
```

（6）在Eclipse中运行程序

启动Eclipse，新建一个Java Project，名称为“ HBaseExample”。为了编写一个能够与HBase交互的Java应用程序，需要加载该Java工程所需要用到的JAR包，这些JAR包中包含可以访问HBase的Java API。这些JAR包都位于HBase安装目录的lib目录下。右击工程名“HBaseExample”，在弹出的菜单中依次选择“Build Path → Configure Build Path”，在打开的窗口中单击“Libraries”标签，单击“Classpath”，然后单击右侧的 “Add External JARs”按钮，弹出图9-22所示的对话框。

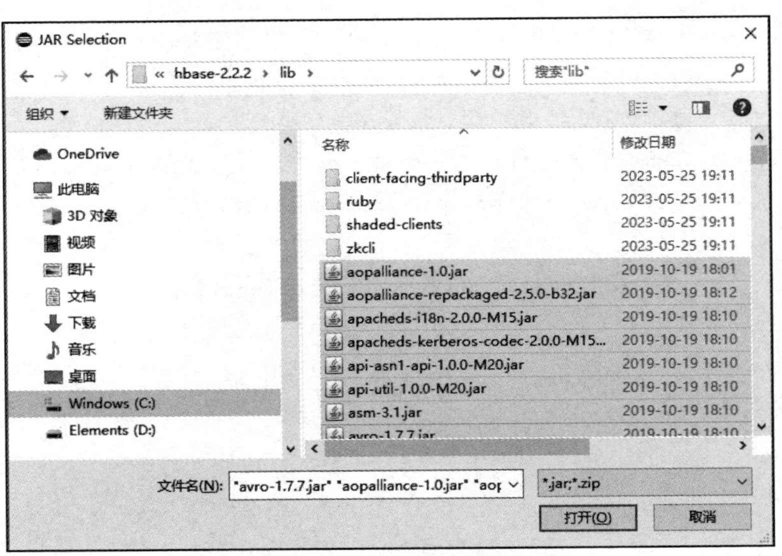

图9-22 选择需要的JAR包

选中“C:\hbase-2.2.2\lib”目录下的所有JAR包（注意，不要选中client-facing-thirdparty、ruby、shaded-clients和zkcli这4个目录），然后，单击右下角的“打开”按钮，导入这些JAR包。

然后，再次单击右侧的“Add External JARs”按钮，继续添加JAR包。在“JAR Selection”对话框中（见图9-23），进入“lib”目录下的“client-facing-thirdparty”目录。在“client-facing-thirdparty”目录下选中所有JAR文件，单击右下角的“打开”按钮。

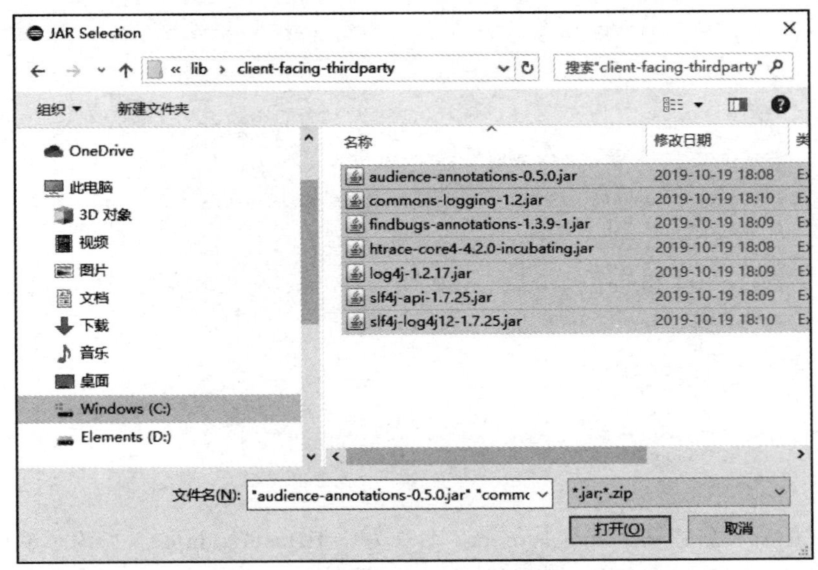

图9-23 JAR包选择界面

添加完毕以后，就可以单击右下角的“Apply and Close”按钮，完成Java工程HBaseExample的创建。

下面编写一个Java应用程序，对HBase数据库进行操作。

请在Eclipse工作界面左侧的“Package Explorer”面板中，找到刚才创建好的工程“HBaseExample”，然后在该工程名称上单击鼠标右键，在弹出的菜单中选择“New→Class”。

只需要在“Name”后面输入新建的Java类文件的名称，这里采用名称“ExampleForHBase”，其他都可以采用默认设置，然后，单击右下角的“Finish”按钮。

可以看出，Eclipse自动创建了一个名为“ExampleForHBase.java”的源代码文件，在该代码文件中加入前面“代码清单”中给出的完整实例代码。

再次强调，在开始编译运行程序之前，请确保HBase已经启动运行。现在就可以编译运行前面编写的代码了。可以直接单击Eclipse工作界面上部的运行程序的快捷按钮，当把鼠标指针移动到该按钮上时，单击，在弹出的菜单中选择“Run as”，在子菜单中选择“Java Application”。

程序运行成功以后，会在运行结果中出现“69”，如图9-24所示。

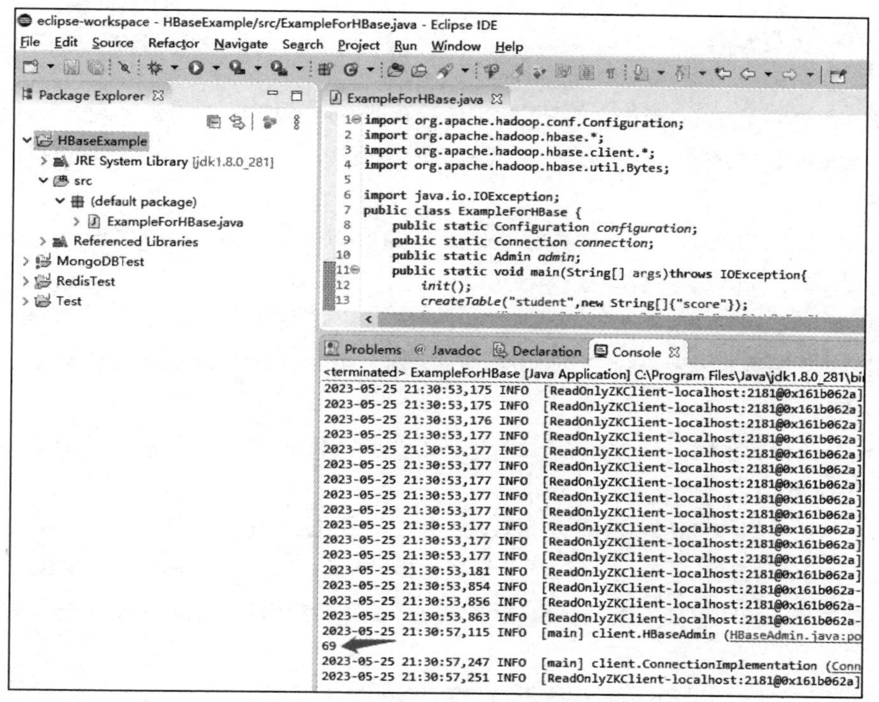

图9-24 控制台中输出的程序运行结果信息

现在可以启动HBase Shell来查看生成的表。进入HBase Shell以后，可以使用list命令查看HBase数据库中是否存在名称为“student”的表。

```
hbase> list
```

该命令的执行结果如图9-25所示。

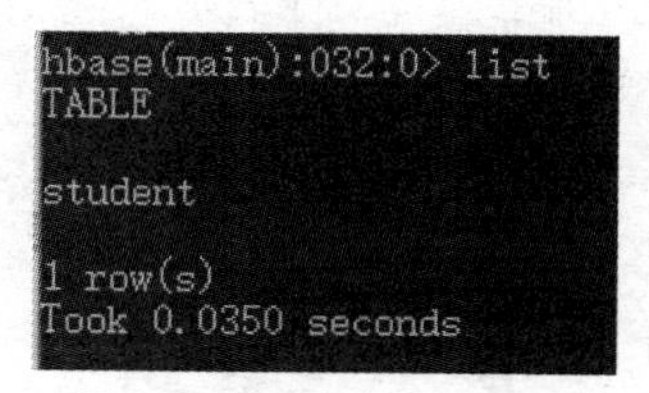

图9-25 list命令的执行结果

在HBase Shell交互式环境中使用以下命令查看student表中的数据。

```
hbase> scan 'student'
```

该命令的执行结果如图9-26所示。

```
hbase(main):034:0> scan 'student'
ROW                         COLUMN+CELL
 zhangsan                   column=score:Computer, timestamp=1685021457242, value=77
 zhangsan                   column=score:English, timestamp=1685021457233, value=69
 zhangsan                   column=score:Math, timestamp=1685021457239, value=86
1 row(s)
Took 0.0250 seconds
```

图9-26　查看student表的数据

9.8　本章小结

本章详细介绍了HBase数据库的知识。HBase数据库是BigTable的开源实现，和BigTable一样，支持大规模数据存储，分布式并发数据处理效率极高，易于扩展且支持动态伸缩，适用于廉价设备。

HBase可以支持Native Java API、HBase Shell、Thrift Gateway、REST Gateway、Pig、Hive等多种访问接口，可以根据具体应用场合选择相应的访问方式。

HBase实际上就是一个稀疏、多维度、持久化存储的映射表，它采用行键、列族和时间戳进行索引，每个值都是未经解释的字符串。本章介绍了HBase数据库在概念视图和物理视图中的差别。

HBase采用分区存储，一个大的表会被分拆为许多个Region，这些Region会被分发到不同的服务器上实现分布式存储。

HBase的系统架构包括客户端、ZooKeeper服务器、Master主服务器、Region服务器。客户端包含访问HBase的接口；ZooKeeper服务器负责提供稳定、可靠的协同服务；Master主服务器主要负责表和Region的管理工作；Region服务器负责维护分配给自己的Region，并响应用户的读写请求。

本章最后详细介绍了HBase的运行机制和编程实践的知识。

9.9　习题

1. 试述在Hadoop生态系统中HBase与其他部分的关系。
2. 请阐述HBase和BigTable的底层技术的对应关系。
3. 请阐述HBase和传统关系数据库的区别。
4. HBase有哪些类型的访问接口？
5. 请以实例说明HBase数据模型。
6. 分别解释HBase中行键、列族和时间戳的概念。
7. 请举个实例来阐述HBase的概念视图和物理视图的不同。
8. 试述HBase的各功能组件及其作用。
9. 请阐述HBase的数据分区机制。
10. HBase中的分区是如何定位的？

11. 试述HBase的三层结构中各层次的名称和作用。

12. 请阐述在HBase的两层结构下，客户端是如何访问到数据的。

13. 试述HBase的系统架构以及每个组成部分的作用。

14. 请阐述Region服务器向HDFS中读写数据的基本原理。

15. 试述Store的工作原理。

16. 试述HLog的工作原理。

17. 在HBase中，每个Region服务器维护一个HLog文件，所有Region共用一个HLog文件，而不是每个Region都使用一个HLog文件。请说明这种做法的优点和缺点。

18. 当一台Region服务器意外终止时，Master主服务器如何发现这种意外终止情况？为了恢复这台发生意外的Region服务器上的Region，Master主服务器应该做出哪些处理（包括如何使用HLog文件进行恢复）？

19. 请列举几个HBase常用的Shell命令，并说明其使用方法。

实验4　熟悉常用的HBase操作

一、实验目的

（1）熟练使用HBase操作常用的Shell命令。

（2）熟悉HBase操作常用的Java API。

二、实验平台

（1）操作系统：Windows。

（2）HBase版本：2.2.2。

（3）JDK版本：1.8。

（4）Java IDE：Eclipse。

三、实验任务

（一）编程实现以下指定功能，并用 HBase Shell 命令完成相同任务

（1）列出HBase所有的表的相关信息，例如表名。

（2）在终端输出指定的表的所有数据。

（3）向已经创建好的表添加和删除指定的列族或列。

（4）清空指定的表的所有数据。

（5）统计表的行数。

（二）HBase 数据库操作

1. 现有以下关系数据库中的表和数据（见表9-21到表9-23），要求将其转换为适合HBase存储的表并插入数据。

表 9-21　学生表（Student）

学号（S_No）	姓名（S_Name）	性别（S_Sex）	年龄（S_Age）
2015001	Zhangsan	male	23
2015002	Mary	female	22
2015003	Lisi	male	24

表 9-22　课程表（Course）

课程号（C_No）	课程名（C_Name）	学分（C_Credit）
123001	Math	2.0
123002	Computer Science	5.0
123003	English	3.0

表 9-23　选课表（SC）

学号（SC_Sno）	课程号（SC_Cno）	成绩（SC_Score）
2015001	123001	86
2015001	123003	69
2015002	123002	77
2015002	123003	99
2015003	123001	98
2015003	123002	95

2. 请编程实现以下功能

（1）createTable(String tableName, String[] fields)。

创建表，参数tableName为表的名称，字符串数组fields为存储记录各个字段名称的数组。要求当HBase中已经存在名为tableName的表的时候，先删除原有的表，再创建新的表。

（2）addRecord(String tableName, String row, String[] fields, String[] values)。

向表tableName、行row（用S_Name表示）和字符串数组fields指定的单元格中添加对应的数据values。其中，fields中每个元素如果对应的列族下还有相应的列限定符，用“columnFamily:column”表示。例如，同时向“Math”“Computer Science”“English”3列添加成绩时，字符串数组fields为{"Score:Math", "Score:Computer Science", "Score:English"}，数组values存储这3门课的成绩。

（3）scanColumn(String tableName, String column)。

浏览表tableName某一列的数据，如果某一行记录中该列数据不存在，则返回null。要求当参数column为某一列族名称时，如果底下有若干个列限定符，则要列出每个列限定符代表的列的数据；当参数column为某一列的具体名称（例如“Score:Math”）时，只需要列出该列的数据。

（4）modifyData(String tableName, String row, String column)。

修改表tableName中行row（可以用学生姓名S_Name表示）和列column指定的单元格的数据。

（5）deleteRow(String tableName, String row)。

删除表tableName中row指定的行的记录。

四、实验报告

《数据库系统原理》实验报告

题目		姓名		日期	

实验环境：

实验任务与完成情况：

出现的问题：

解决方案（列出遇到的问题和其解决办法，列出没有解决的问题）：

第10章 文档数据库MongoDB

MongoDB是一个基于分布式文件存储的数据库，采用C++编写，旨在为Web应用提供可扩展的高性能数据存储解决方案。截至目前，MongoDB是当下非关系数据库当中功能最丰富、最像关系数据库的数据库。

本章首先介绍MongoDB的基本情况、MongoDB和关系数据库的对比、MongoDB的数据类型，然后介绍如何安装MongoDB和MongoDB Shell，最后介绍MongoDB的基础操作和Java API编程实例。

10.1 MongoDB概述

MongoDB 概述

MongoDB支持的数据结构非常松散，是类似JSON的BSON格式，因此，可以存储比较复杂的数据类型。MongoDB最大的特点是它支持的查询语言非常强大，其语法有点类似于面向对象的查询语言，几乎可以实现类似关系数据库单表查询的绝大部分功能，而且还支持对数据建立索引。总体而言，MongoDB具有以下优点：

- 提供了一个面向文档的存储方式，操作起来比较简单和容易；
- 可以设置任何属性的索引来实现更快的排序；
- 具有较好的水平可扩展性；
- 支持丰富的查询表达式，可轻易查询文档中内嵌的对象及数组；
- 可以实现替换完成的文档（数据）或者一些指定的数据字段；
- MongoDB中的Map/Reduce主要用于对数据进行批量处理和聚合操作；
- 支持各种编程语言，包括Ruby、Python、Java、C++、PHP、C#等；
- MongoDB安装简单，容易使用。

MongoDB具有广泛的应用场景，具体如下。

- 社交场景。使用MongoDB存储用户信息，以及用户发表的朋友圈信息，通过地理位置索引实现查找附近的人、地点等功能。
- 游戏场景。使用MongoDB存储游戏用户信息，用户的装备、积分等直接以内嵌文档的形式存储，大大方便了查询，并且能实现高效率的存储和访问。

- 物流场景。使用MongoDB存储订单信息，订单状态在运送过程中会不断更新，以MongoDB内嵌数组的形式来存储，一次查询就能将订单所有的变更信息读取出来。
- 物联网场景。使用MongoDB存储所有接入的智能设备信息，以及设备汇报的日志信息，并对这些信息进行多维度的分析。
- 视频直播场景。使用MongoDB存储用户信息、点赞互动信息等。

10.2 MongoDB和关系数据库的对比

MongoDB 和关系数据库的对比

传统的关系数据库一般由数据库（database）、表（table）和记录（record）3个层次组成，而MongoDB由数据库（database）、集合（collection）和文档对象（document）3个层次组成。MongoDB中的集合对应关系数据库中的表，但是集合中没有列、行和关系概念，这体现了模式自由的特点。MongoDB与关系数据库的对比如表10-1所示。

表 10-1 MongoDB 与关系数据库的对比

解释/说明	关系数据库术语/概念	MongoDB术语/概念
数据库	database	database
数据库表/集合	table	collection
数据记录行/文档	row	document
数据字段/域	column	field
索引	index	index
主键	primary key	MongoDB自动将_id字段设置为主键

这里给出一个具体的实例来演示MongoDB与关系数据库在存储数据方面的区别。一个关系数据库中的学生信息表中包含两条记录，如表10-2所示。

表 10-2 一个关系数据库中的学生信息表

id	user_name	email	age	city
1	Shufan Lin	shufan@***.com	18	Xiamen
2	Wentian Su	wentian@***.com	19	Fuzhou

对于这个学生信息表，如果将其保存在MongoDB中，则存储格式如下：

```
{
  "_id": ObjectId("5146bb52d8524270060001f3"),
  "age": 18,
  "city": "Xiamen",
  "email": "shufan@***.com",
  "user_name": "Shufan Lin"
}
{  "_id": ObjectId("5146bb52d8524270060001f2"),
   "age": 19,
   "city": "Fuzhou",
```

```
    "email": "wentian@***.com",
    "user_name": "Wentian Su "
}
```

这里再举另外一个例子。在一个关系数据库中，一篇博客（包含标题、作者、评论等）会被打散到3个表中，如图10-1所示。如果要查询一篇博客的标题、作者、评论，就必须对3个表进行连接操作。

author:

pid	tid	name
1	1	Jane

blogposts:

tid	cid	title
1	1	"MyFirstPost"
1	2	"MyFirstPost"

comments:

cid	by	text
1	"Abe"	"First"
2	"Ada"	"Good post"

图10-1 一个记录博客信息的关系数据库

如果把博客信息保存在文档数据库MongoDB中，那么可以用一个文档来表示一篇博客，评论与投票作为文档数组，放在正文主文档中。这样数据更易于管理，消除了传统关系数据库中影响性能和水平扩展性的连接操作。在MongoDB中的保存形式如下：

```
{
"id":1,
"author":"Jane",
"blogposts":{
            "tile":"MyFirstPost", "comment":{
                                         "by":"Ada","text":"Good post"
                                         }
            }
}
```

10.3 MongoDB的数据类型

MongoDB的最小存储单位是文档对象。文档对象对应于关系数据库的行。数据在MongoDB中以BSON（Binary-JSON）格式存储在磁盘上。BSON是一种类JSON的二进制形式的存储格式，它和JSON一样，支持内嵌的文档对象和数组对象，但是，BSON拥有JSON所没有的一些数据类型，如Date和Binary Data类型。BSON具有轻量性、可遍历性、高效性3个特点，可以有效描述非结构化数据和结构化数据。这种格式的优点是灵活性高，缺点是空间利用率不是很理想。除了基本的JSON类型（String、Integer、Boolean、Double、Null、Array和Object）外，MongoDB还使用了特殊的数据类型，包括Min/Maxkeys、Timestamp、Symbol、Date、Object ID、Binary Data、Regular Expression和Code。表10-3给出了MongoDB的数据类型的具体描述。

MongoDB 的
数据类型

表 10-3 MongoDB 的数据类型

数据类型	描述
String	字符串，存储数据常用的数据类型。在MongoDB中，UTF-8编码的字符串才是合法的
Integer	整型数值，用于存储数值，根据所采用的服务器，可分为32位或64位
Boolean	布尔值，用于存储布尔值（真/假）
Double	双精度浮点值，用于存储浮点值
Min/Max Keys	将一个值与BSON（二进制的JSON）元素的最小值和最大值相对比
Array	用于将数组、列表或多个值存储为一个键
Timestamp	时间戳，记录文档修改或添加的具体时间
Object	用于内嵌文档
Null	用于创建空值
Symbol	符号，该数据类型基本上等同于字符串类型，但不同的是，它一般用于采用特殊符号类型的语言
Date	日期时间，用UNIX时间格式来存储当前日期或时间。可以指定日期时间：创建Date对象，传入年月日信息
Object ID	对象ID，用于创建文档的ID
Binary Data	二进制数据，用于存储二进制数据
Code	代码类型，用于在文档中存储JavaScript代码
Regular Expression	正则表达式类型，用于存储正则表达式

10.4 安装MongoDB

在Windows系统下，访问MongoDB官网，下载MongoDB安装文件，比如mongodb-windows-x86_64-6.0.4-signed.msi。下载好后进行安装，单击“Complete”按钮，如图10-2所示，会弹出图10-3所示的界面，所有选项都采用默认设置，单击“Next”按钮进入下一步。这时会进入MongoDB Compass的安装选择界面（见图10-4），MongoDB Compass 是一个图形界面管理工具，这里可以不安装，因此，取消勾选“Install MongoDB Compass”，然后单击“Next”按钮进入下一步，完成安装。

安装 MongoDB

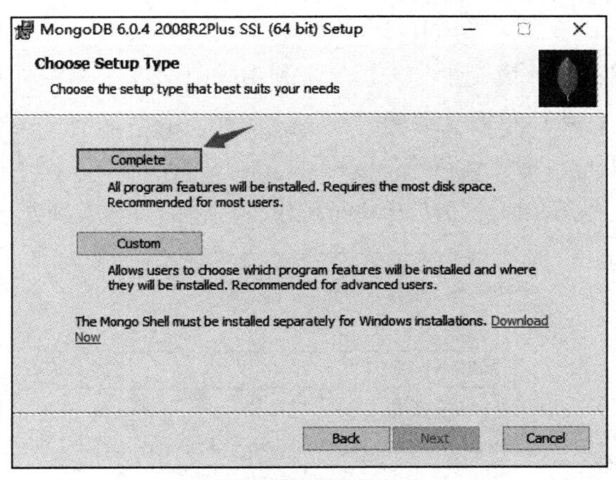

图 10-2 选择安装类型

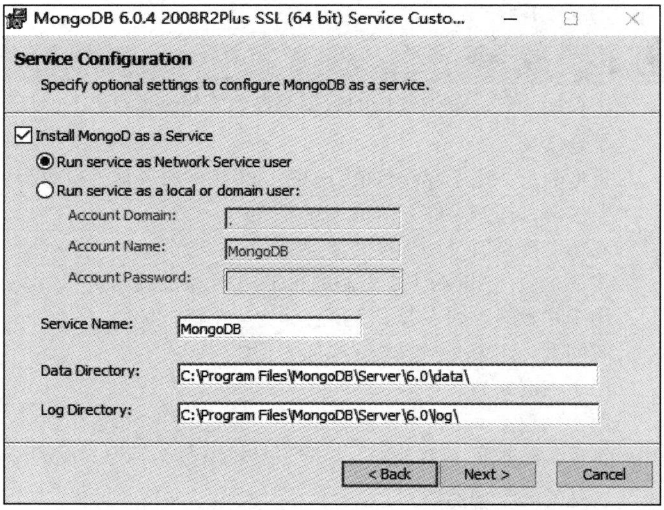

图 10-3　服务配置

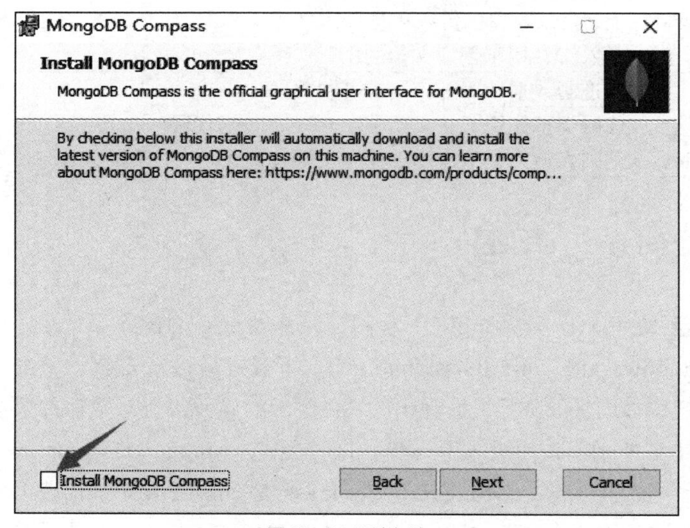

图 10-4　取消勾选

需要配置系统环境变量，具体方法是：按“Win+I”组合键打开“设置”窗口，在上方搜索框中输入“高级系统设置”（见图10-5），然后单击“查看高级系统设置”。在弹出的对话框（见图10-6）中，单击“环境变量”按钮。在弹出的对话框中，在“系统变量”区域中选中“Path”（见图10-7），然后单击“编辑”按钮。在弹出的对话框（见图10-8）中，单击“浏览”按钮，然后找到MongoDB安装目录的bin子目录（见图10-9），再单击“确定”按钮，环境变量就添加成功了（见图10-10），最后单击“确定”按钮即可结束操作。

图 10-5　搜索“高级系统设置”

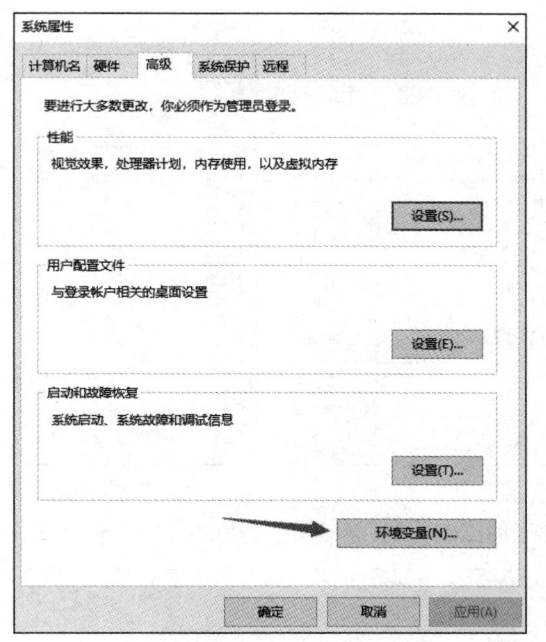

图 10-6 “系统属性”对话框

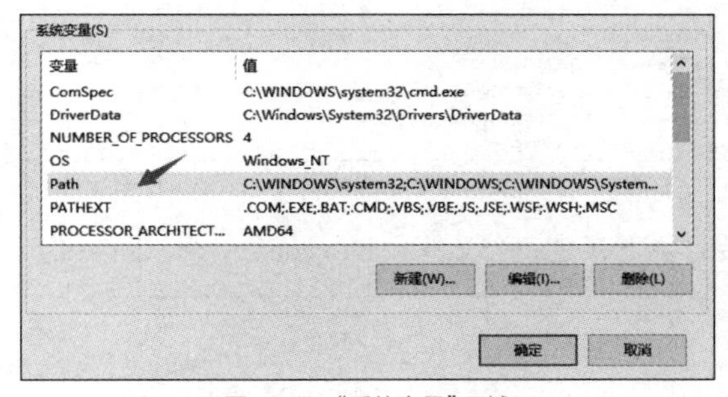

图 10-7 “系统变量”区域

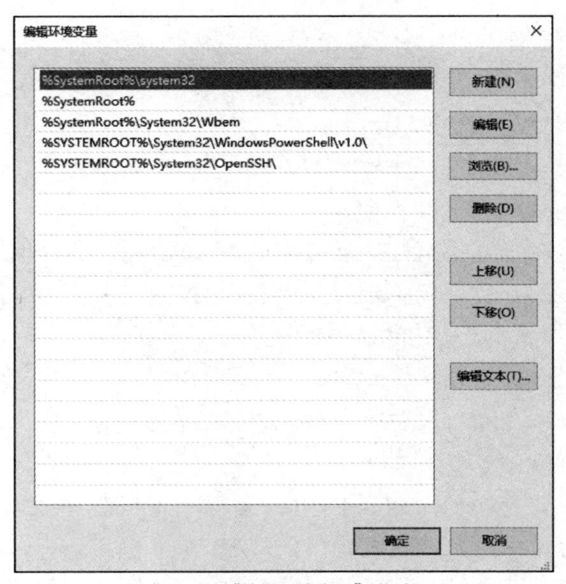

图 10-8 “编辑环境变量”对话框

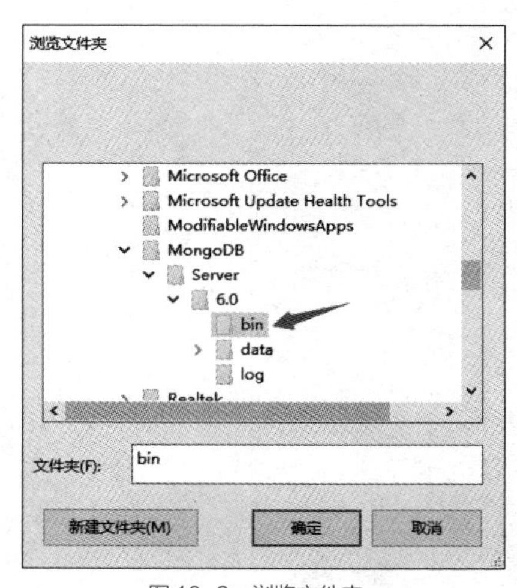

图 10-9　浏览文件夹

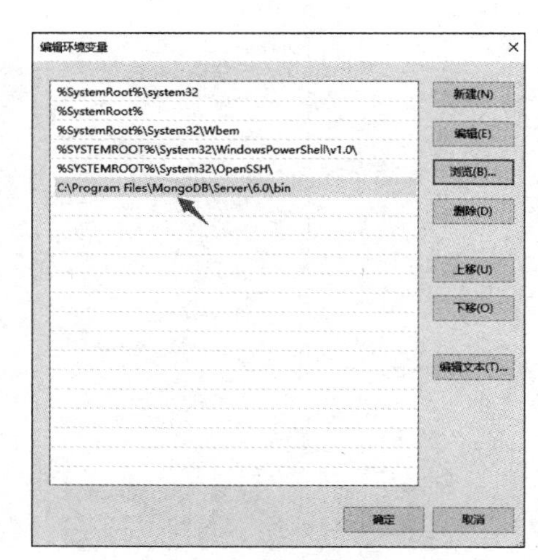

图 10-10　添加环境变量成功

在MongoDB安装目录的data目录下新建一个名为db的文件夹，如图10-11所示。

MongoDB › Server › 6.0 › data

名称	修改日期	类型	大小
db	2023/2/7 15:27	文件夹	
diagnostic.data	2023/2/7 15:27	文件夹	
journal	2023/2/7 11:53	文件夹	
_mdb_catalog.wt	2023/2/7 11:54	WT 文件	20 KB
collection-0-3183707200492939045.wt	2023/2/7 11:54	WT 文件	20 KB
collection-2-3183707200492939045.wt	2023/2/7 11:54	WT 文件	20 KB
collection-4-3183707200492939045.wt	2023/2/7 11:53	WT 文件	4 KB
index-1-3183707200492939045.wt	2023/2/7 11:54	WT 文件	20 KB

图 10-11　在data目录下新建一个名为db的文件夹

在MongoDB的安装目录下新建一个文件mongo.config，如图10-12所示。

MongoDB › Server › 6.0

名称	修改日期	类型	大小
bin	2023/2/7 11:52	文件夹	
data	2023/2/7 15:52	文件夹	
log	2023/2/7 11:52	文件夹	
LICENSE-Community.txt	2023/1/17 15:22	文本文档	30 KB
mongo.config	2023/2/7 15:49	CONFIG 文件	1 KB
MPL-2	2023/1/17 15:22	文件	17 KB
README	2023/1/17 15:22	文件	2 KB
THIRD-PARTY-NOTICES	2023/1/17 15:22	文件	77 KB

图 10-12　在安装目录下新建一个文件mongo.config

在文件mongo.config里面写入以下内容：

```
dbpath=C:\Program Files\MongoDB\Server\6.0\data\db #数据库路径
logpath=C:\Program Files\MongoDB\Server\6.0\log\mongodb.log #日志输出文件路径
logappend=true #错误日志采用追加模式
journal=true #启用日志文件，默认启用
quiet=true #过滤掉无用的日志信息，若调试使用请设置为false
port=27017 #端口号，默认为27017
```

在Windows系统中按“Win+R”组合键打开“运行”对话框，在文本框里面输入“cmd”，单击“确定”按钮，打开一个命令提示符窗口。

在命令提示符窗口里面输入以下命令启动MongoDB，如图10-13所示。

```
> cd C:\Program Files\MongoDB\Server\6.0
>mongod --dbpath C:\Program Files\MongoDB\Server\6.0\data\db
```

图 10-13　命令提示符窗口

打开浏览器，输入网址“http://localhost:27017/”，如果网页上出现以下信息，就说明MongoDB启动成功。

```
    It looks like you are trying to access MongoDB over HTTP on the native driver port.
```

再打开一个命令提示符窗口，在里面执行以下命令安装MongoDB服务，如图10-14所示。

```
> cd C:\Program Files\MongoDB\Server\6.0
> mongod --config "C:\Program Files\MongoDB\Server\6.0\mongo.config" --install --serviceName "MongoDB"
```

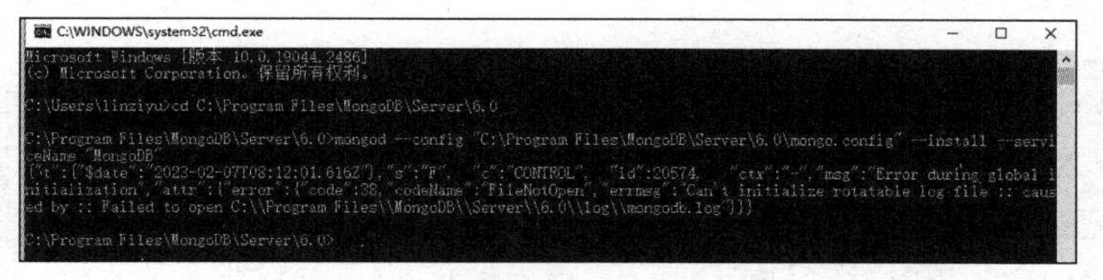

图 10-14　安装 MongoDB 服务

打开“任务管理器”窗口（见图10-15），可以看到MongoDB服务正在运行。

图 10-15　“任务管理器”窗口

这样安装的MongoDB每次开机都会自动运行。如果要设置为手动启动运行，可以按“Win+R”组合键打开“运行”对话框，输入“services.msc”，单击“确定”按钮，会弹出“服务”窗口（见图10-16）。在所有服务中可以找到MongoDB服务“MongoDB Server(MongoDB)”，在“MongoDB Server(MongoDB)”上双击，会弹出图10-17所示的对话框。在“启动类型”下拉列表中把“自动”修改为“手动”，这样以后就需要在开机以后手动启动MongoDB。手动启动MongoDB的方法是：打开“服务”窗口，然后在“MongoDB Server(MongoDB)”上面单击鼠标右键，在弹出的菜单中选择“启动”。

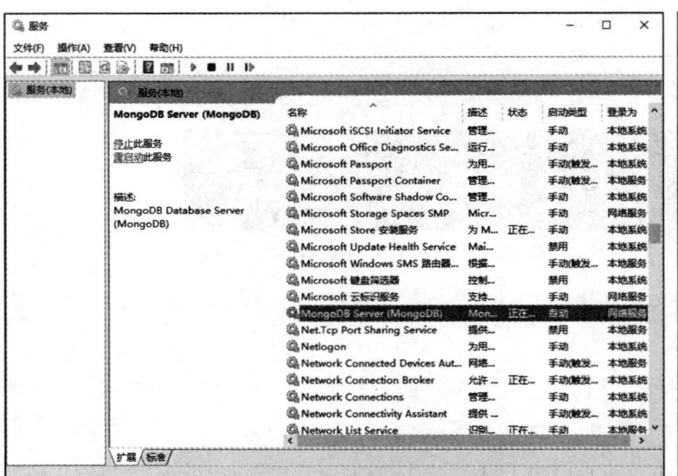

图 10-16 “服务”窗口

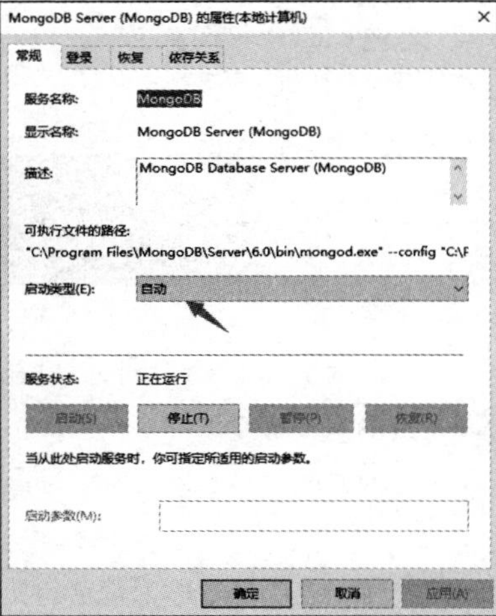

图 10-17 MongoDB服务配置界面

10.5 安装MongoDB Shell

安装MongoDB Shell

在MongoDB 6之前，配置完环境变量后，可以直接通过终端输入“mongo”进入MongoDB Shell，但MongoDB 6没有mong.exe和mongdb.exe，在终端输入“mongo”会报错。因此，需要下载和安装MongoDB Shell。

访问MongoDB Shell官网，下载MongoDB Shell安装文件，如mongosh-1.6.2-win32-x64.zip。直接把MongoDB Shell安装文件解压缩到MongoDB安装目录下，如图10-18所示。然后，参考之前的操作方法，把“C:\Program Files\MongoDB\Server\6.0\mongosh-1.6.2-win32-x64\bin”添加到PATH环境变量中，如图10-19所示。

MongoDB › Server › 6.0

名称	修改日期	类型	大小
bin	2023/2/7 11:52	文件夹	
data	2023/2/7 16:25	文件夹	
log	2023/2/7 11:52	文件夹	
mongosh-1.6.2-win32-x64	2023/1/9 22:54	文件夹	
LICENSE-Community.txt	2023/1/17 15:22	文本文档	30 KB
mongo.config	2023/2/7 15:49	CONFIG 文件	1 KB
MPL-2	2023/1/17 15:22	文件	17 KB
README	2023/1/17 15:22	文件	2 KB
THIRD-PARTY-NOTICES	2023/1/17 15:22	文件	77 KB

图 10-18 把MongoDB Shell安装文件解压缩到MongoDB安装目录下

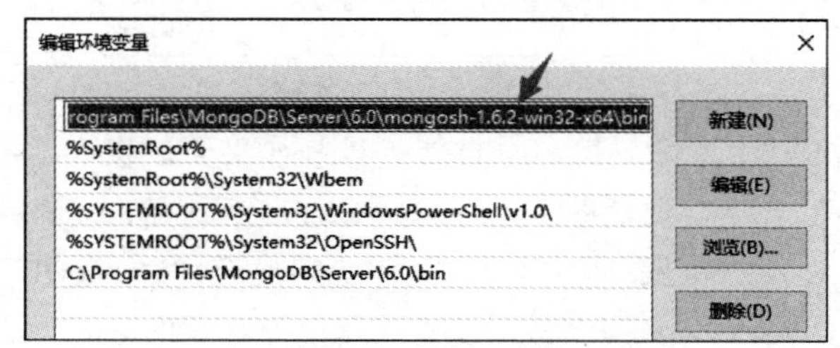

图 10-19 设置环境变量

打开一个命令提示符窗口，执行以下命令进入MongoDB Shell模式，如图10-20所示。

```
> mongosh
```

图10-20 进入MongoDB Shell模式

进入MongoDB Shell模式以后，默认连接的数据库是test数据库，可以在命令提示符“>”后面输入各种Shell命令来操作MongoDB数据库。

可以输入以下命令退出MongoDB Shell模式：

```
> exit
```

也可以直接按“Ctrl+C”组合键，退出MongoDB Shell模式。

10.6 MongoDB基础操作

MongoDB操作起来比较简单和容易，本节介绍MongoDB的常用操作命令和一些简单操作。

10.6.1 常用操作命令

常用的操作MongoDB数据库的命令如下。

- show dbs：显示数据库列表。
- show collections：显示当前数据库中的集合（类似关系数据库中的表table）。
- show users：显示所有用户。
- use yourDB：切换当前数据库至yourDB。
- db.help()：显示数据库操作命令。
- db.yourCollection.help()：显示集合操作命令，yourCollection是集合名。

MongoDB没有创建数据库的命令，如果要创建一个名称为“School”的数据库，需要先执行“use School”命令，之后做一些操作，比如，使用命令“db.createCollection('teacher')”创建集合，这样就可以创建一个名称为“School”的数据库。

10.6.2 简单操作演示

下面以School数据库为例进行操作演示，在School数据库中创建两个集合teacher和student，并对student集合中的数据进行增、删、改、查等基本操作。需要说明的是，文档数据库中的集合相当于关系数据库中的表。

（1）切换到School数据库

命令如下：

```
> use School
```

注意，MongoDB无须预创建School数据库，在使用时会自动创建。

（2）**创建集合**

创建集合的命令如下：

```
> db.createCollection('teacher')
```

上述命令的执行结果如图10-21所示。

```
test> use School
switched to db School
School> db.createCollection('teacher')
{ ok: 1 }
School> show collections
teacher
School>
```

图10-21　创建集合

实际上，MongoDB在插入数据的时候，也会自动创建对应的集合，无须预定义集合。

（3）**插入数据**

插入数据的具体命令如下：

```
> db.student.insertOne({_id:1, sname: 'zhangsan', sage: 20})  #_id可选
```

执行完以上命令，集合student已自动创建，这也说明MongoDB不需要预先定义集合，在第一次插入数据后，集合会被自动创建。此时，可以使用“show collections”命令查询数据库中当前已经存在的集合，如图10-22所示。

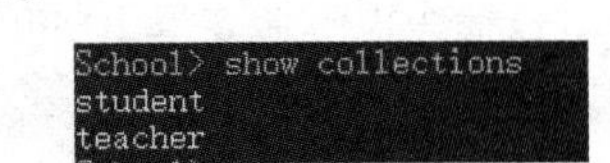

图10-22　show collections命令的执行结果

（4）**查找数据**

查找数据所使用的命令的基本格式如下：

```
> db.yourCollection.find(criteria, filterDisplay)
```

其中，criteria表示查询条件，是一个可选的参数；filterDisplay表示筛选显示部分数据，如显示指定列的数据，这也是一个可选的参数。但是，需要注意的是，当存在filterDisplay参数时，第一个参数不可省略；若查询条件为空，可用{}做占位符。

- 查询所有记录，命令如下：

```
> db.student.find()
```

该命令相当于关系数据库的SQL 语句“SELECT * FROM student”。

- 查询sname='zhangsan'的记录，命令如下：

```
> db.student.find({sname: 'zhangsan'})
```

该命令相当于关系数据库的SQL 语句“SELECT * FROM student WHERE sname='zhangsan'”。

- 查询指定列sname、sage的数据，命令如下：

```
> db.student.find({},{sname:1, sage:1})
```

该命令相当于关系数据库的SQL语句“SELECT sname,sage FROM student”。其中，sname:1表示返回sname列，默认的_id字段也是返回的，可以添加_id:0（意为不返回_id字段），写成{sname: 1, sage: 1,_id:0}就不会返回默认的_id字段了。

- AND条件查询，命令如下：

```
> db.student.find({sname: 'zhangsan', sage: 20})
```

该命令相当于关系数据库的SQL 语句“SELECT * FROM student WHERE sname = 'zhangsan' AND sage = 20”。

- OR条件查询，命令如下：

```
> db.student.find({$or: [{sage: 20}, {sage: 25}]})
```

该命令相当于关系数据库的SQL 语句“SELECT * FROM student WHERE sage = 22 OR sage = 25”。

（5）修改数据

修改数据的命令的基本格式如下：

```
> db.yourCollection.updateOne(criteria, objNew, upsert, multi )
```

该命令的说明如下。

- criteria：UPDATE的查询条件，类似SQL 语句中UPDATE语句内WHERE后面的条件。
- objNew：UPDATE的对象和一些更新的操作符（如$set）等，也可以理解为SQL语句中UPDATE语句内的SET后面的内容。
- upsert：如果不存在UPDATE的记录，是否插入objNew。true表示插入，默认是false，表示不插入。
- multi：MongoDB默认是false，只更新找到的第一条记录，如果这个参数为true，就会把按条件查出来的多条记录全部更新。

在上面的参数中，criteria和objNew是必选参数，upsert和multi是可选参数。

这里给出一个实例，语句如下：

```
> db.student.updateOne({sname: 'zhangsan'}, {$set: {sage: 22}}, false, true)
```

该命令相当于关系数据库的SQL 语句“UPDATE student SET sage =22 WHERE sname = 'zhangsan'”。该命令的执行结果如图10-23所示。

```
School> db.student.updateOne({sname: 'zhangsan'}, {$set: {sage: 22}}, false, true)
{
  acknowledged: true,
  insertedId: null,
  matchedCount: 1,
  modifiedCount: 1,
  upsertedCount: 0
}
```

图10-23　修改数据

（6）删除数据

删除数据的命令如下：

```
> db.student.remove({sname: 'zhangsan'})
```

该命令相当于关系数据库的SQL 语句“DELETE FROM student WHERE sname='zhangsan'”。该命令的执行结果如图10-24所示。

```
School> db.student.remove({sname: 'zhangsan'})
{ acknowledged: true, deletedCount: 1 }
```

图10-24　删除数据

（7）删除集合

删除集合的命令如下：

```
> db.student.drop()
```

10.7　Java API编程实例

编写Java程序访问MongoDB数据库时，需要先下载Java MongoDB Driver驱动JAR包。读者可以在Windows系统中打开浏览器，访问MVNREPOSITORY网站下载Java MongoDB Driver；也可以直接访问全国高校大数据公共课程服务平台中本教材页面的“下载专区”，到“软件”目录中，把名称为mongodb-driver-sync-4.9.1.jar、mongodb-driver-core-4.9.1.jar和bson-4.9.1.jar的文件下载到本地计算机中。

Java API 编程实例

打开Eclipse，新建一个Java工程，在工程中导入刚刚下载的JAR包，然后，在工程中新建一个MongoDBExample.java文件，输入如下代码，直接在Eclipse中编译运行即可。

```
import java.util.ArrayList;
import java.util.List;
import org.bson.Document;
import com.mongodb.client.MongoClient;
import com.mongodb.client.MongoClients;
import com.mongodb.client.MongoCollection;
import com.mongodb.client.MongoCursor;
import com.mongodb.client.MongoDatabase;
import com.mongodb.client.model.Filters;
public class MongoDBExample {
    public static void main(String[] args) {
        //insert();//插入数据。执行插入操作时，可将其他3条函数调用语句注释掉，下同
        find(); //查找数据
        //update();//更新数据
        //delete();//删除数据
    }
    /**
     * 返回指定数据库中的指定集合
     * @param dbname 数据库名
     * @param collectionname 集合名
     * @return collection
     */
    //MongoDB无须预定义数据库和集合，在使用的时候会自动创建
     public static MongoCollection<Document> getCollection(String
dbname,String collectionname){
        //实例化一个mongo客户端，服务器地址为localhost（本地），端口号为27017
        String host = "localhost";
        int port = 27017;
        MongoClient  mongoClient = MongoClients.create("mongodb://"+
host+":"+port);

        //实例化一个MongoDB数据库
        MongoDatabase mongoDatabase = mongoClient.getDatabase(dbname);
        //获取数据库中某个集合
        MongoCollection<Document> collection = mongoDatabase.
getCollection(collectionname);
        return collection;
    }
    /**
```

```
     * 插入数据
     */
    public static void insert(){
        try{
            //连接MongoDB，指定连接数据库名，指定连接集合名
            MongoCollection<Document> collection = getCollection
("School","student");    //数据库名为School，集合名为student
            //实例化一个文档，文档内容为{sname:'Mary',sage:25}，如果还有其他字
段，可以继续追加append
            Document doc1=new Document("sname","Mary").append("sage", 25);
            //实例化一个文档，文档内容为{sname:'Bob',sage:20}
            Document doc2=new Document("sname","Bob").append("sage", 20);
            List<Document> documents = new ArrayList<Document>();
            //将doc1、doc2加入documents列表中
            documents.add(doc1);
            documents.add(doc2);
            //将documents插入集合
            collection.insertMany(documents);
            System.out.println("插入成功");
        }catch(Exception e){
            System.err.println( e.getClass().getName() + ": " +
e.getMessage() );
        }
    }
    /**
     * 查询数据
     */
    public static void find(){
        try{
            //数据库名为School，集合名为student
            MongoCollection<Document> collection = getCollection
("School","student");
            //查询所有数据
            MongoCursor<Document>  cursor= collection.find().iterator();
            while(cursor.hasNext()){
                System.out.println(cursor.next().toJson());
            }
        }catch(Exception e){
```

```
                System.err.println( e.getClass().getName() + ": " + 
e.getMessage() );
            }
        }
        /**
         * 更新数据
         */
        public static void update(){
            try{
                //数据库名为School,集合名为student
                MongoCollection<Document> collection = getCollection
("School","student");
                //更新文档,将sname='Mary'的文档修改为sage=22
                collection.updateMany(Filters.eq("sname", "Mary"), new
Document("$set",new Document("sage",22)));
                System.out.println("更新成功! ");
            }catch(Exception e){
                System.err.println( e.getClass().getName() + ": " + 
e.getMessage() );
            }
        }
        /**
         * 删除数据
         */
        public static void delete(){
            try{
                //数据库名为School,集合名为student
                MongoCollection<Document> collection = getCollection
("School","student");
                //删除符合条件的第一个文档
                collection.deleteOne(Filters.eq("sname", "Bob"));
                //删除所有符合条件的文档
                //collection.deleteMany (Filters.eq("sname", "Bob"));
                System.out.println("删除成功! ");
            }catch(Exception e){
                System.err.println( e.getClass().getName() + ": " + 
e.getMessage() );
            }
        }
    }
```

每次在Eclipse中执行完该程序，都可以在MongoDB Shell模式下查看结果。比如，在Eclipse执行完更新操作后，在MongoDB Shell模式下输入命令“db.student.find()”，就可以查看student集合的所有数据，如图10-25所示。

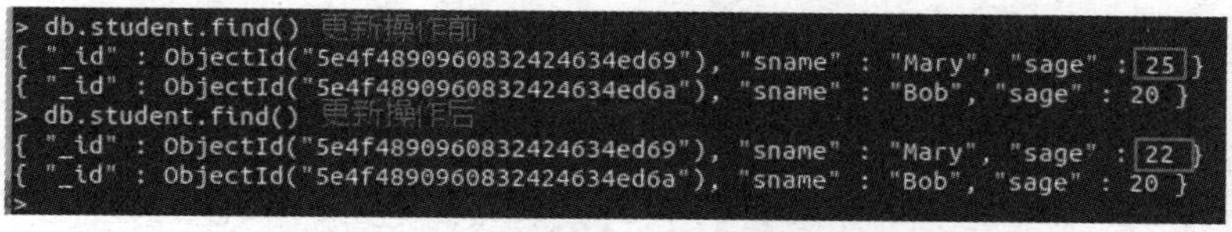

```
> db.student.find() 更新操作前
{ "_id" : ObjectId("5e4f4890960832424634ed69"), "sname" : "Mary", "sage" : 25 }
{ "_id" : ObjectId("5e4f4890960832424634ed6a"), "sname" : "Bob", "sage" : 20 }
> db.student.find() 更新操作后
{ "_id" : ObjectId("5e4f4890960832424634ed69"), "sname" : "Mary", "sage" : 22 }
{ "_id" : ObjectId("5e4f4890960832424634ed6a"), "sname" : "Bob", "sage" : 20 }
>
```

图 10-25　查看student集合的所有数据

10.8　本章小结

MongoDB是一个NoSQL数据库，它具有高性能、无模式、文档型等特点，是NoSQL数据库中功能最丰富、最像关系数据库的数据库。MongoDB的核心概念包括文档、集合、字段等。MongoDB的存储格式自由，数据格式不固定，数据结构发生变化时不会影响程序运行，并且有索引的支持，查询效率很高。此外，MongoDB还支持复制和自动故障转移。适合采用MongoDB的场景包括应用不需要事务支持、数据模型无法确定、需要存储的数据规模很大、需要大量的地理位置查询或文本查询。本章详细介绍了MongoDB的安装方法、基础操作和编程方法。

10.9　习题

1. 试述MongoDB具有哪些优点。
2. 请对MongoDB和关系数据库进行对比分析。
3. 试述MongoDB支持的数据类型主要有哪些。
4. 试述MongoDB常用的操作命令有哪些。
5. 试述在MongoDB中如何创建集合、插入数据、查找数据、修改数据、删除数据。

第11章 键值数据库Redis

Redis是一个键值数据库，即键值对非关系数据库，目前正在被越来越多的互联网公司采用。Redis作为一个高性能的键值数据库，在部分场合下可以对关系数据库起到很好的补充作用。

本章首先介绍Redis的基本特点和应用场景，然后介绍Redis的安装方法和Redis的操作方法，最后介绍如何使用Java操作Redis。

11.1 Redis概述

Redis概述

Redis是Remote Dictionary Server（远程字典服务器）的缩写。Redis是完全开源的，遵守BSD（Berkeley Software Distribution）协议，是一个高性能的键值数据库，它通过提供多种键值数据类型来满足不同场景下的缓存与存储需求。Redis具有以下几个特点。

（1）Redis数据库中的所有数据都存储在内存中，由于内存的读写速度远快于磁盘，因此，Redis在性能上对比其他基于磁盘存储的数据库有非常明显的优势。在一台普通的笔记本计算机上，Redis可以在1秒内读写超过10万个键值。而且，Redis支持数据的持久化，可以将内存中的数据保存在磁盘中，重启的时候可以再次将数据加载到内存中进行使用。

（2）Redis支持的键值数据类型非常丰富，包括字符串类型、哈希类型、列表类型、集合类型、有序集合类型、流类型。

（3）虽然Redis是作为数据库开发的，但由于其提供了丰富的功能，越来越多的人将其用作缓存系统、队列系统等。Redis可谓是名副其实的“多面手”。Redis可以为每个键设置生存时间，到生存时间后键会被删除。这一功能配合出色的性能，让Redis可以作为缓存系统来使用。Redis支持持久化和丰富的数据类型的特性，使其成为另一个非常流行的缓存系统Memcached的有力竞争者。作为缓存系统，Redis可以限定数据占用的最大内存空间，达到空间限制后，可以按照一定的规则自动淘汰不需要的键。

（4）Redis直观的存储结构使得通过程序与Redis进行交互十分简单。在Redis中使用命令来读写数据，命令之于Redis就相当于SQL之于关系数据库。Redis提供了几十种不同编程语言的客户端库，这些库都很好地封装了Redis的命令，使得在程序中与Redis进行交互变得更容易。有些库还提供了将编程语言中的数据类型直接以相应的形式存储到Redis中的简单办法（如将数组以列表类型直接存入Redis），使用起来非常方便。

（5）Redis使用C语言开发，代码只有几万行，这降低了用户通过修改Redis源代码来使之更适合自己的项目的门槛。对于希望充分利用数据库性能的开发者，这无疑具有很大的吸引力。

与其他键值存储产品相比，Redis有着更为复杂的数据结构，并且提供原子性操作，这是一条不同于其他数据库的进化路径。Redis的数据类型都是基于基本数据结构的，同时对程序员透明，无须进行额外的抽象。另外，Redis运行在内存中，但是可以持久化到磁盘，所以，在对不同数据集进行高速读写时需要考虑内存，因为数据量不能大于硬件内存。

Redis提供了Python、Ruby、Erlang、PHP客户端。Redis支持存储的数据类型包括String（字符串）、List（列表）、Set（集合）和Zset（有序集合）。这些数据类型都支持push/pop、add/remove以及取交集、并集和差集等丰富的操作，而且这些操作都是原子性的。在此基础上，Redis支持各种不同方式的排序。与Memcached一样，为了保证效率，Redis中的数据都是缓存在内存中的，它会周期性地把更新的数据写入磁盘，或者把修改操作写入追加的记录文件；此外，Redis还实现了主从（master-slave）同步，数据可以从主服务器向任意数量的从服务器同步，从服务器可以是关联其他从服务器的主服务器。

11.2 Redis的应用场景

Redis的应用场景有很多，主要如下。

Redis 的应用场景

（1）缓存。当需要查询数据时，先去查询Redis的缓存，有就直接返回，没有就再去关系数据库查询，返回查询结果，并把结果缓存到Redis，为下一次查询做准备。一般缓存都是针对不常变动的数据，如账号、密码等。

（2）实时统计点赞数。一些短视频、博客等的热度高的时候，其点赞数会有很多，可能瞬时爆发非常多的请求，如果都是直接操作关系数据库，关系数据库会有很大压力，甚至崩溃。这时，可以使用Redis，先把每一次点赞保存到Redis，每点一次就执行加一操作，因为Redis的数据保存在内存中，所以这个操作的速度非常快。然后，每隔一段时间，关系数据库的压力小一点了，就把数据存储到关系数据库中（这被称为“数据落地”）。

（3）朋友圈点赞。这个和上面的点赞数统计有些区别，因为点赞数只是计算数量，而朋友圈点赞还要记录谁给谁点了赞。

（4）热门推荐。网站或者App的首页的热门推荐内容可以以列表形式存入Redis。这样，不管是哪个用户访问，也不管有多少人点击，都是直接查询Redis，不用去查询关系数据库。

11.3 安装Redis

安装 Redis

到Github官网下载Redis for Windows安装文件Redis-7.0.8-Windows-x64.tar.gz，解压缩到指定目录下，比如解压缩到C盘根目录下，如图11-1所示。

› 此电脑 › Windows (C:) › Redis-7.0.8-Windows-x64

名称	修改日期	类型	大小
msys-2.0.dll	2023-01-31 9:40	应用程序扩展	2,913 KB
redis.conf	2023-01-31 9:40	CONF 文件	105 KB
redis-benchmark.exe	2023-01-31 9:40	应用程序	931 KB
redis-check-aof	2023-01-31 9:40	文件	7,573 KB
redis-check-rdb	2023-01-31 9:40	文件	7,573 KB
redis-cli.exe	2023-01-31 9:40	应用程序	1,086 KB
redis-sentinel	2023-01-31 9:40	文件	7,573 KB
redis-server.exe	2023-01-31 9:40	应用程序	7,573 KB
sentinel.conf	2023-01-31 9:40	CONF 文件	14 KB

图 11-1　Redis 安装目录

为了避免Redis重启后丢失数据，需要修改Redis安装目录下的配置文件redis.conf。打开这个文件，找到“appendonly no”这一行，修改为“appendonly yes”，保存配置文件。

打开一个命令提示符窗口，输入以下命令启动Redis数据库服务：

```
> cd C:\Redis-7.0.8-Windows-x64
> redis-server redis.conf
```

执行上述命令以后，会出现图11-2所示的结果。这个命令提示符窗口不能关闭，如果关闭，Redis数据库服务就停止了。

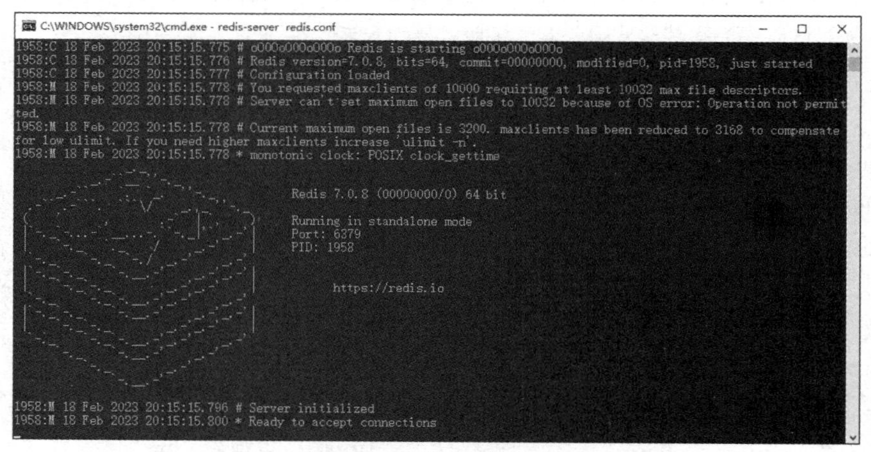

图 11-2　Redis 数据库服务启动界面

再打开一个命令提示符窗口，输入以下命令启动Redis客户端：

```
> cd C:\Redis-7.0.8-Windows-x64
> redis-cli.exe -h 127.0.0.1 -p 6379
```

启动以后的效果如图11-3所示。客户端连上服务器之后，会显示“127.0.0.1:6379>”的命令提示符信息，表示服务器的IP地址为127.0.0.1、端口号为6379。

```
选择C:\WINDOWS\system32\cmd.exe - redis-cli.exe -h 127.0.0.1 -p 6379
Microsoft Windows [版本 10.0.17134.1304]
(c) 2018 Microsoft Corporation。保留所有权利。

C:\Users\ziyul>cd C:\Redis-7.0.8-Windows-x64

C:\Redis-7.0.8-Windows-x64>redis-cli.exe -h 127.0.0.1 -p 6379
127.0.0.1:6379>
```

图 11-3　Redis 客户端启动后的效果

如果Redis需要存储中文字符，为了避免出现乱码，可以使用如下命令启动Redis客户端：

```
> cd C:\Redis-7.0.8-Windows-x64
> redis-cli.exe -h 127.0.0.1 -p 6379 --raw
```

11.4 Redis的数据结构及其操作方法

Redis是一个<key,value>类型的数据库，key一般是String类型，value的类型多种多样，主要包括String、Hash、List、Set等。针对不同的value类型，其操作方法也不相同。下面将首先介绍一些不同value类型都通用的操作，然后分别介绍不同value类型的各自操作。

11.4.1 通用操作命令

通用操作命令主要包括KEYS、DEL、EXISTS、EXPIRE等。需要注意的是，操作命令不区分大小写，可以使用大写形式，也可以使用小写形式，即可以用keys、del、exists、expire。

1. KEYS

KEYS操作命令用于查看符合模板的所有key。为了演示方便，首先创建2条数据：

```
127.0.0.1:6379> set name xiaoming
127.0.0.1:6379> set age 18
```

可以使用以下形式的KEYS操作命令查看所有key：

```
127.0.0.1:6379> KEYS *
1) "age"
2) "name"
```

可以使用以下形式的KEY操作命令查看所有以a开头的key：

```
127.0.0.1:6379> KEYS a*
1) "age"
```

2. DEL

DEL操作命令用于删除一个指定key。如使用以下命令删除name这个key：

```
127.0.0.1:6379> DEL name
(integer) 1
```

返回值1代表的是被删除的key的数量。

3. EXISTS

EXISTS操作命令用于判断key是否存在。如使用以下命令判断name这个key是否存在：

```
127.0.0.1:6379> EXISTS name
(integer) 0
127.0.0.1:6379> EXISTS age
(integer) 1
```

返回值为0说明name这个key不存在，返回值为1说明age这个key存在。

4. EXPIRE

EXPIRE操作命令用于给一个key设置有效期，到达有效期时该key会被自动删除。如为age这个key设置有效期为20秒：

```
127.0.0.1:6379> EXPIRE age 20
(integer) 1
```

```
127.0.0.1:6379> TTL age
(integer) 15
```

TTL操作命令用于查看某个key的剩余期限。如果一个key未设置有效期，则永久有效。

11.4.2　String 类型

String类型（即字符串类型）是Redis中最简单的存储类型，这时，<key,value>中的value是一个字符串，根据字符串的类型不同，value又可以分为3类：

（1）string：普通字符串；

（2）int：整数类型，可以做自增、自减操作；

（3）float：浮点类型，可以做自增、自减操作。

不管是哪种格式，String类型底层都是字节数组形式存储，只不过编码方式不同，最大空间不超过512MB。

表11-1展示了3类不同的字符串。

表 11-1　3 类不同的字符串

key	value	类型
name	xiaoming	普通字符串
age	18	整数类型字符串
score	87.5	浮点类型字符串

String类型的常见操作命令包括：SET、GET、MSET、MGET等。操作命令不区分大小写，上述操作命令也可以使用小写形式，即set、get、mset、mget。

1. SET

SET操作命令用于添加或者修改已经存在的一个String类型的键值对，具体实例如下：

```
127.0.0.1:6379> SET name xiaoming
```

2. GET

GET操作命令用于根据key获取String类型的value，具体实例如下：

```
127.0.0.1:6379> GET name
"xiaoming"
```

3. MSET

MSET操作命令用于批量添加多个String类型的键值对，具体实例如下：

```
127.0.0.1:6379> MSET name zhangsan age 20 gender male
```

4. MGET

MGET操作命令用于根据多个key获取多个Sting类型的value，具体实例如下：

```
127.0.0.1:6379> MGET name age gender
1) "zhangsan"
2) "20"
3) "male"
```

5. 一个实例

假设有3个表Student、Course和SC，这3个表的字段（列）和数据分别如图11-4（a）~图11-4（c）所示。

Sno	Sname	Ssex	Sage	Sdept
95001	李勇	男	22	CS
95002	刘晨	女	19	IS
95003	王敏	女	18	MA
95004	张立	男	19	IS

（a）

Redis操作实例

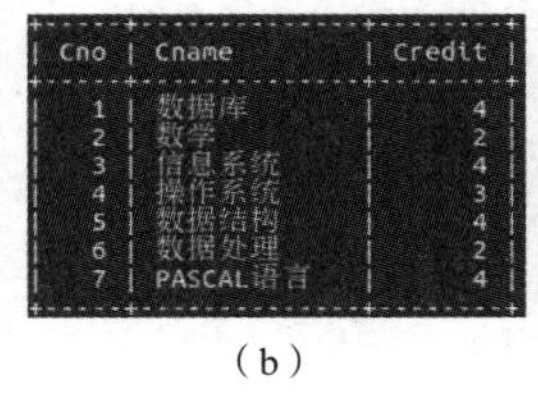

Cno	Cname	Credit
1	数据库	4
2	数学	2
3	信息系统	4
4	操作系统	3
5	数据结构	4
6	数据处理	2
7	PASCAL语言	4

（b）

Sno	Cno	Grade
95001	1	92
95001	2	85
95001	3	88
95002	2	90
95002	3	80

（c）

图11-4 3个表的字段和数据

Redis数据库以<key,value>的形式存储数据，把3个表的数据存入Redis数据库时，key和value的确定方法如下：

```
key=表名：主键值：列名
value=列值
```

例如，把每个表的第一行记录保存到Redis数据库中，需要执行的命令和执行结果如图11-5所示。

```
127.0.0.1:6379> set Student:95001:Sname 李勇
OK
127.0.0.1:6379> set Course:1:Cname 数据库
OK
127.0.0.1:6379> set SC:95001:1:Grade 92
OK
```

图11-5 向Redis数据库中插入数据

可以执行类似的命令，把3个表的所有数据都插入Redis数据库中，完整命令如下：

```
set Student:95001:Sname 李勇
set Student:95001:Ssex 男
set Student:95001:Sage 22
set Student:95001:Sdept CS

set Student:95002:Sname 刘晨
set Student:95002:Ssex 女
set Student:95002:Sage 19
set Student:95002:Sdept IS

set Student:95003:Sname 王敏
set Student:95003:Ssex 女
set Student:95003:Sage 18
set Student:95003:Sdept MA

set Student:95004:Sname 张立
set Student:95004:Ssex 男
set Student:95004:Sage 19
```

```
set Student:95004:Sdept IS

set Course:1:Cname 数据库
set Course:1:Credit 4

set Course:2:Cname 数学
set Course:2:Credit 2

set Course:3:Cname 信息系统
set Course:3:Credit 4

set Course:4:Cname 操作系统
set Course:4:Credit 3

set Course:5:Cname 数据结构
set Course:5:Credit 4

set Course:6:Cname 数据处理
set Course:6:Credit 2

set Course:7:Cname PASCAL语言
set Course:7:Credit 4

set SC:95001:1:Grade 92
set SC:95001:2:Grade 85
set SC:95001:3:Grade 88
set SC:95002:2:Grade 90
set SC:95002:3:Grade 80
```

然后，针对这些已经输入的数据，下面将简单演示如何进行增、删、改、查操作。Redis支持5种数据类型，不同数据类型的增、删、改、查操作可能不同，这里以最简单的数据类型——字符串为例。

（1）插入数据

要向Redis数据库中插入数据，只需要先设计好key和value，然后用set命令插入数据。例如，在Course表中插入一门新的课程“算法”，4学分，操作命令和结果如图11-6所示。

（2）修改数据

Redis数据库中并没有修改数据的命令，所以，如果要在Redis数据库中修改数据，只能采用变通的方式，即在使用set命令时，使用同样的key，然后用新的value值来覆盖旧的数据。例如，把刚才新添加的“算法”课程名称修改为“编译原理”，操作命令和结果如图11-7所示。

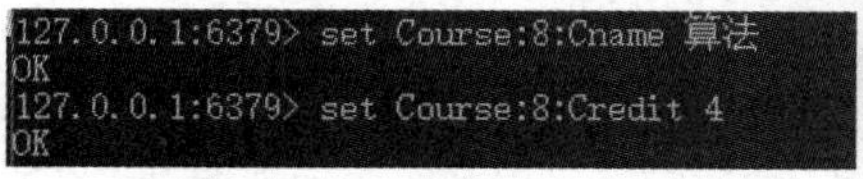

```
127.0.0.1:6379> set Course:8:Cname 算法
OK
127.0.0.1:6379> set Course:8:Credit 4
OK
```

图11-6 插入数据

```
127.0.0.1:6379> get Course:8:Cname
"\xe7\xae\x97\xe6\xb3\x95"
127.0.0.1:6379> set Course:8:Cname □ [NX|XX] [GET]
127.0.0.1:6379> set Course:8:Cname □□ [NX|XX] [GET
127.0.0.1:6379> set Course:8:Cname 编□□ [NX|XX] [G
127.0.0.1:6379> set Course:8:Cname 编译原理
OK
127.0.0.1:6379> get Course:8:Cname
"\xe7\xbc\x96\xe8\xaf\x91\xe5\x8e\x9f\xe7\x90\x86"
```

图11-7 修改数据

（3）删除数据

Redis有专门删除数据的命令——del命令。所以，如果要删除之前新增的课程“编译原理”，只需输入命令“del Course:8:Cname”，如图11-8所示。输入“del Course:8:Cname”，返回“1”，说明成功删除一条数据；再次输入get命令，输出为空，说明删除成功。

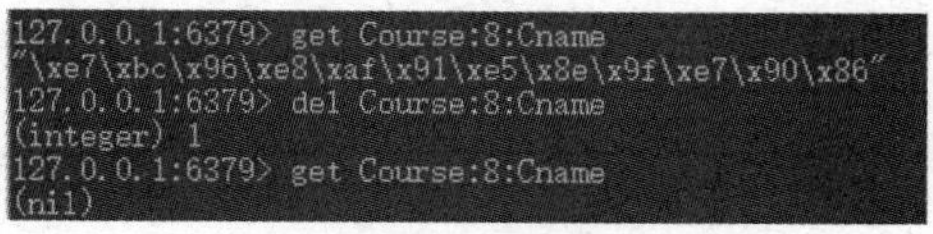

```
127.0.0.1:6379> get Course:8:Cname
"\xe7\xbc\x96\xe8\xaf\x91\xe5\x8e\x9f\xe7\x90\x86"
127.0.0.1:6379> del Course:8:Cname
(integer) 1
127.0.0.1:6379> get Course:8:Cname
(nil)
```

图11-8 删除数据

11.4.3 Hash 类型

Hash类型也称为“散列”，它的value是一个无序字典，类似于Java中的HashMap结构。

Hash类型比String类型更加灵活。String类型是将对象序列化为JSON字符串以后进行存储，当需要修改对象某个字段时很不方便。如表11-2所示，当要修改学号为1的学生的年龄信息时，需要替换整个JSON字符串{name:"zhangsan",age:22}。

表 11-2 String 类型的数据存储方式

key	value
xmu:student:1	{name:"zhangsan",age:22}
xmu:student:2	{name:"lisi",age:21}

而Hash类型会将对象中的每个字段独立存储（见表11-3），value被分拆为field和value两个部分，可以针对单个字段做增、删、改、查等操作。

表 11-3 Hash 类型的数据存储方式

key	value	
	field	value
xmu:student:1	name	zhangsan
	age	22
xmu:student:2	name	lisi
	age	21

Hash类型的常见操作包括HSET、HGET、HMSET、HMGET、HGETALL、HKEYS、HVALS等。

1. HSET

HSET命令用于添加或者修改Hash类型的某个key的某个field的值。具体实例如下：

```
127.0.0.1:6379> HSET xmu:student:1 name zhangsan
127.0.0.1:6379> HSET xmu:student:1 age 22
```

可以执行如下命令把学号为1的学生的年龄修改为21岁：

```
127.0.0.1:6379> HSET xmu:student:1 age 21
```

2. HGET

HGET命令用于获取一个Hash类型的某个key的某个field的值。具体实例如下：

```
127.0.0.1:6379> HGET xmu:student:1 name
"zhangsan"
```

3. HMSET

HMSET命令用于批量添加多个Hash类型的某个key的某个field的值。具体实例如下：

```
127.0.0.1:6379> HMSET xmu:student:2 name lisi age 21
```

4. HMGET

HMGET命令用于批量获取多个Hash类型的某个key的某个field的值。具体实例如下：

```
127.0.0.1:6379> HMGET xmu:student:2 name age
1) "lisi"
2) "21"
```

5. HGETALL

HGETALL命令用于获取一个Hash类型的某个key中的所有field和value。具体实例如下：

```
127.0.0.1:6379> HGETALL xmu:student:1
1) "name"
2) "zhangsan"
3) "age"
4) "21"
```

6. HKEYS

HKEYS命令用于获取一个Hash类型的某个key中的所有field。具体实例如下：

```
127.0.0.1:6379>HKEYS xmu:student:1
1) "name"
2) "age"
```

7. HVALS

HVALS命令用于获取一个Hash类型的某个key中的所有value。具体实例如下：

```
127.0.0.1:6379>HVALS xmu:student:1
1) "zhangsan"
2) "21"
```

11.4.4 List 类型

Redis中的List类型与Java中的LinkedList类似，可以看作一个双向链表结构，既可以支持正向查找，也可以支持反向查找。List类型具有如下特征：

- 有序；
- 元素可以重复；

- 可以插入和删除块；
- 查询速度一般。

List类型的常见命令包括LPUSH、RPUSH、LPOP、RPOP、LRANGE等。

1. LPUSH

LPUSH命令用于向列表左侧插入一个或多个元素。具体实例如下：

```
127.0.0.1:6379> LPUSH students 1 2 3
(integer) 3
```

2. RPUSH

RPUSH命令用于向列表右侧插入一个或多个元素。具体实例如下：

```
127.0.0.1:6379> RPUSH students 4 5 6
(integer) 6
```

3. LPOP

LPOP命令用于移除并返回列表左侧的第一个元素，没有则返回nil。具体实例如下：

```
127.0.0.1:6379> LPOP students 1
1) "3"
```

“LPOP students 1”中的“1”表示取出的元素个数，如果要取出2个，就设置为2。

4. RPOP

RPOP命令用于移除并返回列表右侧的第一个元素，没有则返回nil。具体实例如下：

```
127.0.0.1:6379> RPOP students 1
1) "6"
```

5. LRANGE

LRANGE命令用于返回一段角标范围内的所有元素。具体实例如下：

```
127.0.0.1:6379> LRANGE students 0 1
1) "2"
2) "1"
```

11.4.5 Set 类型

Redis中的Set类型与Java中的HashSet类似，可以看作是一个value为null的HashMap。Set类型的特征如下：

（1）无序；

（2）元素不可重复；

（3）查找快；

（4）支持交集、并集、差集等功能。

Set类型的常见命令包括：SADD、SMEMBERS、SREM、SISMEMBER、SCARD、SINTER、SDIFF、SUNION等。

1. SADD

SADD命令用于向Set中添加一个或多个元素。具体实例如下：

```
127.0.0.1:6379> SADD s1 a b c
(integer) 3
```

2. SMEMBERS

SMEMBERS命令用于获取Set中的所有元素。具体实例如下：

```
127.0.0.1:6379> SMEMBERS s1
1) "a"
2) "c"
3) "b"
```

3. SREM

SREM命令用于移除Set中的指定元素。具体实例如下：

```
127.0.0.1:6379> SREM s1 a
(integer) 1
```

4. SISMEMBER

SISMEMBER命令用于判断一个元素是否存在于Set中。具体实例如下：

```
127.0.0.1:6379> SISMEMBER s1 a
(integer) 0
127.0.0.1:6379> SISMEMBER s1 b
(integer) 1
```

SISMEMBER命令返回值是0，表示不存在指定的元素，返回值是1表示存在指定的元素。

5. SCARD

SCARD命令用于返回Set中元素的个数。具体实例如下：

```
127.0.0.1:6379> SCARD s1
(integer) 2
```

6. SINTER

SINTER命令用于求两个集合的交集。具体实例如下：

```
127.0.0.1:6379> SADD s1 a b c
127.0.0.1:6379> SADD s2 b c d
127.0.0.1:6379> SINTER s1 s2
1) "c"
2) "b"
```

7. SDIFF

SDIFF命令用于求两个集合的差集。具体实例如下：

```
127.0.0.1:6379> SDIFF s1 s2
1) "a"
```

8. SUNION

SUNION命令用于求两个集合的并集。具体实例如下：

```
127.0.0.1:6379> SUNION s1 s2
1) "a"
2) "c"
3) "d"
4) "b"
```


11.5 使用Java操作Redis

到Maven中央仓库官网下载相关依赖JAR包，包括jedis-4.3.2.jar和gson-2.10.1.jar。

使用 Java 操作 Redis

打开Eclipse，新建一个Java Project，名称为“RedisTest”。右击工程名，在弹出的菜单中依次选择“Build Path → Configure Build Path”，在打开的窗口中单击“Libraries”标签，单击“Classpath”，然后单击右侧的“Add External JARs”按钮，找到此前已经下载好的jedis-4.3.2.jar和gson-2.10.1.jar文件并加入，然后单击“Apply and Close”完成配置。

选择“File→New→Class”，新建一个类文件“JedisTest.java”，其代码如下：

```
import java.util.Map;
import redis.clients.jedis.Jedis;

public class JedisTest {
     public static void main(String[] args) {
     Jedis jedis = new Jedis("localhost",6379);
     jedis.hset("student.scofield", "English","45");
     jedis.hset("student.scofield", "Math","89");
     jedis.hset("student.scofield", "Computer","100");
     Map<String,String>  value = jedis.hgetAll("student.scofield");
     for(Map.Entry<String, String> entry:value.entrySet())
     {
          System.out.println(entry.getKey()+":"+entry.getValue());
     }
  }
}
```

在JedisTest.java代码文件窗口内的任意区域单击鼠标右键，在弹出的菜单中选择“Run AS→1.Java Application”运行程序，程序运行成功后会在“Console”面板中显示以下信息：

```
Math:89
Computer:100
English:45
```

11.6 本章小结

Redis是一个开源的使用C语言开发、支持网络、可基于内存亦可持久化的日志型键值数据库，提供多种语言的API。Redis可以用作数据库、缓存系统、队列系统等，是一种NoSQL数据库。本章详细介绍了Redis的安装和基本使用方法。

11.7 习题

1. 试述Redis具有哪些特点。
2. 试述Redis主要有哪些应用场景。
3. 试述在Redis中如何进行数据插入操作。
4. 试述在Redis中如何进行数据修改操作。
5. 试述在Redis中如何进行数据删除操作。
6. 试述在Redis中如何进行数据查询操作。
7. 试述使用Java操作Redis的基本方法。
8. 试述如何避免Redis重启后丢失数据。

实验5 NoSQL和关系数据库的操作比较

一、实验目的

本书前面已经介绍了关系数据库、分布式数据库HBase、文档数据库MongoDB和键值数据库Redis。本实验将对这4种不同类型的数据库的使用方式进行综合比较。为了帮助读者更深入地了解现在主流的关系数据库产品，本实验不采用SQL Server，而采用开源数据库产品MySQL。本实验的目的主要包括以下几个方面。

（1）理解4种数据库（MySQL、HBase、Redis和MongoDB）的概念以及不同点。

（2）熟练使用4种数据库操作常用的Shell命令。

（3）熟悉4种数据库操作常用的Java API。

二、实验平台

（1）操作系统：Windows。

（2）MySQL版本：5.7。

（3）HBase版本：2.2.2。

（4）Redis版本：7.0.8。

（5）MongoDB版本：6.0.4。

（6）JDK版本：1.8。

（7）Java IDE：Eclipse。

三、实验任务

（一）MySQL 数据库操作

学生表如表11-4所示。

表 11-4　学生表 Student

Name	English	Math	Computer
zhangsan	69	86	77
lisi	55	100	88

1. 根据上面给出的Student表，在MySQL数据库中完成以下操作。

（1）在MySQL中创建Student表，并录入数据。

（2）用SQL语句输出Student表中的所有数据。

（3）查询zhangsan的Computer成绩。

（4）修改lisi的Math成绩，改为95。

2. 根据上面已经设计出的Student表，使用MySQL的Java客户端编程，实现以下操作。

（1）向Student表中添加一条记录“scofield,45,89,100”。

（2）获取scofield的English成绩。

（二）HBase 数据库操作

学生表Student如表11-5所示。

表 11-5　学生表 Student

name	score		
	English	Math	Computer
zhangsan	69	86	77
lisi	55	100	88

1. 根据上面给出的学生表Student的信息，执行以下操作。

（1）用Hbase Shell命令创建学生表Student。

（2）用scan命令浏览Student表的相关信息。

（3）查询zhangsan的Computer成绩。

（4）修改lisi的Math成绩，改为95。

2. 根据上面已经设计出的Student表，用HBase API编程，实现以下操作。

（1）向Student表中添加一条记录“scofield,45,89,100”。

（2）获取scofield的English成绩。

（三）Redis 数据库操作

Student键值对如下：

```
zhangsan:{
        English: 69
        Math: 86
        Computer: 77
}
lisi:{
        English: 55
        Math: 100
        Computer: 88
}
```

1. 根据上面给出的键值对，完成以下操作。

（1）用Redis的哈希结构设计出学生表Student（可以用student.zhangsan和student.lisi来表示两个键值属于同一个表）。

（2）用hgetall命令分别输出zhangsan和lisi的成绩。

（3）用hget命令查询zhangsan的Computer成绩。

（4）修改lisi的Math成绩，改为95。

2. 根据上面已经设计出的学生表Student，用Redis的Java客户端开发包jedis，实现以下操作。

（1）添加数据。

要添加的数据对应的键值对形式如下：

```
scofield:{
        English: 45
        Math: 89
        Computer: 100
}
```

（2）获取scofield的English成绩。

（四）MongoDB 数据库操作

Student文档如下：

```
{
        "name": "zhangsan",
        "score": {
            "English": 69,
            "Math": 86,
            "Computer": 77
        }
}
{
        "name": "lisi",
        "score": {
            "English": 55,
```

```
                    "Math": 100,
                    "Computer": 88
                }
        }
```

1. 根据上面给出的文档，完成以下操作。

（1）用MongoDB Shell设计出student集合。

（2）用find()方法输出两个学生的信息。

（3）用find()方法查询zhangsan的所有成绩（只显示score列）。

（4）修改lisi的Math成绩，改为95。

2. 根据上面已经设计出的Student集合，用MongoDB的Java客户端编程，实现以下操作。

（1）添加数据。

要添加的数据对应的文档形式如下：

```
{
        "name": "scofield",
        "score": {
            "English": 45,
            "Math": 89,
            "Computer": 100
        }
}
```

（2）获取scofield的所有成绩（只显示score列）。

四、实验报告

<table>
<tr><td colspan="6">《数据库系统原理》实验报告</td></tr>
<tr><td>题目</td><td></td><td>姓名</td><td></td><td>日期</td><td></td></tr>
<tr><td colspan="6">实验环境：</td></tr>
<tr><td colspan="6">实验任务与完成情况：</td></tr>
<tr><td colspan="6">出现的问题：</td></tr>
<tr><td colspan="6">解决方案（列出遇到的问题和其解决办法，列出没有解决的问题）：</td></tr>
</table>

第12章
云数据库

研究机构IDC预言，大数据的数据量将按照每年60%的速度增加，其中包含结构化数据和非结构化数据。如何方便、快捷、低成本地存储海量数据，是许多企业和机构面临的一个严峻挑战。云数据库就是一个非常好的解决方案。目前云服务提供商正通过云技术推出更多可在公有云中托管数据库的方法，将用户从烦琐的数据库硬件定制中解放出来，同时让用户拥有强大的数据库扩展能力，满足存储海量数据的需求。此外，云数据库还能够很好地满足企业动态变化的数据存储需求和中小企业的低成本数据存储需求。可以说，在“大数据时代”，云数据库将成为许多企业数据的目的地。

本章首先介绍云数据库的概念、特性及其与其他数据库的关系，然后介绍云数据库的代表厂商和产品，最后以UMP系统为例介绍云数据库系统架构。

12.1　云数据库概述

云计算的发展推动了云数据库的兴起，本节介绍云数据库的概念、特性以及云数据库与其他数据库的关系。

12.1.1　云计算是云数据库兴起的基础

云计算是分布式计算、并行计算、效用计算、网络存储、虚拟化、负载均衡等计算机和网络技术发展融合的产物。云计算是由一系列可以动态升级和被虚拟化的资源组成的，用户无须掌握云计算的技术，只要通过网络就可以访问这些资源。

云计算是
云数据库兴起
的基础

云计算主要包括3种类型，即IaaS（Infrastructure as a Service，基础设施即服务）、PaaS（Platform as a Service，平台即服务）和SaaS（Software as a Service，软件即服务）。以SaaS为例，它极大地改变了用户使用软件的方式，用户不再需要单独购买软件并将其安装到本地计算机上，只要通过网络就可以使用各种软件。SaaS厂商将应用软件统一部署在自己的服务器上，用户可以在线购买、在线使用、按需付费。成立于1999年的Salesforce公司是SaaS厂商的先驱，提供SaaS云服务，并提出了“终结软件”的口号。在该公司的带动下，其他SaaS厂商如雨后春笋般大量涌现。

与传统的软件使用方式相比，云计算方式具有明显的优势，如表12-1所示。

表 12-1 传统的软件使用方式和云计算方式的比较

比较项目	传统的软件使用方式	云计算方式
获得软件的方式	自己投资建设机房，搭建硬件平台，购买软件并在本地安装	直接购买云计算厂商的软件服务
使用方式	本地安装，本地使用	软件运行在云服务提供商的服务器上，用户在任何有网络接入的地方都可以通过网络使用软件服务
付费方式	需要一次性投入较大的初期成本，包括建设机房、配置硬件、购买各种软件（操作系统、杀毒软件、业务软件等）	零成本投入就可以立即获得所需的IT资源，只需要为所使用的资源付费，多用多付，少用少付，极其廉价
维护成本	需要自己花钱聘请专业技术人员维护	零成本，所有维护工作由云服务提供商负责
获得IT资源的速度	需要耗费较长时间建设机房，购买、安装和调试设备与系统	随时可用，购买服务后立即可用
共享方式	自己建设，自给自足	云服务提供商建设好云计算服务平台后，为众多用户提供服务
维修速度	出现感染病毒、系统崩溃等问题时，需要自己聘请IT人员维护；很多普通企业的IT人员技术能力有限，碰到一些问题甚至需要寻找外援，通常不能立即解决问题	出现任何系统问题时，云服务提供商都会让专业团队及时解决，确保云服务能正常使用
资源利用率	利用率较低，投入大量资金建设的IT系统往往只供企业自己使用，当企业不需要那么多IT资源时，就会浪费资源	利用率较高，每天都可以为大量用户提供服务；当存在闲置资源时，云计算管理系统会自动关闭和退出多余资源；当需要增加资源时，云计算管理系统又会自动启动和加入相关资源
用户搬迁时的成本	当企业搬家时，原来的机房设施就要作废，需要在新地方重新投入较大成本建设机房	企业无论搬迁到哪里，都可以通过网络以零成本重新获得云计算服务，因为资源在云端，不在用户端，用户搬迁不会影响到IT资源的分布
资源可拓展性	企业自己建设的IT基础设施的服务能力通常是有上限的，当企业业务量突然增加时，现有的IT基础设施无法立即满足需求，就需要花费时间和金钱购买和安装新设备；当业务高峰过去时，多余的设备就会闲置，造成资源浪费	云服务提供商可以为企业提供近乎无限的IT资源（存储和计算等资源），用户想用多少都可以立即获得；当用户不使用时，只需退订多余资源，不存在任何资源闲置问题

12.1.2 云数据库的概念

云数据库的概念

云数据库是部署和虚拟化在云计算环境中的数据库。云数据库是在云计算的大背景下发展起来的一种共享基础设施的方法，它极大地增强了数据库的存储能力，避免了人员、硬件、软件的重复配置，让软件、硬件的升级变得更加容易，同时也虚拟化了许多后端功能。云数据库具有高可扩展性、高可用性、采用多租形式和支持资源有效分发等特点。

在云数据库中，所有数据库功能都是云端提供的，客户端可以通过网络远程使用云数据库提供的服务，如图12-1所示。客户端不需要了解云数据库的底层细节，所有的底层硬件都已经被虚拟化，对客户端而言是透明的，就和使用一个运行在单一服务器上的数据库一样，非常方便、容易，同时又可以获得理论上近乎无限的存储和处理能力。

需要指出的是，有人认为数据库属于应用基础设施（即中间件），因此把云数据库列入PaaS的范畴；也有人认为数据库本身也是一种应用软件，因此把云数据库划入SaaS。对于这个问题，本书把云数据库划入SaaS，但同时也认为，云数据库到底应该被划入PaaS还是SaaS并不是最重要的。实际上，云计算IaaS、PaaS和SaaS这3个层次之间的界限有些时候也不是非常明晰。对云数据库而言，最重要的方面就是它允许用户以服务的方式通过网络获得云端的数据库功能。

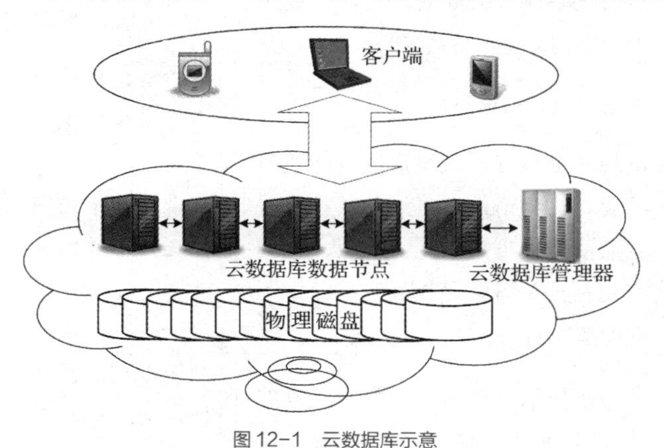

图12-1 云数据库示意

12.1.3 云数据库的特性

云数据库的特性

云数据库具有以下特性。

1. 动态可扩展

理论上，云数据库具有无限可扩展性，可以满足不断增加的数据存储需求。在面对不断变化的条件时，云数据库可以表现出很好的弹性。例如，一个经营产品零售业务的电子商务公司会存在季节性或突发性的产品需求变化，类似Animoto的网络社区站点可能会经历一个指数级的用户增长阶段，在这些情况下，就可以分配额外的数据库存储资源来处理增加的需求，这个过程只需要几分钟。一旦需求得以解决，就可以立即释放这些资源。

2. 高可用性

不存在单点失效问题。如果一个节点失效了，剩余的节点就会接管未完成的事务。而且，在云数据库中，数据通常是冗余存储的，在地理上也是分散的。诸如谷歌、亚马逊和IBM等大型云服务提供商，他们具有分布在世界范围内的数据中心，通过在不同地理区间内进行数据复制，可以提供高水平的容错能力。例如，Amazon SimpleDB会在不同的区域内进行数据复制，因此，即使某个区域内的云设施失效，也可以保证数据继续可用。

3．较低的使用代价

云数据库通常采用多租户（Multi-tenancy）的形式，同时为多个用户提供服务，这种共享资源的形式对用户而言可以节省开销，而且用户采用“按需付费”的方式使用云计算环境中的各种软件、硬件资源，不会产生不必要的资源浪费现象。另外，云数据库底层存储通常采用大量廉价的商业服务器，这也大大减少了用户开销。腾讯云数据库官方公布的资料显示，当实现类似的数据库性能时，如果采用自己投资自建MySQL的方式，则每台每天50.6元，实现双机容灾需要两台，即101.2元/天，平均存储成本是每GB每天0.25元，平均1元可获得的QPS（Query Per Second）为24次/秒；而如果采用腾讯云数据库产品，企业不需要投入任何初期建设成本，成本仅为72元/天，平均存储成本为每GB每天0.18元，平均1元可获得的QPS为83次/秒。相对于自建，云数据库平均1元可获得的QPS约为原来的346%，具有极高的性价比。

4．易用性

使用云数据库的用户不用控制运行原始数据库的设备，也不必了解它身在何处。用户只需要一个有效的连接字符串（URL）就可以开始使用云数据库，而且就和使用本地数据库一样。许多基于MySQL的云数据库产品（如腾讯云数据库、阿里云RDS等）完全兼容MySQL协议，用户可通过基于MySQL协议的客户端或者API访问实例。用户可“无缝”地将原有MySQL应用迁移到云存储平台，无须进行任何代码改造。

5．高性能

云数据库采用大型分布式存储服务集群，支持海量数据访问，多机房自动冗余备份，自动读写分离。

6．免维护

用户不需要关注后端设备及数据库的稳定性、网络问题、机房灾难、单库压力等，云数据库服务提供商提供7×24小时的专业服务，扩容和迁移对用户透明且不影响服务，并且可以提供全方位、全天候立体式监控，用户无须半夜去处理数据库故障。

7．安全

云数据库提供数据隔离，不同应用的数据存储在不同的数据库中而不会相互影响；提供安全性检查，可以及时发现并拒绝恶意攻击性访问；提供多点备份，确保不会发生数据丢失。

以腾讯云数据库为例，开发者可快速在腾讯云中申请云服务器实例资源，通过IP/PORT直接访问MySQL实例，完全无须安装MySQL实例，可以一键迁移原有SQL应用到腾讯云平台，大大节省了人力成本；同时，该云数据库完全兼容MySQL协议，可通过基于MySQL协议的客户端或API便捷地访问实例。此外，该云数据库还采用了大型分布式存储服务集群，支持海量数据访问，提供7×24小时的专业存储服务，提供可靠性高达99.99%的MySQL集群服务，并且数据可靠性超过99.999%。腾讯云数据库和自建数据库的比较如表12-2所示。

表 12-2　腾讯云数据库和自建数据库的比较

比较项目	自建数据库	腾讯云数据库
数据安全性	开发者自行解决，成本高昂	15种类型备份数据，保证数据安全
服务可靠性		99.99%高可靠性
数据备份		零花费，系统自动进行多时间点数据备份
维护成本		零成本，专业团队7×24小时帮助维护
实例扩容		一键式直接扩容，安全可靠
资源利用率		按需申请，资源利用率高达99.9%
技术支持		专业团队一对一指导、QQ远程协助开发者

12.1.4　云数据库是个性化数据存储需求的理想选择

在“大数据时代”，每个企业几乎每天都会产生大量的数据。企业类型不同，对存储的需求也千差万别，而云数据库可以很好地满足不同企业的个性化数据存储需求。

云数据库是个性化数据存储需求的理想选择

首先，云数据库可以满足大企业的海量数据存储需求。云数据库在当前数据爆炸的“大数据时代”具有广阔的应用前景。根据IDC的研究报告，企业对结构化数据的存储需求每年会增加20%左右，而对非结构化数据的存储需求每年会增加60%左右。传统的关系数据库难以水平扩展，根本无法存储如此海量的数据。因此，具有高可扩展性的云数据库成为企业海量数据存储的很好选择。

其次，云数据库可以满足中小企业的低成本数据存储需求。中小企业在IT基础设施方面的投入比较有限，非常渴望从第三方方便、快捷、廉价地获得数据库服务。云数据库采用多租户方式同时为多个用户提供服务，降低了单个用户的使用成本，而且用户使用云数据库服务通常按需付费，不会浪费资源造成额外支出。云数据库使用成本很低，对中小企业而言可以大大降低企业的信息化门槛，让企业在投入较低成本的同时，获得优质的专业级数据库服务，从而有效提升企业信息化水平。

最后，云数据库可以满足企业动态变化的数据存储需求。企业在不同时期需要存储的数据量是不断变化的，有时增加，有时减少。在小规模应用的情况下，系统负载的变化可以由系统空闲的多余资源来处理；但是在大规模应用的情况下，传统的关系数据库由于伸缩性较差，不仅无法满足应用需求，而且会给企业带来高昂的存储成本和管理开销。而云数据库的良好伸缩性可以让企业在需求增加时立即获得较高的数据库能力，在需求减少时立即释放多余的数据库能力，较好地满足企业的动态数据存储需求。

当然，并不是说云数据库可以满足不同类型的个性化数据存储需求，就意味着企业一定要把数据存放到云数据库中。到底是选择自建数据库还是选择云数据库，取决于企业自身的具体需求。对于一些大型企业，目前通常采用自建数据库。一方面，由于企业财力比较雄厚，有内部的IT团队负责数据库维护。另一方面，数据是现代企业的核心资产，涉及很多高级商业机密，企业出于数据安全考虑，不愿意把内部数据保存在公有云的云数据库中，尽管云数据库服务提供商一直强调数据的安全性，但是这依然不能打消企业的顾虑。对一些财力有限的中小企业而言，IT预算比较有限，不可能投入大量资金建设和维护数据库，企业数据并非特别敏感，因此云数据库这种前期零投入、后期免维护的数据库服务，可以很好地满足他们的需求。

12.1.5 云数据库与其他数据库的关系

云数据库与其他数据库的关系

关系数据库采用关系数据模型，NoSQL数据库采用非关系数据模型，二者属于不同的数据库技术。从数据模型的角度来说，云数据库并非一种全新的数据库技术，而只是以服务的方式提供数据库功能。云数据库并没有专属于自己的数据模型，云数据库所采用的数据模型可以是关系数据库所使用的关系模型（如微软的SQL Azure云数据库、阿里云RDS都采用了关系模型），也可以是NoSQL数据库所使用的非关系模型（如Amazon Dynamo云数据库采用的是键值对）。同一个公司也可能提供采用不同数据模型的多种云数据库服务，例如百度云数据库提供了3种数据库服务，即分布式关系数据库服务（基于关系数据库MySQL）、分布式非关系数据库服务（基于文档数据库MongoDB）、键值型非关系数据库服务（基于键值数据库Redis）。实际上，许多公司在开发云数据库时，都是直接使用现有的各种关系数据库或NoSQL数据库产品作为后端数据库。比如，腾讯云数据库采用MySQL作为后端数据库，微软的SQL Azure云数据库采用SQL Server作为后端数据库。从市场的整体应用情况来看，由于NoSQL应用对开发者要求较高，而MySQL拥有成熟的中间件、运维工具，已经形成一个良性的生态圈等，因此从现阶段来看，云数据库的后端数据库主要是以MySQL为主、以NoSQL为辅。

在云数据库这种IT服务模式出现之前，企业要使用数据库，就需要自建关系数据库或NoSQL数据库，它们被称为自建数据库。云数据库与这些自建数据库最本质的区别包括多个方面。云数据库是部署在云端的数据库，采用SaaS模式，用户可以通过网络租赁使用数据库服务，只要有网络的地方就可以使用，不需要前期投入和后期维护，使用价格也比较低；云数据库对用户而言是完全透明的，用户根本不知道自己的数据被保存在哪里；云数据库通常采用多租户模式，即多个租户共用一个实例，租户的数据既有隔离性又有共享性，从而解决了数据存储的问题，同时也降低了用户使用数据库的成本。而自建的关系数据库和NoSQL数据库本身都没有采用SaaS模式，需要用户自己搭建IT基础设施和配置数据库，成本相对而言比较高，而且需要用户自己进行机房维护和数据库故障处理。

12.2 云数据库产品

本节首先介绍当前市场上的主流云数据库厂商，然后分别介绍Amazon、Google、Microsoft等具有代表性的公司的云数据库产品。

12.2.1 云数据库厂商简介

云数据库厂商简介

云数据库厂商主要分为3类。

① 传统的数据库厂商，如Teradata、Oracle、IBM和Microsoft等。

② 涉足数据库市场的云供应商，如Amazon、Google、Yahoo!、阿里巴巴、百度、腾讯等。

③ 新兴厂商，如Vertica、LongJump和EnterpriseDB等。

市场上常见的云数据库产品见表12-3。

表 12-3　云数据库产品

厂商	产品
Amazon	Dynamo、SimpleDB、Amazon RDS
Google	Google Cloud SQL
Microsoft	SQL Azure
Oracle	Oracle Cloud
Yahoo!	PNUTS
Vertica	Analytic Database v3.0 for the Cloud
EnterpriseDB	Postgres Plus in the Cloud
阿里巴巴	阿里云RDS
百度	百度云数据库
腾讯	腾讯云数据库

12.2.2　Amazon 的云数据库产品

Amazon 的云数据库产品

Amazon是云数据库市场的先行者。Amazon除了提供著名的S3存储服务和EC2计算服务以外，还提供基于云的数据库服务SimpleDB和Dynamo。

SimpleDB是Amazon公司开发的一个可供查询的分布式数据存储系统，是AWS（Amazon Web Service）上的第一个NoSQL数据库服务，集合了Amazon的大量AWS基础设施。顾名思义，SimpleDB设计用来作为一个简单的数据库，它的存储元素（属性和值）由一个id字段来确定行的位置。这种结构可以满足用户基本的读、写和查询需求。SimpleDB提供易用的API来快速地存储和访问数据。但是，SimpleDB不是一个关系数据库，传统的关系数据库采用行存储，而SimpleDB采用键值存储，它主要是服务于那些不需要关系数据库的Web开发者。但是，SimpleDB存在一些明显缺陷，如存在单表限制、性能不稳定、只能支持最终一致性等。

Dynamo吸收了SimpleDB以及其他NoSQL数据库设计思想的精华，旨在为要求更高的应用设计，这些应用要求数据库有可扩展的数据存储功能以及更高级的数据管理功能。Dynamo采用键值存储，其所存储的数据是非结构化数据；Dynamo不识别任何结构化数据，需要用户自己完成对值的解析。Dynamo中的键不是以字符串的方式进行存储的，而是采用md5_key（通过md5算法转换后得到）的方式进行存储，因此它只能根据键去访问，不支持查询。Dynamo使用固态盘，实现恒定、低延迟的读写，旨在扩展大容量的同时维持一致的性能，虽然这种性能伴随着更为严格的查询模型。

Amazon RDS（Amazon Relational Database Service）是Amazon开发的一种Web服务，它可以让用户在云环境中建立、操作关系数据库（可以支持MySQL和Oracle等数据库）。用户只需要关注应用和业务层面的内容，而不需要在烦琐的数据库管理工作上耗费过多的时间。

此外，Amazon和其他数据库厂商开展了很好的合作，Amazon EC2应用托管服务已经可以部署很多种数据库产品，包括SQL Server、Oracle 11g、MySQL和DB2等主流数据库，以及其他一些数据库产品，比如EnterpriseDB。EC2是一种可扩展的托管环境，开发者可以在EC2环境中开发并托管自己的数据库应用。

12.2.3　Google 的云数据库产品

谷歌和微软的云数据库产品

Google Cloud SQL是谷歌公司推出的基于MySQL的云数据库，使用Google Cloud SQL的好处显而易见，所有的事务都在云中，并由谷歌公司管理，用户不需要配置或者排查错误，仅依靠它来开展工作即可。由于数据在谷歌公司的多个数据中心中复制，因此它永远是可用的。谷歌公司还提供导入或导出服务，方便用户将数据库带进或带出云。谷歌公司使用用户非常熟悉的带有JDBC支持（适用于基于Java的App Engine应用）和DB-API支持（适用于基于Python的App Engine应用）的传统MySQL数据库环境，因此多数应用程序不需过多调试即可运行。数据格式对大多数开发者和管理员来说也是非常熟悉的。Google Cloud SQL还有一个好处就是与Google App Engine集成。

12.2.4　微软的云数据库产品

2008年3月，微软公司通过SQL Data Service（SDS）提供SQL Server的关系数据库功能，这使得微软公司成为云数据库市场上的第一个大型数据库厂商。此后，微软公司对SDS功能进行了扩充，并将其更名为SQL Azure。微软公司的SQL Azure平台提供了一个Web服务集合，可以允许用户通过网络在云中创建、查询和使用SQL Server数据库，云中的SQL Server服务器的位置对用户而言是透明的。对云计算而言，这是一个重要的里程碑。SQL Azure具有以下特性。

① 属于关系数据库。支持使用T-SQL来管理、创建和操作云数据库。

② 支持存储过程。它的数据类型、存储过程和传统的SQL Server具有很大的相似性，因此应用可以在本地进行开发，然后部署到云平台上。

③ 支持大量数据类型。包含几乎所有典型的SQL Server 2008的数据类型。

④ 支持云中的事务。支持局部事务，但是不支持分布式事务。

SQL Azure的体系架构（见图12-2）中包含一个虚拟机簇，它可以根据工作负载的变化，动态增加或减少虚拟机的数量。每台SQL Server VM（Virtual Machine，虚拟机）安装了SQL Server 2008数据库管理系统，以关系模型存储数据。通常，一个数据库会被分散存储到3～5台SQL Server VM中。每台SQL Server VM同时安装了SQL Azure Fabric和SQL Azure管理服务，后者负责数据库的数据复写工作，以保障SQL Azure的基本高可用性要求。不同SQL Server VM内的SQL Azure Fabric和管理服务会彼此交换监控信息，以保证整体服务的可监控性。

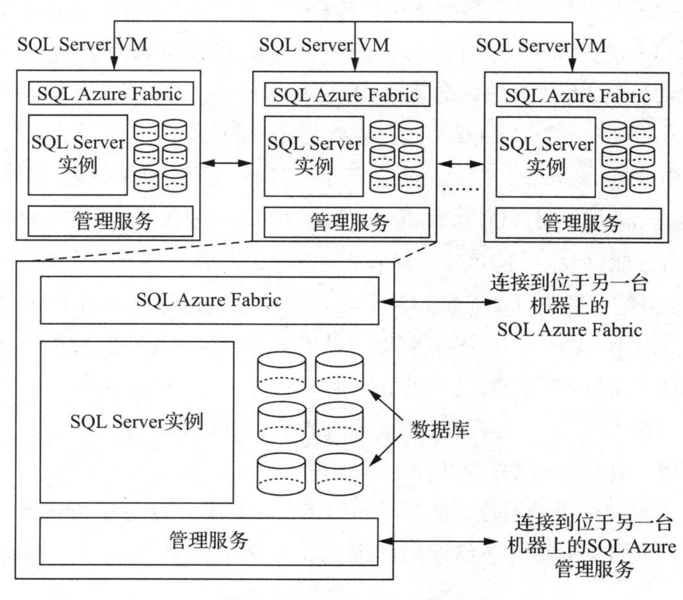

图12-2　SQL Azure的体系架构

12.2.5 其他云数据库产品

PNUTS是一个为网页应用开发、大规模并行、地理分布式的数据库系统，它是Yahoo!云计算平台重要的一部分。Vertica Systems在2008年发布了云数据库。10Gen公司的Mongo、AppJet公司的AppJet也都提供了相应的云数据库版本。IBM公司投资的EnterpriseDB也提供了一个运行在Amazon EC2上的云数据库。LongJump是一个与Salesforce竞争的新公司，它推出了基于开源数据库PostgreSQL的云数据库产品。Intuit QuickBase公司也提供了自己的云数据库系列。麻省理工学院研制的Relational Cloud可以自动区分负载的类型，并把类型相似的负载分配到同一个数据节点上，而且它采用了基于图的数据分区策略，对复杂的事务型负载也具有很好的可扩展性。此外，它还支持在加密的数据上执行SQL查询语句。阿里云RDS是阿里云提供的关系数据库服务，它将直接运行于物理服务器上的数据库实例租给用户。百度云数据库可以支持分布式的关系数据库服务（基于MySQL）、分布式非关系数据库存储服务（基于MongoDB）、键值型非关系数据库服务（基于Redis）。

12.3 云数据库系统架构

不同的云数据库产品采用的系统架构存在很大差异，下面以阿里集团核心系统数据库团队开发的UMP（Unified MySQL Platform）系统为例进行介绍。

12.3.1 UMP 系统简介

UMP 系统简介

UMP系统是低成本和高性能的MySQL云数据库方案，关键模块采用Erlang实现。开发者通过网络从平台上申请MySQL实例资源，用平台提供的单一入口来访问数据。UMP系统把各种服务器资源划分为资源池，并以资源池为单位把资源分配给MySQL实例。UMP系统中包含一系列组件，这些组件协同工作，以对用户透明的形式提供主从热备、数据备份、迁移、容灾、读写分离、分库分表等一系列服务。UMP系统内部将用户分为3种，分别是数据量和流量比较小的用户、中等规模用户以及需要分库分表的用户。多个小规模用户可以共享同一个MySQL实例，每个中等规模用户独占一个MySQL实例，需要分库分表的用户的多个MySQL实例共享同一个物理机或在不同物理机上。UMP系统通过这些方式实现了资源的虚拟化，降低了整体成本。UMP系统通过“用Cgroup限制MySQL进程资源”和“在Proxy服务器端限制QPS”两种方式，实现了资源隔离、按需分配以及限制CPU、内存和I/O资源；同时，还支持在不影响提供数据服务的前提下根据用户业务的发展进行动态扩容和缩容。UMP系统还综合运用了SSL数据库连接、数据访问IP白名单、记录用户操作日志、SQL拦截等技术来有效保护用户的数据安全。

总的来说，UMP系统架构设计遵循了以下原则。

① 保持单一的系统对外入口，并且维护系统内部单一的资源池。

② 消除单点故障，保证服务的高可用性。

③ 保证系统具有良好的可伸缩性，能够动态地增加、删减计算与存储节点。

④ 保证分配给用户的资源也是弹性可伸缩的，资源之间相互隔离，确保应用和数据的安全。

12.3.2 UMP系统架构

UMP系统架构如图12-3所示，UMP系统中的角色包括Controller服务器、Web控制台、Proxy服务器、Agent服务器、日志分析服务器、信息统计服务器、愚公系统等，依赖的开源组件包括RabbitMQ、ZooKeeper、LVS。

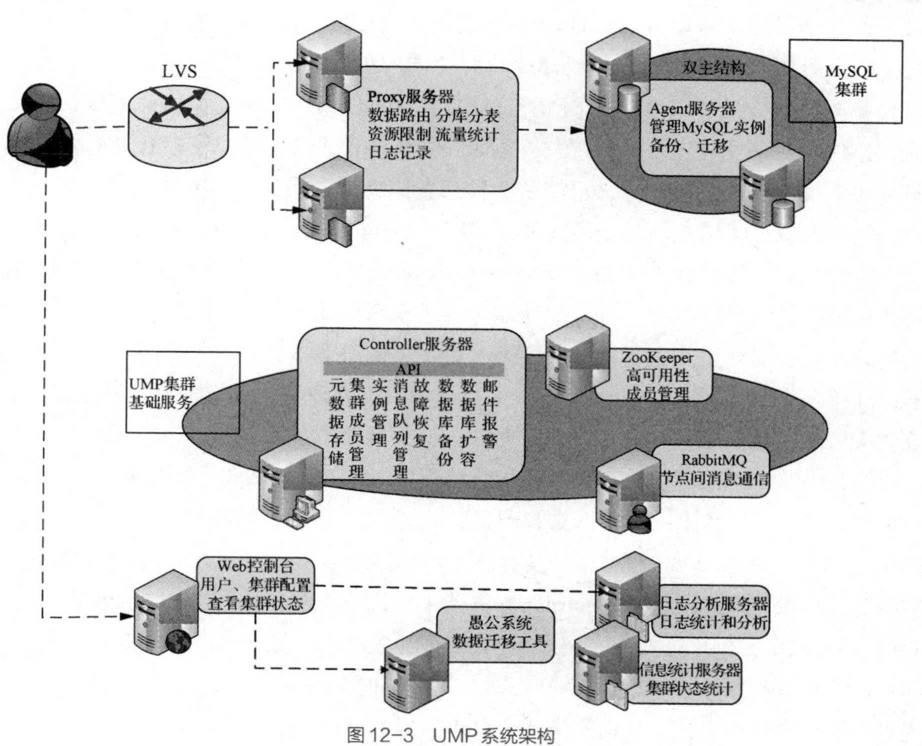

图12-3 UMP系统架构

1. Mnesia

Mnesia是一个分布式数据库管理系统，适用于电信及其他需要持续运行和具备软实时特性的Erlang应用，还是构建电信应用的控制系统平台——开放式电信平台（Open Telecommunications Platform，OTP）的一部分。Erlang是一个结构化、动态类型编程语言，内置并行计算功能，非常适用于构建分布式、软实时并行计算系统。使用Erlang编写的应用在运行时通常由成千上万个轻量级进程组成，并通过消息传递相互通信。Erlang进程间的上下文切换要比C程序高效得多。Mnesia与Erlang编程语言是紧耦合的，其最大的好处是在操作数据时，不会发生由于数据库与编程语言所用的数据格式不同而带来阻抗失配问题。Mnesia支持事务，支持透明的数据分片，利用两阶段锁实现分布式事务，可以线性扩展到至少50个节点。Mnesia的数据库模式（Schema）可在运行时动态重配置，表能被迁移或复制到多个节点来改进容错性。Mnesia的这些特性使其在开发云数据库时被用来提供分布式数据库服务。

2. RabbitMQ

RabbitMQ是一个用Erlang开发的工业级的消息队列产品（功能类似于IBM公司的消息队列产品Websphere MQ），作为消息传输的中间件来使用，可以实现可靠的消息传送。UMP系统中各个节点之间的通信不需要建立专门的连接，都是通过读写队列消息来实现的。

3. ZooKeeper

ZooKeeper是高效和可靠的协同工作系统，提供分布式锁之类的基本服务（如统一命名服务、状态同步服务、集群管理、分布式应用配置项的管理等），用于构建分布式应用程序，减轻分布式应用程序所承担的协调任务（ZooKeeper的工作原理可以参考相关书籍或网络资料）。在UMP系统中，ZooKeeper主要发挥3个作用。

（1）作为全局的配置服务器。UMP系统需要多台Controller服务器运行，它们运行的应用系统的某些配置项是相同的，如果要修改这些相同的配置项，就必须同时到多个Controller服务器上去修改。这样做不仅麻烦，而且容易出错。因此，UMP系统把这类配置信息完全交给ZooKeeper来管理，把配置信息保存在ZooKeeper的某个目录节点中，然后让所有需要Controller服务器对这个目录节点进行监听，也就是监控配置信息的状态，一旦配置信息发生变化，每台Controller服务器就会收到ZooKeeper的通知，然后从ZooKeeper获取新的配置信息。

（2）提供分布式锁。UMP系统中部署了多个Controller服务器，为了保证系统的正确运行，有些操作在某一时刻只能由一个Controller服务器去执行，而不能同时执行。例如，一个MySQL实例发生故障后，需要进行主备切换，由另一个正常的服务器来代替当前发生故障的Controller服务器，如果这个时候所有的Controller服务器都去跟踪处理并且发起主备切换流程，那么，整个系统就会进入混乱状态。因此，在同一时间，必须从集群的多个Controller服务器中选举出一个“总管”，由这个“总管”负责发起各种系统任务。ZooKeeper的分布式锁功能能够帮助集群选出一个“总管”，让这个“总管”来管理集群。

（3）监控所有MySQL实例。集群中运行MySQL实例的Controller服务器发生故障时，必须及时被监听到，然后使用其他正常Controller服务器来替代故障服务器。UMP系统借助ZooKeeper可实现对所有MySQL实例进行监控。每个MySQL实例在启动时都会在ZooKeeper上创建一个临时类型的目录节点，当某个MySQL实例挂掉时，这个临时类型的目录节点也随之被删除，后台监听进程可以捕获到这种变化，从而知道这个MySQL实例不再可用。

4. LVS

LVS（Linux Virtual Server）即Linux虚拟服务器，是一个虚拟的服务器集群系统。LVS采用IP负载均衡技术和基于内容请求分发技术。调度器是LVS的唯一入口点，调度器具有很好的吞吐率，将请求均衡地转移到不同的服务器上执行，且调度器自动屏蔽掉服务器的故障，从而将一组服务器构成一个高性能的、高可用的虚拟服务器。整个服务器集群的结构对用户而言是透明的，而且无须修改客户端和服务器端的程序。UMP系统借助LVS来实现集群内部的负载均衡。

5. Controller 服务器

Controller服务器向UMP系统提供各种管理服务，实现集群成员管理、元数据存储、MySQL实例管理、故障恢复、备份、迁移、扩容等功能。Controller服务器上运行了一组Mnesia分布式数据库服务，其中存储了各种系统元数据，主要包括集群成员、用户的配置和状态信息，以及用户名到后端MySQL实例地址的映射关系（或称为“路由表”）等。其他服务器组件需要获取用户数据时，可以向Controller服务器发送请求以获取数据。为了避免出现单点故障，保证系统的高可用性，UMP系统中部署了多台Controller服务器，然后由ZooKeeper的分布式锁功能来帮助集群选出一个“总管”，这个“总管”负责各种系统任务的调度和监控。

6. Web 控制台

Web控制台向用户提供系统管理界面。

7. Proxy 服务器

Proxy服务器向用户提供访问MySQL数据库的服务，它完全实现了MySQL协议。用户可以使用已有的MySQL客户端连接到Proxy服务器，Proxy服务器通过用户名获取到用户的认证信息、资源配额的限制，如QPS、IOPS（I/O Per Second）、最大连接数等，以及后台MySQL实例的地址，然后用户的SQL查询请求会被转发到相应的MySQL实例上。除了数据路由这个基本功能外，Proxy服务器中还实现了很多重要的功能，主要包括屏蔽MySQL实例故障、读写分离、分库分表、资源限制、记录用户访问日志等。

8. Agent 服务器

Agent服务器部署在运行MySQL进程的设备上，用来管理每台物理机上的MySQL实例，执行主从切换、创建、删除、备份、迁移等操作，同时还负责收集和分析MySQL进程的统计信息、慢查询日志（Slow Query Log）和Binlog。

9. 日志分析服务器

日志分析服务器存储和分析Proxy服务器传入的用户访问日志，并支持实时查询一段时间内的慢查询日志和统计报表。

10. 信息统计服务器

信息统计服务器定期用RRDtool统计采集到的用户的连接数、QPS数值以及MySQL实例的进程状态。可以在Web界面上可视化展示统计结果，也可以把统计结果作为今后实现弹性资源分配和自动化MySQL实例迁移的依据。

11. 愚公系统

愚公系统是一个全量复制结合Binlog分析进行增量复制的工具，可以实现在不停机的情况下动态扩容、缩容和迁移。

12.3.3 UMP 系统功能

UMP系统构建在一个大的集群上，通过多个组件协同作业，整个系统实现了对用户透明的容灾、读写分离、分库分表、资源管理、资源调度、资源隔离和数据安全功能。

UMP 系统功能

1. 容灾

云数据库必须向用户提供一直可用的数据库连接，当MySQL实例发生故障时，系统必须自动执行故障恢复，所有故障处理过程对用户而言都是透明的，用户不会感知到后台发生的一切。

为了实现容灾，UMP系统会为每个用户创建两个MySQL实例，一个是主库，另一个是从库，而且这两个MySQL实例互相把对方设置为备份机，任意一个MySQL实例上面发生的更新都会复制到对方上。同时，Proxy服务器可以保证只向主库写入数据。

主库和从库的状态是由ZooKeeper负责维护的，ZooKeeper可以实时监听各个MySQL实例的状态，一旦主库停机，ZooKeeper可以立即感知到，并通知Controller服务器。Controller服务器会启动主从切换操作，在路由表中修改用户名到后端MySQL实例地址的映射关系，并把主库标记为不可用状态，同时，借助消息队列中间件RabbitMQ通知所有Proxy服务器修改用户名到后端MySQL实例地址的映射关系。这一系列操作完后，主从切换完成，用户名会被赋予一个新的可以正常使用的MySQL实例，而这一切对用户而言是完全透明的。

停机后的主库在进行恢复处理后需要再次上线。在主库停机和故障恢复期间，从库可能已经发生过多次更新。因此，主库恢复时会把从库中的这些更新都复制给自己。当主库快要达到和从库一致的状态时，Controller服务器就会命令从库停止更新，进入不可写状态，禁止用户写入数据，这个时候用户可能感受到短时间的不可写。等到主库更新到和从库完全一致的状态时，Controller服务器就会发起主从切换操作，并在路由表中把主库标记为可用状态，然后通知Proxy服务器把写操作切回主库上，用户的写操作可以继续执行，之后把从库修改为可写状态。

2. 读写分离

由于每个用户都有两个MySQL实例，即主库和从库，因此可以充分利用主从库实现用户读写操作的分离，实现负载均衡。UMP系统实现了对用户透明的读写分离功能，当整个功能被开启时，负责向用户提供访问MySQL数据库服务的Proxy服务器就会对用户执行的SQL语句进行解析。如果属于写操作，就直接发送到主库；如果是读操作，就会被均衡地发送到主库和从库上执行。但是，有可能发生一种情况：用户刚刚写入数据到主库，数据还没有被复制到从库之前，用户就去从库读这个数据，导致用户要么读不到数据，要么读到数据的旧版本。为了避免这种情况发生，UMP系统在每次写操作完成后都会开启一个计时器，如果用户在计时器开启的300ms内读数据，不管是读刚写入的数据还是读其他数据，都会被强行分发到主库上去执行读操作。当然，在实际应用中，UMP系统允许修改300ms这个设定值，但是一般而言，300ms已经可以保证数据在写入主库后被复制到从库中。

3. 分库分表

UMP系统支持对用户透明的分库分表（Shard / Horizontal Partition）功能，但是用户在创建账号的时候需要指定类型为多实例，并且设置实例的个数，系统会根据用户设置来创建多组MySQL实例。除此以外，用户还需要设定分库分表规则，如需要确定分区字段，也就是根据哪个字段进行分库分表，还要确定分区字段里的值如何映射到不同的MySQL实例上。

当采用分库分表时，系统处理用户查询操作的过程如下：首先，Proxy服务器解析用户执行的SQL语句，提取出重写和分发SQL语句所需要的信息；其次，对SQL语句进行重写，得到多个针对相应MySQL实例的子语句，然后把子语句分发到对应的MySQL实例上执行；最后，接收来自各个MySQL实例的SQL语句执行结果，合并得到最终结果。

4. 资源管理

UMP系统采用资源池机制来管理数据库服务器上的CPU、内存、磁盘等计算资源，所有的计算资源都放在资源池内进行统一分配，资源池是为MySQL实例分配资源的基本单位。集群中的所有服务器会根据其机型、所在机房等因素被划分为多个资源池，每台服务器会被加入相应的资源池。对于每个具体的MySQL实例，管理员会根据应用部署在哪些机房、需要哪些计算资源等因素，为该MySQL实例具体指定主库和从库所在的资源池，然后系统的实例管理服务会本着负载均衡的原则，从资源池中选择负载较轻的服务器来创建MySQL实例。在划分资源池的基础上，UMP系统还在每台服务器内部采用Cgroup将资源进一步细化，从而限制每个进程组可使用的资源数量，同时保证进程组之间相互隔离。

5. 资源调度

UMP系统中有3种用户，分别是数据量和流量比较小的用户、中等规模用户以及需要分库分表的用户。多个小规模用户可以共享同一个MySQL实例。对于中等规模的用户，每个用户独占一个MySQL实例。用户可以根据自己的需求来调整内存空间和磁盘空间，如果用户需要更多的资源，就可以迁移到资源有空闲或者具有更高配置的服务器上。需要分库分表的用户会占有多个独立的MySQL实例，这些实例共存在同一台物理机上或每个实例独占一台物理机。

UMP系统通过MySQL实例的迁移来实现资源调度。借助阿里集团中间件团队开发的愚公系统，UMP系统可以实现在不停机的情况下动态扩容、缩容和迁移。

6. 资源隔离

当多个用户共享同一个MySQL实例或者多个MySQL实例共存在同一台物理机上时，为了保护用户应用和数据的安全，必须实现资源隔离，否则，某个用户过多消耗系统资源会严重影响到其他用户。UMP系统采用表12-4所示的两种资源隔离方式。

表12-4 UMP系统采用的两种资源隔离方式

资源隔离方式	应用场合	实现方式
用Cgroup限制MySQL进程资源	适用于多个MySQL实例共享同一台物理机的情况	可以对用户的MySQL进程的最大CPU使用率、内存和IOPS等进行限制
在Proxy服务器限制QPS	适用于多个用户共享同一个MySQL实例的情况	Controller服务器监测用户的MySQL实例的资源消耗情况，如果明显超出配额，就通知Proxy服务器通过增加延迟的方法去限制用户的QPS，以减少用户对系统资源的消耗

7. 数据安全

数据安全是让用户放心使用云数据库产品的关键，尤其是对企业用户来说很重要，数据库中存放了很多业务数据，有些属于商业机密，一旦泄露，会给企业造成严重损失。UMP系统设计了多种机制来保证数据安全。

（1）SSL数据库连接。SSL（Secure Socket Layer，安全套接字层）是为网络通信提供安全及数据完整性的一种安全协议，它在传输层对网络连接进行加密。Proxy服务器实现了完整的MySQL客户端-服务器协议，可以与客户端建立SSL数据库连接。

（2）数据访问IP地址白名单。可以把允许访问云数据库的IP地址放入“白名单”，只有白名单内的IP地址才能访问，其他IP地址的访问都会被拒绝，从而进一步保证账户安全。

（3）记录用户操作日志。用户的所有操作都会被记录到日志分析服务器，通过检查用户操作记录，可以发现隐藏的安全漏洞。

（4）SQL拦截。Proxy服务器可以根据要求拦截多种类型的SQL语句，比如全表扫描语句“SELECT *”。

12.4 本章小结

本章介绍了云数据库的相关知识。云数据库是在云计算兴起的大背景下发展起来的，在云端为用户提供数据服务；用户不需要自己投资建设软件、硬件环境，只需要向云数据库服务供应商购买数据库服务，就可以方便、快捷、低成本地实现数据存储和管理功能。

云数据库具有动态可扩展、高可用性、低成本、易用性、高性能等突出特性，是“大数据时代”企业实现低成本、大规模数据存储的理想选择。

云数据库市场有很多具有代表性的产品。Amazon是云数据库市场的先行者，谷歌和微软公司都开发了自己的云数据库产品，这些厂商都在市场上形成了自己的影响力。

本章最后以UMP系统为例，介绍了云数据库的系统架构。

12.5 习题

1. 试述云数据库的概念。
2. 与传统的软件使用方式相比，云计算方式具有哪些明显的优势？
3. 云数据库有哪些特性？
4. 试述云数据库的影响。
5. 举例说明云数据库厂商及其代表产品。
6. 试述SQL Azure的体系架构。
7. 试述UMP系统的功能。
8. 试述UMP系统的组件及其具体作用。
9. 试述UMP系统实现主从备份的方法。
10. 试述UMP系统实现读写分离的方法。
11. UMP系统采用哪两种方式实现资源隔离？
12. 试述UMP系统中的3种用户。
13. UMP系统是如何保障数据安全的？

第13章
数据仓库和数据湖

数据仓库是一种面向商务智能（Business Intelligence，BI）活动（尤其是分析）的数据管理系统，它仅适用于查询和分析，通常涉及大量的历史数据。在实际应用中，数据仓库中的数据一般来自应用日志文件和事务应用等。数据仓库能够集中、整合多个来源的大量数据。借助数据仓库的分析功能，企业可从数据中获得宝贵的规律，改善决策。同时，随着时间的推移，它还会建立一个对数据科学家和业务分析人员极具价值的历史记录。得益于这些强大的功能，数据仓库可为企业提供一个“单一信息源”。

本章首先介绍数据仓库的概念以及数据仓库的不同发展阶段，然后介绍与数据仓库紧密相关的数据湖和湖仓一体。

13.1 数据仓库的概念

数据仓库的概念

数据仓库（Data Warehouse，DW）是一个面向主题的、集成的、相对稳定的、反映历史变化的数据集，用于支持管理决策。

（1）面向主题。操作型数据库的数据组织面向事务处理任务，而数据仓库中的数据按照一定的主题域进行组织。主题是指用户使用数据仓库进行决策时所关心的重点，一个主题通常与多个操作型数据库相关。

（2）集成。数据仓库的数据来自分散的操作型数据库，将所需数据从原来的数据中抽取出来，进行加工与集成、统一与综合之后才能放入数据仓库。

（3）相对稳定。数据仓库一般是不可更新的。数据仓库主要为决策分析提供数据，所涉及的操作主要是数据查询。

（4）反映历史变化。在构建数据仓库时，会每隔一定的时间（比如每周、每天或每小时）从数据源抽取数据并加载到数据仓库。比如，1月1日晚上12点“抓拍”数据源中的数据并保存到数据仓库，然后1月2日、1月3日一直到月底，每天“抓拍”数据源中的数据并保存到数据仓库，这样，经过一个月以后，数据仓库中就会保存1月每天的数据“快照”。由此得到的31份数据“快照”就可以用来进行商务智能分析，比如，分析一个商品在一个月内的销量变化情况。

综上所述，数据库是面向事务的设计，数据仓库是面向主题的设计。数据库一般存储在线交易数据，数据仓库存储的一般是历史数据。数据库为捕获数据而设计，数据仓库为分析数据而设计。

一个典型的数据仓库的体系架构通常包含数据源、数据存储和管理、联机分析处理（Online Analytical Processing，OLAP）服务器、前端工具和应用系统4个部分，如图13-1所示，具体介绍如下。

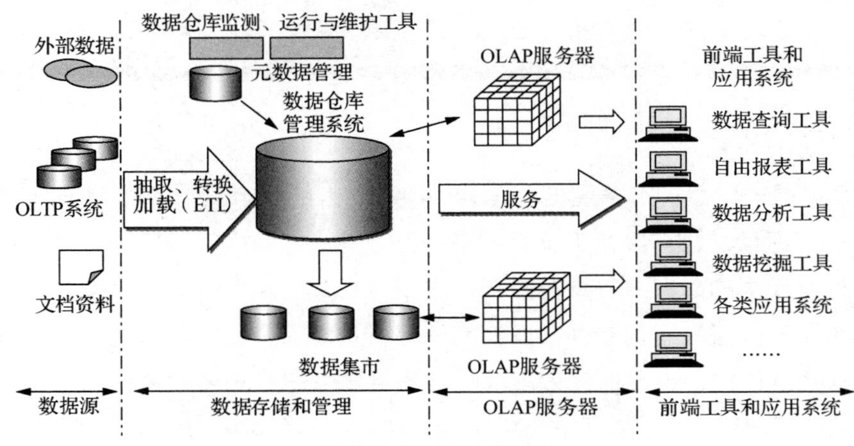

图13-1　数据仓库体系架构

（1）数据源。数据源是数据仓库的基础，即系统的数据来源，通常包含企业的各种内部数据和外部数据。内部数据包括存在于联机事务处理（Online Transaction Processing，OLTP）系统中的各种业务数据和办公自动化系统中的各类文档资料等。外部数据包括各类法律法规、市场信息、竞争对手的信息，以及各类外部统计数据和其他相关文档等。

（2）数据存储和管理。数据存储和管理是整个数据仓库的核心。在现有各业务系统的基础上，对数据进行抽取、转换，并加载到数据仓库中，按照主题进行重新组织，最终确定数据仓库的物理存储结构，同时存储数据库的各种元数据（包括数据仓库的数据字典、记录系统定义、数据转换规则、数据加载频率以及业务规则等）。对数据仓库系统的管理，也就是对相应数据库系统的管理，通常包括数据的保护、归档、备份、维护和恢复等工作。

（3）OLAP服务器。OLAP服务器对需要分析的数据按照多维数据模型进行重组，以支持用户随时从多角度、多层次来分析数据，发现数据规律与变化趋势。

（4）前端工具和应用系统。前端工具和应用系统主要包括数据查询工具、自由报表工具、数据分析工具、数据挖掘工具和各类应用系统等。

总体而言，数据仓库与数据库有着很大的区别，具体如表13-1所示。

表 13-1　数据库和数据仓库的区别

特性	数据库	数据仓库
擅长做什么	事务处理	分析报告、大数据
数据从哪里来	从单个来源“捕获”	从多个来源抽取和标准化

续表

特性	数据库	数据仓库
数据标准化	高度标准化的静态Schema	非标准化Schema
数据如何写	针对连续写入操作进行优化	按批处理计划进行批量写入操作
数据怎么存	针对单行型物理块的高吞吐写操作进行了优化	使用列式存储进行了优化，便于实现高速查询和低开销访问
数据怎么读	大量小型读取操作	为最小化I/O且最大化吞吐而优化

13.2 数据仓库的不同发展阶段

数据仓库在不断满足企业业务需求的过程中，逐渐得到了完善和发展。传统的数据仓库只支持战略决策，可以创建报表、分析事件，并且预测未来将要发生的事情。今天的数据仓库不仅支持战略决策，而且支持战术决策，增加了对关键使命的决策支持。从分析到预测，从非实时到实时，从被动到主动，从由管理层专用到与普通员工共享，数据仓库在发展过程中向前迈进的每一步都大大提升了数据仓库对企业的价值。新一代的数据仓库应用不仅改善了企业战略的形成，更重要的是发展了战略的执行决策能力。数据仓库的发展经历了5个阶段（见图13-2），即报表阶段、分析阶段、预测阶段、实时决策阶段和主动决策阶段。

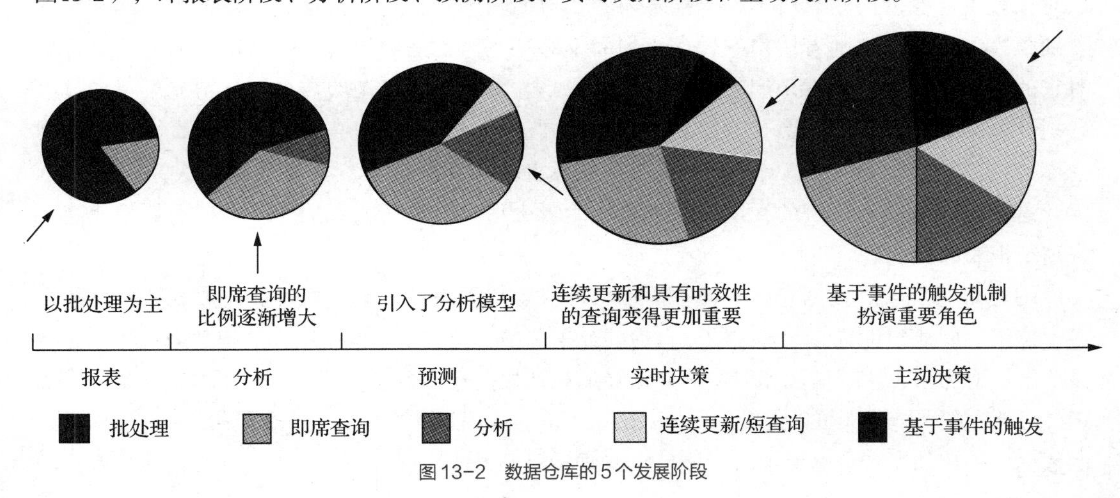

图13-2　数据仓库的5个发展阶段

13.2.1 报表阶段

数据仓库的第一阶段是报表阶段，该阶段的主要特征如图13-3所示。报表是数据库应用系统最基本、最重要的需求，它是为信息消费者而设计。发展到今天，企业报表的服务对象已经包括企业内部各个层次的个体，覆盖企业的各个职位，还有产品供应商，甚至是客户。企业报表本质的意义在于为这些群体提供BI。因此，它是最普遍的BI类型，包括大量的直接来源于ERP（Enterprise Resource Planning，企业资源计划）和CRM（Customer Relationship Management，客户关系管理）的运营报表，以及评价综合业务绩效指标的平衡计分卡。

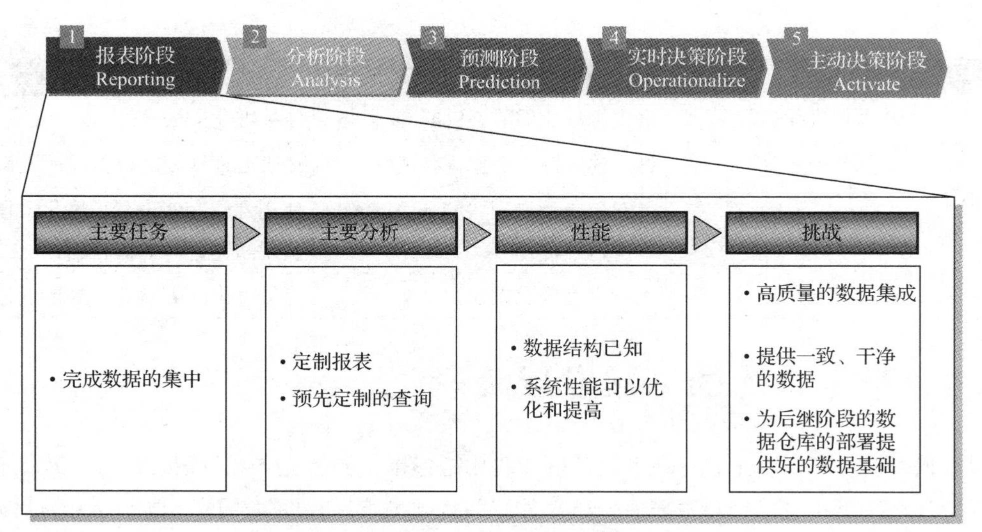

图 13-3　报表阶段的主要特征

但是，最初的数据仓库主要用于为企业内部的某一部门提供报表服务，服务对象相对有限。数据仓库作为一个集成的信息存储地，提供了企业范围内的单一数据视图，从而可以为公司跨职能或跨产品的决策提供重要参考。报表的一个典型特征是确定性，即人们通常事先已对报表中涉及的问题有所了解，报表内容相对比较固定。就这一点而言，报表与即席查询差别很大，后者通常随着用户的探察兴趣而不断变化。正是由于报表的确定性，我们更容易对它的性能进行优化。常采用的报表优化手段是，对报表所使用的数据进行预先聚集计算，并把计算结果以实视图的形式存储到数据仓库中。这样，生成报表时，就可以直接使用数据仓库中的实视图，而不用访问底层的基本关系表。实视图的粒度通常比基本关系表的粒度大，这就意味着前者包含的元组的数目要比后者少得多，从而大大加快了数据的处理速度，提高了报表的性能。

构建第一阶段的数据仓库所面临的最大挑战是数据集成。报表所需要的数据通常分布在多个位于不同地理位置的、异构的、自治的数据源中，需要采用有效的方法把数据从各个生产系统中抽取出来，执行清洗和转换，并最终加载到数据仓库中。这个过程并非很容易就可以实现，虽然在很多情况下可以借助ETL（Extract-Transform-Load）工具，但是，对于一些特殊格式的数据源（比如遗产数据库），可能仍然需要采用人工编写脚本的方法来实现数据的抽取、转换和加载。

本阶段所建立的优化集成信息是给决策者使用的，同时也为以后数据仓库的发展奠定了基础。

从上面的论述可以看出，在早期阶段，数据仓库只关心从事务处理系统记录聚集得到的结果中产生历史报表信息，从而提供一个一致的、集成的商业活动视图。数据主要通过定制脚本加载到数据仓库。这些脚本是面向批处理的，通常每月、每周或每小时更新一次数据仓库。

第一阶段实例：公司ABC想要知道12月全国的所有商店一共销售了多少件羽绒服。掌握这些信息以后，该公司就可以更好地安排下一年的采购和库存计划。

13.2.2 分析阶段

在数据仓库的第二阶段（该阶段的特征如图13-4所示），决策者关心的重点发生了转变——从“发生了什么”转向“为什么会发生”。这种关注重点的转变反映了人类善于探索发现、不断追根溯源的本性。在企业经营活动分析中，仅知道“发生了什么”是远远不够的。“发生了什么”只意味着发现了具体的问题，但是，有些问题的有效解决还取决于能否找到导致该问题出现的深层次原因，即“为什么会发生”，从而使得企业管理者能够针对特定问题采取既治标又治本的应对措施。

与第一阶段相比，第二阶段数据仓库的性能优化工作更加复杂，难度更大，其中一个重要原因就在于，第二阶段数据仓库增加了一个新的典型应用——即席查询。即席查询没有固定的模式，它会随着用户的分析行为的变化而不断变化，通常很难发现其中的规律。这时，数据仓库性能管理依赖于RDBMS的先进优化功能，因为这与纯报表环境不同，信息查询的结构关系是无法预知的。

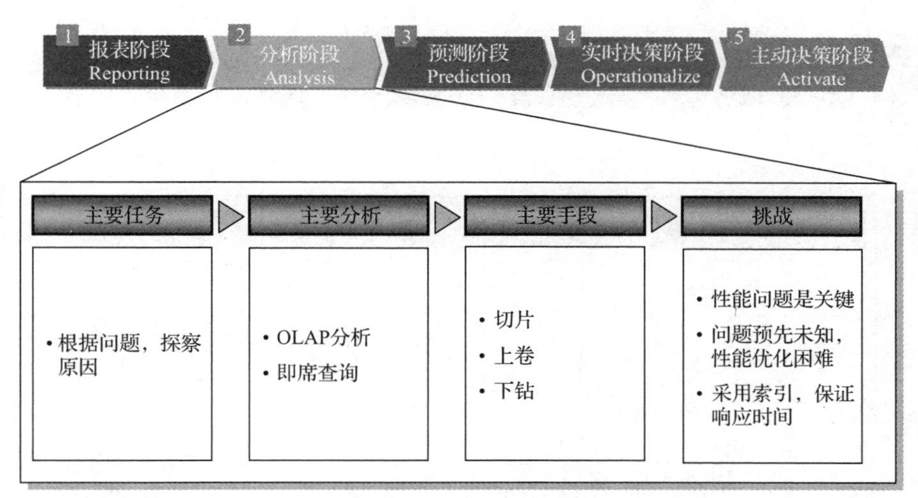

图 13-4 分析阶段的特征

即席查询对数据仓库的性能要求比较高，因为它是一个用户与数据仓库交互的过程，各个分析步骤之间是紧密关联、高度依赖的，用户需要基于当前分析的结果来执行下一步的操作。因此，数据仓库对即席查询的响应速度将直接影响到用户的体验，响应时间过长、返回结果过慢会使用户失去耐心，甚至放弃使用数据仓库的分析功能。另外，提供简单、易用的人性化图形界面也是提高数据仓库对用户的吸引力的重要途径。业务用户希望通过图形界面直接访问数据仓库，不希望有编程人员作为中介。支持数据仓库的并发查询及大批量用户是第二阶段应用的典型特征。

第二阶段实例：除了想要知道12月全国的所有商店一共销售了多少件羽绒服，公司ABC还想要知道，在暴风雪期间，吉林省长春市一共销售了多少件羽绒服。

数据仓库发展的第二个阶段见证了数据集成技术ETL的诞生，有更多的分布在不同数据源的数据需要被集成到数据仓库中。这时通常采用ETL工具和定制脚本相结合的方式，以每天或每周一次的方式集成数据。用户可以要求偶尔进行即席查询，从而知道在一次暴风雪以后，长春市一共销售了多少件羽绒服，同时，交叉查看其他地区在暴风雪期间销售了多少件羽绒服。

13.2.3 预测阶段

用户针对数据仓库不断提出新的功能要求，这使得数据仓库解决方案提供商必须不断完善、补充数据仓库的功能，唯有如此，才能获得用户、获得市场。预测功能是数据仓库在经过分析阶段以后的又一个功能亮点。21世纪的数据仓库存储的数据越来越多，这为数据仓库支持预测功能奠定了基础。

对一个企业而言，发现问题、找到原因、解决问题是一个被动的应对过程，在很多情况下都属于“亡羊补牢”的事后行为。对一个具有战略眼光的企业而言，立足当前、放眼未来是至关重要的。企业必须化被动为主动，积极预测未来可能发生的问题，尽早制订应对预案，以期将损失最小化或者收益最大化。很明显，掌握企业的动向意味着更为积极地管理和实施公司战略。数据仓库的第三阶段（该阶段的特征如图13-5所示）就是提供数据采集工具，以便利用历史资料创建预测模型。

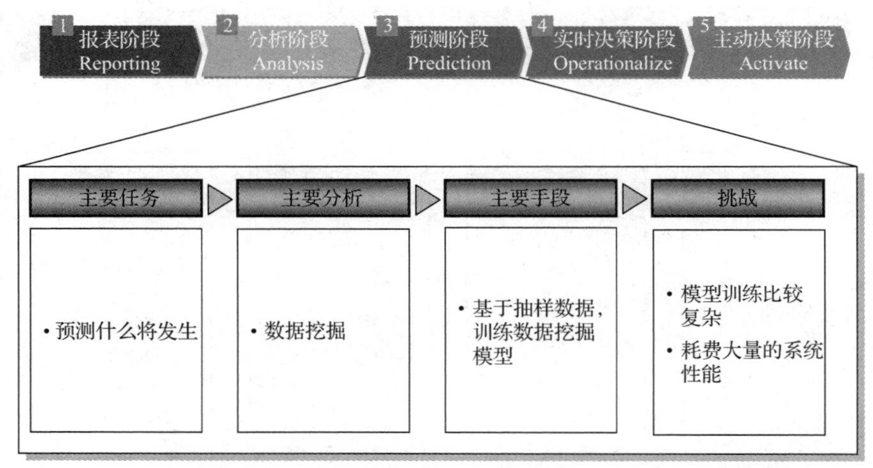

图 13-5　预测阶段的特征

创建预测模型是实现预测功能的关键步骤和前提条件。模型的训练通常需要使用大量的训练样本数据，训练得到的模型还必须使用评估数据集进行性能评估。目前比较流行的分类和预测模型包括决策树模型、回归模型、神经网络模型、朴素贝叶斯模型、规则集模型、支持向量机模型、通用回归模型和文本模型。为了得到所需的预测特性，高级数据分析通常要应用复杂的数学函数（如对数函数、指数函数、三角函数和复杂的统计函数）。因此，此类应用可能要消耗大量的数据仓库资源，这对数据仓库的能力提出了更高的要求。

第三阶段实例：如果吉林省有暴风雪，公司ABC预测，羽绒服在长春市的销售量将会增加40%，而在福建省的销售量不会发生明显的变化。

13.2.4 实时决策阶段

数据仓库的第四阶段是实时决策阶段，实质上就是面向运营阶段（该阶段的特征如图13-6

所示）。数据的时效性开始变得日益重要，数据仓库开始每日或每小时更新一次，而不是每周或每月更新一次。除了定制的脚本和ETL，EAI（Enterprise Application Integration，企业应用集成）技术也开始为及时获取数据服务。数据质量、聚集、特征提取和元数据管理开始集成到数据仓库。商务智能技术开始成为主流，在企业分析框架的帮助下，商务用户日益具有交互性和主动性。

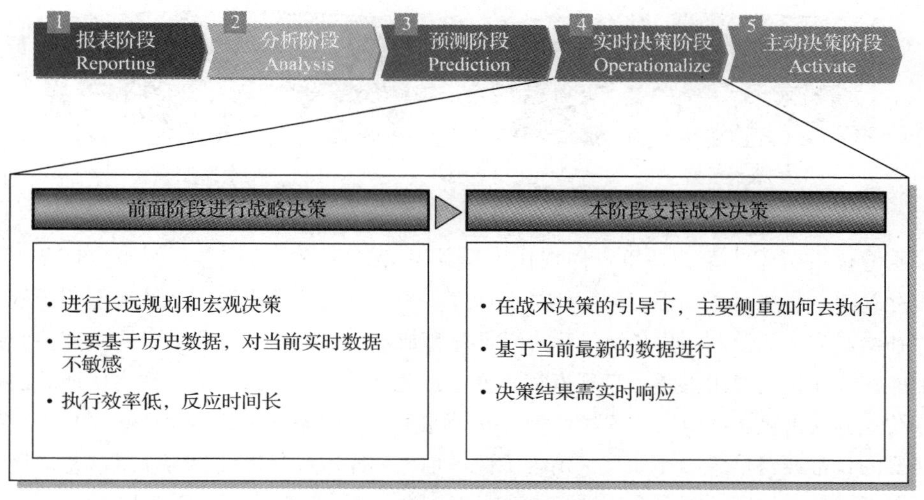

图 13-6　实时决策阶段的特征

进入21世纪以后，许多数据仓库进入“后预测时代”。这个阶段被Wayne Eckerson定义为“鸿沟”，这时的数据仓库开始从监督商务过程转向驱动商务过程，并最终驱动市场。事务系统和分析系统的根本差别导致产生了许多用来填平这个鸿沟的方法，铺平了通往数据集市、ODS（Operational Data Store，操作型数据仓储）和实时主动数据仓库的道路。为了充分挖掘企业数据仓库的潜力，跨越这道鸿沟，数据仓库已经成为企业的关键性资源。

在“后预测时代”，数据仓库演化成“面向运营”的系统。为了决定和影响下一阶段将要发生什么，公司需要知道当前正在发生什么。这时，公司开始把数据仓库当成企业的内存来使用，需要随时从中获得实时信息。企业数据仓库开始既支持战略决策，也支持战术决策。面向运营的数据仓库使得用户能够更加容易先发制人。

在前3个发展阶段，数据仓库只能为企业提供战略支持（比如市场细分、产品管理战略、获利性分析、预测其他信息），而无法提供战术支持（比如根据当前的公路交通状况实时调度车辆），这是由这3个阶段的数据仓库的特点所决定的。在第一到第三阶段中，数据源中的数据是以某个固定的周期（每天一次或每周一次），批量地加载到数据仓库中的，这就意味着数据仓库中没有存储最新的当前数据。而战术决策需要实时或近似实时的数据，以指导生产系统的运作。因此，前3个阶段的数据仓库自然无法满足战术决策对实时数据的要求。

实时决策阶段

与前3个阶段（传统数据仓库）不同的是，第四阶段增加了对战术决策的支持，具备数据的连续更新能力，这一阶段的数据仓库被称为“实时数据仓库”。图13-7展示了传统数据仓库与实时数据仓库的区别，从中可以看出，与传统数据仓库相比，实时数据仓库增加了对短查询（战术查询）和连续更新的支持，从而为企业战术决策奠定了坚实的基础。

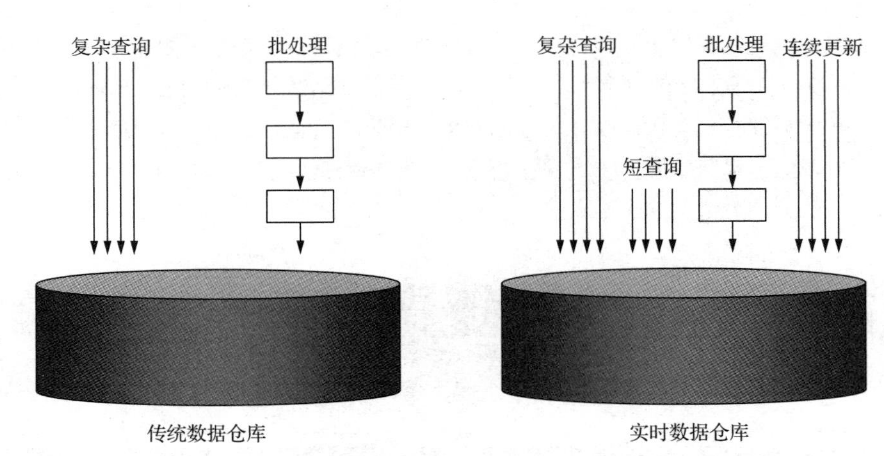

图 13-7 传统数据仓库与实时数据仓库的区别

数据仓库的战术决策支持重点体现在为现场决策提供必要的信息，例如实时交通调度、及时库存补给、货物运送日程安排和路径选择等。一个需要战术决策支持的典型例子是零售商的库存补给。为了充分利用供货链管理来降低库存成本，提高市场竞争力，许多零售商并不亲自管理库存，而是选择由供货方管理库存，自己则拥有一条零售链和众多作为伙伴的供货商。而要成功地实现由供货方负责的库存管理，一个非常重要的条件是，零售商必须和供货商共享一些必要的日常经营信息，比如日常销售、促销推广和库内存货等。只有获得这些信息，供货方才可以根据每个地区、每个商店和每个商品对库存的要求，制定并实施有效的生产和交货计划。共享信息只是实现供货方管理库存的第一步，后续的重要工作是保持这些基本信息的实时更新，这样才能保证信息确实有其价值。比如，在货物运输过程中，货运调度指挥中心负责统筹安排货运车辆和运输路线，这是一个包含复杂决策的任务，在一些特殊情况下，为了保证货物按时到达，或者为了提高总体运输效益，往往需要将一辆卡车上的部分货物转移到另一辆卡车上，这就进一步涉及车辆之间的互相等待问题。

一个完整的货物运送过程可能是由负责各个不同路段的多辆卡车来完成的，一辆卡车A会在某个地点等待另一辆卡车B到达，以便把卡车B中的货物继续运送到下一个目的地。但是，在货物运输过程中，天气和道路交通状况等是不确定性因素，当天气恶劣时，部分高速公路路段可能会被关闭，从而使得卡车B无法按照预定时间到达与卡车A的交接地。这时，货运调度指挥中心可能就面临一个棘手的问题，是让卡车A继续等待迟到的货物（在卡车B上），还是让其按时出发。由于卡车A上还有其他货物，如果继续等待卡车B，可能导致这些货物被延迟派送。如果卡车A按时出发而未等待迟到的货物（在卡车B上），那么迟到货物的服务等级就会大打折扣；如果让卡车A继续等待卡车B到达，这将影响卡车A上其他待运货物的服务等级。

货物运输车辆等待时间的长短，主要取决于需卸装到该车辆的所有延迟货物的服务等级和已经装载到该车辆的货物的服务等级。在通常情况下，不同货物的服务等级差别是很容易进行判断的，只要分析货物的最后到达期限即可。第二天就应该抵达目的地的货物和可以在数天后抵达目的地的货物的服务等级显然是不相同的。另外一个需要被考虑的因素就是发货方和收货方。对企业而言，客户的重要性是不同的，VIP客户是企业利润的主要来源，每年都可以稳定地为企业带来大量的收益，这部分客户是必须给予重点照顾的，其货物的服务等级应该相应提高，以免因货物迟到破坏双方关系，导致重要客户流失。

由此可见，借助数据仓库的战术决策支持功能，货运调度指挥中心可以有效地提高其计划和路径选择的决策质量。但是，要成功地做到这一切，必须让数据仓库能够连续地从数据源中获得当前最新的数据，这通常可以借助先进的变化数据捕捉技术来实现。该技术可以保证，一旦数据源中有满足条件的变化发生，就把数据变化捕捉并发送到数据仓库中。

第四阶段实例：在面向运营数据仓库的帮助下，公司ABC的商务分析师可以在吉林省开始下雪时实时跟踪羽绒服的销售量，并且让商店管理员从仓库运送货物补充商店的货架；此外，在收银台开展手套促销活动，提高销售额。

在这个阶段，数据仓库的数据获取必须尽可能地实时，如果在暴风雪发生24小时以后，公司才知道这件事情并开始采取行动，那么意义和价值就会小许多。

13.2.5　主动决策阶段

主动决策阶段

第四阶段的数据仓库为企业提供了战术决策支持，使得企业从数据仓库建设中获得了巨大的收益。然而，有一点不足之处就是，这个阶段面向运营的数据仓库虽然可以支持战术决策，但是，战术决策的制订者仍然是人，数据仓库在战术决策制订过程仅扮演了实时信息提供者的角色。

当越来越多的战术决策需要工作人员亲自制订时，人们就有一个迫切的愿望，那就是让数据仓库自动地做出决策，从而把工作人员从繁重的脑力劳动中解脱出来。另外，对于一些重要信息，工作人员可能无法及时发现，更谈不上充分利用，因此，在人工操作效果不明显时，为了寻求决策的有效性和连续性，企业就会趋向于采取自动决策。甚至，在一些特殊的应用场合，自动决策已经成了企业的必然选择。比如在电子商务模式中，客户与网站的互动通常发生在短暂的时间内，并且会有大量交互活动同时发生，人工决策对此束手无策，企业只能选择自动决策。网站中或ATM系统所采用的交互式CRM是一个产品供应、定价和内容发送各方面都十分个性化的客户关系优化决策过程。这一复杂的过程在无人介入的情况下自动发生，响应时间以秒或毫秒计。

随着数据仓库技术的逐步发展，越来越多的决策开始摆脱人的控制，由事件触发，然后自动执行相应的分析，并返回执行结果。这个阶段的数据仓库具备了主动决策的功能，通常被称为“主动数据仓库”（该阶段的特征如图13-8所示）。主动数据仓库的分析结果可能是以电子邮件的形式通知相关工作人员，以等待后续处理；也可能是以实时警报的方式引起工作人员的警觉，及时采取解决措施；还可能是以系统内容命令的形式返回源系统，拒绝正在发生的针对源系统的数据操作。例如，零售业正在逐步引入电子货架标签技术，该技术可以很好地取代原先使用已久、效率较低、不便管理、通过人工更换的老式标签。与传统的纸质标签不同的是，电子标签可以通过计算机远程控制来改变标价信息，而不必像修改纸质标签那样涉及过多的人工操作。电子货架标签技术与主动数据仓库的有效结合，为企业实现价格管理自动化提供了强有力的技术支持。在降价活动中，这两种技术结合更是表现出了突出的优势。我们甚至可以说，带有促销信息和动态定价功能的电子货架标签是价格管理的一次革命，并引导价格进入了一个全新的阶段。

在零售业的库存管理中，一个很重要的内容是控制季节性货物的库存。季节性货物具有季节销售的特性，一旦储备过多，在限定季节内无法售出，将使商家受到损失。有了电子货架标签与主动数据仓库的技术支持，商家就可以对季节性货物的库存进行有效管理。这两项技术会自动实施降价策略，以便以最低的边际损耗售出最多的存货。而且，主动数据仓库还为用户提供了基于事件触发的复杂决策支持功能，用户可以通过设定一系列规则，实现为每件货品、每家店铺做出决策。在CRM环境中，利用主动数据仓库，根据每一位客户的情况做出决策是可能的。

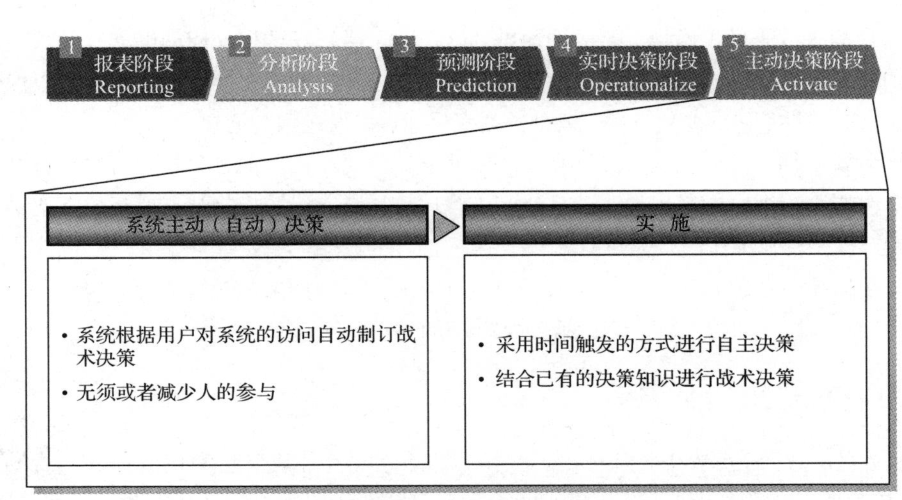

图 13-8 主动决策阶段的特征

严格来说，主动数据仓库不一定具有提供实时信息的特性，但是，由于主动数据仓库通常是在前一阶段的实时数据仓库的基础上发展起来的，所以，人们提到的主动数据仓库很多时候指的是包含实时信息的、具有自动决策功能的数据仓库。

第五阶段实例：在这个阶段，当某种羽绒服的单位时间销售量开始高于平均值40%时，主动数据仓库就会自动通知商店，把额外的商品从仓库搬运到货架上，并且开始显示打折手套的信息。整个过程都不需要过多的人工干预。

13.3 数据湖

数据湖是一个以原始格式存储数据的存储库或系统，它按原样存储数据，而无须事先对数据进行结构化处理。本节介绍数据湖的概念、数据湖与数据仓库的区别以及数据湖能解决的企业问题。

13.3.1 数据湖的概念

企业在持续发展，企业的数据也不断堆积。虽然“含金量”最高的数据都存在数据库和数据仓库里，支撑着企业的运转。但是，企业希望把生产经营中的所有相关数据，历史的、实时的，在线的、离线的，内部的、外部的，结构化的、非结构化的，都完整保存下来，方便“沙中淘金”，如图13-9所示。

图 13-9 企业需要存储不同类型的数据

数据库和数据仓库都不具备这个功能，于是，数据湖脱颖而出。数据湖是一类存储数据自然、原始格式的系统，通常是对象块或者文件。数据湖通常是企业中全量数据的单一存储。全量数据包括原始系统所产生的原始数据副本以及为了各类任务而产生的转换数据，各类任务包括报表、可视化、高级分析和机器学习等。数据湖中包括来自关系数据库中的结构化数据（行和列）、半结构化数据（如CSV、日志、XML、JSON等）、非结构化数据（如 E-mail、文档、PDF等）和二进制数据（如图像、音频、视频等）。数据湖可以构建在企业本地数据中心，也可以构建在云上。

数据湖的本质是由“数据存储架构+数据处理工具”组成的解决方案，而不是某个独立产品。

数据存储架构要有足够的扩展性和可靠性，要满足企业把所有原始数据都“囤”起来且存得下、存得久的需求。一般来讲，各大云厂商都喜欢用对象存储来做数据湖的存储底座，比如AWS，修建“湖底”用的“砖头”就是S3云对象存储。

数据处理工具则分为两大类。第一类工具解决的问题是如何把数据“搬到”湖里，包括定义数据源、制订数据访问策略和安全策略，并移动数据、编制数据目录等。如果没有这些数据管理/治理工具，元数据缺失，湖里的数据质量就没法得到保障，各种数据倾泻堆积到湖里，最终好好的数据湖慢慢变成了“数据沼泽”。因此，在一个数据湖方案里，数据移动和管理的工具非常重要。比如，AWS提供Amazon Lake Formation这个工具（见图13-10），帮助客户自动化地把各种数据源中的数据移到湖里，同时还可以调用Amazon Glue来对数据进行ETL，编制数据目录，进一步提高湖里数据的质量。

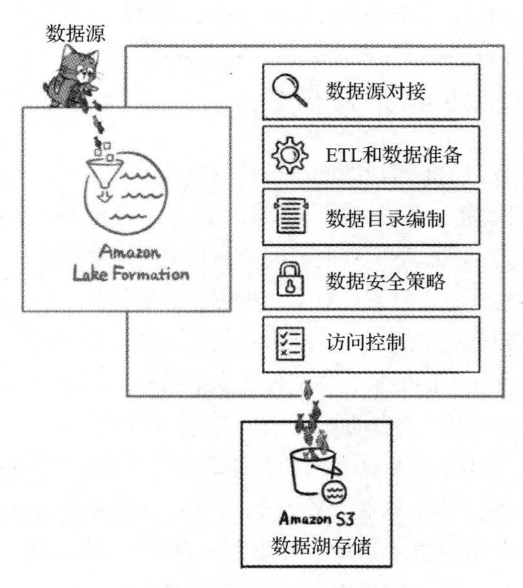

图13-10 Amazon Lake Formation

第二类工具用于从湖里的海量数据中“淘金”。数据并不是存进数据湖里就好了，还要对数据进行分析、挖掘、利用，比如对湖里的数据进行查询，同时把数据提供给机器学习、数据科学类的业务，便于“点石成金”。数据湖可以通过多种引擎对湖中数据进行分析计算，例如离线分析、实时分析、交互式分析、机器学习等多种数据分析场景。

13.3.2 数据湖与数据仓库的区别

表13-2给出了数据湖与数据仓库的区别。从数据含金量来说，数据仓库里的数据价值密度更高一些，数据的抽取和模式的设计都有非常强的针对性，便于业务分析师迅速获取洞察结果，用于决策支持。而数据湖更有一种“兜底”的感觉，不管数据当下有没有用，或者暂时没想好怎么用，先保存着、沉淀着，以便将来想用的时候可以随时拿出来用，反正数据都被“原汁原味”地留存了下来。

数据湖与数据仓库的区别

表 13-2 数据湖与数据仓库的区别

特性	数据仓库	数据湖
存放什么数据	结构化数据，抽取自事务系统、运营数据库和业务应用系统	所有类型的数据，结构化、半结构化和非结构化
数据模式	通常在实施数据仓库之前设计，但也可以在分析数据时编写	在分析时编写
性价比	起步成本高，使用本地存储以获得最快查询速度	起步成本低，计算、存储分离
数据质量如何	可作为重要事实依据的数据	包含原始数据在内的任何数据
最适合谁用	业务分析师为主	数据科学家、数据开发人员为主
具体能做什么	批处理报告、BI、可视化分析	机器学习、探索性分析、数据发现、流处理、大数据与特征分析

13.3.3 数据湖能解决的企业问题

在企业实际应用中，数据湖能解决的问题包括以下几个方面。

数据湖能解决的企业问题

（1）数据分散，存储散乱，形成“数据孤岛”，无法联合数据发现更多价值。从这个方面来讲，其实数据湖要解决的问题与数据仓库要解决的问题类似，但又有所不同，因为它的定义里支持对半结构化、非结构化数据的管理。而传统数据仓库仅支持结构化数据的统一管理。在这个万物互联的时代，数据的来源多种多样，随着应用场景的增加，产出的数据格式也是越来越丰富，不能再局限于结构化数据。如何统一存储数据，是迫切需要解决的问题。

（2）存储成本问题。数据库和数据仓库的存储受限于实现原理及硬件条件，导致存储海量数据时成本过高，而为了解决这类问题，就有了HDFS、对象存储这类技术方案。数据湖场景下如果使用这类存储成本较低的技术架构，将会为企业大大节省成本。结合生命周期管理的能力，可以更好地为湖内数据分层，不用纠结是保留数据还是删除数据节省成本的问题。

（3）SQL无法满足分析需求。数据种类越来越多意味着分析方式越来越多，传统的SQL方式已经无法满足分析的需求，如何通过各种语言自定义贴近自己业务的代码，如何通过机器学习挖掘更多的数据价值，变得越来越重要。

（4）存储、计算扩展性不足。传统数据库在海量数据（如规模到PB级别）下，因为技术架构已经无法满足扩展的要求或者扩展成本极高，而这种情况下通过数据湖架构下的扩展技术能力，实现成本几乎为0，硬件成本也可控。

（5）业务模型不定，无法预先建模。传统数据库和数据仓库都是Schema-on-Write的模式，需要提前定义模式信息。而在数据湖场景下，可以先保存数据，后续待分析时，再发现模式，也就是Schema-on-Read。

13.4 湖仓一体

湖仓一体

曾经，数据仓库擅长的BI、数据洞察离业务更近，价值更大，而数据湖里的数据更多的是为了远景“画饼”。随着大数据和人工智能的普及，原先的“画饼”也变得炙手可热，现在，数据湖已经可以很好地为业务赋能，它的价值正在被重新定义。

因为数据仓库和数据湖的出发点不同、架构不同，所以企业在实际使用过程中，性价比差异很大。数据湖起步成本很低，但随着数据体量增大，TCO（Total Cost of Ownership，总拥有成本）会加速增加，数据仓库则恰恰相反，其前期建设开支很大，如图13-11所示。总之，一个后期成本高，一个前期成本高，这对既想修湖、又想建仓的用户来说，仿佛在玩一个金钱游戏。于是，人们就想，既然都是拿数据为业务服务，数据湖和数据仓库作为两大“数据集散地”，能不能彼此整合一下，让数据流动起来，少点重复建设呢？比如，让数据仓库在进行数据分析的时候，可以直接访问数据湖里的数据（Amazon Redshift Spectrum就是这么做的）。再比如，让数据湖在架构设计上，就“原生”支持数据仓库能力（Delta Lake就是这么做的）。正是这些想法和需求推动了数据仓库和数据湖的融合，形成了当下炙手可热的概念——湖仓一体（Lake House）。

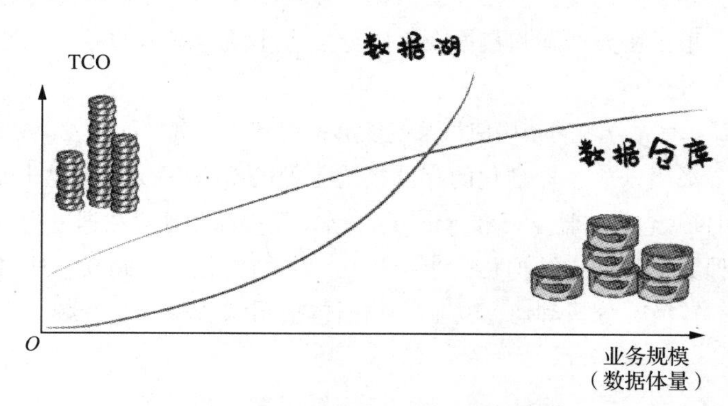

图13-11 数据湖和数据仓库的总拥有成本变化对比

湖仓一体是一种新型的开放式架构，打通了数据仓库和数据湖，将数据仓库的高性能及管理能力与数据湖的灵活性融合了起来，底层支持多种数据类型并存，能实现数据间的相互共享，上层可以通过统一封装的接口进行访问，可同时支持实时查询和分析，为企业进行数据治理带来了更多的便利性。

湖仓一体架构最重要的一点是“湖里”和“仓里”的数据/元数据能够“无缝”打通，并且“自由”流动。湖里的“新鲜”数据（热数据）可以流到仓里，甚至可以直接被仓使用，而仓里的“不新鲜”数据（冷数据）也可以流到湖里，低成本长久保存，供未来的数据挖掘使用，如图13-12所示。

图 13-12 数据湖和数据仓库之间的数据流动

湖仓一体架构具有以下特性。

（1）事务支持：在企业，数据往往要为业务系统提供并发的读取和写入。支持事务的ACID特性可确保数据并发访问的一致性、正确性，尤其是在SQL的访问模式下。

（2）数据治理：湖仓一体可以支持各类数据模型的实现和转变，支持数据仓库模式架构，例如星型模型、雪花模型等。湖仓一体可以保证数据完整性，并且具有健全的治理和审计机制。

（3）BI支持：湖仓一体支持直接在源数据上使用BI工具，这样可以提高分析效率，减少数据延时。另外，相比在数据湖和数据仓库中分别操作两个副本的方式，湖仓一体更具成本优势。

（4）存算分离：存算分离的架构使得系统能够扩展到更大规模的并发能力和数据容量。

（5）开放性：采用开放、标准化的存储格式（如Parquet等），提供丰富的API支持，因此，各种工具和引擎（包括机器学习和Python、R等）可以高效地对数据进行直接访问。

（6）支持多种数据类型（结构化、半结构化、非结构化）：湖仓一体可为许多应用程序提供数据的入库、转换、分析和访问功能。数据包括图像、视频、音频、半结构化数据和文本等。

13.5 本章小结

数据仓库是服务于决策支持系统和联机分析应用的结构化数据环境，它的特性在于面向主题，具有集成性、稳定性和时变性，用于支持管理决策。数据仓库存在的意义在于对企业的所有数据进行汇总，为企业各个部门提供统一、规范的数据出口。从20世纪90年代开始，很多企业就开始建设数据仓库。目前，数据仓库仍然是企业信息化系统的重要组成部分。本章简要介绍了数据仓库的概念和不同发展阶段，同时，介绍了近几年比较热门的概念——数据湖，并对数据湖和数据仓库进行了对比分析。

13.6 习题

1. 试述数据仓库的4个特性是什么。
2. 试述一个典型的数据仓库的体系架构包含哪些组成部分以及各自的功能是什么。
3. 试述数据仓库经历了哪几个发展阶段。
4. 试述处于报表阶段的数据仓库的主要任务、主要分析和挑战分别是什么。
5. 试述处于分析阶段的数据仓库的主要任务、主要分析和挑战分别是什么。
6. 试述处于预测阶段的数据仓库的主要任务、主要分析和挑战分别是什么。
7. 试述实时数据仓库与传统数据仓库的区别。
8. 试述数据湖的概念。
9. 试述数据湖与数据仓库的区别。
10. 试述数据湖能够解决哪些企业问题。
11. 试述什么是湖仓一体。
12. 试述湖仓一体架构具有哪些特性。

第14章 SQL与大数据

查询分析是大数据要解决的核心问题之一，也是企业中广泛存在的四大应用场景（批处理、流计算、图计算和查询分析）之一，而SQL是查询分析中使用最简单、最广泛的语言之一，这自然而然地催生了许多支持在大数据框架（比如Hadoop、Spark、Flink等）上使用SQL的系统。由于提供了对SQL的支持，这些大数据技术的使用难度大大降低，有力推进了这些技术在企业范围内的大规模应用。

本章介绍提供SQL支持的具有代表性的大数据技术，包括Hive、Spark SQL、Flink SQL和Phoenix等。

14.1 Hive

大众熟知的Hive是最早的SQL-on-Hadoop系统，具有简单、易用的特点。由于Hadoop的流行，Hive已经在企业中得到了广泛应用。

14.1.1 Hive 简介

Hive是一个构建在Hadoop上的数据仓库工具，由Facebook公司开发，并在2008年8月开源。Hive的学习门槛比较低，因为它提供了类似于关系数据库SQL的查询语言——HiveQL。Hive在某种程度上可以看作用户编程接口，其本身并不存储和处理数据，而是依赖HDFS来存储数据，依赖MapReduce（或者Tez、Spark）来处理数据。Hive定义了简单的类似SQL的查询语言——HiveQL，它与大部分SQL语法兼容。

Hive 简介

当采用MapReduce作为执行引擎时，HiveQL语句可以快速实现简单的MapReduce任务，Hive会自动把HiveQL语句转换成相应的MapReduce任务，这样用户通过编写的HiveQL语句就可以执行MapReduce任务，不必编写复杂的MapReduce程序。Java开发工程师不必花费大量精力在记忆常见的数据运算与底层的MapReduce Java API的对应关系上，数据库管理员可以很容易把原来构建在关系数据库上的数据仓库应用程序移植到Hadoop平台上。所以说，Hive是一个可以有效、合理、直观地组织和使用数据的分析工具。

现在，Hive作为Hadoop平台上的数据仓库工具，其应用已经十分广泛，主要是因为它具有的特点非常适合数据仓库应用程序。首先，当采用MapReduce作为执行引擎时，Hive把HiveQL语句转换成MapReduce任务后，采用批处理的方式对海量数据进行处理。数据仓库存储的是静态数据，构建于数据仓库上的应用程序只进行相关的静态数据分析，不需要快速响应来给出结果，而且数据本身也不会频繁变化，因此很适合采用MapReduce进行批处理。其次，Hive本身还提供了一系列对数据进行提取、转化、加载的工具，可以存储、查询和分析存储在Hadoop中的大规模数据。这些工具能够很好地应用于数据仓库的各种应用场景，包括维护海量数据、对数据进行挖掘、形成意见和报告等。

14.1.2 Hive与Hadoop生态系统中其他组件的关系

图14-1描述了当采用MapReduce作为执行引擎时，Hive与Hadoop生态系统中其他组件之间的关系。HDFS作为高可靠的底层数据存储方式，用于存储海量数据；MapReduce对这些海量数据进行批处理，实现高性能计算；Hive架构在MapReduce、HDFS上，其自身并不存储和处理数据，需要分别借助HDFS和MapReduce来实现数据的存储和处理，用HiveQL语句编写的处理逻辑最终都要转化为MapReduce任务来运行；Pig可以作为Hive的替代工具，它是一种数据流语言和运行环境，适用于在Hadoop平台上查询半结构化数据集，常用于ETL过程的一部分，即将外部数据装载到Hadoop集群中，然后转换为用户需要的数据格式；HBase是一个面向列的、分布式的、可伸缩的数据库，它可以提供数据的实时访问功能，而Hive只能处理静态数据，主要是BI报表数据。就设计初衷而言，在Hadoop上设计Hive是为了减少复杂MapReduce程序的编写工作，在Hadoop上设计HBase则是为了实现对数据的实时访问，所以，HBase与Hive的功能是互补的，它实现了Hive不能提供的功能。

Hive与Hadoop生态系统中其他组件的关系

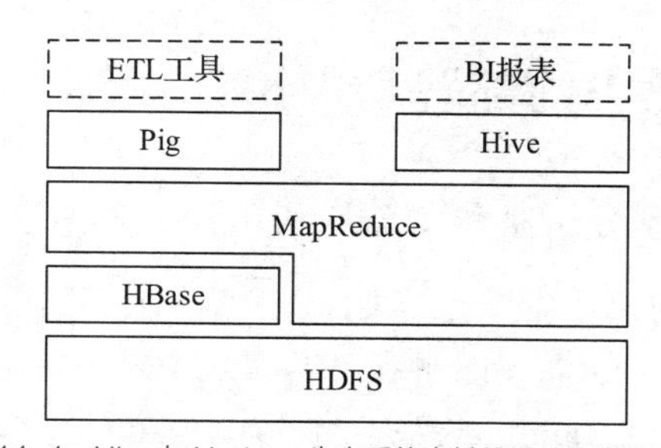

图14-1 Hive与Hadoop生态系统中其他组件之间的关系

14.1.3 Hive与传统关系数据库的对比分析

Hive在很多方面和传统的关系数据库类似，但是，它的底层依赖的是HDFS和MapReduce（或Tez、Spark），所以，它在很多方面又有别于传统的关系数据库。表14-1从数据存储、索引、分区、执行引擎、执行延迟、扩展性、数据规模等方面，对Hive和传统的关系数据库进行了对比分析。

Hive与传统关系数据库的对比分析

表 14-1　Hive 与传统的关系数据库的对比分析

对比内容	Hive	传统的关系数据库
数据存储	HDFS	本地文件系统
索引	支持有限索引	支持复杂索引
分区	支持	支持
执行引擎	MapReduce、Tez、Spark	自身的执行引擎
执行延迟	高	低
扩展性	好	有限
数据规模	大	小

在数据存储方面，Hive一般依赖于HDFS，而传统的关系数据库则依赖于本地文件系统。在索引方面，传统的关系数据库可以针对多个列构建复杂的索引，大幅度提升数据查询性能；而Hive不像传统的关系数据库那样有键的概念，它只能提供有限的索引功能，使用户可以在某些列上创建索引，从而加速一些查询操作。在Hive中给一个表创建的索引数据会被保存在另外的表中。在分区方面，传统的关系数据库提供分区功能来改善大型表以及具有各种访问模式的表的可伸缩性、可管理性，以及提高数据库效率；Hive也支持分区功能，Hive表是以分区的形式进行组织的，根据“分区列”的值对表进行粗略的划分，从而加快数据的查询速度。在执行引擎方面，传统的关系数据库依赖自身的执行引擎，而Hive则依赖于MapReduce、Tez和Spark等执行引擎。在执行延迟方面，因为Hive构建在HDFS与MapReduce上，所以，相对传统数据库而言，Hive的延迟会比较高，传统的关系数据库中的SQL语句的延迟一般小于1s，而HiveQL语句的延迟会达到分钟级。在扩展性方面，传统的关系数据库很难实现横向扩展，纵向扩展的空间也很有限；相反，Hive的开发和运行环境是基于Hadoop集群的，所以Hive具有较好的横向可扩展性。在数据规模方面，传统的关系数据库一般只能存储有限规模的数据，而Hive则可以支持大规模的数据存储。

14.1.4　Hive 在企业中的部署和应用

1. Hive 在企业大数据分析平台中的应用

Hadoop除了广泛应用到云计算平台上实现海量数据计算外，还在很早之前就被应用到了企业大数据分析平台的设计与实现中。当前企业中部署的大数据分析平台除了依赖于Hadoop的基本组件HDFS和MapReduce外，还结合使用了Hive、Pig、HBase与Mahout，从而可以满足不同业务场景的需求。图14-2描述了企业实际应用中一种常见的大数据分析平台部署框架。

Hive在企业中的部署和应用

在这种部署架构中，Hive和Pig主要应用于报表中心，其中，Hive用于报表分析，Pig用于报表中数据的转换。因为，HDFS不支持随机读写操作，而HBase正是为此开发的，可以较好地支持实时访问数据，所以，HBase主要用于在线业务。Mahout提供了一些可扩展的机器学习领域的经典算法的实现方法，旨在帮助开发人员更加方便、快捷地创建BI应用程序。

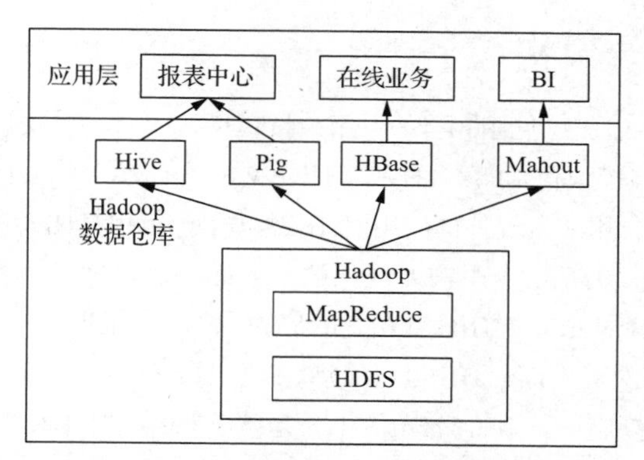

图14-2 企业中一种常见的大数据分析平台部署框架

2. Hive在Facebook公司中的应用

Facebook公司开发了数据仓库工具Hive，并在企业内部进行了大量部署。随着Facebook网站使用量的增加，网站上需要处理和存储的日志和维度数据激增。继续在Oracle系统上实现数据仓库，其性能和可扩展性已经不能满足需求，于是，Facebook开始使用Hadoop。图14-3展示了Facebook的数据架构的基本组件以及这些组件间的数据流。

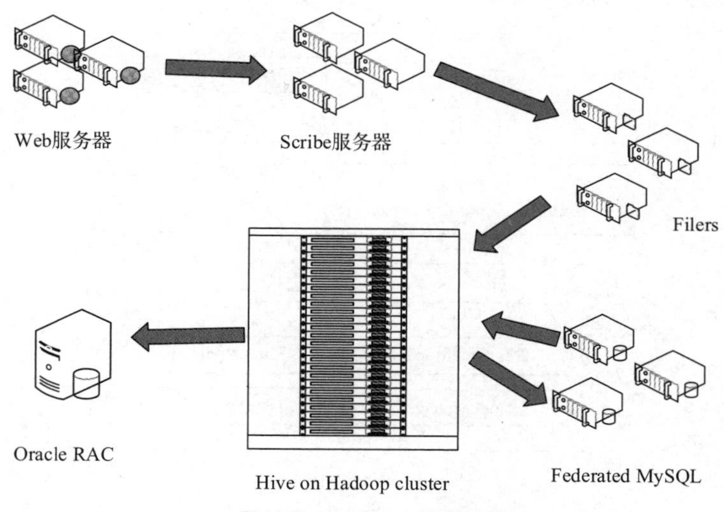

图14-3 Facebook的数据架构

数据处理过程如下。首先，由Web服务器及内部服务（如搜索后台）产生日志数据，Scribe服务器把几百个甚至上千个日志数据集存放在几个甚至几十个网络文件服务器（Filers）上。网络文件服务器上的大部分日志文件被复制存放在HDFS中。每天，维度数据也从内部的MySQL数据库上复制到这个HDFS中。然后，Hive为HDFS收集的所有数据创建一个数据仓库，用户可以通过编写HiveQL语句创建各种概要信息和报表，以及进行历史数据分析，同时，内部的MySQL数据库也可以从中获取处理后的数据，并把需要实时联机访问的数据存放在Oracle RAC上，这里的RAC（Real Application Clusters，实时应用集群）是Oracle的一项核心技术，可以在低成本服务器上构建高可用性数据库系统。

14.1.5 Hive 系统架构

Hive主要由3个模块组成（见图14-4）：用户接口模块、驱动模块以及元数据存储模块。用户接口模块包括CLI、HWI（Hive Web Interface）、JDBC、ODBC、Thrift Server等，用来实现外部应用对Hive的访问。CLI是Hive自带的一个命令行客户端工具，但是，这里需要注意的是，Hive还提供了另外一个命令行客户端工具——Beeline。在Hive 3.0以上版本中，Beeline取代了CLI。HWI是Hive的一个简单网页界面，JDBC、ODBC以及Thrift Server可以向用户提供进行编程访问的接口，其中，Thrift Server是基于Thrift 软件框架开发的，它提供Hive的RPC通信接口。驱动模块（Driver）包括编译器、优化器、执行器等，所采用的执行引擎可以是MapReduce、Tez或Spark。当采用MapReduce作为执行引擎时，驱动模块负责把HiveQL语句转换成一系列MapReduce任务（下一节介绍转换过程的基本原理），所有命令和查询都会进入驱动模块，通过该模块对输入命令或查询语句进行解析编译，对计算过程进行优化，然后按照指定的步骤执行。元数据存储模块（Metastore）是一个独立的关系数据库，通常是与MySQL数据库连接后创建的一个MySQL数据库实例，也可以是Hive自带的Derby数据库实例。元数据存储模块中主要保存表模式和其他系统元数据，如表的名称、表的列及其属性、表的分区及其属性、表的属性、表中数据所在位置信息等。

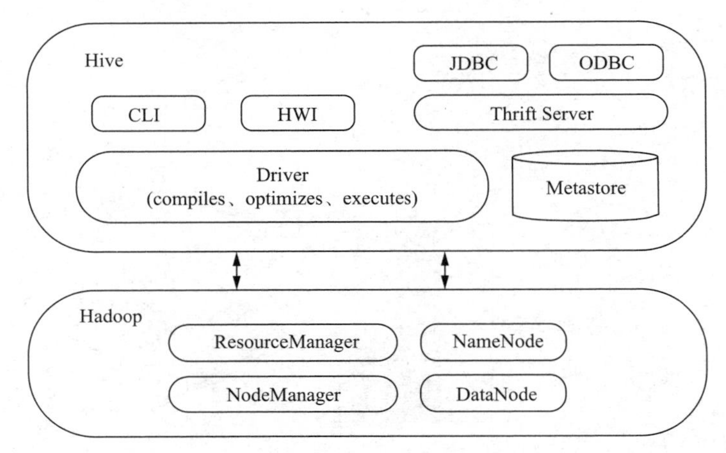

图 14-4　Hive 系统架构

14.1.6 Hive 工作原理

这里介绍在Hive中SQL语句（即HiveQL）是如何转化为MapReduce任务来执行的。

当用户向Hive输入一段命令或查询语句（即HiveQL语句）时，Hive需要与Hadoop交互工作来完成该操作。该命令或查询语句首先进入驱动模块，由驱动模块中的编译器进行解析编译，并由优化器对该操作进行优化计算，然后交给执行器去执行。执行器通常的任务是启动一个或多个MapReduce任务，有时也不需要启动MapReduce任务。比如，执行包含*的操作（如SELECT * FROM 表）就是全表扫描，选择所有的属性和所有的元组，不存在投影和选择操作，因此，不需要执行Map和Reduce操作。图14-5描述了用户提交一段SQL查询语句后，Hive把SQL语句转化成MapReduce任务进行执行的详细过程。

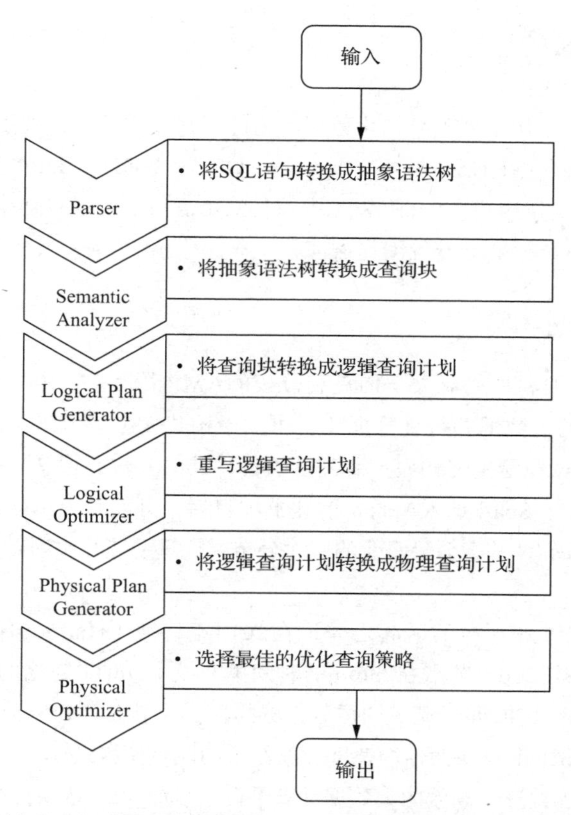

图 14-5 Hive把SQL语句转化成MapReduce任务进行执行的详细过程

在Hive中，用户通过CLI或其他Hive访问工具，向Hive输入一段命令或查询语句以后，SQL语句被Hive自动转化为MapReduce任务，具体步骤如下。

第1步：由Hive驱动模块中的编译器——Antlr语言识别工具，对用户输入的SQL语句进行词法和语法的解析，将SQL语句转化为抽象语法树（Abstract Syntax Tree，AST）的形式。

第2步：对该抽象语法树进行遍历，进一步转化成QueryBlock（查询块）。因为抽象语法树的结构仍很复杂，不方便直接翻译为MapReduce算法程序，所以Hive把抽象语法树进一步转化为QueryBlock。其中，QueryBlock是一个最基本的SQL语法组成单元，包括输入源、计算过程和输出3个部分。

第3步：对QueryBlock进行遍历，生成OperatorTree（操作树）。其中，OperatorTree由很多逻辑操作符组成，如TableScanOperator、SelectOperator、FilterOperator、JoinOperator、GroupByOperator和ReduceSinkOperator等。这些逻辑操作符可以在Map阶段和Reduce阶段完成某一特定操作。

第4步：通过Hive驱动模块中的逻辑优化器对OperatorTree进行优化，变换OperatorTree的形式，合并多余的逻辑操作符，从而减少MapReduce任务数量以及Shuffle阶段的数据量。

第5步：对优化后的OperatorTree进行遍历，根据OperatorTree中的逻辑操作符生成需要执行的MapReduce任务。

第6步：启动Hive驱动模块中的物理优化器，对生成的MapReduce任务进行优化，生成最终的MapReduce任务执行计划。

第7步：由Hive驱动模块中的执行器对最终的MapReduce任务进行执行输出。

14.2 Spark SQL

Spark SQL是Spark中用于处理结构化数据的组件，它提供了一种通用的访问多种数据源的方式，可访问的数据源包括Hive、Avro、Parquet、ORC、JSON和JDBC等。Spark SQL采用了DataFrame数据模型，支持用户在Spark SQL中执行SQL语句，实现对结构化数据的处理。目前Spark SQL支持Scala、Java、Python等编程语言。

14.2.1 Spark 简介

Spark最初由美国加利福尼亚大学伯克利分校的AMP实验室于2009年开发，是基于内存计算的大数据并行计算框架，可用于构建大型、低延迟的数据分析应用程序。Spark在诞生之初属于研究性项目，其诸多核心理念均源自学术研究论文。2013年，Spark加入Apache孵化器项目后，开始获得迅猛的发展，如今已成为Apache软件基金会最重要的三大分布式计算系统开源项目（即Hadoop、Spark、Flink）之一。

Spark 简介

Spark作为大数据计算平台的后起之秀，在2014年打破了Hadoop保持的基准排序（Sort Benchmark）纪录，使用206个节点在23min的时间里完成了100TB数据的排序，而Hadoop则是使用2000个节点在72min的时间里完成同样数据的排序。也就是说，Spark仅使用了约十分之一的计算资源，获得了比Hadoop快两倍的速度。新纪录的诞生使得Spark获得多方追捧，也表明了Spark可以作为一个更加快速、高效的大数据计算平台。目前，Spark项目被托管在GitHub上，从GitHub上的统计来看，Spark无论是从贡献者数量还是从提交数量上来说，都可以说是最活跃的开源项目之一。

Spark核心开发团队成立了一家名为Databricks的公司，专注于基于Spark为行业提供高质量的解决方案。Databricks公司每年都会组织召开Spark Summit，该会议已经成为Spark开发者和用户的技术盛会，在会上，可以获得Spark较新的发展动向、特性以及大量行业应用案例。2018年6月，Spark Summit改名为Spark+AI Summit，体现了大数据与人工智能的结合。

总体而言，Spark具有如下几个主要特点。

- 运行速度快：Spark使用先进的有向无环图（Directed Acyclic Graph，DAG）执行引擎，以支持循环数据流与内存计算，基于内存的执行速度可比Hadoop MapReduce快上百倍，基于磁盘的执行速度也能快十倍。
- 容易使用：Spark支持使用Scala、Java、Python和R等语言进行编程，简洁的API设计有助于用户轻松构建并行程序，并且可以通过Spark Shell进行交互式编程。
- 通用性：Spark提供了完整而强大的技术栈，包括SQL查询、流式计算、机器学习和图算法组件，这些组件可以“无缝”整合在同一个应用中，足以应对复杂的计算。
- 模块化：Spark提供了Spark Core、Spark SQL、Spark Streaming、Structured Streaming、Spark MLlib和GraphX等模块，这些模块可以将不同场景的工作负载整合在一起，从而在同一个引擎上执行。用户可以在一个Spark应用中完成所有任务，无须为不同场景使用不同引擎，也不需要学习不同的API；有了Spark，各种场景的工作负载就有了一站式的处理引擎。
- 运行模式多样：Spark可运行于独立的集群模式中，或者运行于Hadoop中，也可运行于Amazon EC2等云环境中。

- 支持各种数据源：Spark的重心在于快速的分布式计算引擎，而不是存储。和Hadoop同时包含计算和存储不同，Spark解耦了计算和存储。这意味着你可以用Spark读取存储在各种数据源中的数据（包括HDFS、HBase、Cassandra、MongoDB、Hive和RDBMS等），并在内存中进行处理。你还可以扩展Spark的DataFrameReader和DataFrameWriter，以便将其他数据源（如Kafka、Kinesis、Azure、Amazon S3等）的数据读取为DataFrame的逻辑数据抽象，以进行操作。

Spark在捐献给Apache软件基金会后，已经有来自数百家公司超过1400名贡献者对这个开源项目做出贡献，全球的Spark meetup小组成员更是超过了50万。Spark的用户基础已经非常多样化，包含Python、R、SQL和JVM的开发人员。使用Spark的场景从数据科学到商务智能，再到数据工程。Spark如今已吸引了国内外各大公司的注意，如微软、腾讯、百度、亚马逊等公司均不同程度地使用了Spark来构建大数据分析应用，并应用到实际的生产环境中。相信在将来，Spark会在更多的应用场景中发挥重要作用。

14.2.2 Spark 生态系统

Spark的生态系统主要包含Spark Core、Spark SQL、Spark Streaming、Structured Streaming、MLlib和GraphX 等组件，各个组件的具体功能如下。

Spark 生态系统

- Spark Core：Spark Core包含Spark最基础和最核心的功能，如内存计算、任务调度、部署模式、故障恢复、存储管理等，主要面向批量数据处理。Spark Core建立在统一的抽象RDD（Resilient Distributed Datasets，弹性分布式数据集）上，使其可以以基本一致的方式应对不同的大数据处理场景。需要注意的是，Spark Core通常被简称为Spark。
- Spark SQL：Spark SQL是用于结构化数据处理的组件，允许开发人员直接处理RDD，同时也可查询Hive、HBase等外部数据源。Spark SQL的一个重要特点是它能够统一处理关系表和RDD，使得开发人员不需要自己编写Spark应用程序，开发人员可以轻松地使用SQL命令进行查询，并进行更复杂的数据分析。
- Spark Streaming：Spark Streaming是一种流计算框架，可以支持高吞吐量、可容错处理的实时流数据处理，其核心思路是将流数据分解成一系列短小的批处理作业，每个短小的批处理作业都可以使用Spark Core进行快速处理。Spark Streaming支持多种数据输入源，如Kafka、Flume和TCP套接字等。
- Structured Streaming：Structured Streaming是一种基于Spark SQL引擎构建的、可扩展且容错的流处理引擎。用户可以使用和针对静态数据的批处理一样的方式来表达流计算。Structured Streaming可以使用支持多个编程语言的DataFrame/Dataset API来表示流聚合、事件时间窗口、流与批处理的连接等操作，系统通过检查点和预写日志，可以确保端到端的完全一致性容错。
- MLlib（机器学习）：MLlib提供了常用机器学习算法的实现方法，包括聚类、分类、回归、协同过滤等，降低了机器学习的门槛，开发人员只要具备一定的理论知识就能进行机器学习方面的工作。
- GraphX（图计算）：GraphX是Spark中用于图计算的API，可认为是Pregel在Spark上的重写及优化。GraphX性能良好，拥有丰富的功能和运算符，能在海量数据上自如地运行复杂的图算法。

需要说明的是，无论是Spark SQL、Structured Streaming、MLlib还是GraphX，都可以使用Spark Core的API处理问题，它们的方法几乎是通用的，处理的数据也可以共享，不同应用之间的数据可以“无缝”集成。

表14-2给出了在不同的应用场景下，可以选用的Spark生态系统中的组件和其他框架。

表 14-2　Spark 的应用场景

应用场景	时间跨度	Spark生态系统中的组件	其他框架
复杂的批量数据处理	小时级	Spark Core	MapReduce、Hive
基于历史数据的交互式查询	分钟级、秒级	Spark SQL	Impala、Dremel、Drill
基于实时数据流的数据处理	毫秒级、秒级	Structured Streaming	Storm、S4
基于历史数据的数据挖掘	—	MLlib	Mahout
图结构数据的处理	—	GraphX	Pregel、Hama

14.2.3　Spark SQL 基础

1. Spark SQL 的前身 Shark

Shark提供了类似Hive的功能，与Hive不同的是，Shark把SQL语句转换成Spark任务，而不是MapReduce任务。为了实现与Hive的兼容（见图14-6），Shark重用了Hive中的HiveQL解析、逻辑执行计划翻译、执行计划优化等逻辑，可以近似认为，Shark仅将物理查询计划从MapReduce任务替换成了Spark任务，也就是通过Hive的HiveQL解析功能，把HiveQL翻译成Spark上的RDD操作。Shark的出现使得SQL-on-Hadoop的性能相较于Hive有了10～100倍的提高。

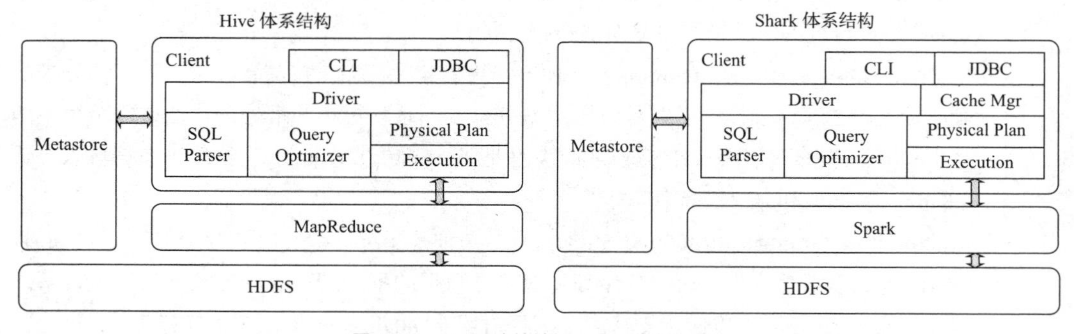

图 14-6　Shark 直接继承了 Hive 的各个组件

Shark的实现继承了大量的Hive代码，因此给优化和维护带来了大量的麻烦，特别是基于MapReduce设计的部分成为整个项目的瓶颈。因此，在2014年的时候，Shark项目终止，转向Spark SQL的开发。

2. Spark SQL 架构

Spark SQL架构如图14-7所示，在Shark原有的架构上重写了逻辑查询计划的优化部分，解决了Shark存在的问题。Spark SQL在Hive兼容层面仅依赖HiveQL解析和Hive元数据，也就是说，从HiveQL被解析成抽象语法树起，剩余的工作全部由Spark SQL接管，即执行计划生成和优化都由Catalyst（函数式关系查询优化框架）负责。Catalyst是Spark SQL的重要组成部分，它是一个函数式可扩展的查询优化器，在Catalyst的帮助下，Spark开发者只需要编写简单的SQL语句就能驱动非常复杂的查询作业并且能获得最佳性能表现。

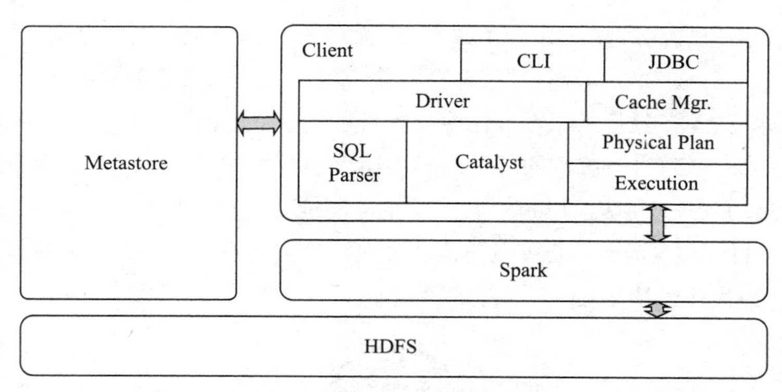

图14-7　Spark SQL架构

3. 为什么推出Spark SQL

关系数据库已经流行多年，由于其具有规范的行和列结构，因此，存储在关系数据库中的数据通常也被称为结构化数据。由于关系数据库具有完备的关系代数理论基础、完善的事务管理机制和高效的查询处理引擎，因此它得到了广泛的应用，并从20世纪70年代到21世纪前10年一直占据商业数据库应用的主流位置。

尽管数据库的事务和查询机制较好地满足了银行、电信等各类商业公司的业务数据管理需求，但是，关系数据库在“大数据时代”已经不能满足各种新增的用户需求。首先，用户需要从不同数据源执行各种操作，包括结构化数据和非结构化数据；其次，用户需要执行高级分析操作，在实际的大数据应用中，经常需要融合关系查询和复杂分析算法（比如机器学习或图像处理），但是，一直以来都缺少这样的系统。

Spark SQL的出现填补了这个空白。首先，Spark SQL可以提供DataFrame API，可以对内部和外部各种数据源执行各种关系操作；其次，Spark SQL可以支持大量的数据源和数据分析算法，组合使用Spark SQL和Spark MLlib（因为二者的数据抽象是一样的，都是基于DataFrame），可以融合传统关系数据库的结构化数据管理能力和机器学习算法的数据处理能力，有效满足各种复杂的应用需求。

14.3　Flink SQL

为了降低开发门槛，Flink提供了同时支持批处理和流处理任务的统一、简单的API——Table API&SQL，以满足更多用户的使用需求。Table API是用于Scala和Java的查询API，允许以非常直观的方式构建基于关系运算符的查询，例如select、filter和join。Flink SQL的支持基于实现了SQL标准的Apache Calcite。

14.3.1 Flink 简介

Flink 简介

Flink是Apache软件基金会的一个顶级项目，是为分布式、高性能、随时可用以及准确的流处理应用程序打造的开源流处理框架，并且可以同时支持实时计算和批量计算。Flink起源于Stratosphere 项目，该项目是在2010年到2014年间由柏林工业大学、柏林洪堡大学和哈索普拉特纳研究所联合开展的，开始是做批处理，后来转向了流计算。2014年4月，Stratosphere项目被贡献给Apache软件基金会，成为Apache软件基金会孵化项目，并开始在开源大数据行业内崭露头角。之后，团队的大部分创始成员离开大学，共同创办了一家名为Data Artisans的公司，该公司于2019年1月被我国的阿里巴巴公司收购。在项目孵化期间，为了避免与另外一个项目重名，Stratosphere更名为Flink。在德语中，Flink是“快速和灵巧”的意思，使用这个词作为项目名称，可以彰显流计算框架的速度快和灵活性强的特点。项目使用松鼠图案作为标志（见图14-8），因为松鼠具有灵活、快速的特点。

图 14-8　Flink的标志

2014年12月，Flink项目成为Apache软件基金会顶级项目。目前，Flink是Apache软件基金会的5个最大的大数据项目之一，在全球范围内拥有350多位开发人员，并在越来越多的企业中得到应用。在国外，优步、网飞、微软和亚马逊等公司已经开始使用Flink。在国内，包括阿里巴巴、美团、滴滴等在内的知名互联网企业都已经开始大规模把Flink作为企业的分布式大数据处理引擎。基于Flink搭建的平台于2016年正式上线，并从阿里巴巴公司的搜索和推荐这两大场景开始实现。目前，阿里巴巴公司（包括阿里巴巴所有子公司）所有的业务都采用了基于Flink搭建的实时计算平台，服务器规模已经达到数万台，这种规模等级在全球范围内也是屈指可数的。阿里巴巴公司的Flink平台内部积累起来的状态数据已经达到PB级别的规模，每天在平台上处理的数据量已经超过万亿条，在峰值期间可以承担每秒超过4.72亿次的访问，最典型的应用场景是阿里巴巴“双11”大屏。

Flink具有十分强大的功能，可以支持不同类型的应用程序。Flink的主要特性包括批流一体化、精密的状态管理、事件时间支持以及“精确一次”的状态一致性保障等。Flink 不仅可以运行在包括YARN、Mesos、Kubernetes等在内的多种资源管理框架上，还支持在裸机集群上独立部署。当把YARN作为资源调度管理器时，Flink计算平台可以运行在开源的Hadoop集群之上，并把HDFS作为数据存储方式，因此，Flink可以和开源大数据软件Hadoop实现“无缝”对接。在启用高可用选项的情况下，Flink不存在单点失效问题。事实证明，Flink已经可以扩展数千核心概念，其状态数据可以达到TB级别的规模，且仍能保持高吞吐率、低延迟的特性。世界各地有很多要求严苛的流处理应用都运行在Flink之上。

14.3.2 Flink 核心组件栈

Flink发展越来越成熟，已经拥有自己的丰富的核心组件栈。Flink核心组件栈分为3层（见图14-9）：物理部署层、Runtime核心层和API&Libraries层。

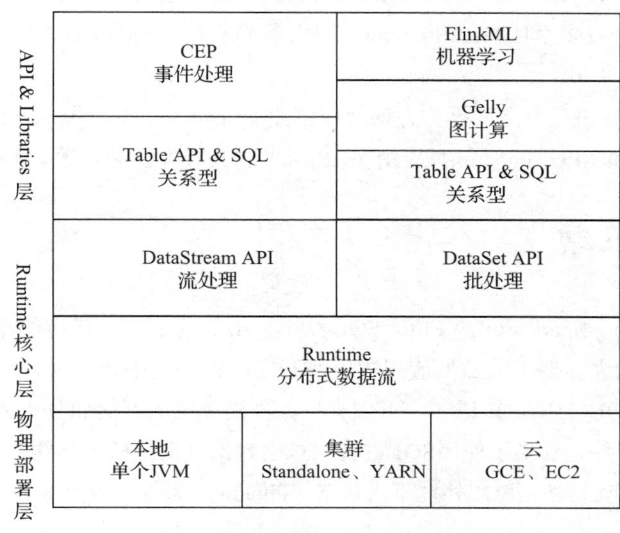

图14-9 Flink核心组件栈

（1）物理部署层。Flink的底层是物理部署层。Flink可以采用Local模式运行，启动单个JVM，也可以采用Standalone集群模式运行或者采用YARN集群模式运行，还可以运行在GCE（谷歌云服务）和EC2（亚马逊云服务）上。

（2）Runtime核心层。该层主要负责为上层不同接口提供基础服务，是Flink分布式计算框架的核心实现层。该层提供了两套核心的API：DataStream API（流处理）和DataSet API（批处理）。

（3）API&Libraries层。作为分布式数据库处理框架，Flink同时提供了支撑流处理和批处理的接口，同时，在此基础上抽象出不同的应用类型的组件库，如CEP（基于流处理的复杂事件处理库）、Table API & SQL库（既可以基于流处理，也可以基于批处理）、FlinkML（基于批处理的机器学习库）、Gelly（基于批处理的图计算库）等。

14.3.3 Flink SQL 基础

Flink SQL是Flink为了简化计算模型，降低用户使用实时计算门槛而设计的一套符合标准SQL语义的开发语言。

SQL作为Flink提供的接口之一，占据着非常重要的地位，主要是因为SQL具有灵活和丰富的语法，能够应用于大部分的计算场景。Flink SQL底层使用Apache Calcite框架，将标准的Flink SQL语句解析并转换成底层的算子处理逻辑，并在转换过程中基于语法规则进行性能优化。另外，用户在使用SQL语句编写Flink程序时，能够屏蔽底层技术细节，能够更加方便且高效地通过SQL语句来构建Flink应用。

14.4 Phoenix

Phoenix是一个HBase框架，可以通过SQL的方式来操作HBase。Phoenix是构建在HBase上的一个SQL层，是内嵌在HBase中的JDBC驱动，能够让用户使用标准的JDBC来操作HBase。Phoenix使用Java进行编写，其查询引擎会将SQL查询语句转换成一个或多个HBase Scanner，且并行执行生成标准的JDBC结果集。

Phoenix

如果需要对HBase进行复杂的操作，那么应该使用Phoenix，它会将SQL语句转换成HBase相应的API。Phoenix只能用在HBase上，其查询性能要远高于Hive。

14.5 本章小结

本章介绍了Hive、Spark SQL、Flink SQL和Phoenix，它们都在已有的热门大数据技术中融合了SQL的功能，大大降低了大数据应用程序的开发门槛。其中，Hive是目前流行的数据仓库产品，提供了类似SQL的HiveQL语句，可以支持大规模数据的存储和分析；Spark SQL是Spark生态系统中的核心组件，提供了使用SQL进行大规模数据查询分析的功能；Flink SQL是Flink生态系统的核心组件，支持使用SQL处理流式数据；Phoenix则提供了使用SQL语句访问HBase数据库的功能。

14.6 习题

1. 试述Hive与Hadoop生态系统中其他组件的关系。
2. 请对Hive与传统关系数据库进行对比分析。
3. 试述Hive在企业大数据分析平台中是如何被应用的。
4. 试述Hive系统架构中的主要模块及其功能。
5. 试述Hive中SQL语句是如何转化为MapReduce任务来执行的。
6. 试述Spark生态系统中的各个组件及其功能。
7. 试述Shark与Spark SQL的关系。
8. 试述Spark SQL架构中的各个组件及其功能。
9. 试述推出Spark SQL的原因。
10. 试述Flink核心组件栈包含哪几层以及各个层的功能是什么。
11. 试述Phoenix的功能是什么。

参考文献

[1] 林子雨. 大数据导论——数据思维、数据能力和数据伦理（通识课版）[M]. 北京：高等教育出版社，2020.

[2] 林子雨. 大数据技术原理与应用 概念、存储、处理、分析与应用[M]. 3版. 北京：人民邮电出版社，2021.

[3] 林子雨. 大数据基础编程、实验和案例教程[M]. 2版. 北京：清华大学出版社，2020.

[4] 林子雨. 数据采集与预处理[M]. 北京：人民邮电出版社，2022.

[5] 林子雨，赖永炫，陶继平. Spark编程基础（Scala版）[M]. 2版. 北京：人民邮电出版社，2022.

[6] 林子雨，郑海山，赖永炫. Spark编程基础（Python版）[M]. 北京：人民邮电出版社，2020.

[7] 黄靖. 数据库系统原理[M]. 北京：机械工业出版社，2023.

[8] 李子骅. Redis入门指南[M]. 3版. 北京：人民邮电出版社，2021.

[9] 维克托·迈尔-舍恩伯格，肯尼思·库克耶. 大数据时代：生活、工作与思维的大变革[M]. 盛杨燕，周涛，译. 杭州：浙江人民出版社，2013.

[10] 布拉德·戴利. MongoDB入门经典[M]. 米爱中，译. 北京：人民邮电出版社，2015.

[11] 苗雪兰，刘瑞新，邓宇乔，等. 数据库系统原理及应用教程[M]. 4版. 北京：机械工业出版社，2017.

[12] 王珊，陈红. 数据库系统原理教程[M]. 北京：清华大学出版社，2018.

[13] 陈红，王珊，张孝. 数据库系统原理教程[M]. 2版. 北京：清华大学出版社，2021.

[14] 苗雪兰，刘瑞新，宋歌. 数据库系统原理及应用教程[M]. 5版. 北京：机械工业出版社，2020.

[15] 李春葆，曾慧. 数据库原理习题与解析[M]. 6版. 北京：清华大学出版社，2006.

[16] 王亚平. 数据库系统工程师教程[M]. 3版. 北京：清华大学出版社，2018.

[17] 李春葆，曾慧，曾平，等. 数据库原理与应用——基于SQL Server[M]. 北京：清华大学出版社，2012.

[18] 王珊，萨师煊. 数据库系统概论[M]. 5版. 北京：高等教育出版社，2014.

[19] 王英英. SQL Server 2019从入门到精通[M]. 北京：清华大学出版社，2021.

[20] 陈逸怀，刘勇，刘瑜，等. Redis数据库从入门到实践[M]. 北京：中国水利水电出版社，2023.

[21] 明日科技. SQL Server从入门到精通[M]. 4版. 北京：清华大学出版社，2021.

[22] 明日科技. SQL即查即用（全彩版）[M]. 长春：吉林大学出版社，2018.

[23] 曹梅红. SQL Server从入门到实战[M]. 北京：中国水利水电出版社，2022.

[24] 郭远威. MongoDB核心原理与实践[M]. 北京：电子工业出版社，2022.

[25] 郭远威. 大数据存储MongoDB实战指南[M]. 北京：人民邮电出版社，2015.

[26] 刘瑜，刘胜松. NoSQL数据库入门与实践（基于MongoDB、Redis）[M]. 北京：中国水利水电出版社，2018.

[27] 黑马程序员. NoSQL数据库技术与应用[M]. 北京：清华大学出版社，2020.

[28] 皮雄军. NoSQL数据库技术实战[M]. 北京：清华大学出版社，2015.

[29] 陈贻品，贾蓓，和晓军．SQL从入门到精通[M]．北京：中国水利水电出版社，2020.
[30] 熊江，许桂秋．NoSQL数据库原理与应用[M]．杭州：浙江科学技术出版社，2020.
[31] 侯宾．NoSQL数据库原理[M]．北京：人民邮电出版社，2018.
[32] 王爱国，许桂秋．NoSQL数据库原理与应用[M]．北京：人民邮电出版社，2019.
[33] 黄健宏．Redis设计与实现[M]．北京：机械工业出版社，2014.
[34] 黑马程序员．NoSQL数据库技术与应用[M]．北京：清华大学出版社，2020.